21世纪的空间战略

Space Strategy in the 21st Century

［美］艾利加·萨得（Eligar Sadeh） 主编

王春萍 王 萍 阳建红 胡劲松 李海鹏 译

国防工业出版社

·北京·

著作权合同登记　图字:军-2015-098 号

图书在版编目（CIP）数据

21 世纪的空间战略/（美）艾利加·萨得
（Eligar Sadeh）主编；王春萍等译.—北京：国防工业
出版社，2024. —ISBN 978-7-118-12004-2

Ⅰ. V57

中国国家版本馆 CIP 数据核字第 20243V8N89 号

Space Strategy in the 21st Century：Theory and Policy by Eligar Sadeh
ISBN：9780415622110
Copyright@ 2012 by Taylor & Francis Group，LLC

Authorized translation from English language edition published by CRC Press，part of Taylor & Francis Group LLC；All rights reserved；本书原版由 Taylor & Francis 出版集团旗下，CRC 出版公司出版，并经其授权翻译出版。版权所有，侵权必究。
National Defense Industry Press is authorized to publish and distribute exclusively the Chinese（Simplified Characters）language edition. This edition is authorized for sale throughout Mainland of China. No part of the publication may be reproduced or distributed by any means，or stored in a database or retrieval system，without the prior written permission of the publisher. 本书中文简体翻译版经授权由国防工业出版社独家出版，并限在中国大陆地区销售。未经出版者书面许可，不得以任何方式复制或发行本书的任何部分。
Copies of this book sold without a Taylor & Francis sticker on the cover are unauthorized and illegal. 本书封面贴有 Taylor & Francis 公司防伪标签，无标签不得销售。

※

国防工业出版社出版发行

（北京市海淀区紫竹院南路 23 号　邮政编码 100048）
北京虎彩文化传播有限公司印刷
新华书店经售

※

开本 710×1000　1/16　印张 18　字数 326 千字
2024 年 11 月第 1 版第 1 次印刷　印数 1—1000 册　定价 159.00 元

（本书如有印装错误，我社负责调换）

国防书店：(010)88540777　　　书店传真：(010)88540776
发行业务：(010)88540717　　　发行传真：(010)88540762

编著者

艾利加·萨得(Eligar Sadeh)博士,空间战略项目首席研究员,以编辑身份负责本专集的编辑。萨得博士是国际航天咨询有限公司总裁,科罗拉多大学教授,国际空间大学助理教授,也是学术期刊《空间政治》的编辑。

安德鲁·J.奥尔德林(Andrew J. Aldrin)博士,联合发射联盟的商业发展和先进项目主管。

戴维·克里斯托弗·阿诺德(David Christopher Arnold),美国空军上校,美国国防部空间执行局项目评估部门负责人,杂志《探索:航天飞行史季刊》编辑。

艾萨克·本·伊斯雷尔(Isaac Ben Israel)博士(以色列空军退役少将),以色列航天局主席,特拉维夫大学教授,以色列议会议员。

奥他维·杜奥(Otavio Durao)博士,巴西国家航天局总部的Nanosat/Cubesat项目的副计划协调员和本地协调员。

杰夫·福斯特(Jeff Foust)博士,富创公司高级分析师和项目经理。

南希·加拉格尔(Nancy Gallagher)博士,国际和安全研究中心副主任,马里兰大学公共政策学院高级研究员。

史蒂夫·G.格林(Steve G. Green)博士,美国空军学院管理学教授。

罗杰·汉德伯格(Roger Handberg)博士,中佛罗里达大学政治学教授。

彼得·L.海斯(Peter L. Hays)博士,任职于美国国防部空间执行局和美国空军学院艾森豪威尔空间防御研究中心,任教于乔治华盛顿大学。

库尔特·A.赫帕德(Kurt A. Heppard)博士,美国空军学院管理学教授。

拉姆·利瓦伊(Ram Levi)(以色列空军退役),特拉维夫大学尤瓦勒·内埃曼科技和安全研究室研究员,以色列研究和发展全国委员会网络安全咨询专家。

莫莉·K.麦考利(Molly K. Macauley)博士,未来资源公司研究副总裁和高级研究员。

詹姆斯·克莱·莫尔茨(James Clay Moltz)博士,海军研究生学院国家安全事务系教授,同时负责空间系统研究学术组召集工作。

德加涅特·派克沃斯基(Deganit Paikowsky)博士,特拉维夫大学尤瓦勒·内埃曼科技和安全研究室高级研究员,以色列研究和发展全国委员会航天咨询专家,委员会协调员。

詹姆斯·D.伦德尔曼(James D. Rendleman)博士(美国空军退役上校),美国战略司令部空间联合职能军种司令部(JFCC)法律部主管,空间法执业。

G. S. 萨克德瓦(G. S. Sachdeva)博士(印度空军退役中校),新德里贾瓦哈拉尔尼赫鲁大学国际法研究中心空间法客座教授,海德拉巴法律学习与研究学院空间法客座教授。

罗比·I. 沙曼塔·罗伊(Robie I. Samanta Roy)博士,美国参议院武装部队委员会专业雇员,科技政策办公室航空航天副主管。

凯-乌维·斯科罗格(Kai-Uwe Schrogl)博士,欧洲空间政策研究局负责人。

克里斯多夫·维涅特(Christophe Venet)博士在读,法兰西学院国际关系研究中心研究助理。

渡边武田(Hirotaka Watanabe)博士,日本大阪大学政法系研究生院特聘研究员,大阪国际公共政策学院访问学者。

维克多·扎博斯基(Victor Zaborskiy)博士,特殊贸易咨询方面的独立出口控制顾问。

译者序

本书全面综述了 21 世纪世界各国的空间战略。空间战略的核心目标是在不同领域内，实现对空间活动的协调、整合和优先级排序。虽然即使缺乏战略规划，空间活动也能产生价值，但若要确立和执行长期计划与项目，以及在安全、经济、民用和环境等多个不同且交叉维度上实现空间资源的最优利用，战略规划就显得尤为关键。鉴于这些领域都高度依赖空间技术，且空间利用已经全球化并渗透到各个领域中，成为其核心组成部分，因此，制定和实施空间战略对于这些领域来说至关重要。

本书探讨了与国家空间战略发展紧密相关的多个热点领域，包括知识基础、政策挑战、全球合作与空间治理，以及与空间保障和空间安全政策相关的政治、组织和管理体系。作者不仅聚焦于美国在这些领域的进展，还深入分析了全球范围内的发展态势，并对俄罗斯、中国、欧洲、日本、印度、以色列和巴西等国家和地区的空间战略进行了详尽的探讨。

在翻译过程中，我们力求忠实于原文，以确保完整、准确呈现原书内容。我们鼓励读者以辩证和客观的态度来审视书中的内容。然而，需要注意的是，书中包含一些可能与事实有所出入或未经证实的描述。我们选择保留这些内容，一方面是为了保持原著的完整性，另一方面也是为了让读者能够直观地了解国外，尤其是美国在空间战略领域的观点和看法。同时，对书中一些明显的非客观性内容进行了处理。

译　者

致　谢

　　本书源于 2009 年的一个空间战略项目,旨在对国家空间战略发展中的知识基础进行确定和评估。基于此,国际空间咨询有限责任公司在世界安全基金会的支持下,在美国乔治华盛顿大学、美国空军大学国家空间研究中心的协助下完成了这个项目。该项目以完成空间战略课题为目标,将高质量的专业团队进行了有效组合,对空间战略发展的知识基础进行确定和评估。该项目成果之一是专家们共同努力在 2010 年的《空间政治》学术期刊上完成了关于国家空间战略的特刊。此特刊的集成出版代表了该项目的最终知识成果。

　　感谢世界安全基金会对本项目及本书的科研补助资金支持,感谢本书的研究者和作者们。专家们在空间战略领域的专业水准和深入的洞察力通过本书得到了体现。做出贡献的专家包括:詹姆斯·克莱·莫尔茨(James Clay Moltz)、罗比·I.沙曼塔·罗伊(Robie I. Samanta Roy)、南希·加拉格尔(Nancy Gallagher)、詹姆斯·D.伦德尔曼(James D. Rendleman)、戴维·克里斯托夫·阿诺德(David Christopher Arnold)、彼得·L.海斯(Peter L. Hays)、库尔特·A.赫帕德(Kurt A. Heppard)、史蒂夫·G.格林(Steve G. Green)、安德鲁·J.奥尔德林(Andrew J. Aldrin)、杰夫·福斯特(Jeff Foust)、莫莉·K.麦考利(Molly K. Macauley)、维克多·扎博斯基(Victor Zaborskiy)、罗杰·汉德博格(Roger Handberg)、克里斯多夫·维涅特(Christophe Venet)、凯-乌维·斯科罗格(Kai-Uwe Schrogl)、渡边武田(Hirotaka Watanabe)、G.S.萨克德瓦(G. S. Sachdeva)、德加涅特·派克沃斯基(Deganit Paikowsky)、拉姆·利瓦伊(Ram Levi)、艾萨克·本·伊斯雷尔(Isaac Ben Israel)、奥他维·杜奥(Otavio Durao)。

　　同时,非常感谢以下人士在相关知识方面给予的支持:世界安全基金会的布莱恩·威登(Brian Weeden),维多利亚·萨姆森(Victoria Samson),雷·威廉姆森(Ray Williamson),迈克尔·辛普森(Michael Simpson);美国乔治华盛顿大学空间政策研究所的斯科特·佩斯(Scott Pace);美国空军大学国家空间研究中心的约翰·谢尔顿(John Sheldon)。

目　录

引言：面向空间战略 ··· 1
第1章　空间与战略：从理论到政策 ·· 12
1.1　空间和战略概念 ·· 14
1.2　我们从核战略中可以学到什么？ ··· 15
1.3　在空间战略领域所做的尝试 ·· 18
1.4　综合性空间战略所需的前提条件 ··· 26
1.5　结论 ··· 29
第2章　空间战略的政治挑战 ·· 33
2.1　国家空间战略的发展 ··· 34
2.2　应对政治挑战的战略要素 ··· 36
2.3　形成 ··· 38
2.4　实施 ··· 40
2.5　新的空间战略 ··· 42
2.6　结论 ··· 42
第3章　国际合作与空间治理战略 ··· 44
3.1　空间作为全球公域的可持续管理 ··· 46
3.2　（开展）边缘空间合作，加强战略稳定 ···································· 50
3.3　全球安全的空间管理 ··· 55
3.4　结论 ··· 59
第4章　空间保障战略 ·· 63
4.1　空间保障 ··· 63
4.2　不断变化的威胁 ·· 65
4.3　空间威慑 ··· 69
4.4　空间保护 ··· 73
4.5　空间保障分析框架 ·· 76
4.6　全球参与 ··· 77
4.7　态势感知 ··· 81
4.8　快速响应基础设施 ·· 83
4.9　美国《国家空间政策》与《国家安全空间战略》 ······················ 87
4.10　结论 ··· 90

第5章	战略与安全空间事业	97
5.1	国家安全与国家安全空间战略	98
5.2	改善管理与组织结构	101
5.3	利用商业和国际合作伙伴	106

第6章	空间战略与战略管理	129
6.1	战略管理过程	130
6.2	外部机会与威胁	131
6.3	资源与能力	132
6.4	向能力基础型的战略管理过程的转变	136
6.5	国家空间能力概念	137
6.6	国家空间能力的发展和创新	139
6.7	结论	141

第7章	战略背景下的航天经济与航天贸易	145
7.1	政府市场体制	147
7.2	美国航天工业基础	148
7.3	横向分析法	155
7.4	战略重点	156
7.5	结论	161

第8章	航天发射能力及战略思考	164
8.1	美国空间发射客户的分类	165
8.2	客户需求分析	172
8.3	可能打破当前航天发射平衡状态的因素	174
8.4	结论	178

第9章	地球观测与空间战略	182
9.1	作为国家财富的自然与环境资源	183
9.2	国家安全系统的地球观测	187
9.3	谁的信息？	189
9.4	国际合作	190
9.5	结论	191

第10章	俄罗斯空间计划的政策和战略思考	195
10.1	民用空间计划	196
10.2	军用及军民两用计划	199
10.3	结论和俄罗斯新的空间战略	201

第11章	欧洲空间政策及战略制定的经验	205
11.1	过程作为目标	206
11.2	欧洲空间政策的主要内容	208

11.3	国家空间政策及战略	210
11.4	欧洲空间政策及战略的经济规模	211
11.5	"空间力量"和欧洲国际合作的途径	212
11.6	跨大西洋合作与竞争的前景	213
11.7	结论	213

第12章 日本的空间战略:外交与安全的挑战 216

12.1	日本空间政策发展史	216
12.2	2009年新版《空间政策基本方略》	219
12.3	基于利用空间的日本国家安全	221
12.4	日本的新型空间外交	223
12.5	日本航天机构的改革	228
12.6	结论	232

第13章 印度的空间政策与战略 237

13.1	技术与智力资源	238
13.2	经济的制约	238
13.3	印度政府的正式声明	239
13.4	未来愿景	240
13.5	空间技术的发展	242
13.6	新的战略要求	242
13.7	国际影响	245
13.8	结论	249

第14章 以色列的空间战略 253

14.1	空间计划的发展	253
14.2	知识型社会	254
14.3	空间目标	255
14.4	空间合作	256
14.5	未来发展	259
14.6	结论	261

第15章 巴西空间计划的规划及战略定位 264

15.1	巴西整体空间任务	266
15.2	与中国的合作	268
15.3	巴西航天局	269
15.4	结论	271

引言：面向空间战略

艾利加·萨得（Eligar Sadeh）

战略是将国家的力量与其要实现的目的相互连接,其为政策服务并履行政策①,为保持国家优势提供了一种手段。从根本上讲,制订战略是为了确定政策的目标及具体任务,确定开发和实现这些目标的方法及手段,以及为达成这些目标的计划实施而配置资源②。本书在这一背景下,重点论述了美国空间战略的发展情况,提出了国家空间战略的知识基础、概念及主题,并对世界其他重要航天国家的发展情况进行了论述。

空间战略的目的是跨越安全、商用和民用各个部门,对空间活动进行协调、整合和优先处理。在缺少战略的情况下,空间活动仍然可以提供价值,但它很难确定和实施长期的规划和项目,而且很难为了安全、经济、民用及环境多重目的而优化对空间的利用。尤其是,对于空间的依赖和利用正在全球范围内加速进行,而且空间整合活动涉及所有的部门及应用,因此,战略对于达成上述所有目的是必不可少的。

本书的内容涉及广泛的国家空间战略发展的领域:知识基础;政治挑战;国际合作与空间治理;空间保障与政治、组织机构、管理方面(主要侧重安全空间战略);战略管理;涉及工业基础问题的航天经济及商业活动的战略背景;有关航天发射的战略考量;战略规划中地球观测的作用。本书重点论述了美国空间战略及政策的发展情况,还对俄罗斯、欧洲、日本、印度、以色列和巴西作为航天国家其国家空间战略及政策的国际化发展情况及影响进行了分析③。

本书分析所采用的相关知识主要是基于一些假设的情况。

- 空间战略既可以规划成为一个全面的"大战略",也可以是较为有限的一些具体领域的战略,其涵盖了诸多不同空间部门共同关注的问题。这两种制订战略的方法具有不同的优缺点,在这两种情况下,战略提供指导,国家政府可以利用战略来评价和约束负责实施空间计划和项目的各个部门、机构和组织。

- 航天国家不会因为缺少空间政策而受到影响,但会因为缺少明确的空间战略而受到影响。空间战略可以提供一个将方法与手段相连接的路线图,以便实现空间政策所设立的目标。

- 推进空间战略的发展必须以资源约束为基础,实际上经常出现这样的情况,即推出的计划及项目的需求超出了可利用的资源的承载能力。在这种背景下,空间战略需要考虑如何更好地处理各项政策、计划、项目及预算之间的分歧。为使空间战略明确且有效,它必须作为一个指南,对需求、预算和运作加以确认,并在考虑到资源约束的情况下权衡好空间活动的计划。
- 战略必须解决的实际问题是,传统的空间部门(安全、商用和民用空间部门)之间存在界限,许多跨部门的空间活动已经不再适用。因此,战略必须考虑各部门共同关切的问题,关注加强诸多空间部门之间的协作。空间各部门扩大合作和加强协作所面临的问题是,明确和强调各部门共有和共同的空间利益,努力减少破坏这种合作的各个部门之间的壁垒。
- "政府整体"措施对空间战略至关重要。除了致力于开发项目、必要的技术、各种能力及运作,政府整体措施不仅要解决宽泛的安全、商用和民用航天部门的问题,而且要考虑到政治与外交、官僚作风与监管、管理与立法诸多方面的因素。
- 作为空间战略共有和共享的基础,全球空间开发者和用户共享一整套基本战略目标。这些目标包括:保障所有人能够和平利用空间域;保护合法的空间资产免受各种威胁;将从空间资产获得的价值用于安全、经济、民用和环境目的。

同等重要的是,避免在发展战略过程中发生常见的失误。作者认为这些失误包括:

- 战略规划目标过高和实施不佳。
- 未能采取政府整体措施,而是专注于治理、实施及优化问题。
- 战略在目标、政策、计划与项目规划方面出现错误。
- 未能确认和重视稀缺资源。
- 选择不佳或无法实现的战略目标和具体项目。
- 没有认识到一些战略问题,以及从竞争力角度明确战略环境。
- 对自身的能力,或对自身战略与自身目标和任务之间的因果联系做出错误的假设。
- 不是专注于战略,而是试图满足太多的不同利益相关方及他们的要求,以及迁就官僚主义和程序化的过程。
- 未能理解和阻止威胁及对手。
- 未能准确地确定竞争相关方的比较优势的领域。
- 未能认识到有能力的战略家应具备的认知和思维能力,而有能力的战略家对于战略的制订和实施至关重要。

知识基础

第 1 章"空间与战略：从理论到政策"由詹姆斯·克莱·莫尔茨（James Clay Moltz）撰写。本章探讨了战略的定义，以及战略如何应用于空间活动。"战略是什么"是一个很难回答的问题。例如，自艾森豪威尔总统开始，每一届美国政府均制订了国家空间政策，但将政策作为战略的观点是不正确的。更进一步而言，战略不是一项容易完成的任务，因为它必须专注于空间活动的整个范围。正因为如此，与政策相比，战略要服务于更广泛和更多样化的利益。此外，战略无法解决与利用空间相关的各种问题，特别是不一定能在政治上期望的时间内完成。

莫尔茨还论述了如何建立有效的战略，提出了需要考虑的因素：推动围绕一个共同的主题达成共识；考虑空间参与方和各个国家的反应；通过在国家层面优先发展航天业，以及刺激私营部门的发展，以缓解资源限制；提供可持续的空间利用，以及对空间公共问题进行有效的治理，如抑制轨道碎片、频谱及轨道位置的分配。

对于更复杂的问题，需要有战略共识，但这对制订和实施战略仍然不够，还需要有政治意愿和战略思维过程。政治意愿对于确定战略是必不可少的，最终你想要做什么和你想怎么做，就是你想要实现和满足的政策和政治利益。战略思维过程可以破解遇到阻力"卡壳"的现象，并使选民与机构之间的利益更加透明。战略是一种思维方式，代表了共同的语言和空间活动架构。这也要求和需要发现既能做事又有胜任能力的战略家。

莫尔茨得出的结论是，一个可行的办法是在航天国家之间开展合作的基础上制订战略，以解决有关可持续利用空间的问题："如同人类进入空间一样，理解和奉行我们的共同利益是最困难的，也是最重要的，是未来尝试制订任何空间战略的要素。"本书第 3 章和第 4 章讨论的内容包括国际合作、空间治理及空间保障，进一步详细论述了在一些航天国家的民用及安全空间领域推进的共享与合作战略。不过，首先要对政治上的挑战进行评估。

政治挑战

第 2 章"空间战略的政治挑战"由罗比·萨曼塔·罗伊（Robie Samanta Roy）撰写。本章集中探讨了推进战略时遇到的政治挑战，为此采用了有限的更为合理的方法。这种方法可以专注于解决所面临的安全、商用、民用等空间的公共问题。本书的其他章节探讨了一般性问题，包括：空间治理（第 3 章）；商用空间（第 7 章）；航天发射（第 8 章）；地球观测（第 9 章）。然而，一个更狭隘的关注具体问题的战略,在现有的政治环境下更有可能实现,尽管如此,可能存在的继续"卡壳"的计划和项目仍是空间领域的一个严重问题。

此外,政治的本质通常倾向于以被动反应式的行动去推动战略,而非主动地采取相应的战略;通常采取满足战略利益需求的短期战略,而非满足战略利益需求的长期战略。需要考虑政治体制的性质,具体部门存在的问题,以及利用空间、遥感和空间基础设施建设等具体问题,都要更好地与战略重点相适应。

同等重要的是,要把重点放在制订战略和实施战略的过程上,以及重点考虑随之而来的政策制订、规划和预算问题。考虑到资源约束,确定优先次序及取舍对于战略的成功制订及实施至关重要,尤其是考虑到负责实现计划和项目的机构和官僚部门的既得利益更是如此。此外,如果缺乏顶层的承诺和指导,以及贯穿各个实施机构和空间部门的共同利益,年度预算之争会严重影响所有战略的实施。战略框架作为顶层决策者的指南是必不可少的,能使空间领域各个机构和利益相关方彼此的共同利益最大化,并使他们愿意共同努力。

国际合作与空间治理

在第 3 章"国际合作与空间治理战略"的论述中,作者南希·加拉格尔(Nancy Gallagher)的观点是,空间利用的特点是"相互依存",带有很强的既合作又竞争的动机,空间战略发展不是一个独立的选项,而是一个"相互依存"的选项。因此,一些关键问题涉及什么时候概念化、为什么概念化以及制订包括国际合作的空间战略的最佳方法。本章提出了"空间作为全球公共资源(全球公域)"及"共同战略目标"的概念,并对此加以论述。然而,这样的概念并不能提供足够的激励,以使人们放弃短期国家利益,换取长期的共同利益[④]。在主要航天国家之间竞争性安全关系的背景下,现有的为保护空间环境"自愿行动"和"相互自我克制"的准则是很难维系的,何况还会有越来越多、各种各样的全球空间参与者加入进来。最合理的管理方法是一种基于"无政府的管治",即对各个国家及其国际参与者采用不同形式的组织和安排,使他们能够在没有政治权威的条件下解决各种共有的问题,并实现共同的目标。

在共同战略目标基础上的合作是最大限度地提高从空间获得安全、商用、民用及环境效益的一种途径。如果空间合作包含了服务于各航天国家根本战略目的的空间合作的多种方法,那么更应该鼓励和加强这种形式的空间合作。加拉格尔认为,国家空间战略应该阐释美国的核心问题,为了这一目的,应该让人们相信,所提供和将要得到的战略保障是可信的。接下来的第 4 章探讨了在安全空间背景下的空间保障问题。采用以保障为基础的空间战略,可以通过两个合法途径加强合作的基础,其中:一是基于广泛和普遍遵守的外层空间条约机制(Outer Space Treaty Regime)进行合作;二是采取侧重于负责任的空间行为和可持续利用空间的自愿行为,以相互约束的方式进行合作⑤。

空间保障

如前所述,航天国家越来越依赖于利用空间资产。与此同时,空间资产很容易受到干扰和破坏,其原因可能是空间发生的自然灾害,也可能是人为的蓄意行动,如电子干扰和反卫星武器攻击。针对这些漏洞,战略有助于应对空间资产的防护问题,阻止对空间资产的各种干扰。第4章的分析重点是"空间保障战略",作者是詹姆斯·D. 伦德尔曼(James D. Rendleman)。

对空间资产干扰和破坏的负面影响,成为重新审视政治、外交、经济和技术手段以防范和阻止对这些资产形成威胁的催化剂。具体到美国的情况,伦德尔曼认为,由于很多原因,保护和威慑战略是不完全的,主要原因在于:①如果暗示威慑失败,准备率先攻击,这种情况在冲突时期常常看似合理。②美国通过强调空间系统是至关重要的空间政策问题来实施威慑威胁,但这样做反而突出了作为目标的空间资产的价值。③有些空间参与者并不能被阻止。④一些空间参与者可能是低劣的空间管理员,他们在轨道上从事不负责任的活动。⑤存在空间环境威胁,如空间碎片及空间风暴,这些情况显然不能被阻止,只能进行抑制和加以防护。鉴于这些原因,空间保障不是防护和威慑,而是战略目的。空间保障战略是确保可持续地利用空间能力的战略,通过综合采用威慑、防护及治理措施,可以实现可持续地利用空间。

安全空间

第5章"战略与安全空间事业"由戴维·克里斯托夫·阿诺德(David Christopher Arnold)和彼得·L. 海斯(Peter L. Hays)撰写,探讨了就美国安全空间部门而言推进一项统一的空间战略所要应对的挑战。作者认为,目前尚没有一个安全空间组织开展这方面的研究工作,例如美国国防部(DOD)没有一个统一的空间活动远景或使命的描述。因此,阿诺德和海斯得出的结论是,对于统一的安全空间的基本要求而言,关键在于以总统办公室、国防部及情报机构内部的专门及综合办公室为基础,进行更好的组织和管理。接下来的章节是对能力可行的空间规划的战略管理进行论述,促进达成一个更加统一的安全空间远景和战略目标。

战略管理

在第6章"空间战略与战略管理"中,作者库尔特·A. 赫帕德(Kurt

A. Heppard)和史蒂夫·G. 格林(Steve G. Green)采用了一种战略管理方法对空间战略的发展进行研究。在计划和项目管理的背景下,赫帕德和格林论证了战略管理方法能够预示空间战略。一个关键的功能是为实现机构的目标和效果而优化资源的利用;提倡为国家的利益而优化空间资产,这是对空间相关资源和能力实施战略管理的要求。特别指出的是,如果国家的空间战略是基于多种能力的,那么它就会持续致力于建立和执行支持国家优先事项的各种空间能力。

有关计划、项目管理及空间能力的另外一个战略问题是,关注政府在为追求国家利益而进行的刺激、开发和利用空间能力活动中的作用,以及关注在促进国际和商用空间活动时努力实现更广阔的空间潜力。战略需要解决如何利用空间机构及研究单位,以及利用计划、投资、协调行动、监管和其他工具来完成这些任务。确定开发和利用的空间能力,涉及复杂的决策过程。一旦政府决定了所要追求的目标,则新能力的实际研发、生产及交付将充满技术、工业基础、管理、资金、监督、官僚作风及政治等多方面挑战。有关空间、商用空间活动及工业基础经济问题的具体挑战将在第 7 章中加以讨论。

空间经济与商业

经济与商业将对空间战略的发展产生影响。第 7 章"战略背景下的空间经济与商业"对这方面的内容加以论述,由安德鲁·J. 奥尔德林(Andrew J. Aldrin)撰写。机会成本与比较优势都会推动空间政治与战略的决策。其他重要的相关问题包括:政府在推进空间商业发展中的作用;经济作为空间部门进行创新与开发的驱动器的作用;空间活动在国家与全球经济中所起的作用;全球空间商业及贸易活动的性质,以及如何与航天国家的战略性空间优势及财富创造相关联[6]。

应对空间经济及商业活动的一个重要的战略性问题是,国家政府部门对航天工业基础的开发有何种程度的许可或限制。奥尔德林确定了四个基本的政府产业政策的市场模型:"看不见的手"在市场力量中占据主导地位,并且有大量供应商和采购商;通过签订竞争性的政府合同,政府主导"国家竞争",本质上是充当了"航天工业基础";"国家冠军企业"有专门的承接商和供应商,对于新兴的航天大国是一个有吸引力的选择;政府管辖的"兵工厂"成为"唯一"的客户,并采用政府直接所有的商用空间及企业公共—私营模式。

奥尔德林对美国航天工业基础的优势和劣势进行了评估。目前的优势包括:熟练的工程技术人员;健康的主承包商;在市场的各个方面进行的创新性实验;从展示出的航天领先国家地位获得的好处。如何在国外培育和利用这些优势为国家利益服务,是重要的战略问题。但是,薄弱的人力资本、疲软的供应商基础，以及用于空间计划的国家预算的下降，都对航天工业基础形成挑战。如果自身没有一个连贯的有关航天工业基础的国家战略，与其相关的财政支出的解释就会不那么可信⑦。战略思维及其开发有助于确认商业机会，或者确定由航天工业支持的民用领域的机会，更进一步而言，是满足国家安全和商用目的的机会。航天发射能力是第8章论述的主题。航天发射能力的背景是：全球空间商业活动；政府对商业发射的支持及补贴；确保航天发射能力满足安全空间和商用空间活动目标的战略意义。

航天发射能力

航天发射能力是实现空间战略最终目标的基础；发射航天器进入轨道是任何国家空间战略的一个关键要素。第8章"航天发射能力及战略思考"由杰夫·福斯特（Jeff Foust）撰写，对空间战略涉及的航天发射的成本、可靠性及执行因素进行了认真的研究和分析。

对安全、商用、民用航天发射客户的审视表明，对于绝大多数而言，相比于优化航天发射可靠性和实施包括安全和进度保障的发射任务，成本处于低优先级。只有两个新兴的细分客户才将成本作为关键因素，这两个客户分别为作战快速响应空间和创业型空间风险企业。因此，现有的发射系统实际上可以满足大多数客户的需求，并在空间发射市场形成平衡。不过有以下几种情况可能会打破现有的平衡和优先考虑成本的状况：可重复使用的亚轨道和轨道飞行器的发展；将货物和人员运送至近地轨道（LEO）的业务转向商用供应商；越来越多地使用小型卫星代替大型系统。本章还论述了中等航天国家（如以色列和巴西）的空间计划发展情况，包括航天发射和小型卫星的发展情况。

地球观测

科学兴趣和各种系统及技术的开发，成为地球观测的主要推动力。对地球观测更多战略上的要求，是以长远的眼光来设定议程和优先事项，以及确保官僚机构和各个代理机构落实议程⑧。为达到这样的目的，需要改变地球观测的一些方法，如资金运作、组织、实施及数据的使用。莫利·K. 马考利（Molly K. Macauley）在其撰写的第9章"地球观测与空间战略"中探索了地球观测数据作为战略信息的管理，包括如何收集、分析和传播数据，以及是否需要和如何开展国际合作。有许多战略需要解决的问题：谁有权威的问题；价值问题；国际合作的问题。

关于谁有权威的问题，重要的是要考虑可能存在的地区差异。由于在数据的收集与分配、数据的判读以及数据的实地验证方面存在差异，各国倾向于自我报告。

关于价值问题,关注的焦点是评估地球观测的社会效益和经济效益,例如在减轻自然灾害和气候变化影响方面所起的重要作用。除此以外,地球观测系统成本高昂,并且当数据政策将信息作为公共财产时,还存在自然资源信息收费的问题。

关于国际合作的问题,将数据的结果作为公共财产,可能会存在大量的反对意见。作为一门科学,率先发布有关数据会面临压力,同时为了让主要的科学家和研究人员能够对收集的信息进行利用和评价,应允许将数据保留一段时间。此外,在科学合作中,一些主要的和比较常见的分歧是如何分享国家主权控制下的有价值的自然资源的信息。由于数据收费,数据访问可能会被限制。尽管如此,仍有大量的有关地球观测的全球合作。八国集团成立了地球观测组(Group on Earth Observation)。与此相关的合作是确定全球地球观测体系(Global Earth Observation System-of-Systems)的概念。而且,地球观测是联合国气候变化框架公约(United Nations Framework Convention on Climate Change)范围内的政府间气候变化专门委员会(Intergovernmental Panel on Climate Change)的重要工作。

航天国家的空间战略

第10章至第16章论述了航天国家俄罗斯、中国、欧洲、日本、印度、以色列及巴西的国家空间计划。在这些章节中,作者从这些国家如何计划和开展空间活动入手,对其战略意图和方针进行了评价[9]。俄罗斯与中国采用了与美国类似的战略思维看待空间,将空间看作国际威望和权威问题,其关键的战略意图是发展全面的空间能力,以及维护或实现在空间领域(包括载人航天计划)的领导作用[10]。俄罗斯缺乏战略指导是显而易见的,而且还存在不恰当的计划优先次序和资金支持不足的问题,这两个因素导致其空间计划和项目进度延缓或无限期推迟,一些空间计划和项目甚至被彻底取消[11]。对中国而言,在其重点关注的空间民用、商用和军事领域已经取得了独立自主的研发能力,近年来更多地参与国际空间合作。中国在具体领域制订的战略是很明确的,但制度性的原因(例如封闭不开放),以及在中国政府内部存在的重叠的军用—民用空间关系和机构,限制了其更宏伟的战略及拓展国际空间合作的前景[12]。

目前欧洲在现有空间政策而不是战略层面上取得了很大的发展。空间政策在欧洲层面出自欧盟(European Union, EU)和欧洲航天局(European Space Agency, ESA)两个部门。日本拥有一个先进且明确的空间战略,其空间计划优于其他发达国家。自2008年以来,日本先后制订了《空间活动基本法》(Basic Law for Space Activities, BLSA)和《空间活动基本计划》(Basic Plan for Space Activities，BPSA）。该计划得到了空间活动大臣和战略总部的支持，2012年日本政府还批准了一项在内阁层级建立空间战略办公室的法律。日本空间战略及政策发展情况说明了一个贯穿全书、带有共性且重要的问题，即政府官僚机构实施战略及政策必须由高层决策者推动。

印度更大程度上是在一个独特的基础上发展其空间计划。尽管印度在1969年就制订了空间计划，并建立了印度空间研究组织（Indian Space Research Organization），但是并没有出台空间政策、理论学说、战略或白皮书。这导致印度提出的空间计划带有明显的针对具体且短期的目标和动机的特点[13]。尽管如此，印度建立了一个政府级的空间部（Department of Space），以执行印度空间政策。该部已经成功地开发和利用空间技术，为印度国家的社会发展服务。

以色列和巴西的空间战略反映了那些中等航天国家具体计划和项目的情况。以色列的空间计划在很大程度上采取了务实的路径，即为国家安全目的发展自主的空间能力，包括支持早期预警的侦察、遥感和通信能力，以及情报和威慑能力。直到最近，以色列才开始通过与其他的航天国家开展空间合作，发展共同的战略利益。

巴西的空间战略随着时间的推移而变化，通过三个不同时期空间计划的发展可以明显看到这种变化情况。第一个时期是军事政权时期，通过巴西整体空间任务计划（Brazilian Complete Space Mission Plan，BCSMP）开始了其空间计划的起步阶段。第二个时期，巴西转向以中国—巴西地球资源卫星（China-Brazil Earth Resources Satellite，CBERS）计划为代表的合作战略。第三个时期即1994年以来，巴西建立了巴西航天局（Brazilian Space Agency，BSA），其目的是更好地协调和管理空间活动，寻求更大程度的有关空间的自主开发能力。尽管做出了这些努力，但由于组织机构互相之间的联系不紧密和资金不足，该机构未能成功地协调和管理计划和项目。这种情况表明，需要有更明确的战略规划，因为新的感兴趣的空间参与者愿意加入进来，并越来越多地从巴西的空间应用中获得益处，这一切都归因于巴西的发展，更进一步而言，是因为巴西已经成为世界上一个重要的空间力量。

空间战略：应对挑战与执行政策

从根本上讲，战略需要应对诸多挑战，并以多种途径和方法执行政策。本书将对这些"途径和方法"进行分析。

（1）要宣传与进行空间活动相关的战略的知识基础，包括那些站在战略的高度思考和行动的战略家们的开发成果。

（2）不仅要注重在政策基础上制订战略，更要注重影响实施的因素和政治上的挑战，以便成功地执行战略。

（3）要确保利用空间的能力,简而言之,就是全球共享空间,涉及空间参与者之间价值观与行为规范的"信任机制"的发展,以便继续可持续地使用空间。

（4）努力实现空间部门内部,以及从安全空间部门到商用及民用空间部门,跨越不同空间部门之间的团结。这就需要优化空间计划和项目的管理与组织,建立商业与政府之间的网络,以便进行更多的合作,并建立起满足目标和利益之间的富有成果的关系。最关键的是,战略有助于维持一个强大的、充满活力的、富有弹性且有能力应对战略性挑战的工业基础;能够确保全球空间市场和商业贸易的作用;能够促进和利用各种能力及技术创新。

（5）需要继续发展与安全空间相关的合作,包括:在空间态势感知方面开展合作;在民用空间领域开展合作,如全球空间探索领域;在应对全球气候变化战略性问题上开展全球气候监测能力方面的合作。

（6）空间领域具有天然相互依存的性质,应在这一基础上推进空间战略,协调世界各航天国家的空间政策和战略方针,并得到认可。

注　释

① 在上下文中,力量可以被认为是"空间力量",这是施加从和平到战争所有状态下空间影响的能力。参见 Charles D. Lutes, Peter L. Hays, Vincent A. Manzo, Lisa M. Yambrick 和 M. Elaine Bunn 等,《面向空间力量的理论》(华盛顿特区,DC:国家战略研究所,国防大学,2011),www.ndu.edu/press/spacepower.html(5 月 2012 访问)。

② 在理想情况下,首先应制订政策,然后战略对如何执行政策加以指导,接下来是计划,最后是用于实施计划的预算分配。美国的实际情况是反过来的:预算是第一位的,然后通常在机构层面开发战略,最后推出政策。这导致战略不能实现最优化,也无法提供顶级的指导和做出对于成功至关重要的承诺。

③ 参见:特殊问题:面向国家空间战略[J].空间政治(Astropolitics),2010(8):2-3。

④ 虽然全球公共资源的逻辑可能掩盖的问题比解决的问题更多,同时采取的方法还有基于自愿的措施以及缺乏可靠保障的相互自我约束,一种全球共享的心态对于有效管理和治理空间域仍然是至关重要的。

⑤ 作为联合国条约体系的一部分,外层空间条约机制具有法律约束力的部分包括外层空间条约(Outer Space Treaty)、救援协定(Rescue Agreement)、责任公约(Liability Convention)和注册公约(Registration Convention)。各航天国家就"月球协定"也进行了谈判,但还没有航天大国批准该协定。此外,还有 5 组不具约束力的法律原则获得联合国大会通过,为国际空间法提供使用,详见:联合国外层空间事务办公室,联合国条约和空间法原则(United Nations Treaties and Principles on Space Law)[EB/OL]. http://www.oosa.unvienna.org/oosa/en/SpaceLaw/treaties.html。

空间法正式机制的其他方面还包括国际电信联盟的宪法及公约和行政法规(无线电法则和国际电信法则),以对宪法进行补充。这些协定用于管理天基通信卫星的频谱和轨道位置的分配。

自愿行为和相互自我约束的方法包括上面提到的法律原则,是不具约束力的协议。除此以外,2007 年,联合国大会通过了《和平利用外层空间委员会减缓空间碎片指导原则》(Space Debris Mitigation Guidelines of The Committee on the Peaceful Uses of Outer Space),并一致认为减缓空间碎片自愿指导原则反映了目前一些国家和国际组织推动发展的实际情况,并邀请联合国会员国通过国家相关机制来实现这些原则,参见:http://www.unoosa.org/pdf/bst/COPUOS_SPACE_DEBRIS_MITIGATION_GUIDELINES.pdf。

值得注意的是,一个附加的自愿协议是所提议的《欧洲外层空间活动行为准则》(European Code of Conduct for Outer Space Activities)。参见本书第 12 章"欧洲空间政策与战略的经验"。此行为准则催生了有关可持续利用空间的负责任空间行为的国际对话。

⑥ 财富创造或财富增长是指综合运用工程、技术和人类的技能,最大限度地创造、生产和交付提高人民生活水平所需要的商品和服务,增加就业,促进教育和经济增长。

⑦ 例如,在涉及出口管制法规的领域,美国政府妨碍了商用空间和航空航天工业的发展,削弱了航天工业基础。为了解决这一问题,奥巴马政府建立了针对"加强国家安全和关键的美国制造业及技术部门竞争力的新的出口管制制度"的基金,详见:http://www.whitehouse.gov/the-press-office/2010/08/30/president-obama-lays-foundation-a-new-export-control-system-strengthen-n。此外,请参阅向国会递交的 2010 财年国防授权法案第 1248 条(公法 111-84),以及《美国空间出口管制政策的风险评估》(Risk Assessment of the United States Space Export Control Policy),参见 http://www.defense.gov/home/features/2011/0111_nsss/do/1248%20Report%20 的 Space%20Export%20Control.pdf。

⑧ 关于地球观测的长期战略观察。参见:空间地球科学与应用:未来十年及更远期的国家要务[M]. 华盛顿特区:美国国家科学院出版社,2007。

⑨ 战略方向指明国家的空间目的和目标。这是很有用的,因为在国家航天机构发布的正式文件中有一些模棱两可的内容。即使考虑到相关单个航天国家经济和社会背景的具体目标,一个共同的世界性倾向是在国际政治领导层拥有一个重要的角色。引自:Giorgio Petroni, Karen Venturini, Chiara Verbano, Silvia Cantarello. 发现空间机构的基本战略方向[J]. 空间政策,2009,25(1):45-62。

⑩ 例如,美国国家航空航天局(NASA)的官员在创建该机构时,决定将他们的努力集中于载人航天、月球与火星任务,以及太阳系的人类居住环境。其领导人有意识地决定淡化空间应用项目,独有的技术研究与开发,并回避经营活动。他们这么做,有利于专注于人类探索和空间开发。但是这样做使美国 NASA 陷入了主导这一使命的"声誉陷阱"。从本质上来看,美国 NASA 是试图寻求人类参与的更壮观的空间远景。因此,力量与威望成为空间机构摆脱不掉的影子,迫使它进入一连串的过度宣扬和被低估的程式。引自:Roger Launius. 被囚禁在一个立方体:美国航空航天局的载人航天努力和声誉陷阱[J]. 天文学家(Astropolitics),2012,10(2):152-175。

⑪ 参见:2011 年俄罗斯空间计划:计划与现实[EB/OL]. http://www.russianspaceweb.com/2011.html。

⑫ 中国的航天机构和研究院所名录表,参见:Eligar Sadeh,等. 空间政治:一项调查[M]. Routledge, 2011。中国重要的空间组织,除了中国人民解放军,还包括:中国国家航天局;中国科学院空间科学与应用研究中心;中国航天科工集团公司;中国长城工业集团公司;中国航空航天机械与电子集团公司;中国航天科技集团公司;国防科学技术工业委员会;国家航空航天管理局;中国卫星发射与控制总体部;中国运载火箭技术研究院;中国科学院;空间科学与应用研究中心,中国宇航学会。

国际合作的主要障碍和中国进行空间计划合作的主要障碍与组织结构有关。这是由于民用、商用和军用的实施方法结合在一起。从中国的角度来看,这是一个明智的和经济的方法,能够节约有限的资源,促进所有行业增长。但由于空间技术军民两用的本质,这很可能将继续限制尝试合作。同时,中国已经越来越多地向世界公开其空间计划,并通过与其他国家合作开展空间项目获得商用和民用利益。而这些项目又进一步促进开放和推动与世界其他国家经济的互联互通。中国在合作与维护及增强本国自给自足的空间能力之间进行平衡,以确保支持费用开支的基本要素的实现。假设中国的政治观念对美国而言是威胁和竞争性力量,而统一实施的中国空间计划的结构性问题得到了解决,积极参与中国的空间计划与其进行合作,可能会进一步推动中国的开放和融入国际航天界。

⑬ 一些印度空间项目现在转向长期的规划和发展。此类项目包括:低温发动机和固体推进剂火箭发动机,两者都具有长远的深空探测应用前景;主要在印度使用的区域导航系统;月球遥感;载人航天计划,可重复使用的发射运载器,以及空间旅游。

第1章　空间与战略:从理论到政策

詹姆斯·克莱·莫尔茨(James Clay Moltz)[①]

对美国的空间研究活动的指责日益增多——尤其是在过去10年里,中国在载人航天和军事空间活动中已成为一个值得关注的重要参与者——批评的焦点是美国缺乏一个空间战略。美国的计划似乎是间断地在向前走。有一些争论集中在是否返回月球项目以及如何返回月球项目。针对在未来的环境中更好地保护美国的空间资源的问题,美国国会和国防部发生了激烈的争论,在2011年《国家安全空间战略》(National Security Space Strategy)中,将未来的环境描述为"越来越拥塞、越来越充斥争夺、越来越具有竞争性"[②]。有些分析家批评美国在必将成为军事优势的竞争领域中已经"软化",而这方面的损失将意味着最终将屈服于一种高级的、组织精良的空间力量[③]。戈登·常(Gordon Chang)认为,中国已经拥有了一种有效的空间战略,这种空间战略将控制这种新的环境[④]。有些分析家认为美国应该具有一个类似的战略,即使是要冒险做出巨大斗争,也要达到最后"控制"空间的目的[⑤]。

与之相反,其他一些分析家却认为,美国的失败不是在于安全领域,而是由于与更广阔的民用和商用空间部门相比,过多地把资金花费在军事和情报空间部门造成的。他们认为美国应该重新安排其优先级,可用的方法是采纳"一种综合空间战略,可强调其在有人驾驶空间研究方面的领导力,同时又维持一种健康的航空航天工业以实现其各种目标,并保护其各项安全利益[⑥]。"

这两种极其不同的思想体系所达成的一致性观点是,美国在空间研究方面搞糟了。对于以下几方面仍有很多争论:应该把资金集中用在哪里?什么样的因果关系将影响未来的空间研究?其最终目标应该是什么?

本章通过下面4个关联问题从概念方面和经验方面来处理这一广义的主题:①什么是"战略",以及"战略"与空间如何相关?②从分析众所周知的领域,尤其是冷战期间的核战略,我们可以学到什么相关教训?③为了制订美国空间战略,迄今为止美国已做出了哪些努力,以及为什么他们没有成功?④未来建立一种更加有效的美国空间战略的前提条件是什么?

值得注意的是,在美国的政策界会听到这样的叹息:对于空间,"假如我们有一种战略"。然而,更多容易听到的假说是,无论什么样的美国空间战略,有总比没有强。本章认为这种"传统的智慧"是一种误导。虽然目前美国空间优先级存在混乱和缺失这些严重问题,但是美国选择一种空间战略相对于其他国家来说的确是成本太高了,会引起其他方面的不良反应,或者依靠未成熟的概念或技术也会同样地(如果不是更多地)损害美国在空间领域的国家利益。因此,为了制订一项有效的空间战略,美国必须更加彻底地分析真正的需求。只有这样,美国才能充满信心地向前发展,并且完美地打造一种战略。幸运的是,在这样做的过程中,即使没有形成完美、精细的战略,也可能会"更灵活地思考"空间问题。

本章提出的一个关键点是这样一种概念:鉴于在空间领域已出现了新兴的国际趋势,那么采纳一种纯粹的国家战略将变得日益困难,而且事与愿违。尤其是,为了降低成本和解决在高度相互依存的环境中共同的问题,国际合作的重要性不断提高,因此联盟、网络和跨国关系可能成为一个国家在空间是否具有"力量"的真正试金石,而不是像过去那样,只有自己的国家资源可以使用。在这种情况下,在空间领域建立联盟的有效领导力,并与其他国家的各种目标相兼容,将是任何未来国家战略成功的关键所在。

认真思考因果关系和互动的动力也是不能被忽视的。很多时候,所谓的战略家们常犯这样的错误,就是采纳了过分单纯化的假说:"果断的"美国行动和静态的国外反应。这样的想法是不现实的,会造成美国不能准确预测未来真实的空间活动。事实上,由于空间技术已经在全球扩散,国际间相互作用的复杂动态很可能变得更加重要,空间已进一步从美国—俄罗斯的双极关系发展到一种新的多极空间结构,这种结构受到另外的空间参与者影响,如中国、欧洲、印度和日本。

参考这些情况,1.1节简要评述了战略概念的定义。1.2节综合论述了从1945—1991年冷战期间的核战略可以得出的一些"教训",其中有相对较长的跟踪记录,以及有关双方思路的已解密的信息。1.3节评述了空间政策的实际实施,以及从1958年至今在战略方面所做的努力,还有从学术文献中获得的有关空间战略的各项最新建议。正如将要描述的那样,1966—1969年的登月竞赛时期被认为是美国开始向空间战略靠近的时期,然而美国最终的成功却显示了这种战略的主要局限性。1.4节探讨了美国如何制订未来的空间战略,以及在制订战略时应该努力去避免哪些失误。主要的观点是:以向前看的方式充分认识到空间动态变化的一些独特特点,以及经济全球化的影响越来越大;而向后看的战略却是模仿或适应在其他环境和其他时代发挥作用的军事原则,向前看的方式很可能要比向后看的战略更为成功。另外,与很多目前的见解不同的是,相比于第二次世界大战期间强攻诺曼底海滩所需的军事力量,一个成功的空间战略可能更多需要的是类似建设州际高速公路系统的资金和组织能力。

1.1 空间和战略概念

战略这个概念到底意味着什么，主要取决于研究的领域，在有些情况下还取决于不同的分析人员。不同领域的人们都会谈及战略这个概念，如公共健康、反恐、商业、贸易、人际关系、国外政策及国家安全事务领域。考虑到这些因素，空间问题变得更加复杂，有关空间战略的任何讨论必须面对两种选择：一种选择是将其发展成为其他已经存在的战略的一个分支，如核威慑战略、国家安全战略；另一种选择是证明空间战略应该独立存在。迄今为止，空间战略在很大程度上被视为其他战略的一个分支，但它已逐渐超越其他战略的范围。与此同时，分析家们除了希望空间能够成为一个独立的战略之外，也遇到了另外一个棘手的问题，那就是当他们在定义"空间力量"理论的时候，美国国防大学（National Defense University）2007年的主要研究结论则是：现在定义"空间力量"还为时过早，到目前为止，有关这一领域的经验还非常有限，也不清楚空间力量的性质，以及空间力量是否独立于其他形式的军事力量[⑦]。

然而，从战略的定义起步仍然是很重要的。彼得·帕雷特（Peter Paret）说过"战略是通过使用武力来达到军事目的，更重要的是通过武力来达到战争的政治目的[⑧]。"显而易见，用这种定义来表述空间的作用显得过于狭隘，除非人们寻求的只是空间的军事战略。考虑到与空间力量关联紧密的主要空间活动的国家和商业的因素，有关空间的任何战略的定义都应该是宽泛的。爱德华·勒特韦克（Edward Luttwak）是这样定义战略的：在劝说或者使用武力过程中所用到的方法或者谋略[⑨]。这个概念可能更适合空间，但是它缺少一个焦点，那就是上述提到的方法或谋略要达到的目的和目标。

本章为战略提出了一个更为聚焦的定义：战略是一种经过推测的计划，组织和部署资源以达到所要追求的目的，它是建立在对已知的或期望的因果关系加以考虑的基础之上。这个定义做了如下假设。第一个假设是这个被讨论的领域已经有公认的参数和影响因素，并且相比其他的活动领域有足够的自主性，以便能够有自身的计划。第二个假设是对一系列已经开展的活动的影响进行了详细的研究，并且相关的计划已经经过了时间的检验。但在实际的空间活动中，要得出相关的研究结果，需要经历几十年甚至是几代人的时间，并不是仅仅几个月或者几年的时间就能完成的，即便是组织所需要的资源也需要提前10年进行大规模的筹备工作，例如登陆月球或者计划实施的火星飞行。第三个假设是一个全面的战略不仅仅局限于军事领域，同样适用于空间的一些民用和商用领域。第四个假设是这种定义不排除利用国际合作伙伴的资源。在空间方面，单独的一个国家不太可能负担得起诸如开发月球、火星或者轨道基础设施一类的重大建设及其维护成本。这就催生了与一系列相关活动同时发生的成本分担、政治规划和磋商工作的开展。到现在为止，这些情况已经在国际空间站(ISS)的成员中发生了，不考虑这其中出现的问题，这种模式在今后可能会成为未来中大型空间工程活动的初始模式。但是，将这种合作方式扩展到军事航天的情况却没有发生，探究其中的原因，可能主要是空间大国之间持续的不信任造成的。

1.2　我们从核战略中可以学到什么？

虽然空间和核这两个领域看似并没有完美的结合点，但是，这一部分内容的目的是努力帮助美国的空间战略可以从1945年持续到1991年的核战略中学到一些相关的经验。这两个领域在很多方面是可以进行对比的：两个领域都涉及高投入和先进科技研发应用；两个领域都试图处理一些假设的还未发生的事情，如核战争、空间大战、到其他星球定居[⑩]；两个领域都涉及一些具有很高声誉的国家规划；两个领域都被认为是国家重要的奋斗目标，能够号召各国集中其主要的智力和精神资源来完成这一奋斗目标；两个领域都涉及美国和其盟友进行合作，有时甚至是为了防御。当然这其中也有很多不同之处，例如空间是作为人类活动的一个新兴"媒介"[⑪]，对冷战时期核战略简要的梳理可以为空间战略的发展提供很多有益的启示。

核战略始于20世纪40年代末期，当时核战略只是传统战略一个分支的加强，核武器不得不使用很容易受到攻击的飞机搭载，美国拥有核垄断，但是核武器的数量还是很少的[⑫]。这些核武器处于美国总统杜鲁门的监控之下，被当成是最后的武力诉求。当时美国没有威胁对手要使用核武器，也缺少一个明确的核武器威慑政策。但是，在苏联1949年进行第一次核武器试验之后，特别是中华人民共和国的成立，冷战使战略分化越来越严重。核战略在此时开始有了自己的一席之地。

随着美国总统艾森豪威尔一系列"新象"政策(New Look Policy, NLP)的实施，大规模报复战略被采纳，这意味着核武器将会起到威慑作用，具有在即将发生冲突时警告进行报复的功能。新象政策还包括添加战术武器进行组合使用，相信通过这一措施可以在所有防御等级应对威胁，并促进威慑政策的实施。但是苏联领导人却以进攻为目的，因为他们发现核武器数量的不对称逐渐加大，这种对国家安全的威胁迫使赫鲁晓夫的继任者从1964年开始致力于持续的核武库的发展和建立。作为回应，当时的总统肯尼迪和国防部长麦克纳马拉通过践行"远离城市"和"反作用力"理论试图稳定军备竞赛，加强和巩固本国的武装力量。同时，他们还非常重视所谓的"灵活反应战略"(Strategy of Flexible Response, SFRS)，旨在降低大规模核战争的可能性，然而这些系统的部署使有限的战争成为可能,也同样具有威胁的作用。苏联不但没有做出相应的回应,反而加速了本国核设施的建立。最终这些复杂的战略被摒弃,取而代之的是具有稳定效果的"确保相互摧毁"(Mutually Assured Destruction,MAD)战略的确立。

有趣的是,美国推动确保相互摧毁战略,并开始实行限制弹道导弹防御的政策,是因为他们担心存在不稳定因素的影响,以及在与苏联谈判中显示出的非常明显的在思考核战争问题上的差异。麦克纳马拉认为,美国发出的信号是明确的,并且这些限制能够相对容易地被建立来对核战争制订相关规则,从而减少致命性的毁伤,而苏联方面却表示,他们并没有看到美国在这方面的措施。事实上,苏联方面的确没有将关于核战争的限制措施内在化,尽管苏联领导人认为防御和进攻系统相比"更加道德"。虽然两个国家投入了大量经费,并且其结果产生了巨大的影响,但这个经历表明了核战略政策脱离现实的主观性。然而在 1968 年,苏联和美国双方却在核武器的扩张可能会引起共有的危险方面达成了一致,同意联合抵制核武器。这种合作是以支持《核不扩散条约》并且对盟友施加压力以防止他们发展核武库的形式实现的。这些双边协议及谈判推进了美国和苏联达成第一个核武器控制协议的进程。

美国和苏联共同签订《第一阶段限制战略武器会谈协议(SALTI)》和《反弹道导弹条约(ABM)》,前者用于限制战略发射飞行器,后者用于限制全国范围内的弹道导弹防御系统。美国和苏联双方似乎就核武器相关事务及影响达成了共识,包括进攻—支配核环境下的精确判断及进攻—防御竞赛的危险。政治上的合约和尼克松政府在缓和国际关系上的努力帮助稳定核威胁近十年的时间,直到双方开始研发多弹头分导重返大气层运载工具(MIRV)才打破这种平衡。最终,苏联政府在东欧大规模地部署 MIRV SS – 18 弹道导弹和可移动的 SS – 20 弹道导弹,使得美国政府感受到了第一轮打击的恐惧。为应对这种挑衅,美国在里根总统的带领下开始新一轮的核武器制造。但是苏联政府大规模武装背后的政策仍是模糊不清的。难道苏联政府真的以为他们能够挑起一场战争,并且最终赢得这场战争?或者他们只是把这种行为仅仅作为一种"加强威慑作用"的行为?讽刺的是,就美国 20 世纪 50 年代的战略来说,苏联政府适得其反,激起美国的敌对反应,结束了先前的平衡。美国在里根总统的领导下,宣布了一项战争备战战略,并且承诺美国将会取胜。然而很多批评家开始质疑,这项核战略到底有多少意义?因为这样一场冲突将会牵涉到成千上万的核弹头。最后,美国总统里根和苏联总书记戈尔巴乔夫意识到两国之间的核战略将会带来巨大的浩劫,因此两国政府通过一系列的政治决议,决定"遏制"这种军备竞赛。随着苏联的最终解体,冷战终于结束,而核战略的优先级随之降低。

鉴于冷战期间核战略的简短历史,我们能够总结出什么可以与空间战略相关的结论?

(1)理论和现实之间总是存在距离。事实上,一些分析人员认为,美国大量增加战略武器的数量，可以满足大规模报复行动和相互摧毁"可靠"水平的需要，但是实际上会让美国更加不安全[13]。这个结论可以通过一个事实证明，那就是后来苏联采取和美国可匹配的措施。很明显，这些结果在空间战略中应该是可避免的。

（2）核不扩散在20世纪60年代中期被认为是一个意义非凡的合作，这种合作会一直持续下来，尽管也存在很多缺陷。在苏联解体之后，白俄罗斯、哈萨克斯坦、乌克兰被成功说服放弃他们的核武器，成为没有核武器的国家。此后，俄罗斯和美国在六方会谈中联合在一起，目的就是阻止朝鲜拥有核武器，并且也一起阻止伊朗的核武器项目。空间战略与核战略不同的地方就在于现在还没有一个条约用来禁止所有的空间武器。尽管《外层空间条约》的确禁止在空间轨道中部署大规模杀伤性武器（WMD），但是并没有通用的条款约束空间武器扩散。尽管各国都有很强的共识，并于1963年鉴署了《有限禁止试验条约（LTBT）》，禁止在空间中进行核武器试验，但是时至今日很多国家态度还是很不明确的，特别是在研制和发展反卫星武器、空间对地面的武器或者空间对空间的武器方面。尽管很多国家和地区都反对研发这样的系统，但是仍有少数国家研发了这样的武器，而现有条约或准则并没有对此进行明确的限制。从这个意义上说，空间战略在关于武器扩散的方面缺少明确的共识。

（3）核武器在美国的核安全中没有一个明确的作用。肯尼斯·沃尔兹（Kenneth Waltz）等核武器的支持者认为，在确保二次打击能力的最小数量的基础上继续增加核武器的数量，不仅是多余的，而且是对经济资源的一种浪费，会削弱国家的安全[14]。这种情况在财政预算比美国少得多的苏联就很明显地发生了。另一些人则认为，制造并部署数万枚核武器，会使局势变得更加危险。冷战时期中国部署的20多枚战略系统，成功地"震慑了"两个超级大国，进一步使人们对美国和苏联大量部署核武器的预设价值提出了质疑。

（4）核战略制订主要发生在美苏两国之间，却忽略了其他的国家的作用，例如英国、法国、中国、以色列、南非以及其他国家，只是假设了超级强国在事件中的强力控制。但是实际上，中国核武器袭击莫斯科，南非和邻国之间发生有限核战争，1964后美国和中国在韩国或者台湾问题上发生冲突，以色列在中东地区使用核武器，这一切完全是猜测。在这些能够想象的情形中，危机管理及战略威慑的概念将会受到严格考验。如今，在空间多极并存的情况下，要想完全掌控空间的安全，只是两个国家之间的协议，即使是中国和美国，也是不太可能。因此，任何空间战略的制订都必须考虑到更为复杂的环境，包括各种不同的力量和国家。

（5）目前尚不清楚核战略是否成功。冷战期间没有发生核战争，冷战结束后也没有发生过核战争。在这个层面上讲，核战争好像被"吓住了"，核战略貌似是"成功"的。但是在这种情况下核武器的作用到底如何，我们还是不清楚。

有些理论家认为，即使美国和苏联决策者对核战略花费了很多精力，但是第三次世界大战不是靠核武器来阻止，而是由其他的因素而阻止[15]。有些分析家认为，由于事故而造成的核灾难只能勉强避免，也就是说拥有核武器将会是很危险的[16]。从概念上讲，核威慑明显提升了战争的代价，使对有核国家的攻击视作自杀，但是"基地"组织在2001年进行的一次成功攻击就没有受到核报复，说明了核战争关乎于攻击方的意图、受谁委托以及攻击本质。又或者可能是苏联及中国政府更为保守，至少表面上看起来更"规避风险"。因此，在冷战时期，核战略在国家安全中的准确作用还是一团迷雾。

（6）尽管越来越多的核战略的制订者认为他们的工作主导了整个冷战时期的安全环境，但是实际上核战略仍然只是广泛的国家安全战略的一条分支而已。美国在冷战时期的安全战略被定义为"遏制"概念。核武器在限制苏联军队的冒险激进行为以及减少苏联进攻美国动机方面起到一定的作用，但是就如劳伦斯·弗里德曼（Lawrence Freedman）写道：

"尽管核武器可能对国家的战略有一定的重要性，但是核武器不可能在整个历史中都那么重要。孤立地分析核武器或者假设核武器提供了一个令人满意的优势去讨论战略，是一种扭曲的战略研究方法。因此，对于传统的战略学家，严格来说是不存在所谓核战略的[17]。"

在制定全面的国家战略时，除了核武器之外，"遏制"战略还包括了其他工具的混合使用，包括国外经济援助、军事援助、美国政府在欧洲和亚洲的传统军事力量，以及约翰·李维斯·盖迪斯（John Lewis Gaddis）所说的"要比苏联做得更好"（对于世界来说，美国政府的民主原则和经济繁荣比苏联的共产主义对世界其他地区更有吸引力）[18]。所有的这些因素都是美国在冷战期间取得最终胜利的原因所在。这些发现使分析人士对于核战略的具体影响持有不太乐观态度。对于空间战略的转型能力，他们也同样降低了期望值。

1.3 在空间战略领域所做的尝试

美国政府已经在实际中多次努力尝试提供一个空间领域的国家战略。从1958年至今，这些尝试和努力形成了各种不同的国家空间政策。评论家认为，这些为空间战略而制订的政策文件不够具体，而且在很多情况下，缺少为更高的国家目标服务的资源的全面整合。事实上，至今我们仍然不清楚到底什么是统领全局的目标。我们稍后会讨论近来在学术上所做的努力，政策的边界被提升到一个更高水平，学术领域开始对空间以及整合美国国家力量的相关概念进行理论化研究。

1958年，在艾森豪威尔总统领导下，美国制订并通过了《国家航空航天法案》。这项具有重大意义的综合性法律当时非常出名,原因在于它解散了美国国家航空咨询委员会(NACA),取而代之的是美国航空航天局(NASA),并为国家的空间飞行以及相关的政治、经济和法律机制设定了一系列目标。由于其重点是通过空间活动提升美国的"公共福利",这项法案将空间相关的军事职能从以民用为主的 NASA 中分离出来,并且指出空间将会给国家很多方面带来好处,如科学、教育、商业、地面发射、残疾人事业、跟踪并且防止近地物体带来的危险,以及制造业领域。然而,它没有指导 NASA 针对某些特定国家,实现特定的空间目标或者获得相关的利益。这一法案没有提及苏联政府,也没提到美国的外交政策的目标,例如和共产主义的斗争。从这种层面上来讲,它不是一个真正的战略。

1961 年 5 月 25 日,美国总统肯尼迪关于"国家的迫切需求"的讲话更加接近战略的概念,他在讲话中将空间置于国家安全优先事项的更广泛背景下,并且为美国在空间方面的努力规定了明确的总体目标,包括:在 10 年之内成功地将人类送往月球,并安全返回地球;加快"漫游者"号核能火箭的研发速度,以便早日探测太阳系;加速全球通信卫星的利用[19]。肯尼迪总统还提供了这些活动中某些项目具体的经费预算,并且呼吁所有的美国人"为这些项目花钱——理解并接受这一长期的斗争",以实现这些目标[20]。但是实际上,考虑到苏联已经将尤里加加林成功送入空间,并且美国和莫斯科正在空间中争夺新的"第一",肯尼迪总统的呼吁带有很大的战术目的。无论如何,他 1961 年的演讲的确为未来 10 年空间活动的发展开创了一个新的纪元,并且确定了一个明确的目标,尽管只是一个短暂时间内的目标。但是,肯尼迪总统没有为空间的发展提供更广阔的计划,也没有为寻求停留月球和探测太阳系提供明确的理由。但是,相比很多后来的美国总统而言,他的确将空间置于国家的核心任务之列。从这个层面上来说,他的愿景体现了一种有限的战略。

1969 年 7 月美国成功完成登月任务,很多人都评论说,美国已经没有什么比这件事更接近一个空间战略了。但是美国没有制订战略,取而代之的是仅仅通过了一系列的国家空间政策。很明显,对许多观察家来说,尽管美国 20 世纪 70 年代在民用和军用的空间项目中取得了许多成就,但是这种努力是远远不够的。通过对其中的一些文件及重要主题的选择性审查,可以很好地证明这些观点。

1978 年 5 月 11 日,卡特总统签署了一项保密的关于空间的总统令(NSC – 37),这个总统令规定了美国在进行空间活动时需要遵守的一系列核心原则,包括开发空间的目的:"和平利用",包括在追求国家安全时的军事及情报职能;推进空间的商业应用;保持科技知识的先进性;强调空间自由通行权利及国际间的合作;保持美国在空间领域的领导地位;自卫的权利。这份文件主要涉及国内政策和组织,同时只是用有限的几句话反对披露美国卫星侦察。这份报告的一部分现在仍然是保密的,而这份文件签署时就未准备向公众公开,这样一来就严重限制了其作为一个综合性战略的潜在价值。最后,这份文件并没有提到明确的空间目标,也没有详细解释为什么美国要进入空间,以及应该如何组织空间任务的长期优先事项。

1982年7月4日,里根总统鉴署第42号国家安全决策指令并作为公开文件向公众发布。这份文件引述了白宫科技顾问乔治·基沃斯(George Keyworth,GK)对美国空间活动进行的重要梳理和总结,进而表达了美国将寻求重新组织空间的努力方向,希望向美国民众和外国的观察人士宣布美国在空间政策上的变化。这份文件重申了卡特时期的许多原则,但是试图加强私营部门在空间活动中的作用,同时也指出美国政府开始考虑研究空间武器控制措施。这份文件在继续保持国家侦察办公室(NRO)的保密性的基础上,对美国侦察能力做了进一步的声明,并且再次强调了继续美国"在关键的重要空间活动中保持优势地位"的目标[21]。同样,这个文件没有有效地解答"为什么"这个问题,也没有为确认并完成具体的任务或者目标提供一个长期计划,因此未能成为国家战略。里根总统在1988年2月11日发布关于国家空间政策的总统指令,提出了一个更全面的目标感,明确了"加强国家的科学、技术、经济、自豪感、幸福和方向感,以及美国在世界上的声望和领导力"的目标[22]。但是这些总体目标也可以用在汽车制造业上。更重要的是,它阐明了一系列具体的空间政策,包括深空探测和建立一个"人类在空间的永久存在"。同时,这份文件还第一次在非密版本中提到有权使"敌对的空间系统"无效,以及有权制止和防御空间攻击。另外,这份文件更清晰地阐明了美国政府将采取措施私有化在公共空间部门开发的技术。然而,这份文件仍然缺少对短期性质的政策目标的明确阐述,同时也没有将空间作为一个具有其本身动态规律的独立领域。

克林顿总统是第一位冷战终结后上任的美国总统,在其执政期间国家空间政策在其重点任务和战略目标方面有了很多明显的变化。1996年9月19日颁布的这项政策开始将重心放在空间探索方面,并且承认美国在空间领域取得的成就"鼓舞了一代美国人及全世界的人民"[23]。这个文件呼吁美国通过在民用、商业及军事等各个方面的空间活动实施"平衡的空间战略",以保持美国的"领导地位"。这份文件与冷战后初期基调保持一致,呼吁国家应该在强调和平利用空间的基础上,寻求更高级别的合作和联合。这份文件列出了详细的任务,包括航天飞机和国际空间站(ISS)。同时,它又为国家安全空间提供了指导,其中具体提到监测全球威胁的情报目标,以及军备控制和不扩散协议。国家侦察办公室第一次被提及,但是国家侦察办公室的很多活动仍然是机密的。导弹防御、出口限制、减少碎片等其他的与空间相关的具体活动都被提及到,这也使得这份文件比以往的政策文件更加全面。但是,这份文件仍然没有设立一个长期的发展目标:为什么美国要进入空间;作为一个国家以及与其他国家的关系中希望实现什么。

在美国总统布什执政期间，2006年颁布的《国家空间政策》对以往的指导文件进行了大量的改变。这份文件和布什政府中高级官员提出的主题保持一致，把国家安全目标放到一个很高的优先级上，弱化了民间及联合活动。在谈到空间行动自由以及空中和海上力量概念之间的联系时，这份文件比先前的文件都更加接近战略的观点，但是这份文件并没有将这些领域联合起来，也没有解释整个空间计划的目的和任务。这份文件大部分篇幅一直在重复1996年《国家空间政策》的一些观点，但是它强调了"不受阻碍的美国行为"和在前一文件里没有出现过的军事手段[24]。在吸收借鉴2001年拉姆斯菲尔德委员会关于空间管理的报告基础上，2006年《国家空间政策》更加详细地规范了关于空间各个领域的发展，如发展空间专业人员、采购空间系统、加强部门之间的合作，并维持空间科学与技术的基础地位等[25]。尽管这个新政策提及了肯尼迪总统的讲话中非常重要的空间核力量这一部分，但是并没有提供明确具体的目标，比如返回月球、火星探测，或者执行去其他星球或者卫星的任务等。因此，2006年的这份指导性文件为空间提供了一组不同的优先级，但是这份文件却没有给出一组具体的目标，也并没有给出对如何将空间融入到更大的国家战略中的深入理解。同时，它对空间本身也没有一个清楚的愿景，只是提及了一些基础的看法，如未来空间很可能会充满冲突与斗争，应当对国际间的合作活动进行限制以保证美国未来的军事行动。这些军事力量将以一种什么样的形式进行组织，为什么它们会扩展，怎样联合使用这些军事力量以应对其他对手，以及目的和意义到底是什么，这些在文件中都没有解释。

奥巴马政府的空间政策于2010年6月28日颁布，该政策改变了美国政府开发空间的方式，将原来以单边为核心的方式转变为以合作为基础的方式[26]。在重新确认了自卫是国家固有权利的同时，这份新政策指出"在空间中不负责任的行为可能会对我们所有人造成破坏性的后果"[27]。这一政策比先前的政策都更加具有战略性，它阐明了美国为什么要以它规划的方法接近空间，并且详细说明了美国到底以何种方法才能更好地组织开发空间的活动，以实现美国及全人类的空间目标。更为重要的是，它提出了一系列的核心规则，重申这些规则不仅美国要遵守，其他的国家同样也应该承认和遵守，其中包括关于对空间垃圾负责任的行为、空间活动透明度的通用政策、不干涉其他飞行器、空间自由旅行的权利，以及在必要情况下进行自我防卫等内容[28]。这份文件列出了未来美国需要进一步展示"在空间相关领域的领导力"及"加强安全和稳定及空间中负责任的行为"。与前面的几个政策不同，它认为应该通过"利用同盟、国外或/和商业空间，以及非空间的各方面能力的作用"来达到美国的空间安全[29]。最后，这个政策明确提出，在与"民用、商用和国外的合作者"一起协同工作，进行无线电发射频率干扰源的分析、定位、定性时，空间需要一个强制执行的国际机制㉚。

作为战略,2010年的美国《国家空间政策》最为重要的一点就是它详细地提出了"加强国际合作及重新巩固美国领导力"的概念。但具有讽刺意味的是,它在详细解释如何在民用空间领域实行时却非常薄弱;没有提及任何可能的人类登月行动,只是提出了一个很模糊的火星轨道探测概念。这份文件没有明确地指出为什么美国必须以这种方式,而不是其他的方式推进空间活动,同时它也没有为这种努力提供明确的目标,也没有解释在整个政策中将会起到重要作用的国际合作将如何实现对完成这些任务的支持。最后,关于空间安全,这份文件主要介绍了过程却忽视了对结果和目标的阐述。换句话说,它解释了各国应该如何一起展开工作,但它并没有详细阐明最后的结果是什么。比如,建立航天飞行组织联盟;建立合作的空间"治安维持";加强空间活动的法律框架以便使空间法律更像陆地和航空法那般健全;建立人类在低地球轨道、月球和其他的星球的国际空间站。

2011年由奥巴马政府颁布的《国家安全空间战略》阐述了其中的一些要点。该文件列出了要合作的具体领域,包括"空间态势感知(SSA)项目的合作关系"、共享航天飞行的"安全数据"、加强同盟关系,以及将合作者的能力与美国现有的机构和网络加以整合㉛。同时它也提倡"商业公司的战略伙伴关系"。然而,这份文件以国家安全为重心,并没有明确提出美国民用空间的目的。同样,对与发展空间相关的所要进行地各种外交上的努力,这份文件的阐述也是很模糊的,很可能是因为美国政府内部之间仍然存在着争议。同2010年的《国家空间政策》一样,这份文件意识到了通过合作来解决空间政策的需要,但是仍然没有很明确地阐明美国空间政策最终要达到的目的是什么。

对美国已经通过的国家空间战略的回顾,我们可以发现,美国从来没有完整地形成过一个空间战略,取而代之的是,所有这些努力都是通过典型的任务或者优先的事项拼凑到一起形成的一系列不连贯的国家政策,所以这些战略本质上说都只是类似于一个细目清单,而且经常在声称"和平利用"为目标与军事计划、目标、警告之间存在着内在的冲突。另外,这些政策普遍缺少内在的逻辑,这是因为很多的官僚机构共同参与撰写了这些政策,一般不会从一个更高层面进行很好的分类组织。这也使这些政策成了为满足各方面需求而妥协的文件。当然这不是责怪那些既要面对时间压力,又要参与机构之间激烈争论的、努力工作的政府官员。但至少是从肯尼迪总统开始,总统对这些努力的参与越来越少,后来几乎为零,这个事实更使其缺乏一个明确的指令来对政策文件内容进行梳理,而这些恰恰是一个真正的国家战略所需要的。虽然这份文件在民用空间方面的内容还有所不足,但从战略角度来看,2010年的《国家空间政策》仍然是最条理分明的政策文件。

近年来,迫于政策及经济的压力以及其他的现实因素,专家和分析人士为美国和国际空间战略提出了一些更加全面详细的选择。其实,在过去的几十年内,这个主题已经变得有点像家庭作坊式一样无序,分析人士已经注意到,人类在空间长久居住已经变成了现实,越来越扩散的空间武器技术以及越来越多的空间活动,使分析人士希望在空间建立一个严格的秩序以防止冲突的发生。对于一些国家而言,这意味着面临武力维持下的秩序或者武力的威胁;对于另外一些国家,这就意味着要通过扩展条约,以及制订关于空间透明度、限制和合作的新规定,制订一个计划在空间中建立强有力的规则。尽管对这个文件的综合考虑超出了本章的讨论范围,但是为形成新的空间战略所做的努力值得作为重要的例子提出来。

因为大量关于军事战略的文件的存在,现在很多作者在起草关于未来空间战略的文件时一般都采用和过去在军事战略中所使用的相类似的方法。这些类似分析方法包括豪斯霍弗尔(Haushofer)的陆地力量的地缘政治分析法,麦金德(Mackinder)的铁道力量分析法,马汉(Mahan)的海军力量分析法和杜黑(Douhet)的空军力量分析法[32]。许多军事方法中的关键点也是空间环境中呈现出的挑战和困难,因此以它们的共同点作为"介质"来考虑部署和实现军事力量。考虑到空间是全球共有的公共领域,相对应的海上和海军力量的方法被频繁应用。空间和海洋有很多相似性,都牵涉了很多领土以外的区域,都有很长的通信线,都显现出了已知的战略瓶颈。

海军上校约翰·克莱因(John Klein)将这种方法进一步分解,并且展示了一个海洋战略,该战略将海洋和陆地联系在一起,并将军事和商业目标联系到一起[33]。然而他自己也意识到在空间应用此方法的局限性,并解释道:

> "空间是一个独一无二的环境,任何基于历史经验的战略框架,不管是海军的、空军的还是海洋的战略都不能在实际应用中照搬到空间战略中,因此未来只有海洋战略中最基本的概念才能够被用来起草应对空间冲突的一些战略规则[34]。"

克莱因将海洋战略中的某些概念应用到了其他的事务中,比如空间与国家力量、空间与其他军事力量的相互依赖、天体的通信线路、空间的战略定位、进攻/防御事宜,以及将空间作为防御障碍。这种实践是非常有趣的,但是这毕竟起源于海洋战略,因此没有详细描述新的一些准则以掌控空间中的特殊的物理环境,同样重要的是,也没有详细论述21世纪政治、经济以及安全事务的具体动态,这些都将会影响美国的空间政策。

埃弗里特·多尔曼(Everett Dolman)吸取了德国的地缘政治理论的经验,更进一步大胆尝试建立于"空间地缘政治"的新的战略领域[35]。多尔曼解释道:

> "如果能够成功的将这一理论移植到外空间战略,毫无疑问,将会从获得的成就中感到自豪和荣耀,而且能够实现资源增长、技术派生,

以及军事力量的增强。如果能够应用这一成果,并且通过这样做能够使得财富增长,那么'空间地缘政治'的学说就得到了实行[®]。"

多尔曼预测出未来在空间上各国之间将会存在不可避免的冲突,因此,他认为美国必须迅速抢占先机以实现在新的环境中的支配作用。他写到:"作为这个时代最大的自由民主政权国家,美国被优先赋予角色来领导人类进行利用空间的活动,以及进行监督空间领域的误用,确保公平地分配既得利益[®]。"当然,在这个问题上还缺少国际上的一致性认可,有一些国家在暗地里使用手段以阻止美国支配空间。多尔曼还认为,空间活动仍然会以国家领导为主,空间领域的经济全球化、跨国商业、科技以及与国防相关的实体会被暗中排斥。因为多尔曼关注的焦点大部分是国家安全的问题,所以他提出这个观点一点也不奇怪,但是这样就限制了他论断的全面性和普遍性。目前主要合作项目如国家空间站及多个国家的空间协会、公司及事业的发展,意味着对空间的统治可能没有民族主义那么严苛,空间商业环境也没有那么强的重商主义,如同欧洲力量强大时期的海洋环境那样,多尔曼经常以此做类比。所有的这些因素难以形成一个让人信服的空间战略,因为多尔曼比照军事领域做出的方案没有考虑到可能存在的国际反响。更为重要的是,他没有讨论寻求空间支配所需要付出的成本代价,因此这个话题始终只是停留在理论层面上。

在实际层面上,2009年2月"铱"星和"宇宙"卫星的意外相撞,使那些在地球同步轨道拥有卫星的私人公司开始了第一次合作,建立了监视和移动空间飞行器的系统[®]。大家都集合自己的力量去"管理"空间环境,这个自发组织的事例预示了此前以国家为核心的响应模型的设想,至少是在某种情形下可能已经落伍了。类似地,一些对空间感兴趣的科学家和个人通过互联网、碎片日志,以及实时更新的通信系统,慢慢地开始搜集有关空间物体的国际知识,把它们从原先美国空军空间监视网络的隐秘世界中显露出来,可能使得空间监测公众化和民间化。这些行为将会对空间战略有何冲击作用,还是不得而知的。但是可以知道的是,现在这种新的力量已经开始参与到它以前从来没有影响到的国家活动及其军事力量中来。在这种背景下,空间活动将变得越来越透明、可靠,更加容易被认可。

这种方法的明智之处可以在1998年的布鲁斯·德布卢瓦(Bruce DeBlois)的文章"空间避难所:一个可行的国家空间战略"中体现出来[®]。德布卢瓦否认空间冲突是不可避免的,他认为应该把焦点放在"更高层次的国家策略,长久的国家安全,经济的繁荣,以及美国宪法价值在全球的广泛认同"[®]。在这种背景下,德布卢瓦认为武力支配空间就是一个错误的主题,而且即使一个类似确保相互摧毁的概念用于空间都会导致不稳定,一触即发的军事系统、更加严重的空间垃圾风险,都会增加美国的不安全。对于美国过去的国家空间政策,德布卢瓦批评"是以一种很特别的方式、笨拙地摸索前行"[41]。德布卢瓦建议发布一个规则主导下的空间环境的愿景,将这个愿景作为一个基础,在这个基础上去起草与空间相关的政治、经济和军事政策。

德国空间学家德特莱夫·沃尔特(Detlev Wolter)提出的空间战略,第一次全面阐述了关于共同空间安全的政策,在其2006年出版的一本书中,沃尔特将注意力集中在外层空间关于"人类共有财产"的概念上,并且提出了关于外层空间共同安全的观点,该观点主张建立共同的国际组织和程序,以解决关于空间的争论,同时促进国际之间的安全与合作[42]。这种观点不能说是一个国家战略,实际上它是一个国际间的空间战略,正如沃尔特所主张:

"国际社会现在处于一个十字路口,要么考虑通过建立多边秩序,促使外层空间的和平利用,从而改变国际法最基本的结构。否则,各种力量对抗就会无约束地进入外层空间,最终将会爆发争斗[43]。"

他很明确地支持先前的路线,描述道:"以外层空间的共同安全为目的的多边协议的达成,以及国际组织的建立,将有助于应对这种挑战[44]。"但是,国际系统中尚没有存在达成这种协议所需的条件,以及建立这种组织所需的必要支持。

回到美国所面临的挑战,琼·约翰逊-弗里兹(Joan Johnson-Freese)为国家空间政策提供了一系列的观点,很可能称得上是一个战略。她的一系列综合建议包括发展路线的规则,扩大在《外层空间条约》中"和平使用"的观点,放开美国空间贸易,扩大美国载人航天的承诺,发展包容的空间探索合作伙伴关系,以及和其他国家建立更密切的关系[45]。这展示了美国近期的一个空间战略,除了在载人航天领域,约翰逊-弗里兹的描述更加详细并且更加具有雄心,其他方面都与奥巴马政府的计划有些类似之处。

詹姆斯·迈克尔·斯尼德(James Michael Snead)对空间战略提出了不同的观点,他关注的重点在于长期的发展,并且更加注重工业的方向。斯尼德将"应该从一个老牌的空间探索国家转变为一个充满活力的航天国家"作为他观点的起点[46]。他建议这样做来实现这一转变,"首先,把美国航天工业的重点放在建设及运行一个一体化的航天物流设施上;然后,通过利用最新掌握的载人空间运营的优势,使新一代的商业空间事业得以发展起来[47]。"本质上来说,这是一个基础设施发展的项目,就和美国在一些时期优先挖运河、修铁路、建高速的道理一样,做这些的目的都是推动人们进入这个领域,并且帮助他们在这里工作。他认为这项工作需要一个长期的持续努力,将会花费大约2000亿美元,持续发展25年,而且美国教育系统也会随之改变来支持这一发展[48]。这是一个清晰的空间发展战略,这个战略有详细的指导意见并且有一系列的国家目标。但是,他在这份文件里并没有涉及商业、科学技术及防御相关活动之间的关系,而在斯尼德所提议的基础实施发展阶段,这些活动很有可能都还是为各自不同的目的继续开展。

最后,还有一个不同的战略观点,这个观点是由空间分析家詹姆斯·维达(James Vedda)提出的。维达认为,美国和其他国家需要将精力不是重新聚焦到新的空间探索形式上,而是需要考虑如何利用空间造福人类在地球上的生活[49]。虽然他同时接受未来更多的人将会在空间中居住和工作的这个观点,但他是这样解释的:"在可预知的未来,大多数人还是会继续生活在地球上,我们需要探索空间应用的方式,以便能够为地球上的人们提供多种资源,满足他们的生活方式[50]。"他特别期望空间能够为人们提供能源,以及关于地球资源和能力的信息,包括可以在处理一些诸如环境变化这样的问题时给予人们帮助。维达还呼吁美国政府在空间技术的专业和发展方面采取更开放的政策,他建议:"推动空间力量发展、以知识为基础的活动,应该依靠全球各个国家的共同努力[51]。"从这个意义上说,在他的战略里有转型的因素,开始是在国家的层面上,然后扩展到世界领域的运动。事实上,维达认为这样的改变不仅是需要,而且是必须的。他说:"如果全球化是冷战之后的模式,那么美国空间的发展,特别是牵涉到空间探索与开发的活动,有必要基于全球的实体的形式来重新定义[52]。"但是维达在安全领域却没有阐述清楚,在这一领域里有很多力量一直阻碍维达所述的种种改变。这些问题该怎么解决?如果各国在改变的方面没有达成一致,该如何保证安全?维达的成果是向前迈出了重要的一步,但是仍然还有些不完善的地方,还需要其他的分析学家帮助完善相关的指导性意见,以产生一个综合性的完备的空间战略。

近来还有许多其他努力,包括各种不同的政府奖励及个人资助的研究,这些研究大多数都聚焦在近期的目标:满足美国军方的空间采购,梳理清楚美国宇航局的任务,推进导弹防御系统,禁止空间武器。这些目标都很重要,但是并没有推动国家制订一个具有一致性、全面性的空间战略。

1.4 综合性空间战略所需的前提条件

提出一个全面发展的美国空间政策不是本章讨论的范围。本章将要向大家展示,到底分析学家和政府官员最有可能采用一个怎样更加综合性的方法去考虑未来的空间战略?至少是以提出问题和回答问题的形式展示出来。

(1)美国的空间战略必须确定一个总揽全局的目标,这个目标必须被公众广泛理解并广泛接受。这个目标应当联系美国的价值观和美国商业、政治及安全。这个战略应当使美国能够参考这个主题及其指导原则对未来的挑战和困难进行说明,并作出相应的反应。一些可能的空间目标包括:支配、深度参与、开发、探索、移居及保护。这个总揽全局的目标会面临种种具体问题,比如遇到中国和俄罗斯这些特定的国家所带来的问题,或者其他具体的问题,比如月球资源的竞争、空间垃圾所带来的危险,以及继续运行国际空间站所面临的组织困难。需要通过具体的执行规则来实现这个总目标,从而解决这些具体问题。冷战时期,苏联与美国价值观的不一致帮助美国人和整个总统行政机构在遏制策略的理念下联合到一起。和某个特定国家的空间冲突可能又会给美国空间战略一个聚集点,这可能会导致在空间探索或是军事上,或者同时在两个方面的又一次的空间竞赛。这样的战略体现的是传统的、灵活的解决方法。又如一种来自外层空间某地方的生命形态造成的威胁,由近地轨道物体引起的危险,或者由于空间垃圾及空间拥挤而造成的近地轨道空间的损失,这些都可能说服所有国家一起努力制订一个具有协作性的空间政策。这将会推动世界采取一种正和的方法。维达的观点是利用地球面临的日益严峻的问题去组织和形成一个合作性的空间政策,这是很有可能实现的。就人类空间飞行这种形式来说,我们可以设想一个真正的合作任务的实现,这种任务旨在实现在月球定居或者人类执行首次飞往火星的任务,这样做将促使合作各方共同承担费用并且实现技术共享,这样就会呈现出一种为了同一目的而齐心协力的景象。

(2) 空间战略创立者必须考虑其他空间活动者可能的反应。很难预测未来其他国家会不会关注作为空间领导力量的美国,到底在空间做了什么?所有其他国家将会把自己在空间方面的努力和美国所做的进行比较,竞争对手将可能会尝试去应付他们所认为的将会在空间中出现的危险。正如沃尔特所说的,"强大的力量之间总是会互相效仿对方引进的新的武器系统,以此作为反击。"这会增加美国、印度或者其他国家致力于研制空间武器,以及企图通过增强进攻性或防御性军事手段来获得"支配"地位的危险[53]。任何严肃的空间战略必须考虑到这种"示范效应",而且应该努力通过沟通交流降低负面的外交反应。正如约翰逊-弗里兹所指出:"战略交流是说辞、政策、行动及政治的交汇。其在本质上就是一个非常艰难且混乱的事[54]。"但同时又指出它是非常重要的,因为它包含了一个"倾听"的部分[55]。

2006年的美国《国家空间政策》声称,美国预测未来会发生空间冲突,这向世界传达了一个带有敌意的信息,在某种程度上,这个空间政策是对美国"空间控制"能力的一种吹捧,其中的一些能力还并未拥有。这会对别的国家产生影响,刺激他们在军事实力上也致力于寻求这种能力。2010年的《国家空间政策》意识到空间活动所具有的国际化方向是未来计划的中心特征,并且需要其他国家一起携手努力,包括政府和商业界的共同努力。另外,公众在空间活动中起到越来越重要的作用,互联网和以前没有出现过的其他工具使公众能够获得空间信息。空间的狂热者们通过个人方法(物理方法或者是电子方法)来监视空间,这将会对空间活动的发展进程产生某种影响。中国发现这种情况是因为2007年的时候,有些人第一次将中国进行的反卫星试验公之于众,因为他们注意到一颗中国的气象卫星原先在互联网上可用的轨道运行数据突然消失不见了。有鉴于此,美国必须仔细考虑如何将有关空间的想法与外界进行沟通,因为现在的实际情况是关于空间信息已经比以往越来越难以控制了。关键是现在政府和普通大众都在密切监视空间。很多民众强调形成一个有效的美国对空间的"愿景"很重要。如果这一愿景是对将有一场不可避免的空间大战的预测,人们和政府很可能为此做出准备;如果这一愿景是一个商业的愿景,那相应的反应就会是商业创想和新的竞争;如果这一愿景是一个由法律机制约束的,并且被认为是为了保护"全球共同利益"的环境,那么其他国家可能会利用国际法来保护自己的既得利益;如果这一愿景更多的是由科技推动的一个概念,它可能会催生出很多探测和监视空间的新的想法,并且着眼于国际合作任务。当然,没有一个单独的政策能将所有的方面都包括在内。无论为了任何方面,通过提高透明度和对话来制订一个最好的框架,都将是发布信息和建立一个志趣相投的共同体的有效工具。使用新的技术建立一个全球空间态势感知网络,将会在支持这种努力方面发挥重大的作用。

(3)任何空间战略都需要寻求经济资源的资助。美国政府从1940年到1996年为核武器相关的复杂系统以及运输系统大约花费了5.5万亿美元[56]。这是一笔数额非常庞大的资金,但是在开销方面却没有受到任何质疑,因为全国上下在威慑政策上达成了高度的一致。美国政府花费了大约1千亿美元用于登月[57]。同样,这些花费并没有多少人提出疑问。伊拉克和阿富汗战争大约花费了超过1万亿美元。尽管有些人质疑伊拉克战争的原因,但是这些花费还是都由美国的众多纳税人买单了。然而今天,在关于空间活动上大家却缺少了一致性。

WASA缺乏充足资金,或者为空间武器寻求支持,这些问题的根源都在于缺少强大的国会共识,并且有相当多的人质疑这些活动的目的。未来的空间战略或许可以选择将最重要的项目通过国际力量合作完成。然而,尽管合作可以降低单独一方的花费,但是它一般会增加总的花费,并且还需要一个靠得住的伙伴——有时候这些都是难以预料的。分摊开销的做法过去一直很好地适用于空间站,将来也可能适用于未来的载人登月任务、月球基地建设,以及火星探测。但是这种合作方式必须承担长期义务,而且要与其他国家的空间项目保持长期联系,这就可能会产生更多的相互依赖。然而,这可能是未来最可行的合作机制。

在军事应用方面,由于牵涉到技术的转让问题,这种共同承担费用的做法与国家安全之间存在着冲突。但是,如果决定去追求那些有限的天基防御,其构建需求将会使得成本共担非常值得。目前,很少有国家愿意去追求这样的系统,并且美国现在尚不清楚这种技术的价值所在。另一种可能的努力方向是建立军事侦察、通信网络及导航航天器的多国共有网络。但是,同样的,一个这样的网络将意味着在空间军事领域中形成一个长期的合作协议,并且会加重共同的负担:迄今为止,这种空间中防御合作的形式还没有实现过。然而,这可能是能够承担如此大规模系统的唯一方法,对于改进的检验国际条约的遵守和监管的验证系统情况也是一样。

如果很多国家真的希望实现在空间中的共同安全,他们必须认识到这将会是非常昂贵的,他们将不得不一起承担费用。如果这些国家无法提出一个共同的框架,那么他们将不得不通过传统的、国内的方法来实现他们自己的安全。多套冗余的空间防御系统的部署将会为"空间系统"花费巨资,并且将会使有害的空间垃圾问题和空间交通的外部化问题日益严峻。但是,单独的系统拥有国家控制的优势。短期内,这两种方法的组合可能是最具可行性的。这样主要空间飞行国家间就不会出现明显的关系恶化,也不会出现围绕共同监管空间和/或可能的空间环境的"治安维持"而产生一个新的政治邦交关系。

(4) 任何长期的空间战略都必须考虑环境可持续性发展的理念。尽管空间是无边无际的,一些涉及重大利益的关键领域在短时期内却是有限的:近地空间、地球中低轨道、同步卫星轨道、月球和火星。这些空间中的一些区域已经由于发展需要的原因而遇到了拥堵的问题。地球同步轨道已经愈来愈拥挤,在未来面临一定的限制;越来越多的空间垃圾已经使低轨道中的一些设备处于危险的状态;无线电频谱的拥挤已经在广播频率问题上产生了很多争斗;计划的月球任务已经出现了谁应该进入获取资源最有利的位置的问题。

由于上述原因,一个切实可行的空间政策必须考虑管理资源的必要性,并提出方法解决对其日益增长的国际需求。除非这个战略的目的是企图主导空间,而这样一个战略很可能会受困于高昂的费用以及有限的科技因素,那么某种合作性的法规或者是基于条款的框架才是符合期待的。尽管现在已经有一些机制已经落地,比如国际通信联盟和联合国空间碎片减控指导纲要,这些条例已经延伸到其各自领域的边界,不太可能解决将来的问题。按照沃尔特的建议,建立一个国际空间组织去处理一系列这样的事务是另外的一种选择,但是这样就需要主要的空间开发国家改变他们的思维,并需要充足的资金支持该组织的建立和运作。由各个主要国家的空间机构组成的"空间咨询委员会"可能是一个更加切实可行的选择。由于空间安全中所共同面临的挑战越发迫切,这样一个实体将会得到更大的支持。

1.5 结论

为了制订出奥巴马政府2010年《国家空间政策》和2011年《国家空间空间战略》,政府部门付出了巨大的努力,这凸显出制订一个全面的美国空间战略所面临的巨大的挑战。因为要提出一个综合性的战略,就不得不对美国在开发空间中所面临的挑战进行仔细的研究和分析:美国占有资源的范围(本国的、同盟国的和友好国家的),以及潜在对手可能的反应。同时这个战略必须能提出一个愿景,将国家和国际对实际可优先运作的空间活动的支持联合起来,比如在月球或火星定居,在空间中开发资源,制订一个共同的反应预案,以应对近地轨道的危险物体,还有其他的一些一般哲学目标,比如自由出入空间的权利,面向地球的应用的优先权,建成一个包括空间探索国家间的不断扩展的合作联盟。考虑到空间没有领土管辖权的特殊性质及空间活动日益增长的国际复杂性,作为模型和方法,先前有关空间的国家战略和政策似乎在最好的情况下只能提供一个极其有限的方法,都不太可能取得成功。

  另外一方面,如果要追求越来越大的单个国家的利益以及各国共同的利益,制订一个国际性的战略时就需要认同对国家在空间统治权上的限制。迄今为止,尽管不无可能,但达成这种协议是很困难的。下一步的无人或载人的登陆月球任务可能会提供这种共同战略的测试版本。未来的空间探索是否需要这种合作是一个值得思考的问题。在军事方面,国际面对灾难的共同响应的增长,以及至少是对安全威胁的基于合作的反应的增长,预示了这种多边合作方式将会被越来越多的国家所接受。这种趋势和支持这种方式的潜在原因已经在一些文件中初露端倪,比如 2011 年的《国家安全空间政策》。

  今天,建立一个统一的空间战略,让所有的国家都采用一个共同的方式,是不太切合实际的。同时,空间活动参与各方需要从一个新的空间开发机制开始,防止在彼此间产生冲突,特别是要防止那种可能会使地球的轨道空间变得不可用的激烈冲突的发生。这个预防机制的建立一旦失败,那么大家将会付出高昂的代价。不幸的是,提出一种能够在空间开发中使各方相互制约的合作机制却是不容易的。尽管没有一个空间政策,美国却能和苏联在冷战时期的空间中生存下来,而且通过利用双边军事限制机制得到了很大的利益,美苏双方对此都心照不宣。也许过去这种双边合作可以成为未来效仿的模式。然而在多边的环境下建立一个这样的机制可能更加困难,特别是如果这个空间战略是由一些彼此之间存在着根本性竞争关系的国家提出来的,那么难度就更大了。值得庆幸的是,在现代化的今天,全球化成为趋势,透明度逐渐加大,而且信息实现了共享,这些都可以帮助我们跨越障碍而达到合作的目的。最后,在空间中理解并开发人类共同的利益可能是最困难的,然而,未来在空间战略方面进行的任何尝试都是很重要的。

注　释

① 作者非常感谢 Sarah Diehl,因为她在这一章节撰写的初期给了很多的有益的建议。

② 美国国防部和美国国家情报主任办公室,《国家安全空间战略[非密概要]》2011年1月。

③ 参见 Steven Lambakis,《在地球的边缘:美国空间力量的未来》(列克星敦,肯塔基州:肯塔基大学出版社,2001)。

④ Gordon G. Chang,"空间军备竞赛开始了",《福布斯》杂志,2009年11月5日。

⑤ 参见 Everett C. Dolman,《空间地缘政治:在空间时代的经典地缘政治》(伦敦:Frank Cass 出版社,2002)。

⑥ Joan Johnson-Freese,《空间作为战略资产》(纽约:哥伦比亚大学出版社,2007),234。

⑦ 关于这项研究,参见 Peter L. Hays 和 Charles D. Lutes,"通向空间力量的战略",《空间政策》23:4(2007)。

⑧ Peter Paret,"引言",在 Peter Paret 等,《现代战略的制订者:从马基雅弗利到核时代》(普林斯顿,新泽西:普林斯顿大学出版社,1986),3。

⑨ Edward N. Luttwak《拜占庭帝国的大战略》(剑桥,马赛诸塞州:哈佛大学出版社,2009),由 Eric Ormsby 引用,"语言和剑",《华尔街杂志》,2009年11月27,W15。

⑩ 尽管美国政府的确在1945年8月对日本使用了核武器,但是这并没有构成一个核"大战",因为日本缺少相关的报复性能力。

⑪ 因为这一点,作者非常感谢 Damon Coletta。

⑫ 这一章节关于核战略的讨论大部分都是引自 Lawrence Freedman 的《核战略的升级》(伦敦:Palgrave 出版社,2003,第三版),同时也来自作者在海军研究生学校多年教学中关于此主题积累的很多经验和知识。

⑬ 参见,Joseph Cirincione,《炸弹恐慌:核武器的历史与未来》(纽约:哥伦比亚大学出版社,2007),26–27。

⑭ Kenneth N. Waltz,"核武器的扩展:更多或许会更好",《阿德尔菲文集》,NO. 171(1981):77。Waltz 的观点是,只要核武器不扩散,并且可以长久地储存,那么只要少量的核武器就可以达到威慑的效果。

⑮ John Mueller),"核武器基本无关紧要",《国际安全》13:2(1988)。

⑯ 参见 Scott D. Sagan,《安全的限制:组织,事故,及核武器》(普林斯顿,新泽西:普林斯顿大学出版社,1993)。

⑰ Lawrence Freedman,《核战略的升级》(伦敦:Palgrave 出版社,2003,第三版),462。

⑱ 关于这一点,参见 John Lewis Gaddis,《惊喜,安全和美国的经历》(剑桥,马赛诸塞州:哈佛大学出版社,2004)。

⑲ 肯尼迪总统,"在国家紧急需要时给国会的特殊消息",在一次国会联合会议上的讲话,1961年5月1日,www.jfklibrary.org/Historical + Resources/Archives/Reference + Desk/Speeches/JFK/Urgent + National + Needs + Page + 4. htm(2010年1月访问)。

⑳ 同⑲。

㉑ 国家安全决议第42号指示,"国家空间政策",1982年7月4,www.hq.nasa.gov/office/pao/history/nsdd–42.html(2010年1月访问)。

㉒ 关于国家空间政策的总统决议,1988年2月11日,www.hq.nasa.gov/office/pao/history/policy88.html(2010年1月访问)。

㉓ 事例列表,"国家空间政策"1996年9月26日,可在乔治华盛顿大学的国家安全档案馆网站上获取,www.gwu.edu/~nsarchiv/NSAEBB/NSAEBB 231/doc41.pdf(2010年1月访问)。

㉔ 美国国家空间政策(非密),2006年8月31日,www.ostp.gov/galleries/default-file/Unclassified%20National%20Space%20Policy%20–%20FINAL.pdf(2010年1月访问)。

㉕ 拉姆斯菲尔德委员会关于空间管理的报告,题目为《关于促进美国国家安全空间的管理及组织的

委员会报告》,www. fas. org/spp/military/commission/report. htm(2010 年 9 月访问)。

㉖ 白宫,"美国联邦政府的国家空间政策",2010 年 6 月 28 日,www. whitehouse. gov/sites/default/files/national_space_policy_6 - 28 - 10. pdf(2010 年 8 月份访问)。

㉗ 同㉖,P1。

㉘ 同㉖,P3。

㉙ 同㉖,13。

㉚ 同㉖,P9。

㉛ 段落中的引用来自美国国防部和国家情报局长办公室,"国家安全空间战略",2011 年 1 月。

㉜ 很多战略及它们与空间相关/不相关的精彩的总结,参见 Everett C. Dolman,《空间地缘政治:空间时代的经典地缘政治》(伦敦:Frank Cass 出版社,2002)。

㉝ John L. Klein,《空间大战:战略,规则与政策》(纽约:Routledge 出版社,2006)。

㉞ 同㉝,P20。

㉟ Everett C. Dolman,《空间地缘政治:空间时代的经典地缘政治》(伦敦:Frank Cass 出版社,2002)。

㊱ 同㉟,P52。

㊲ 同㉟,P18。

㊳ Peter B. de Selding,"卫星操作者请求投标以建立轨道数据基础",《空间新闻》,2009 年 11 月 23 日,6。

㊴ Bruce M. DeBlois,"空间避难所:一个可行的国家空间战略",《制空权期刊》(1998 年冬)。

㊵ 同㊴,P41。

㊶ 同㊴,P53。

㊷ Detlev Wolter,《外层空间的共同安全与国际法》(日内瓦:联合国裁军研究所,2006)。

㊸ 同㊷,P204。

㊹ 同㊷,P205。

㊺ Joan Johnson-Freese,《空间作为战略资产》(纽约:哥伦比亚大学出版社,2007),246 - 256。

㊻ James Michael Snead,"航天物流基础设施:美国航天的基础",《空间地缘政治》6:1(2008):71。

㊼ 同㊻,P72。

㊽ 同㊻,P87。

㊾ James A. Vedda,《选择,不是命运:在空间时代规划一个可持续发展的未来》(Xlibris. com,2009)。

㊿ 同㊾,P160。

㉛ 同㊾,P186。

㉜ 同㊾,P9。

㉝ Kenneth N. Waltz,"核武器的扩散:更多或许会更好",《阿德尔菲文集》,No. 171(1981):68。

㉞ Joan Johnson-Freese,《天上的野心:美国寻求控制空间》(Philadelphia, PA:美国宾夕法尼亚大学出版社,2009),116。

㉟ 同㉞。

㊱ 关于这个数字(援引 1996 年的美元),参见 Stephen I. Schwartz 等,《原子审计:美国自从 1940 年以来核武器的花费和影响》(Washington, DC:布鲁金斯学会出版社,1998)。

㊲ Marcus Lindros,"月球竞赛的花费:登陆月球花费 1000 亿美元",可在 Artemis 计划的网站查找,www. asi. org/adb/m/02/07/apollo-cost. html(2010 年访问),需注意的是,Lindros 使用的是 1994 年的美元。

第2章 空间战略的政治挑战

罗比·I. 沙曼塔·罗伊（Robie I. Samanta Roy）

在美国建立一个单独的国家空间战略的呼声越来越高，或者至少是一个在国家层面上有更强协调统配机制的"国家协调战略"。这个宽泛的政策，阐述了包罗万象的《国家空间政策》以及起支持作用的各行业领域的空间政策，比如：商业远程感知政策；定位、导航和时间校准政策；空间运输政策。建立这一战略的支持者们认为，另外还需要一个国家指导意见，来详细说明执行中的细节，并进行资源的调配[①]。这种来自各个不同方面的要求表明，对于这个战略的内容和终极目标的精确定义存在着各种类型的观点。这更进一步说明，国家空间政策的制订者们好像并没有充分预测他们将会遇到并且要克服的政治挑战和阻碍，这些挑战和阻碍在政策开始制订的时候就会出现，实施这个策略的时候更是如此。

本章将把关注的焦点放在以下各项工作过程中可能遇到的政治现实和挑战：定义和管理国家空间战略的内容和范围[②]，详细描述各部门和机构的责任及义务，建立一个能够实现目标优先权划分和根据政策的需要调整资源的强健的程序，以及确定机构间的组织结构的性质以便制订决策和监督执行。其中一个很重要的挑战是在战略制订和执行的过程中需要进行大量的部门之间的协调，这通常和政策的复杂程度及范围直接相关。更为重要的是，执行时遇到的挑战可能包括与除了政府部门之外的利益相关方之间的相互作用，比如国会以及商业实体甚至是一些外国政府。这种相互作用必须提前有个预期，特别是应该从国会这个角度进行预测，这样才能够协调各方面广泛的利益，达到最大可能的开放度和透明度，确保战略的成功执行。

例如，奥巴马政府在对NASA的载人空间飞行活动进行显著改变时遇到了来自国会的阻力，同国会一些关键成员进行包容性的相互协调在一定程度上减轻了这个阻力。另外，如果要赋予某些结构新的权力和责任，则需要通过相应的法律授权。面对国际合作的时候，一个战略如果以寻求完成某些国际合作为目标，那它需要明确哪些领域既能够达到互利共赢又符合更广的国家安全原则和外交政策。总之，如果总统行政办公室不能成为一个强有力的协调各部门执行的关键点,那么保持目标、思路、方法三者持续统一的这一战略目标就不可能被贯彻执行。除了讨论潜在的国家空间战略在制订及实施过程中遇到的政治现实和阻力外,本章还将描述目前的协调机制以及存在的一些缺点,以保证未来的空间战略最终能够长期、成功地实施。

2.1 国家空间战略的发展

尽管建议者们在细节方面有不同的声音,但是已经有越来越多的呼声要求制订一个国家空间战略。在本章的后面部分,我们将简要梳理一系列的例子,以及他们的主要观点和建议。这个梳理的目的并不是进行综合,而是要强调那些比较显著的努力。需要重点指出的是,出于各种原因,还没有人给出关于一个国家的政策该如何形成的明确的建议,更不用说关于该如何去实施。

2009年,由一些拥有国家安全、民用和商业空间领域丰富经验的高层人士自发组成了一个名为"美国空间领导委员会"的组织,他们建议奥巴马政府"发展一个《国家空间战略》,从而定义一个最好的方法和方式以完成美国的空间政策目标和目的。"其重要的观点是"尽管国家的空间政策是持续性的,但是目标的实现却不具有持续性,并且经常不能达到阶段性目标。"他们更进一步建议,这个战略应该"宽泛、包容,并且注意各主要交叉部门间的相互依赖、问题、机会、资源和管理工具,从而完成目标。"选择这个努力方向主要是基于对未来的一种期望,强调美国在空间中继续拥有领导力的重要性,指出美国国家安全、民用和商用空间部门存在很多严峻的、体系性的问题,包括"无效的项目管理,日益减少的劳动力,不断受到侵蚀的工业基础,项目和预算之间普遍的不匹配"以及"各个政府部门普遍存在的碎片式的、重叠的、未经协调的行为[③]。"谈到执行这一论题,他们建议应该有一个有效的"白宫中心和机制……帮助确立战略的方向和优先级,提供管理监督,协调跨政府部门和机构的决定和行为。"

另外一种观点是由国家研究委员会领导下的美国民用空间项目的基本原理和目标委员会在2009年提出的。他们提出的名为《美国在空间中的未来:将民用空间项目和国家的需要联系在一起》的报告呼吁把"协作的国家政策"作为美国空间项目的一个"基本的组成部分"[④]。这篇报告提供此建议的背景是国家民用空间项目目前正面对一系列的"阻碍",主要表现在

> 缺少对国家指令的关注,资源极度有限,整个联邦政府内部缺少协作,错失了从政府主导到个人提供服务的机遇期,国际协作面临阻碍,弱化的制度上的合作,以及缺乏对先进科技发展项目的重视。

但是,这篇报告从现实层面上意识到,"鉴于民用和军事在空间的努力有着广阔领域……希望只有一个单独的空间政策是既不切合实际也不可行的"。一

个重要的观点是：

> 目前还没有一个流程制订到位，而联邦政府，包括民用和国家安全在内的所有空间活动正需要凭借这些流程，才能够合理地协调在一起，为每个部分分配其完成任务所需要的资源，从而实现所有参与进来的政府部门能够良好地协作。

另外一个高层次的咨询团体，由汤姆·杨(Tom Young)领导的"国家安全空间独立评价专家组"，也同样呼吁建立一个"国家空间政策"[5]。在2008年题为"国家安全空间的领导者、组织和管理"的报告建议，建立并执行一个国家的空间战略，这个战略应该能够将不同的参与者整合到一起，建立权威和责任的线路，并且描绘优先权。这个专家组进一步建议，重新建立由国家安全委员会领导的国家空间委员会，去落实《国家空间战略》，分配角色和责任，以及评判需求和资源。

另外，作为防御空间活动的经常性评审的一部分，政府问责局(GAO)在2008年的函件中[6]建议建立一个"国家安全空间政策"，将此作为一个行为标准"去定义目标，对完成目标所需进行的行动给出建议，合理分配资源，确定目标和责任，并且整合相关的部门。"他们指出那些政策的目的是"指导投资以便完成目标和任务，并防止对那些与更高层次目标没有关系的项目进行投资。"美国政府问责局最关注的是资源的无效投资，该机构指出：

> 除非制订一个国家的战略，否则国防部门和情报团体就会继续单独地作出决定，并且会把资源用在不是基于国家优先顺序的地方，这样的话可能导致在某些空间活动中资源不足，但在另一些领域却出现资源冗余的情况。

尽管这份函件基本上是将目光集中在国家安全空间战略，这封信的观点对于建立一个更为宽广的《国家空间政策》仍是切实可用的。总审计局可能是最接近于对国家空间战略的具体组成给出详细描述的。他们建议，一个国家战略应该包括：一个明确的目的、范围和方法；对问题的定义和风险的评估；目标、从属的目标、活动，以及绩效评估；资源、投资和风险管理；组织角色、责任及协作；整合及实施。

更进一步的呼声来自一些国家安全空间委员会的前任高级官员，比如已经退休的美国空军将军理查德·迈尔斯(Richard Meyers)，他最近在一篇文章中写到这一观点，"一个国家注重于持续和发展的空间战略的制订，就会将其作为指导方针，指导整个政府如何更进一步地追求空间能力。[7]"他的观点在某种程度上取决于一个针对网络空间安全的国家战略的发布，而且他努力将空间和网络安全放到一起以支持他的国家空间战略的言论。

人们会很自然地提出一个问题：美国政府是否曾经有过一个"国家空间战略"？1984年里根总统执政时期，有人以此为题撰写了一篇文章，但是该文章的最基本的着眼点是空间运输[8]。比较这篇文章和里根总统在1982年签署的《国家空间政策》，我们可以看出，在这个政策指导下，空间战略的确向前迈进了很大一步，但是关于实施、资源优先顺序和结盟事务这些重要议题，这篇文章都没有提及。

尽管直到今天都没有一个综合性的国家空间战略出现，但是在2011年1月却提出了一个《国家安全空间战略（DOD）》，几个月之后又提出了《国防部空间科技战略》。非常有趣的是，2004年曾经完成了一个关于《国家安全空间战略》的初稿，但是从来没对其进行过完善，并且更早的一个版本的《国防部空间科技战略》在2003年就已被提出，但是由于各种原因夭折，这些原因包括：决定性政策的摇摆；无法为长期的战略目标进行资源调配；缺少高层领导的关注以完成政策的制订。所有战略都是由国会主导的，这些新的战略是否能够成功实施还有待观察。

最后，值得指出的是没有几个空间探索的国家提出过一个国家性质的空间战略。英国确实提出了一个2008年到2012年度甚至更远期的《民用空间战略》，加拿大在2003年提出了一个空间战略，但是这些文件在相关的国家的广泛度和影响力方面都阐述得不明确，也不清楚这些政策是否与美国政府国家空间战略制订者们所讨论和鼓励的意图和目的相一致。

2.2 应对政治挑战的战略要素

对如何定义"战略"有很多的观点和看法，制订一个好的战略所需要的要素应该包括在本书中其他作者所提出一些观点。表面上看似平常的对战略的定义，至少对于在军事领域的相关定义，要归功于陆军战争学院亚瑟·莉琦（Arthur Lykke, Jr.）将目的、方式、方法相关联的战略模型。正如理查德·亚格尔（H. Richard Yarger）所说的，"战略是一个关于领导层如何（方式或者概念）让国家使用能动用的力量（手段或资源）去控制周围的环境和地理位置，以完成支持国家利益的目标。"然而，"尽管这个理论很简单，但是因为对术语和定义的混淆，以及各种潜在的假设和前提的存在，往往呈现出非常复杂的状态[9]。"一个国家的政策有很多属性值得强调，这样更有利于我们理解潜在的政治挑战：政策，战略和计划的关系；战略具有前瞻性和被动反应的双重性质；战略的综合性。

讨论到一个战略的角色定位是什么，及我们对战略的要求是什么，其中重要的一点是在政策、战略和规划的各个层次上的连贯性。一个统领全局的政策最终应该确立目标、目的和对战略的指导。但是，政策通常来说不会去具体描述某个关键执行部分——如政策所牵涉到的资源的优先级划分和调配问题。因此,问题是在一个战略文件中,政策(比如预算指导)应该被解释到什么程度,或者我们还应该有一个更加详细的文件——一个"计划"(例如,国防部的国家安全阶段性空间计划)。

更进一步讨论,在一个大范围内梳理目前的国家"战略"文件是非常有益的,我们注意到在"政策"语言和"战略"语言之间似乎有些区别还是比较模糊的。事实上,如果你去检查某些国家战略,例如,《国家安全战略》《国家军事战略》《国家战略》《海洋战略》《预防自杀战略》,你会发现"战略"应该具备的元素在这些文件里都显得十分不明确,它们看上去更像是某个"政策"性文件中的一部分,因为关于资源优先权划分和资源配置——描述战略方法的一个重要的元素——这些文件完全没有给出一个清楚的指导意见。我们将会发现,当处理一个国家战略层面的跨部门事务的时候,资源方面的问题是必须详述的关键问题。

理想的战略应该是具有前瞻性的,能够反映我们国家领导阶层的战略愿景,但是我们政策和战略的形成机制几乎无一例外地都是事后响应式的,所有重大的进程几乎都是危机发生后的跟随反应。看一下目前国家层面上进行的本土安全战略、打击恐怖主义战略、网络安全战略和海洋安全战略的努力,所有的这些努力都是应对危机的滞后反应——这也说明了目前的战略形成机制大部分都不具备提出具有前瞻性的战略愿景的能力。其中一个原因是我们往往只囿于"现在",当前全球网络环境下的新闻周期,以及我们现在按年度进行的预算驱动的政治进程的基本性质,都阻碍了有效的长期战略性思考。除了1989年那个只短期存在的《空间探索计划》,还有一个有关空间的重要例证,美国政府在"阿波罗"项目之后就一直缺乏一个有关低地球轨道上有人空间飞行的综合政策和战略,这种现象一直持续到《空间探索愿景》提出为止,而《空间探索愿景》的提出也是对2003年"哥伦比亚"号航天飞机失事丧失了7名航天员这一悲痛事件的反应。

最后,一个战略的综合性质取决于这个战略的广度和深度(或者说范围),并且也取决于对政策所涉及资源的优先权排序和统筹调配的解释程度。必须均衡满足各方对一个综合战略的期望,从而在潜在的假设事件发生时,以及在政策改变的背景下保持最大的灵活性。处理好这种平衡无论对空间战略的形成还是空间战略的实施都具有很重要的意义。实施结果将会最终确定,这个战略是否是综合性的,是否能够很好地反映统领全局的《国家空间政策》,是否能够更加专注于那些对国家的安全,民用和/或商业空间部分都有广泛的影响的具体事务。有关范围的主题将会在下面进行更深入的讨论。

2.3 形成

在形成国家空间战略这一阶段，有大量的挑战和困难必须要解释清楚。这些困难包括：在前面提到的关于战略的范围和内容的复杂特性，需要明确部门和机构的角色及责任，对政策所涉及的资源的优先级划分和配置解释到一个什么样的程度，起草和推进某项事务的跨部门之间的协作机制。最后一项是一个关键因素——在部门和机构之间的预算和项目需要统一协调的情况下，协作机制在战略实施阶段的作用尤其重要。一个对未来起到持久积极作用的战略能否成功实施，很大程度上取决于如何合理地管理复杂的跨部门之间事务的协作问题，这将会牵涉到领导层大量的精力，领导层要通过联邦政府处理无数的跨部门之间的事务。

2.3.1 范围、部门、机构的角色和责任

任何一个国家空间战略的起点基本都是《国家空间政策》——这是一个统领全局的政策文件，从艾森豪威尔总统在1958年考虑通过的《关于外层空间的美国政府的基本政策》开始，总统制政府机构对这一政策文件从基调上进行了修订和改变，内容改变的程度很大。其他一些作为输入的资源可能来自相关的总统行政令，总统的权威性讲话、告示（这些讲话有时候会被总统执行办公室编纂成某种形式的文件）、法规，以及一些美国作为缔约方签署的空间相关的国际条款[⑩]。另外，不能忽视预算环境或者财政因素所起到的作用，因为它们不管是在明处还是在暗处都会对战略及政策起到很大的作用。

关于范围和内容的关键问题是级别的问题，也就是战略的目的、方式和方法应该放在下面哪一级别："国家"，"行业领域"（如安全、民用、商用），"特定任务"（例如，远程感知，定位，导航和定时；空间运输），还是"特定问题"（例如，进入空间的途径，轨道的垃圾的缓解问题，航天工业基础，空间科学和技术）。空间安全、民用和商业空间领域有共同利益，同时也存在有分歧的地方。每一个领域都有它们自己任务领域的独一无二的分类"标准"，这都是必须要考虑的，每一个领域都在此基础上对空间的活动有自己的分类和处理方式。在战略的形成时期，一个战略的范围要在多大程度上包含多少领域，是一个需要考虑的重要事情。一般来说，过去的经验显示，如果把努力的焦点放在那些最具重叠性且互惠互利的领域上，就能够更容易成功地将三个主要的空间领域的利益很好地融合到一起。

最后，空间战略的最终范围和内容，主要是由实际中形成和完成问题所付出的努力的层次来决定的。在国家空间战略发展的很多工作中碰到的问题都是典型的，都是刚开始范围延伸过大，包括了一些不切实际的目标，后来执行的

时候却表现不佳，无法满足期望值。

用来指导对不同空间领域和任务领域，或者部门和机构之间的努力进行范围界定的一个潜在的方法，是将那些与典型的空间系统的生命周期事件相关的，可能发生的相互作用进行分门别类，这些领域包括：基础和应用科学技术活动；聚焦在更加先进的技术领域的发展上的研究和开发；空间系统或者构件的获取，比如有效载荷和传感器；发射操作和在轨操作。最后一项不仅包括了用户之间的相互作用，如数据共享和任务协作，还包括共同运作部分的共享和协调工作，即跟踪、遥测技术和通信网络、架构以及避免轨道垃圾碰撞。最后，国家政策的复杂性不仅受到空间战略的范围和内容的影响，同样与个人以及相关部门和机构的公共职能和责任有很大的关系。对关于部门和机构的角色和责任展开讨论是非常重要的——特别是在以下这些假设事件发生的情况下：如果一个统领全局的国家政策没有给出初始的明确方向，如果部门和机构之间相互为了资源而争斗，如果不得不通过立法授予一个特殊的机构以新的特权去执行指定的任务和责任。

2.3.2 资源

在国家战略形成阶段，预算实际上明里暗里决定着战略和政策，这是一个很可怕的事情。尽管理想上应该由政策和战略来确定预算，在实际情况中，预算的限制在决定未来行动的进程中起到了关键影响作用。在一个战略文件中根据政策对资源的优先权排序和统筹调配的解释程度，毋庸置疑是最重要的组成部分。关键的问题是一个战略在经过多长的一段时间后还能在多大程度上可以按照原来的规划那样执行？这个问题将是机构之间争论的关键，因为它不可避免地牵涉到有限资源的优先级问题。关于机构间相互作用有一个有趣的事例研究，全球定位系统能力的未来发展关系到国家安全和民用需求，美国国防部和交通部之间在这一事件上相互角力，导致资源的优先级根本没有在国家的层面上进行详细的说明。

预算进程按年度进行的特点使得项目和工程具有了灵活性，但同时也对长期的战略计划造成严重破坏。如果一个国家空间战略力图说明资源的使用"方法"，那就必须为存在争议的问题提供充分的、具有指导性的解决办法。比如，在空间安全领域，这些有争议事项包括：武装力量结构的确定和组网的大小，空间态势感知的层面，以及需要设计的空间系统的防护程度。美国国防部流传这样一句话，"在时间点之前不会付任何钱"——这就可能在规划一个长期战略事项时引发很大的争斗。空间系统现在已经变得越来越复杂，也变得更加昂贵，并且需要越来越长的时间去发展，国家层面的长远战略规划应该认真考虑这一状况。

总之，如果国家战略打算尝试成功地解决资源的问题，它在形成的时候就必须让管理办公室、预算办公室和国会这些机构一起参加进来，甚至需要以总统行政命令的形式进一步阐明，下面是标准的警告：

"有关本规则的任何解释都不得损害或影响：①负责预算、行政或立法提案的行政管理与预算局局长的职责；②此规则的执行必须符合适用的法律和拨款的有效性。"

2.3.3 过程与机制

一项国家战略解决具体问题的过程包括问题的确认，为解决该问题需制订新的战略，通过协调机制经总统签字使战略获得批准。根据问题的性质，问题确认的过程由范围较广的利益相关方发起，包括联邦、非联邦和国际利益相关方。战略的制订可能是"自上而下"，是用于应对突如其来的国家危机，或是自上而下政策推动的自然结果，又或者是利益相关方对一个自下而上的问题评估后作出的可能反应，随着时间的推移需要国家层面给予关注。

战略的制订过程通常由一个跨部门工作组来完成。涉及国家空间政策问题，通常采用跨部门政策委员会结构，由总统办公室牵头，如国家安全委员会和科学技术政策办公室等，管理与预算办公室也要参与。一个理想的战略制订过程包括政治、技术和预算分析。然而，即使采用一种严谨的分析方法，其结果通常也差强人意。作为缺乏连贯的国家计划的真实案例，2010年3月10日，在听取参议院军事委员会的汇报期间，负责空军外层空间计划的副部长加里·佩顿（Gary Payton）承认，美国空军从来没有明确就关于取消NASA"星座"计划进行磋商。此举将对美国的航天工业基础的某些计划有显著的影响。

战略获得最终批准的协调过程也是一项艰苦的流程，通常需要通过多层次跨部门协调，建立共识，经常会形成最低的共同标准。这就意味着许多"战略"包含了更高层次的政策性语言，模糊了政策与战略的区别。这种机制在后续有关实施内容的章节中将给予更多论述。

2.4 实施

国家战略获得批准后，其能否成功的最重要元素是执行的能力，否则它将只是一个作用有限的文档。在谈到如何执行国家空间战略时，面对规划会有许多相同的问题。在与行政部门进行预算协商时，还面临着重大挑战。例如，年度预算过程能够完全支撑国家战略吗？预算结果是否给出了最优化的执行方案？战略的执行与国会的关系也面临着严峻的挑战，国会只是增加了相关的国会议员的数量，这些国会议员对空间安全、民用和商用空间活动拥有司法权。如果国会觉得某项国家战略的发展并没有足够多的支持者，那么他将通过选举来缩减或扣留经费。另外,也不能不考虑非联邦利益相关方所起的作用。例如,以工业为基础的利益相关方对与其相关的国会委员会、小组委员会和成员都有重大的影响。不能低估这些成员的利益对战略发展的影响。最后,国际利益相关方也在不同程度上,尤其是在处理敏感的贸易问题和外交政策方面,对战略的执行施加影响。

关于国家战略实施的难易程度,只有研究政策执行的跟踪记录,才能得出战略实施的有效程度。执行高级政策语言是比较困难的,而且通常会延迟。因此,如果一项战略有比较详细的操作细则,那么实施也相应地更加困难。战略实施的核心问题是:是否建立了适当的机制和指派了主管领导,以确保对战略的实施进行有效监督。在总统行政办公室,指定强有力的高级领导来确保各部门和机构及时有效地执行国家战略是非常关键的。目前,美国在空间的某些领域已经取得成功,包括定位、导航,以及通过建立国家协调办公室建立把握任务范围的时机,但在其他任务领域,如载人航天等领域,仍面临挑战。

在这种背景下,洛格斯登(Logsdon)回顾了历届总统和政府是如何组织空间政策监督机制的[⑪]。总统执行办公室在试图协调各机构和部门之间的行动时面临着许多困难:

"对于权利分配,总统与行政部门一起决定国家利益,他(她)的权利是有限的。总统可以通过政策指令与预算决策来确定战略的优先级(权),并可以指定行政机构的领导并和他们分享他(她)的价值观与观点。但这些人的忠诚度会在白宫与自身机构利益之间进行分配,只是偶尔才会和总统的意愿一致,这几乎是不可避免的。"

洛格斯登强调在白宫(总统执行办公室)特别是单位之间存在明显利益差异时,中央需要一个强有力的人物和协调机制,其中的关键问题是人员要有足够的资历,可提供足够的最低限度的监督和指导。最近,国家安全委员会委派一名来自科学和技术政策办公室的中层人员作为空间政策负责人,通常为航空航天主管助理和高级空间政策分析师。此外,管理和预算办公室的人员也加入到总统执行办公室内的各种实体中,这些实体均是空间项目的利益相关方。然而,除非有高层领导经常且持续地参与,以确保战略的执行不断取得稳步的进展,并解决各种争议(如果有争议的话),否则,总统执行办公室就会存在一个引力不足的"重心",它在相互竞争和矛盾重重的复杂的政府机构中,监督困难且费时的国家战略日复一日的执行情况。这些政府机构通常只关心他们自身的利益,在此基础上寻求战略和政策的实施[⑫]。

在即将结束战略实施所面临的挑战这个话题时,值得提及的是当国家政策的实施需要超越战略层面进入到国家计划领域时审查所起的作用。计划的执行通常由年度预算周期和执行机构的水平来决定。如果计划得到正确地实施与适当的监督,它们就可以直接反映国家层面的政策并与之结合,并可作为战略的代表。值得注意的是,单个机构的计划通常不跨机构进行协调,跨机构的协调需要更高级别的机构来进行。

最后,作为一条可行的实施(执行)途径——也许可以与广大的非联邦利益相关方一起——提出一个问题:总统在空间相关事务中是否需要一个外部咨询团?[13]过去,有一个总统空间顾问小组,但是他的职责并不清晰。如果这个顾问团体中被任命的均是拥有适合的专业知识和经验的人,并且高层领导也乐意倾听他们的建议,并采取适当的行动,那么这是一个潜在的咨询资源。

2.5 新的空间战略

虽然本章的编写是在新的《国家空间安全战略》及《国防部空间科技战略》发布之前,但仍值得提及的是与本章相关的早期观察。《国家空间安全战略》是与当前承认空间面临拥挤、争议和竞争事实的《国家空间政策》相一致的。但是,它与本章提到的其他许多战略具有相同的缺点,没有给出方法,即"不解决"。虽然存在有基于"可行性和可购性评估以及成本、利益和风险分析"的战略实施计划的讨论,但其内容和实施情况仍有待观察。

新的《国防部空间科技战略》是具有较高水平的国家安全战略,阐明了近期和远期的科技目标。但是,其目标的定义松散,而不是尽可能量化的。由于不能为广大科技人员提供明确的目标,科技的进步如果不能随着时间的推移来进行衡量,这就限制了它们的价值。因此,这一战略将如何发挥其作用还有待观察,或者说是如何描述这一战略才能在最大程度上满足国会的要求。如果航天业的周期性更新可使其空间更加广阔,并利用该文件来进行计划决策和资源分配,那么就可以确定这种战略的最终效用。

2.6 结论

国家空间战略的规划与实施面临着许多挑战。关键的问题包括:战略的范围和内容——本质上是否广泛集中在安全、民用和商业领域,或是否限定在特定的重要重叠区域;需要国家级别的协调和跨部门的组织决策,利用政策和机构的角色和责任,必须解决资源的一致性。国家空间战略需要在总体结构和贯穿国家航天企业有限的交叉领域之间进行平衡,但是要有明确的目标、重要的阶段(里程碑),相关部门和机构的角色和责任分工。另外,战略必须能够完全解决规划的目标与可用资源越来越脱节的发展倾向,这是最近几年令人担忧的问题。

考虑到当前航天企业所面临的各种挑战,包括预算等问题,一定级别的战略所涉及的初始领域可能包括：国家未来的基础发射设施、维持航天工业基础、空间环境监测和缓解措施，如避免轨道碎片碰撞及空间天气预警和预测等。最重要的是，有助于促进空间活动的最重要的要素成为总统行政办公室关注的焦点。这个焦点应该包括技术、预算和政治等方面的专业知识，并根据当前的财政情况，将它们连贯有序地联结在一起形成可用的方法和手段，并在《国家空间政策》中清楚地表达出来。

注　释

① 以上国家空间政策，可访问 www. whitehouse. gov/administration/eop/ostp/library/archives（2011 年 6 月访问）。

② 为简单起见，本章将使用术语"战略"；这里有可能是一系列具体的策略，而非单一的某个最重要的策略。

③ "美国在外层空间的领导地位"，总统备忘录，美国空间领导委员会，2009 年 3 月 10 日，www. spacepolicyonline. com/pages/images/stories/Memo_For_the_President_March_10_20091. pdf（2011 年 1 月访问）。

④ 《美国在外层空间的未来》，国家研究委员会，2009 年，www. nap. edu/catalog. php? record_id = 12701（2011 年 1 月访问）。

⑤ "国家空间安全的领导、管理和组织"，关于国家安全空间组织和管理的国会独立评估报告，国防分析研究所，华盛顿特区，2008 年 7 月，www. smdc-armyforces. army. mil/ASJ/Images/National_Security_Space_Study_Final_Sept_16. pdf（2011 年 6 月访问）。

⑥ "空间防御活动：未来国防部的空间努力方向需面向国家空间安全"，美国政府问责办公室，2009 年。

⑦ Richard B. Meyers，"时间对空间战略有利"，《华盛顿时报》，2009 年 6 月 4 日，www. washingtontimes. com/news/2009/jun/04/time-propitious-for-space-strategy（2011 年 1 月访问）。

⑧ R. Cargill Hall 和 Robert Butterworth，《军事空间和国家政策：记录和说明》（华盛顿特区：乔治·马歇尔学院，2006），www. marshall. org/pdf/materials/419. pdf（2011 年 1 月访问）。

⑨ H. Richard Yarger，"面向策略理论：Art Lykke 和陆军战争学院战略模型"，空中大学，麦克斯韦尔空军基地，阿拉巴马州，www. au. af. mil/au/awc/awcgate/army-usawc/stratpap. htm（2011 年 1 月访问）。

⑩ R. Cargill Hall，"国家空间政策：这很重要吗？"华盛顿科学与公共政策圆桌会议，乔治·马歇尔学院，华盛顿特区，2006 年 5 月。

⑪ John M. Logsdon，"新兴国内结构：组织空间力量的总统"，Charles Lutes，Peter L. Hays 与 Vince Manzo，Lisa M. Yambrick，以及 M. Elaine Bunn（编辑），《面向空间力量的理论：论文集》（华盛顿特区：国防大学出版社，2011）。

⑫ 同时增加总统执行办公室人员和找到足够的空间会面临挑战，一个潜在的解决方案是设置一名全职的国家安全事务高级主任，主管高级空间政策。此外，增设一个高级空间政策科学分析和技术政策办公室，人员不少于 5 人，这个更全面的团队将以更全面的方式专注于广泛的国家安全、民用和商业空间问题。

⑬ Robert Butterworth，个人与作者的通信，2011 年 6 月 1 日。

第3章　国际合作与空间治理战略

南希·加拉格尔(Nancy Gallagher)

奥巴马政府的国家空间政策及态度表明,其比小布什政府更加重视国际合作。①但迄今为止,新政府并没有给出一个连贯而有说服力的战略概念,以指导其寻求空间合作。国防部(DOD)官员认为,美国需要更多的非正式合作,因为空间越来越"拥挤",越来越具有"竞争力"和充满"纷争"。②而美国国务院的官员则使用了更多的外交术语,描述空间不仅是"拥挤"的,而且也是"多方面的"和"相互依存"的③。每个词语反映了定义空间问题所采用的不同方式、某种程度上甚至相互矛盾,利用空间合作可以协助解决这些问题。同时,每个词语均对空间合作的种类进行了概念性限制,美国值得认真考虑那些降低了就某些措施达成国际协议可能性的方法,而那些措施可能会促进空间和美国整体安全战略主要政策目标的实现。

概念上的混淆可以解释奥巴马政府所宣称的空间合作利益与其所认可的最低的共同标准之间的差距。例如,最近美国宣布,在发射商业和民用卫星前将提前发出通知,但这并不包括国家安全卫星,并且仅限于"绝大多数"的洲际弹道导弹和潜射弹道导弹④。虽然只能部分满足《海牙公约》的行为准则,但这毕竟是一个积极的姿态,以前小布什政府从未实施过。而且,这也远远低于克林顿政府时期与俄罗斯签署的发射前和发射后通知协议要求。同样地,新的《国家空间政策》针对需承担相应责任的空间行为,出台了更严格的规范。与美国利益密切相关的国家开展空间行动时,也需要履行相应的规范和限制措施。当更加严格的规范成为国家空间政策的核心要素时,相比履行的行为规范,美国对盟友提出的自愿行为更感兴趣,反之亦然⑤。在不了解这种自愿透明的措施和规范是否符合美国国家空间政策和安全战略之前,很难判断它们是否有助于在未来形成更多雄心勃勃的、健康的、有效的合作。

一种更具战略性的思考空间合作在实现美国国家目标的过程中所扮演角色的方法,是对其为什么有用,何种方式更好,以及其他主要航天国家是否会统一可产生期望结果的措施等进行不同的概念化评估。尽管对战略的实际意义及追求方法存在分歧,以下三个战略目标仍代表着随着时间的推移可持续发展的美国国家航天政策的核心：①确保和平利用空间；②保护空间资产不受危害；③在安全、经济、民用和环境方面获得最大价值的空间。

根据奥巴马政府在空间和安全政策中所应用的不同政策方针，本章分析了三种空间合作的战略逻辑，包括"全球公域"逻辑、"战略稳定"逻辑和"全球安全空间治理"逻辑。"全球公域"逻辑旨在寻求更多的非正式合作，使得众多利己主义的空间用户可以共享一个"拥挤"的环境，而不会造成意外伤害。"战略稳定"逻辑的含义是，美国对空间的利用引发越来越多的"竞争"，国家或非国家团体可能攻击脆弱的空间资产以抵消美国的军事优势。在这个逻辑中，空间合作的主要目的是通过扩大攻击者的负面影响，减少他们的潜在利益，避免其错误的认知，尽量减少敌对者对空间资产可能进行的这类攻击。"全球安全空间治理"的逻辑主要强调了空间的"相互依存"和"多面性"的特征。这个逻辑强调的是，不同的国家、企业和个人依赖于空间的目的越多，他们越需要更多的公平规则、共同决策程序及有效规范的管理机制，以便从空间获得的利益最大化，同时将不负责任的行为或故意干扰合法的空间活动的风险最小化。

每个逻辑都强调了发展空间领域的重要特征，并且每个逻辑都给予了充分的理由，说明在一个可接受的风险和成本水平上，开展更广泛的国际合作可以帮助美国实现国家目标。近年来，由于美国主要的空间政策目标已经使其军事力量和在空间的行动自由最大化，并且商业和民用利益也必须服从于这个目标[6]。大多数支持更广泛空间合作的美国人及其盟友，都赞成使用"全球公域"或"战略稳定"逻辑。虽然"全球公域"逻辑具有最广泛的吸引力，但是出现的空间环境问题似乎并没有足够紧急以激发更多的合作，在20世纪90年代，因环境问题进行的合作已经获得了相应的支持者。针对环境问题进行的空间合作也掩盖了不同航天国家之间相互的利益冲突。另一方面，使用"战略稳定"逻辑来进行更多的空间安全合作，夸大了相互冲突的安全利益，可能会增加空间用户的紧迫感。这样做可能无意中刺激了竞争，破坏了合作的前景。

"全球安全空间治理"逻辑拓宽了合作依据，通过合作，空间用户可以用较低的成本来获得共同的正面收益，同时通过降低无意干扰和蓄意攻击的风险来减少负面效益。它为增加政策协调和更具建设性的空间安全合作提供了一个更令人信服的理由。上述两点分别由"全球公域"逻辑和"战略稳定"逻辑来实现，"全球安全空间治理"逻辑集合了另外两种逻辑的特点。虽然"全球安全空间治理"逻辑在美国可能比其他两个逻辑会遭遇更多的政治阻力，但它更有可能达成国际共识，实现预期的效果。通过向国内反对派说明"空间不仅已成为现代美国军事行动必不可少的元素，而且也已成为2010年国家安全战略的主要元素"来说服国内的政治阻力。通过在空间及地球上构建一个公平、可持续发展的国际空间秩序，来促进全球共同的安全、稳定与繁荣。

3.1 空间作为全球公域的可持续管理

空间、公海、大气层和南极洲等这些领域被认为是"全球公域",超出了任何国家的主权管辖范围,由国际法进行管理,可用于公共利益。由此创建了不属于任何主权政府控制下的领土、领海或领空的访问权,同时要求加强责任感,尊重其他国家的利益。

1967年签署的《外层空间条约(Outer Space Treaty,OST)》提供了基本的法律框架,将空间作为"全球公域"进行管理。它将空间定义为"全人类的领域"[7]。它不能被征用(第2条),但可以自由访问,"没有任何形式的歧视",享有"平等"的权利。探索和利用空间应该是"所有国家的利益……,无论他们的经济或科学发展程度如何"(第1条),并且必须遵守国际法……,维护国际和平与安全的利益"(第3条)。《外层空间条约》进一步规定,由于涉及所有缔约国的利益,"缔约国应开展空间活动"。他们在做任何事情之前,应当考虑到对其他空间用户可能造成的损害(第9条),对其他方造成的损害应当负赔偿责任(第7条),并在紧急情况下对彼此的航天员提供帮助(第5条)。然而,外层空间条约和后续空间法都没有提供详细的规则或一个权威性的说明,确定何种类型的空间活动不符合这些原则,何时个别或累积的空间使用可能损害共同利益,以及如何从空间活动中分享利益。

对于集体(共同)行动理论,空间的全球公域特征使人联想到加勒特·哈丁(Garrett Hardin)的"公域悲剧"。当许多目光短浅、自私自利的用户不考虑公共利益,也不顾及对其他用户、有限的资源、共享的环境,甚至对自己的长期利益产生的负面影响,一味地试图最大化自己的收益时,就会产生一系列的问题[8]。随着空间公域变得越来越拥挤和退化,用户必须消耗更多的成本来获得同等水平的利益,并如此这般开始恶性循环,单个用户对这种情况无能为力。要避免悲剧的发生就需要建立一个中央权力机构,由其制订规则,并监督空间用户的遵守情况,或者非正式一些的,有足够多的用户具有自律性来确保空间的可持续性发展。如果用户像重视他们通过过度使用或滥用公共资源获得的物质收益那样重视他们的社会关系,所有用户随着时间的推移可以通过教育理解相互克制对他们维持生计是如何至关重要时,或者公共环境可以忍受适度的不良行为而不崩溃时,那么空间用户自愿的行为规范、公开透明的措施以及来自同行的压力,可以使其行为产生持续的变化。当公共意识薄弱的空间用户只关注自己的短期成本或收益,全球公共资源的可持续使用受到愈发严重的威胁,以及需要人们更严格地遵守规则来保护空间时,明确的法律规则、有效的监督和足够权威的执行机构就变得越来越重要[9]。

虽然宇宙如此浩瀚,但一定程度的拥挤和不负责任的使用已经提高了空间用户不经意间会彼此造成问题的风险。两个经常被引用的案例涉及轨道位置和射频(RF)频谱的分配,以便于某个卫星的传输(传播)不会干扰邻近卫星的操作,并减少轨道碎片,避免其对卫星或其他空间飞行器造成损害。由于最强大的空间用户目前宁愿保持低水平(等级)的协商和执行成本,以维持对空间开发的灵活性,也不愿选择更高等级的有效且公平的规则并加以严格遵守,相比较而言,他们首选相对较弱的国际协调和自治机制。但这种方法的缺点明显地体现在以上两个方面,随着空间用户数量的持续增长和多样性的增加,情况可能会变得更糟。

最严重的过度拥挤情况发生在地球静止轨道(GEO),卫星需要在这里进行轨道分离,这样所需到达地球的高功率信号就不会干扰相邻的卫星。只有少数的卫星可以横跨美国和其他主要的地理位置,与赤道弧线拟合[10]。资源约束和干扰问题不会随着卫星数量的增加而成比例地增长,因为技术的进步正在使卫星的近距离操作成为可能,可以更有效地使用射频频谱,并协调动作,以避免影响邻近卫星。尽管如此,用于协调轨道位置和频谱使用的国际电信联盟(ITU)系统仍需要持续的改进,更有效地处理注册申请,降低"隐藏卫星"(用于注册不存在的卫星位置)存在的可能性,并增加符合注册和技术建议的条款。越来越多的国家和公司拥有技术能力和财力把卫星置于地球静止轨道。随着压力的增加,需要重新分配稀缺的轨道系统,仍然会遵循"先到先得"的规则,并拥有或多或少的永久权[11]。

除了1100颗活跃的卫星,空间也充斥着没有任何用处的垃圾和废弃的卫星、火箭助推器、爆炸或碰撞产生的碎片、油漆斑点或其他人造物品。目前,美国跟踪了超过19000个10cm或更大的物体,专家估计有300000个大小在1~10cm的物体。如果它们以轨道速度与卫星发生碰撞,将对卫星造成严重损害,加上产生的数百万或数十亿非常小的物体,可能降低卫星的功能等级或损害某些传感器和子系统[12]。

虽然空间物体间的无意碰撞已经非常罕见,像破坏性的反卫星(ASAT)武器试验造成的故意碰撞更加罕见,但最近几次碰撞和近距离脱靶仍增加了操作风险,空间碎片也使问题更加复杂[13]。人们最关心的是一连串撞击的可能性——一系列打击会产生更多的碎片和更大的碰撞概率,可能会使一些"有价值的轨道在未来几十年都不适用于空间活动[14]。"

近期,开展航天活动的国家在减缓碎片方面已经逐步取得了一些进展。从20世纪90年代开始,美国、欧洲航天局(ESA)和其他开展航天活动的国家就制订了国家层面的指导方针,减少卫星在发射及在轨运行期间产生的碎片,在地球静止轨道卫星到达使用寿命时将它们引入废弃物轨道,并把已经失效的近地轨道(LEO)卫星推入到25年衰变(减)轨道。遵循这些最佳惯例需要额外的成本、复杂的操作,同时也缩短了卫星的使用寿命。因此,遵守和执行的情况也各不相同。目前,一些空间用户仍然还没有国家层面的碎片预防指南。

为了加强和统一各国对规则的遵守及执行,联合国和平利用外层空间委员会(UNCOPUOS)委托机构间空间碎片协调委员会(IADC)来制订国际标准。2007年,该标准被和平利用外层空间委员会采用,并通过联合国大会批准。条约仍然允许每个空间用户和国家自己来决定如何运作,并没有明确的规定需要更改哪些设计和操作可以限制碎片的产生,尤其是那些产生长久存在的碎片的方式,以减少潜在的破裂,降低意外碰撞的概率,并避免有意的破坏。由于指导方针采用自愿原则,因此它的约束力依然很弱。2009年,在21个地球静止轨道飞行器中只有11个在完成他们的使命后得到了妥善处理。⑮

与此同时,欧盟也正在努力,通过推行一个外层空间活动的行为准则来推动欧洲空间用户对空间公域进行负责任的使用。在不增加透明度或新的机制情况下,这个准则主要重申了在《外层空间条约》和其他协议中已经得到航天国家认可的原则,以决定在有争议的情况下如何应用这些原则。

最重要的附加行为准则告诫签署国家应避免那些可能产生持久的空间碎片,以及损坏或破坏空间物体的行为。这样的规范可能会抑制某些出于经济利益或声誉驱动的行为,同时安全问题可能也会忽略环境因素。此外,以这种方式定义的"负责任的"行为作为令人难以置信的理由指责了2007年中国的反卫星试验,却没有对美国使用海基弹道导弹拦截器摧毁存在故障的193号美国间谍卫星进行指责,理由是油箱可能会危害人类健康。最中立的观察家认为,这种行为对空间安全有不同的但同等负面的影响⑯。如果规则是公平的,其他用户也能够履行克制的行为,并且社会公众中的反对活动可以从积极的方向为可能出现的空间环境的污染寻找根本原因,那么支持者就可能有更好的机会来建立新的空间规则,减少垃圾的产生和其他不负责任的空间行为。

当空间作为全球公域变得越来越拥挤,获取有关空间物体的更全面和更准确的位置信息和投影运动,可以帮助卫星运营商了解何时出现足够高的碰撞概率,并利用有限的燃料将物体移动到安全地带,避免受到损坏。空间监视信息也可以用来监测空间物体数量的增长,并提高责任意识,需要有更多的集体行动来保护空间环境。奥巴马政府已经把空间态势感知(SSA)作为优先考虑的选项;2011年花费在相关项目上的预算提案比上一年大约增加了70%⑰。然而,在监视信息的合作收集、分析和传播空间方面,预算增加的速度仍然很低。

虽然美国军方拥有和操纵着最大规模的光学和雷达传感器网络,具有最完整的空间物体目录,但其空间监视网(SSN)仍有其局限性。它通常只能跟踪直径大于10cm的物体,在南半球没有传感器,深空跟踪能力非常有限,而且直到最近,才有足够的分析资源来完成以下观测任务,包括载人航天任务、美国政府重要的航天器,以及其他一些美国所关注的卫星存在的潜在碰撞。公共的空间监视网目录不包含成千上万的美国军方正在追踪的对象,也没有足够准确的公共数据用于分析做出避免碰撞的决策。商业和国外航天器运营商可能要求更详细的信息,但审查和处理他们的请求需要一定的时间,可能无法及时解答。其他一些具有独立收集空间监视信息能力的国家,他们可以使用单独或公共的空间监视网目录中的数据,但无法复制空间监视网的基本特征[18]。

自2007年中国的反卫星试验和2009年"宇宙铱(Cosmos-Iridium)"碰撞后,美国已采取措施来改善其空间态势感知的能力,与其他空间活动者分享更多的信息。美国向空间监视网增加了新的传感器,如将天基侦察卫星发射到极地轨道,它可以每天对所有的地球静止轨道进行一次扫描。美国空军联合空间作战中心增加了足够多的分析能力,以目录中所有物体为背景,为所有活动卫星做定期联合分析。同时,签署了法律协议,与16个商业实体实现数据共享,并探索与其盟友更好地共享空间监测数据和成本的方式,同时也盯紧欧洲[19]。但是,美国军队仍不愿与非盟友国家定期分享这些信息。

总之,有充分的理由对将空间合作作为全球公域管理给出定义,这样越来越多的单一空间活动者可继续以一种安全的、公平的、可持续的方式使用空间。但是,这也成为以此种方式提出的更广泛的空间合作需求不太可能达成国际协议的主要原因。到目前为止,过度拥挤造成的干扰和空间碎片造成的事故仍是小概率事件,结果并不严重。这就很难说服那些决策者们投入大量的时间、金钱和政治资本来加快国际协议的签订,使更多的空间用户遵守愈发严格的规则,共享更广泛的信息,制订更好的管理流程。伴随着持续不断的战争和全球经济危机,一颗卫星在10年的寿命期间内,与一块空间碎片相撞的机会只有千分之一,这听起来并不是太糟糕[20]。瀑布状的碎片可能大大增加未来空间活动的风险和成本,但这与全球变暖或猖獗的核扩散造成的后果相比,并不可怕。

如果空间合作的支持者确信,为减少碎片产生等问题而采取集体行动是空间合作的最重要原因,并且他们对过去15年在改善发射、操作和处置实际问题等方面所取得的进步满意,那么继续通过协商给出合作框架是一个很好的战略选择。但如果他们认为,空间作为全球公域进行管理所取得的持续性进步并不充分,那么,他们就会重新考虑优先选择非正式的自我管理,而不是更正式的、全面开展的监管。如果他们希望利用相对没有争议的、成功的技术协调方法来解决政治上棘手的问题,从而进行更重要的空间合作,那么他们就应该意识(考虑)到那些更重大、更敏感的政治问题可能会阻碍优先级较低的技术协调。

战略的敏感性阻碍了空间合作。许多人,特别是一些来自美国和国外防务政策团体的人,他们的决策影响着空间的合作,抵制将空间作为全球共享资源进行长期、可持续的管理,因为他们与环境学家、国际法学家或集体行动理论家对空间的思考方式并不相同。那些认为访问和利用空间获取的战略收益是可以人为控制的人们,有时会利用"空间全球共享"的说法来维护自己的权利,在不受干扰的情况下利用空间,但不承认其他用户也有类似权利,也不承认享有权利的同时需承担相应的责任。这种极端的观点认为,美国应该成为空间霸权来监管共享的空间环境,保护空间的和平使用,并防止任何人出于敌对目的访问或使用空间[21]。另一种不是特别极端的对立思维也会阻碍空间的合作,如限制共享空间监视信息,以及限制有助于缓解空间残骸产生、空间交通管理和稀缺资源优化的技术出口等。这种对抗性逻辑在空间决策时占的份额越多,美国或其他国家的决策者就越不可能为保护空间和避免环境退化而放弃短期利益和未来空间利用的灵活性。

3.2 （开展）边缘空间合作,加强战略稳定

当从军事竞争的角度,而不是环境管理的角度来看空间问题时,合作的逻辑就会发生变化。假设竞争者追求的是,即使减少他们的绝对收益或增加经营风险,也要最大限度地发挥他们的相对权力,而不是不考虑其他用户,而只追求自己的绝对收益最大化。推动战略合作,是早期军备控制理论家托马斯·谢林(Thomas Schelling)和莫顿·霍尔珀林(Morton Halperin)的设想,该想法是基于与潜在对手的共同利益:为了避免共同的灾难[22]。在他们的关系边缘,通过正式或非正式的合作让竞争对手相信,他们所获得的将远远多于发起一场无缘无故的攻击的所得,并通过减少误解,减少即将发生攻击的误报（虚警）,减少指挥和控制的失误,以及减少可能会导致双方都不希望的核战争的可能性来实现战略稳定。

为了增强对地球威慑的稳定性,空间是美国和苏联寻求有限合作的第一个领域。美国希望空间作为全球公域,这样在某种程度上,在苏联领土上空发送遥感卫星是可行的,但不允许间谍飞机飞行。来自空间的影像和通信减少了战争的可能性。在这种理念的支持下,卫星过境作为和平事件是被接受和允许的,因此,毫无疑问也是受《外层空间条约》保护的。卫星是以一种非入侵的方式来获取有关超级大国的军事平衡和是否遵守武器协议的信息。它们可以提供真实的攻击预警,对不必要的担心保持镇定。它们还可以为超级大国领导人提供直接的沟通以及危机管理与控制升级所需的更有效的信息。

空间法很少明确规定哪些是禁止的（例如,轨道中大规模杀伤性武器和天体的军事使用）或哪些是受保护的国家安全活动（例如,用于核查条约遵守情况和用于危机"热线"的卫星）。不过,对于不稳定的空间活动,超级大国以稳定和实行互惠约束的方式允许相互空间的利用。尽管两者都进行了某些探索性的反卫星武器试验作为保护手段,并且在他们的卫星遭到攻击时,都有潜在的报

复性手段,但他们既没有积极地推行专用的反卫星武器试验,也没有把常规武器在空间用于先发制人的攻击作为战略目标。即使苏联在美国尼克松政府执政期间进行了一系列专门的反卫星试验,美国仍决定不加强自己的反卫星武器的发展,因为相比模仿进行反卫星武器竞赛,发展反卫星武器不太可能提高对苏联反卫星武器的威慑作用,反而会不同程度地损害美国的利益[23]。随着对苏联承诺的怀疑和美国自身威慑稳定性的增长,美国对互惠互利的反卫星武器试验约束规则的兴趣有所下降。一旦里根政府认定增加地球威慑稳定性的最可靠的方法是利用空间来增强美国高科技作战优势,避免苏联认为他们所获得的远远大于开始一场核战争所失去的,美国对反卫星武器试验约束规则的兴趣就完全地消失了。

许多分析师当时支持利用有限的空间军备控制战略来提高战略稳定性,在冷战时期形成了他们的安全逻辑,并使其与不断变化的战略环境相适应。两个超级大国拥有大致相等的核武器和传统武器以及空间能力,在不引发核战争的情况下,美国并不想展开竞争。目前,从美国的角度来看,其主要挑战是实施"主导"与"控制",旨在阻止实力较弱的空间活动者试图通过威胁或不对称的攻击方式来攻击美国军事力量和经济繁荣所依赖的空间资产,从而达到抵消美国战略优势的目的。由于美国希望能够获得全面的空间优势,同时排除其他国家对美国空间运作的干扰,但这是不现实的。一些美国的战略家认为,阻止这些攻击的最好办法是说服潜在的侵略者,他们从干扰中所获得的收益将远远超过预期的成本。

这种作法通常被称为"空间威慑",但核武器的类比是极具误导性的。一个更准确和更少贬义的术语是"空间劝阻",因为与其他计算费效比的方法相比,报复威胁空间或地球目标的可靠性较低,且效果有限。最深思熟虑的研究强调了那些相对不具威胁性的劝阻策略,如降低目标卫星的吸引力,提高反卫星武器攻击的政治和法律成本,并强调,即使有限的卫星干扰也可能通过引发全球金融市场的灾难性崩溃,或造成低级冲突引发的升级失控,从而导致共同的灾难[24]。但是,即使这些研究建议美国发展某些同样具有进攻性的防御能力,也会增加其他空间活动者寻求模仿或抵消美国战略选择的可能性,刺激武器采购的恶性循环,形成紧张局面,并在危机或战争中采取可能的先发制人的行动。

美国人害怕其优越的空间资产遭受非对称攻击,而俄罗斯人和中国人则担心美国的空间与导弹防御优势使得美国在区域性危机中很少注意到他们的利益[25]。90年代末,美国在导弹防御和空间控制方面的野心造成了不稳定影响,引发了全球关注。在裁军会议(CD)上,俄罗斯和中国成为"预防外层空间军备竞赛"(PAROS)谈判桌上越来越坚定的支持者。本议程在一年一度的联合国大会决议上获得了普遍支持,但美国则强烈反对,理由是在空间并没有发生冷战时期的军备竞赛,所以不需要增加额外的措施。

2008年，俄罗斯和中国提出条约草案，扩展了《外层空间条约》针对大规模杀伤性武器在空间的禁令，禁止所有类型的轨道武器。它也明确禁止对空间物体使用武力或进行武力威胁[26]。他们提出的"禁止放置武器"（PPW）的提案被广泛认为是一种宣传手段，部分原因是因为它只禁止美国部署天基导弹防御拦截系统（主要针对俄罗斯和中国的目标），但并不禁止产生碎片的反卫星试验或防止核扩散的反卫星能力，最重要的是控制其他航天国家的军备目标。布什政府也对提案表示反对，认为"许多空间技术具有军民两用性，在没有实现和平利用空间之前，无法界定空间武器的定义和对其进行核查"[27]。

美国提出的提高战略稳定的空间合作措施及建议明显回避了法律限制，而是强调双方的对话、增加透明度和建立互信机制（TCBM）等措施。奥巴马政府一直试图建立定期与俄罗斯和中国进行双边战略稳定的会谈机制，会谈内容将涵盖核武器、空间和网络安全等问题。美国也一直呼吁中国，特别是对其空间计划、功能和意图应更加透明。虽然美国政府表示，战略对话可提供"空间公域的相互信任"，但公共言论过分强调了中国反空间能力的进步，引发了美国政府的关注；而不承认美国已经拥有了更先进的反空间能力，同样也引发中国的极大关注[28]。

美国和欧洲经常提出，增加透明度作为一种低风险的方式，可以用于试探其他空间活动者的意图，消除误解，避免军备集结及担心受到袭击而产生不必要的担心。然而，其他国家出于自身的理由并不十分赞成这种观点。虽然俄罗斯和中国同意在必要时可启动广泛的和侵入性的核查程序，来核查其空间活动是否高度符合具有法律约束力的军控条约，尽管这些条约可以为他们的安全利益提供保护，但如果没有相应的法律协议来平衡其信息提供与使用的关系，他们通常会拒绝提供敏感信息。这种不情愿一定程度上与文化有关，但同时也是战略的一部分；尤其是对能力强大的空间活动者行为没有任何约束时，能力较弱的活动者有更多的理由担心，信息的共享可能会暴露自己的弱点。美国可能会高估增加透明度、建立互信机制（TCBM）等措施的重要性。像美国空间政策报告和专家访问军事卫星飞行控制中心等重要信息，美国空间军事能力与其他国家之间的巨大差距，以及有关美国空间军事开支、计划、能力的机密信息，这些无疑都不会公之于众。尽管持保留意见，俄罗斯仍连续几年发起联合国大会通过决议，呼吁各国提出外层空间相互透明、建立互信机制等措施"作为一种手段，有利于……防止在外层空间开展军备竞赛"。虽然欧盟所有成员在2009年都支持这项决议，但奥巴马政府仍投了弃权票，因为在当时美国尚未完成其空间政策的评估。

这次评估包含了"留有空白的可行性分析以及有效核查军备控制措施的愿望选项，这些措施能够增强美国及其盟友国家的国家安全利益"[29]。"留有空白"意味着评估人员受到引导后可重新考虑反军备控制原则，再加上2006年的

《国家空间政策》,美国明确提出,将坚决反对"制订新的法律制度或其他限制,来企图禁止或限制美国访问或使用空间"㉛。但早在评估完成之前,参与者就已经宣布,美国将继续"拒绝接受针对美国在空间开展活动和获取数据的基本权利的任何限制"㉜。为了给其合法卫星寻求强有力的法律保护,并针对可能威胁美国进入或使用空间的其他国家的能力或行为给予相应的限制,这种作法听起来更像是以一种更温和的方式,来停止针对美国行动自由所展开的严肃的内部辩论或国际讨论,这些自由将受到新的网络安全规范的法律约束㉝。2010年,美国《国家空间政策》表示,愿意考虑武器控制的建议,前提是这些建议是公平的,可有效核查,并有利于国家安全。但这并不表明美国应该主动采取任何措施来适应这些评判标准。虽然标准听起来合理,但也存在着过早排除达成某些协议可能性的风险,这些可能达成的协议虽然不能完全得到证实,但却能够增强美国及其盟国的网络安全利益㉞。

如果奥巴马政府下决心提出某种具有法律约束的空间军备控制措施,那么最可能的选择是针对动能反卫星试验提出单项禁令。这个想法由支持美国核武器政策的外交关系委员会工作组提出,其中也包括几个负责评估奥巴马政府空间政策的国防部官员㉞。因为反卫星试验产生的碎片对军事、情报和商业卫星均造成危险,美国已投入巨资来寻找无损的方法,暂时禁用或永久性地破坏卫星执行恶意功能。由于已经拥有有效的反卫星能力,如果其他方式不够有效,美国可通过放弃某些微小的利益,而从动能反卫星试验禁令中换取更多(利益),并阻止其他国家提升或获得这种(反卫星)能力,同时保护空间环境。然而,单独提出动能反卫星试验禁令就像禁止放置武器(PPW)的提案一样,看起来是比较自私的行为,是美国人所关心的问题。而如果不增加新的反空间武器保护条例,就是俄罗斯和中国所关心的问题。

如果美国不想把动能反卫星武器试验的禁令仅仅作为一种宣传手段,那么它需要一个更加平衡的提议,将反卫星试验约束与减少采购或使用那些武器的动机相结合。阿列克谢·阿尔巴托夫是俄罗斯一位重要的武器控制和安全专家,他针对反卫星武器和天基导弹防御拦截系统试验提出了一个三方协议,是一种相对公平的、可操作和可核查的空间军备控制方式㉟。另一个更具雄心的方式是以加拿大提出的先进理念为基础,将具有法律约束力或自愿反对空间武器的规则与反对试验或使用任何破坏性的反卫星(包括其他卫星)的类似规则相结合㊱。

那些需要更大空间战略稳定性的国家(或团体),除了减缓碎片产生、避免发生碰撞和高效共享稀缺资源这些原因以外,也正在寻求更好的空间监视能力。如果美国的核心目的是阻止对其空间系统的故意干扰,那么就必须使潜在的攻击者相信,美国知道是谁制造了干扰,并将为此受到惩罚㊲。如果潜在的攻击者知道美国有足够的预警使其卫星免受损坏,或者可采取其他保护措施免受攻击，那么他们也可能听从劝阻。如果一个国家错误地指责另一个国家攻击它的卫星，但实际上却是由内部故障、自然灾害、空间碎片，或其他空间活动者导致出现问题时，提高空间监视能力可以帮助避免可能出现的危机或空间冲突。同时，空间监视能力也可用来核查各国遵守空间军备控制协议的情况，例如，是否违反了有关试验或使用破坏性反卫星武器试验的禁令；在卫星未得到许可进行近距离操作的情况下，监督其是否按要求保持了特定的距离；等等。

相比潜在的攻击者，美国对阻止侵略性攻击强调得越多，就需要更多优良的空间态势感知（SSA）能力。然而，限制与盟友及其盟国共享常规的空间态势感知信息，会挑拨"团体内"及排除在团体之外的国家（或团体）之间的关系，彼此产生不信任，并可能减少用于非对抗性目的空间态势感知信息的数量，这些信息原则上可供任何人使用。作为防御安全的重点，美国对空间稳定性追求得越多，就会在共享空间监视信息方面给予更多关注，以减少不必要的担心，分析可能产生的虚警（误报），尽可能消除竞争者追求某些军事空间能力的动机，避免产生更多的空间不稳定性，并监督其他空间活动者是否遵守了合作协议。

针对空间问题应用"战略稳定"逻辑时，大多数的美国国防分析师都未抓住最主要原因，即美国为什么愿意超越对话、增加透明度和自愿原则，而选择更强大、更可靠的安全合作形式——将核武器和地球的战略稳定联系起来。国防部官员在空间政策评估时说过，苏联从未攻击美国卫星的主要原因是因为他们认为会导致核战争。这些官员认为，目前对手受到的约束更少了，因为美国针对大多数的空间干扰可能采用非军事或传统的方法。换句话说，增加核战略稳定，降低了空间战略的稳定性。

俄罗斯及中国的军控专家认为，核力量与空间能力作为影响全球总体战略稳定的重要因素，两者的关系完全不同。他们认为，因为美国新战略三位一体不仅包括核武器，而且也包括传统的空间精确打击武器和导弹防御系统，在对俄罗斯及中国认为最危险的美国空间与导弹防御计划没有给出保证前，即使逐步削减核武器数量，也不可能保持战略稳定。俄罗斯官员一再强调，针对2010年4月签署的新的《削减战略武器条约》（START）的任何后续谈判，都必须包含一些可靠的保证条款，即奥巴马政府的"阶段性适应"全球导弹防御计划不会逐渐削弱俄罗斯的核威慑力量，而西方的常规精确打击能力也不需要俄罗斯保留大量的战术核武器。由于中国远程核武器的储备少于50个，在中国仔细考虑新的军备制裁或削减其核储备之前，它比俄罗斯更需要美国针对导弹防御和空间能力及意图做出保证。

虽然空间合作对于战略稳定具有重要的贡献，但利用改编版的冷战威慑和军备控制逻辑作为定义空间合作的主导方式，是一个错误[38]。该逻辑假设双方是完全对立的双边关系，核武器和常规部队作为评价其实力的主要指标，可以直接进行比较，双方唯一的共同利益是相互避免核灾难。而在空间，不存在上述这些条件。越来越多的国家和非国家空间参与者,利用两种界限模糊的军事、非军事应用体系,以复杂的模式进行合作。此外,在空间,谋取共同的利益一直比对抗更常见。如果以威慑作为空间安全的主导模式,不仅会使美国和俄罗斯和中国之间的冷战式核关系永存,在空间再现同样的危险态势,同时也更加难以避免威慑作用的失败。如果以实现其最高优先级的安全、繁荣和世界秩序为目标,威慑也会提高商业和民用空间使用的成本,并阻碍美国与俄罗斯、中国及其他一些航天国家的密切合作。因此,在美国寻求更加有效的合作措施来增加空间和地球战略稳定的同时,也应从更少对抗、更具雄心和更具包容性等方面来寻求空间合作。

3.3 全球安全的空间管理

通过签订国际协议、遵守合作措施来促进美国的空间目标,"全球公域"和"战略稳定"两种逻辑给出的概念框架均不够充分。因为它们是用狭隘的、消极的措辞来表述合作的逻辑依据:进一步减少无意干扰和蓄意攻击空间资产的风险。如果要以更快的速度和更小的风险从空间合作中谋取更多的利益,其方法是从正反两个方面更广泛地定义合作目标,即实现"全球安全的空间管理。"

国际关系理论学家使用术语"全球治理"来描述由主权国家和非国家主体共同组成的管理机构,他们为世界所做的也是一个制度完善的政府为其本国公民所做的事情。然而,他们并没有组建一个拥有相应权力和权威的世界政府来制订和执行相关规则,收取税收和分配资源。本国政府可以为公民提供保护,免受外部和内部的威胁,并提供公共产品和服务等。私人(民间)参与者需要为提供这些公共产品和服务发挥作用,但是,他们不能有效或高效地依赖自身做出合法的集体决策。在某个给定的议题领域,以现有的条约为基础,通过构建规范的外交论坛、政府间组织、市场关系及民间社团网络,来实现或部分实现全球管理的战略目标。目标是寻求越来越全面和越来越一致的协商(方法),比现有的合作机构更公平、更有效和更高效地解决共同的问题[⑨]。本逻辑中,不是将评估谈判、核查和服从管理作为"执行成本",而是将它们也视为投资,来建设日益雄心勃勃的合作所需的知识、人际关系、规则、监控能力和联合决策机制。

"全球安全空间管理"逻辑以所有当前和未来的空间用户共享相同的战略目标为前提:确保和平利用空间;保护空间资产不受危害;在空间安全、经济、民事和环境方面获得最大价值。如果空间合作的目标是确保所有参与者的共同利益最大化,那么合作将获得更大的好处,比其他两个逻辑更有说服力。现代的空间活动比放牛的成本要昂贵得多,技术难度也大得多,空间用户利益的多样性也远远大于哈丁村庄村民共享的共同利益。因此,空间合作应该把空间用户组织在一起,相比单纯地依靠他们自己,这样可以完成更多的工作,并为实现他们的积极目标而努力,而不仅仅是将负面目标如无意的干扰、环境退化、蓄意攻击等风险降至最低。

很久以来,美国就展示出民众拥有积极的空间共享愿景的重要性,即调动公众支持的积极性,并维持大量高水平的私人(民间)投资来实现主要的空间成就[40]。围绕空间合作,美国应提出一个积极的愿景框架,来应对当前急需解决的地球挑战,是更现实和更有说服力的做法,而不是与中国展开新的空间竞赛,或者为登陆一个新的星球设置几十年的目标,以及希望为技术、教育及国家威望等方面存在的问题给出新的见解。1999 年,在维也纳签署的空间与人类发展宣言中强调,加强国际合作和空间技术的投资可以促进(人类的)可持续发展,共享全球通信的利益,提高自然灾害响应能力,提高欠发达地区的医疗和教育水平[41]。但是,这个计划一直进展缓慢,因为拥有大部分空间资产和投资资源的国家并没有看到这些项目对自己生活的幸福感所产生的重大影响。根据促进美国和其他国家的安全、繁荣与价值观的积极贡献来说明空间合作情况,则更有说服力,这些国家的支持对于成功进行空间合作是非常重要的。

2010 年,《国家安全战略》中提到,美国依赖的空间系统容易受到破坏和攻击,需要强有力的多边合作,并需把空间作为一个全球共享的资源来维护和优化利用。但在总体策略中,如果将空间合作理解成为一个可以领先的机会,为实现战略目标而构建全球治理机构,创建一个"公平及可持续发展的国际秩序"来促进集体行动共同应对挑战,则可以更具雄心地开展空间合作[42]。"

当前,美国所面临的最重要的战略挑战也正是其安全、繁荣和生活方式所依赖的元素,即快速的技术创新,全球经济紧密联系,人口的自由流动,以及产品、服务和思想的相互交融,但这也会增加其遭受蓄意攻击和意外伤害的危险,如金融市场的崩溃、疾病大流行或气候变化等。国家安全战略将利用美国各方面的力量,建立一个"基于规则的国际体系,通过为共同的利益服务来提升自己的利益",最终促进全球化向积极的方向发展,并尽量降低风险。作为体系中最强大的参与者,美国希望通过共同的规则来确保:实力较弱的参与者不会利用美国的弱点进行不对称攻击;发展中国家对其行为负责,而不是偷工减料,给别人造成麻烦;正在崛起的大国也想加入其中,而不是去改变体系的现状。但是,为了获得广泛的支持,以及持续遵守这个规则,美国也必须提供保证,即美国本身也必须遵守规则,不会利用其军事和技术优势来损害别国的利益,并服从国际管理安排,在决策时允许别的参与者就其安全、繁荣和生活方式发出不同的声音。

空间是目前全球战略挑战的缩影。它服务于高科技军事行动、电子金融交易及网络操作,与当前信息时代无数个生活的方方面面息息相关,至关重要。然而,这些实现有益目的所需的空间技术可能会被滥用,对脆弱的卫星以及那些依赖于它们的物体形成威胁。空间是美国军事、经济和技术优势的核心,它对于那些希望与美国平等互动的国家就显得尤为重要；而且它为那些还没有从全球化受益很多的参与者提供了希望。因此，选择空间合作有实际和象征性两方面原因，为相互提供保证和建立有效的全球治理机构提供了机会。

半个世纪以前，《外层空间条约（OST）》的起草者们就看到了这一挑战，虽然他们无法预见到细节，但该条约已经包含了公平和有效的空间治理所需的基本原则。小布什政府的空间政策引发了国外的担忧，其原因之一就是为了美国的军事利益，控制空间的军备竞赛违反了这些基本原则。奥巴马政府重申了美国政府总体上支持《外层空间条约》的原则，但针对最近的争议应如何解读这些原则还需给出更具体的说明。例如，如果美国明确宣布，在空间部署武器不符合条款第Ⅲ条指令：空间被用于和平目的，以及以任何方式对和平目的的卫星进行干扰，将违反条款Ⅰ：平等进入的原则，那就会更有说服力。如果其他航天国家同时做出单方面的声明，迅速加强针对空间武器和反卫星攻击试验等现有的法律承诺和长期适用的规范，美国愿意就《外层空间条约》的配套文件开始谈判，使这些规范具有完整的法律效力。同时利用空间保护或禁止地面（球）作战来解决更多有争议的问题时，上述行为可提供有力的证据，表明美国愿意接受互惠互利的限制，即使是在这个领域保有相对优势。

《外层空间条约》和相关协议缺乏正式的机构机制来确保空间的和平利用，促进国际合作，监督协议的遵守情况，并解决相应问题，在出现歧义或特别情况时利用空间规则做出集体决策。有些国际机构，他们通过讨论、协商来实现不同方面的空间合作。但这些机构的功能相对较弱，每个机构只关注某个方面的空间问题，相互之间几乎没有协调或沟通。如果同样的技术或者同一颗卫星，可以有民用和军用两种功能，或者当商用和民用卫星比军事卫星更容易受到干扰或反卫星武器的碎片碰撞时，坚决要求联合国外层空间和平利用委员会（COPUOS）将精力集中于空间的和平利用和空间的军事问题，并只使用裁军会议（CD）来解决上述问题是没有任何意义的。起初，规则和决策流程只为少数几个国家设计，用于建造和发射他们的卫星，实现其自身的目的。当前，这些规则和流程必须适应这个时代，目前已有超过50个国家发射了自己的卫星，或与他人合作，商业空间收入已超过了政府的空间开支。临近空间合作不是针对某个专门领域、特定于某个问题，而是作为一个综合性过程来加强总体的全球安全空间管理，美国应将注意力转向那些日臻成熟的决策和执行机构，他们拥有授权、法律职权和所需的资源，在自己的领域来扩大空间合作，更有效地协调空间问题。

如果将空间合作作为追求更广泛的"全球安全空间管理"策略的一部分，那么为保护全球共同利益或增强战略稳定所倡导的许多空间合作将获得更大的国际支持。如果合作项目增加了用户来自空间的净收益，加强了他们对社会规范的敏感性，那么他们更倾向于保护空间环境。如果用户不够自愿自律，再加上更严格的空间安全规则,他们的行为(活动)会很容易被国际协议认定为违法、是破坏性的反卫星试验、可能对空间环境造成高风险。如果所有航天国家和卫星运营商均在一个公平的基础上建立一个按地理分布的传感器网络,形成一个国际数据中心,为空间用户开展安全、有效的活动提供所需的信息,并监视各国(团体)对空间安全协议的遵守情况。对于美国来讲,努力提高空间监视能力,就可以获得更全面的信息、开展活动的成本也更低,军事优势信息被滥用的可能也会更少。

与近期的美国政策和大多数美国分析师认为政治上可行的最简单的空间安全合作模式相比,从表面上看,采用"全球安全空间管理"的合作逻辑框架,听起来更像是理想主义。但是,它正好符合美国最初支持的,针对被认为是对美国安全最重要的空间用途进行保护和促进的《外层空间条约》的原则。向强健的相互约束的逻辑回归,全球共同努力通过协商给予卫星更强有力的法律保护,以及禁止在空间试验或部署反卫星武器的合作模式,将在美国享有强大的公众支持,甚至也会获得其他国家的大力支持[43]。围绕三个共享目标所构建的空间治理战略与所有空间团体宣布的发展方向相一致。同样,对希望受益于空间的国家和非国家主体,也蕴含着巨大的吸引力。但由于他们没有自己的空间计划,因此针对影响他们生活的空间发展,也几乎没有发言权。

作为更深层次的考虑,人们有充分的理由相信,通过一致努力,奥巴马政府可能针对不同的空间领域给予广泛的支持,制订相关政策,更好地平衡商用、民用和军事利益,并利用国际合作共同分担和平利用空间活动的成本和分享收益,以及减少空间系统可能受到的损害。尽管私人(民间)空间活动者会加以抵制,并想加入政府代表行列,对直接影响他们的商业空间活动进行决策,但商用和民用空间团体肯定会支持这些目标。甚至大多数的军事力量也支持这种重构,因为他们更多的目的是想保护美国利用空间来支持地面军事行动、获取情报或放置武器,而不是拒绝其他国家利用空间。

对此,美国军方必须进行选择,并放弃一些在空间的自由活动,为允许的空间利用和相互限制换取更强的法律保护。然而,需要美国放弃的大部分选择是出于技术、经济和战略原因,是完全不大可能做的事情,如部署天基导弹防御拦截系统。因此,在做出可靠的承诺后,美国应能收获政治和安全两个方面的利益。几乎没有美国空间安全军事专家,对《外层空间条约》提出禁止在月球上放置轨道大规模杀伤性武器(WMD)和建立军事基地感到遗憾。如果《外层空间条约》的配套协议提出,禁止任何人在下一个50年在空间放置地面打击武器,他们更应该感到欣慰。越来越多的国家和非国家主体拥有了相应的空间技术能力,并瞄准美国日益依赖的空间资产。美国在极端情况下所做的某些事情,如在战争一开始就使对手的空间军事通信或卫星图像失去功能等,将会越来越不受欢迎。

当前，奥巴马政府利用新的《国家空间政策》，大部分针对商用和民用部分的空间利用很适合这种逻辑，如改革美国出口管理制度，这样就更容易出售非军事卫星，便于在国际空间站(ISS)与其他国家展开合作，同时也试图说服那些拥有空间技术并可能对空间安全构成风险的国家，不把技术出售给那些可能会滥用这些技术的人[44]。在安全领域，与这一逻辑最接近且公开讨论的概念是"选择性相互依存"的体系推广。这句话表明，对于某些空间应用，如环境监测或导弹预警，美国可以与其他国家共同努力，建造能力更强的体系，同时共担成本和共享收益，这样所有用户就会有强烈的意愿来保护这个体系，并在受到攻击时积极应对。不过，无论是空间活动的形式还是合作伙伴的数量，美国的选择越多，其受益就会越少。并且，正确地认识选择性相互依赖的战略价值，对空间众多的参与者以及横跨空间多个领域的各种复杂的相互依存关系进行管理，是理智地理解空间安全全球管理的第一步。

3.4　结论

战略思维中最重要的环节是正确定义采取合作或单边行动所要解决的问题结构。奥巴马政府已明确表示，希望在空间和整体国家安全战略方面，寻求比其前任政府更多的国际合作。然而，对于想要的空间合作，它似乎并没有一个明确的概念，也没有制订切实可行的战略措施来说服其他国家与之一起合作，以期寻找使其更加强大和全面发展的途径，并最终获得所期望的结果。虽然奥巴马政府试图区分自己与小布什时代的政策，但由于给出的空间合作概念过于狭隘，且仍采用负面(消极)的逻辑，因此，仍与上届政府政治边界的可接受性政策相符合。打破这种思维定式的方法是美国政府需认真思考，有计划地综合应用2010年《国家安全战略》的指导原则来进行全球空间管理对美国的战略意义。

不管美国和世界其他国家通过合作可能会获得多少利益，能够确保空间的和平利用，保护空间资产免遭一切危险，并从空间获得安全、经济、民用和环境方面的最大价值，但美国的一些战略专家仍对此持反对意见，认为美国不应该采取任何方式来限制其行动自由，或减少目前享有的相对优势。这种反对是可以理解的。但是，美国在空间拥有的不对称优势已经过时，且同时存在着不对称的弱点(漏洞)。即使美国大幅度地增加军费开支，并结束了所有与空间相关的出口和民用空间合作，美国仍不可能单方面保护所有的卫星，或阻止对手利用某种手段对其卫星进行威胁。共同的弱点是全球安全不可避免的特性。因此，相比试图保留所有的选择权而言，促进人类对公平规则的共同遵守来规范其行为，降低活动风险，为空间和地球上的活动提供保证，将是美国更谨慎的战略选择。

注　释

① 奥巴马政府举行了几次不同但有交叉的空间政策评审。美国国家安全委员会组织了美国国家空间政策的跨部门评审,国防部完成了国会规定的空间态势评估报告,并且就国家安全空间战略更新、改善军事和空间情报计划进行了协调。国家空间政策发布于 2010 年 6 月 28 日,见"美国国家航天政策",2010 年 6 月 28 日, www. whitehouse. gov/sites/default/files/national_space_policy_6 – 28 – 10. pdf(2010 年 9 月访问)。国家安全战略空间发布于 2011 年 1 月,见 www. defense. gov/home/features/2011/0111 _ nsss/docs/NationalSecuritySpaceStrategyUnclassifiedSummary_Jan2011. pdf(2012 年 5 月访问)。

② 国防部副部长 William J. Lynn,"国家空间研讨会会议纪要",2010 年 4 月 14 日,科罗拉多斯普林斯有限公司,www. defense. gov/speeches/speech. aspx? speechid = 1448(2010 年 7 月访问)。

③ Laura E. Kennedy 大使 UNIDIR 空间安全会议的讲话,2010 年 3 月 29 日,瑞士,日内瓦,http://geneva. usmission. gov/2010/03/29/ambassador-kennedy-space-policy-review(2010 年 7 月访问)。

④ George Jahn,"美国同意宣布导弹发射",《美联社》,2010 年 5 月 20 日。

⑤ 奥巴马政府一直延续着布什政府的政策:2007 年同意裁军谈判会议建立一个临时工作小组,负责讨论加强(非谈判)合作来增强空间的安全措施。这个议程项目没有产生实质性的工作内容,不过,巴基斯坦在裁军会议(CD)的另一项议程上达成了共识,即关于禁止生产新裂变材料和削减现有库存条约(裂变材料禁产条约)的谈判。要想重获裁军会议议程项目的机会,最常规的建议是放宽协商原则,这样任何国家都不能无限期地阻止谈判,但那些想启动裂变材料禁产条约谈判的国家不想放弃阻止裁军会议议程内其他长期主题谈判的权力。美国可能期待其他核武器国家和许多非核盟友也反对关于消除核武器短期公约的谈判,但它可能是唯一反对启动关于附加法律条款来保护卫星和防止空间武器化谈判的裁军会议成员国。

⑥ Nancy Gallagher 和 John Steinbruner 报道了这一历史事件,《重新考虑空间安全规则》(华盛顿特区:美国艺术与科学院 2008 年 4 月),www. amacad. org/publications/reconsidering. aspx(2010 年 7 月访问)。

⑦ J. I. Gabrynowicz,"重新考量人类的'领域'和'遗产':一个新的开始",月球基地和 21 世纪航天活动会议第二次会议纪要,休斯顿,德克萨斯州,1988 年 4 月 5 – 7 日。W. W. Mendell 编辑,NASA 会议出版,3166,1992,691。

⑧ Hardin 运用英国村民在公用牧场放牧了太多的牛群的类比来说明集体行动的必要性。见 Garrett Hardin,"公有地的悲剧",《科学》162:3859(1968):1243 – 1248。

⑨ Christopher C. Joyner,"全球生态系统:海洋、南极洲、大气和外层空间",P. J. Simmons 和 Chantal de Jonge Oudraat(编辑),《全球议题管理》(华盛顿特区:卡内基国际和平基金会,2001),354 – 391。

⑩ Jessica West(主编),《空间安全 2009》,spacesecurity. org,40,http://swfound. org/media/29033/ssi2009. pdf(2012 年 5 月访问)。

⑪ 见 Theresa Hitchens,《未来的安全空间》(华盛顿特区:防御信息中心,2004 年),39 – 52;Gerry Oberst,"卫星的有效利用:第 2 部分",《通过(利用)卫星》,2010 年 5 月 1 日。

⑫ Brian Weeden,"数字游戏:地球轨道上的事物是什么? 我们如何知道",《空间评论》,2009 年 7 月 13 日,2 – 3,www. thespacereview. com/article/1417/1(2012 年 5 月访问)。

⑬ 迄今为止最值得关注并引起争议的事件:2009 年 2 月一颗活跃的铱星通信卫星与一颗已经报废的俄罗斯卫星之间发生碰撞,和 2007 年 1 月中国的反卫星试验。Jessica West(主编),《空间安全 2009》,spacesecurity. org,26 – 33,关于过去数十年发生的碎片事件和人类努力减少碎片的工作综述。

⑭ 《轨道碎片:技术评估》(华盛顿特区:美国国家研究委员会,1995 年),P4。

⑮ Brian Weeden,"解密银河 15:僵尸卫星和在轨服务",《空间评论》,2010 年 5 月 24 日,第 I 部分,8,http://thespacereview.com/article/1634/1(2012 年 5 月访问)。

⑯ 美国认为摧毁 USA 193 不同于中国摧毁自己的气象卫星,因为美国给出了公共安全的系统措施,包括在较低高度摧毁卫星,以减少持久性空间碎片,并事先宣布了行动计划。在其他国家眼中,摧毁 USA 193 最重要的是展示了美国针对反卫星应用而调整其导弹防御能力的快速性。

⑰ Samuel Black 和 Victoria Samson,"2011 财年国防预算提案中关注的空间安全项目",史汀生中心,华盛顿特区,www.stimson.org/space/pdf/Space_Security_Programs_in_FY11_Budget.pdf(2010 年 7 月访问)。

⑱ Brian Weeden,"数字游戏:地球轨道上的事物和我们如何知道?"《空间评论》,2009 年 7 月 13 日,www.thespacereview.com/article/1417/1(2012 年 5 月访问);Jessica West(主编),《2009 年空间安全》,spacesecurity.org,33 – 35。

⑲ Jeff Foust,"留意天空 – 空中新视点",《空间评论》,2010 年 5 月 10 日,www.thespacereview.com/article/1622/1(2012 年 5 月访问)。

⑳ 《轨道碎片:技术评估》(华盛顿特区:美国国家研究委员会,1995 年),P4。

㉑ Everett C. Dolman,《空间政策》(伦敦:Frank Cass,2002)。

㉒ Thomas Schelling 和 Morton Halperin,《战略和军备控制》(纽约:二十世纪基金,1961 年)。

㉓ Steven Weber 和 Sidney Drell,"调整空间军事活动的尝试",Alexander George,Philip J. Farley 和 Alexander Dallin(主编),《美国 – 苏联安全合作:成就,失败,教训》(牛津:牛津大学出版社,1988),373 – 431 页。

㉔ 目前,当美国战略学家经常区分"惩罚性威慑"和"抑制(拒绝)性威慑"的含义时,只有前者适合这个词的历史意义:利用恐惧来劝阻行动。这个词解释了"威慑"本质上具有的隐含意义,用于威胁中国安全专家和美国战略联盟之外的专家。核威慑与空间威慑的关键区别在于制造空间威慑存在较大难度,无法让接受(行动)风险的侵略者明白,他们的损失将超过干扰美国空间系统所获得的利益,但是会让挑衅者认为这是一场确实有效的攻击,并发起攻击。同时,还包括将责任归因于反卫星攻击的难度,以及寻找报复性手段的难度。通过产生空间碎片,或对更多的美国空间资产引发反报复,对严重依赖空间的美国造成的伤害不会超过对空间依赖性较小的对手的伤害。中国对术语"威慑"的态度,参见 Gregory Kulacki"中国在空间的意图",《空间和国防》4:1(2010 年冬)。关于核威慑适应空间威慑的难度,参见 Roger Harrison,Deron R. Jackson 和 Collins G. Shackelford,"空间威慑",《空间和国防》3:1(2009 年夏):1 – 30,http://web.mac.com/rharrison5/Eisenhower_Center_for_Space_and_Defense_Studies/Space_Deterrence.html(2010 年 9 月访问);Forrest E. Morgan,《空间威慑与先发制人的稳定性:初步评估(圣塔莫尼卡,CA:兰德公司,2010 年)。

㉕ Alexei Arbatov,"防止外层空间军备竞赛",Alexandre Kalliadine 和 Alexei Arbatov(编辑),《俄罗斯:军备控制,裁军,国际安全》(莫斯科:世界经济和国际关系研究所,2010),www.imemo.ru/ru/publ/2010/10003.pdf(2010 年 7 月访问);Li Bin 和 Nie Hongzhen,"中美战略稳定性研究",Gregory Kulacki 翻译的一篇中文文章——《世界经济与政治》(2008),www.ucsusa.org/assets/documents/nwgs/Li-and-Nie-translation-final – 5 – 22 – 09.pdf(2010 年 7 月访问)。

㉖ "禁止在外层空间放置武器、禁止对空间物体进行威胁或使用武力条约",(PPW)2008 年 2 月 12 日起草,www.mfa.gov.cn/eng/wjb/zzjg/jks/kjfywj/t408357.htm(2010 年 7 月访问)。

㉗ 由于缺乏法律约束力的核查和惩罚违法行为的执行组织,虽具有广泛的权利但并未具体说明,批评人士也反对 PPW 条约草案。布什政府对草案的反应是"2008 年 8 月 19 日美利坚合众国常驻代表的来信",CD/1847,2008 年 8 月 21 日。

㉘ 美国代表团在第 64 届联合国大会第一次委员会上的声明,2009 年 10 月 19 日。

㉙ 同㉘,P5。

㉚ "美国国家空间政策",美国总统,白宫,华盛顿特区简报,2006年10月6日。

㉛ 美国代表团在第64届联合国大会第一委员会上的声明,2009年10月19日,P5。

㉜ 当被问及空间政策评审是否已经充分考虑正式在空间进行军备控制时,负责美国全球战略事务的国防部部长助理 Michael Nacht 表示,奥巴马政府针对某些不确定的问题已经集中了武器控制专家的意见。他认为,美国目前寻求的任何空间安全合作,通过无需批准的规范和行为准则更容易实现。中国的反卫星试验是一个"叫醒电话"。不过,如果中国或其他国家继续展示其所拥有的新的能力来干扰美国空间资产,Nacht 暗示美国可能会对正式的军备控制更感兴趣。参见"一个有争议的全球共享空间政策",在 Stimson 中心发表,2010年5月12日。

㉝ 当"有效核查"这个词被里根政府提出后,这就意味着不仅只针对重大的军事违法行为,而且对轻微违规行为也可进行核查安排,并制订"充分"核查所使用的标准,确保高的违法发现概率。当里根和乔治·H·W·布什政府的官员证实,中程核武器条约和削减战略武器条约已经得到批准时,他们对"有效核查"的标准已经回到重大的军事违法行为的核查上,但军备控制的对手仍然试图为"有效(核查)"设定过高的标准,以阻止出于某些原因他们并不想遵守这些条约。

㉞ 针对"美国核武器政策"的 CFR 特遣部队,包括 Ashton Carter,Michelle Flournoy 和 Franklin Miller。2009年4月报告见 www. cfr. org/publication/19226(2010年7月访问)。

㉟ Alexei Arbatov,"防止外层空间军备竞赛",Alexandre Kalliadine 和 Alexei Arbatov(编辑),《俄罗斯:国际军控、裁军与安全》(莫斯科:世界经济和国际关系研究所,2010年),www. imemo. ru/ru/publ/2010/10003. pdf(2010年7月访问)。

㊱ "关于增加透明度和建立信任等措施的优点及空间安全条约草案的建议",加拿大工作报告,在2009年3月26日裁军谈判会议上提出。根据这个提议来建立空间安全的方法,参见 Nancy Gallagher,"基于信心恢复的保证空间安全的方法",加拿大外交事务和贸易部国际安全研究和推广计划报告,2009年10月,www. international. gc. ca/arms-armes/isrop-prisi/research-recherche/space-espace/gallagher2009/index. aspx(2010年7月访问)。

㊲ Roger Harrison,Deron R. Jackson 和 Collins G Shackelford,"空间威慑",《空间和防御》3:1(2009夏):1-30,http://web. mac. com/rharrison5/Eisenhower_Center_for_Space_and_Defense_Studies/Space_Deterrence. html(2010年9月访问)。

㊳ 2010年国家空间政策多次提到威慑,但并不强调这是指导美国政策的主导原则,与本文所表述的更多合作主题保持一致。

㊴ 就广泛存在的问题实施全球治理的实例,包括武器扩散和战争、通信、犯罪、全球金融和贸易,以及环境保护等,参见 P. J. Simmons 和 Chantal de Jonge Oudraat(主编),《全球管理问题》(华盛顿特区:卡内基国际和平基金会,2001年)。

㊵ 关于这个论点,参见《美国的幻想:空间探索》(科罗拉多州斯普林斯公司:空间基金会,2006年)。

㊶ "第三次联合国会议:探索与和平利用外层空间实施建议的评估",联合国大会文件 A/59/174,2004年7月23日,www. oosa. univienna. org/pdf/reports/unispace/A_59_174E. pdf(2010年7月访问)。

㊷ 国家安全战略,美国总统,白宫,华盛顿特区,2010年5月,40,www. whitehouse. gov/sites/default/files/rss_viewer/national_security_strategy. pdf(2012年5月访问)。

㊸ Steven Kull,J. Steinbruner,Nancy Gallagher,Clay Ramsay,Evan Lewis,"美国和俄罗斯的空间武器对比",世界舆论组织和国际安全研究中心的联合研究,马里兰州,2008年1月24日,www. worldpublicopinion. org/pipa/pdf/jan08/CISSM_Space Jan08_rpt. pdf(2010年7月访问)。

㊹ 第五章关于企业战略与国家安全空间,本章节讨论了出口管制和改革现行制度的建议。同时,参见国会报告,第1248章节,2010财年国防授权法案(公法111-84),《美国空间出口管制政策的风险评估》,国防部(未标明日期,2012年4月发布),www. defense. gov/home/features/2011/0111_nsss/docs/1248%20Report%20Space%20Export%20Control. pdf(2012年5月访问)。

第4章 空间保障战略

詹姆斯 D. 罗德曼（James D. Rendleman）

美国比任何其他国家都更加依赖空间,无论是从国家安全利益角度,还是对私营部门而言都是如此。国家安全空间能力——精密导航与实时定位,战场与空间战场表征,导弹预警与防御,气象服务,通信、情报、监视与侦察——使美国及其盟国能够在全球范围内的任意地点伸出援手、具体介入、支持和控制事件。空间能力也是成功的 21 世纪全球经济、信息传递、对外交流与合作的重要推动力。

自空间时代的早期阶段以来,美国已经认识到保护作为战略资产的卫星的重要性,并有效地采用了一个全面的战略来保护其利用卫星的能力。目前出现的新的敌对国家、非政府参与者,以及目前环境破坏带来的新威胁成为对战略与政治、外交、经济及技术手段进行重新评估的催化剂,美国必须采取防范措施以保护甚至击败对空间资产的威胁。作为这种重新评估的一部分,奥巴马政府发布了 2010 年《国家空间政策》,随后,由国防部长和国家情报局局长发布了 2011 年《国家安全空间战略》。还可以做更多的工作,如应采取一个更全面的空间保障战略,该战略将保护空间资产免遭空间环境、不负责任的行为和行为者的威胁,并阻止其对空间资产的干扰。

4.1 空间保障

塞缪尔·布莱克（Samuel Black）认为,"空间保障"应该是空间战略的最终目标。根据布莱克所说:"空间保障战略应确保总统、美国武装力量、美国公民、盟友和朋友在需要的时候可以随时利用空间资产。"[①]正如本章所讨论的,这一战略性的空间保障目标比采用威慑和基于保护的战略更为全面和积极,并提供了一个更完整的最终状态。一个根植于空间保障背景的战略框架能够更有效地应对安全态势和重要问题。无论对空间能力的威胁是来自同伴、近似同伴,也或是来自发展中国家的对手、强盗和无赖,都适用于这个战略框架,一个明显的问题就是空间环境和空间碎片问题,造成这些轨道碎片的国家甚至没有敌意,只是个不负责任的航天国家。

布莱克的观点与布鲁斯·麦克唐纳德(Bruce MacDonald)类似,他认为,美国的空间安全目标应该是实现一个安全、稳定的环境。这一目标会鼓励预防冲突,并强化在国际竞争者、对手、朋友和冲突方之间的威慑力量。麦克唐纳德建议,重点应该放在实现战略及危机的稳定性、实施威慑及增加透明度方面。这样做可以最大限度地提高美国利用空间的能力,并最大限度地减少运营及其他方面的问题。这些活动还包括制定行为准则和空间通行规则,将碎片减少至最少,以及管理空间交通。他认为,开展这些活动的同时,将建立起互信机制,其中涉及限制"攻击性空间能力的最不稳定的维度"的协议。

麦克唐纳德还认为,美国必须能够阻止他人攻击其空间系统。他认为,天基进攻性能力存在弱点,而且不稳定,最好能够避免。他认为,美国应该寻求弱化引起对手攻击其空间资产的刺激,或降低其采取其他不稳定行动的动机,以确保空间业务的连续性。为此,需要采用分布式功能,增加系统节点,利用备用能力,进行深度防御。还需要增强归因技术以识别威胁的来源,以及具有更强大的空间态势感知(SSA)及情报能力。麦克唐纳德认为,攻击性空间能力如果有应该只涉及可逆效果的应用[②]。

通过融合和补充布莱克和麦克唐纳德论点,可以综合得出一个更积极并能更好地保护空间域(Space Domain,SD)的战略。该战略并不仅仅依赖于以下方式来达到其目的,即:试图以武力相威胁的方式阻止他人采取行动;为冲突做好准备;对不希望发生的行动进行防御。如果能够使敌对方对其行为后果产生担忧,就能阻止其做出不受欢迎的行动,要做到这一点,就要使其相信存在其无法接受的反制行动的威胁。如果敌对方对此不相信,或者风险是其可以接受的,那么发出的威胁就不能阻止对手行动。相比之下,采取更积极的、主动的、合作的方式的战略,从长远来看可能会更为有效。着重于促进和开发可能会鼓励潜在对手成为伙伴的空间福利,以达到共同保护、利用空间域的目的。这种方法可以促进最佳实践和标准的使用,即减少与空间相关的冲突、频率相互干扰以及空间碎片的危险。这样一个保证所有空间利用,同时具有足够的灵活性和强大能力的战略,才能够应对由人类制造的各种威胁或自然灾害所带来的问题。

考虑到威胁和危险环境的复杂性,以及借鉴布莱克和麦克唐纳德的观点,一个确保美国及其盟国可以利用空间能力的战略应该具有多种特性。空间系统必须受到保护,以便它们能够短期和长期运行。为此涉及到的不仅仅是劝阻、遏制、防御,以及击败潜在对手试图使空间系统失效、丧失能力或摧毁空间系统的行为。到目前为止,美国空间资产的最大风险来自于空间环境,如空间的气象情况和轨道碎片,然后是其他空间参与者不负责任的行为和发生的事故。全球航天业应该以有利于所有成员操作的方式鼓励安全运营。棘手的轨道碎片和频谱管理问题,以及安全的空间运输和在轨运行必须加以解决。最后,战略必须使美国的工业基础充满活力和更为强大,以确保它能够在需要的时候提供空间能力。

从根本上而言,空间保障战略取决于4个相互支持的要素或"层面":①威慑和防御;②全球参与;③态势感知;④快速响应的基础设施③。利用这4个要素应该能够使美国和友好的航天国家继续履行他们短期和长期的任务。空间威慑及保护的"正反"两个方面永远是空间保障的重要元素,其属性将在后续章节讨论④。公认的国际法、相关的政策及外交手段使全球参与得以实现,并促进了对空间域的长期保护。态势感知利用环境检测和情报因素,以及对那些对于决策至关重要的威胁进行预测来确保任务成功。这些行动将使决策者或指挥官能够对恶意攻击和自然环境的危害加以区分;使他们能够预测空间事件并确定其意图;减少误解和误判的可能性;增加避免破坏或破坏性事件的机会。一个强大的基础设施能够使航天国家有能力对目前空间环境的变化、威胁变化和各种威胁做出快速反应,从而确保其空间系统的生存能力。

4.2 不断变化的威胁

2007年1月11日,中国进行了反卫星(ASAT)动能杀伤拦截器陆基发射试验,摧毁了自己一颗废弃的气象卫星,此次试验使美国航天界产生相当大的忧虑。这一试验表明,空间能力的重要性也是其自身的"阿喀琉斯之踵"(Achilles Heel,AH),也就是说,尽管具有整体实力,但也存在致命的弱点——空间系统及其力量太容易被削弱了。在广泛的战略背景下,空间能力有一些自己独特的、固有的弱点,这在很大程度上归因于轨道力学。这将招致破坏、危险,甚至是最不重要的对手带来的损害;一些国家可能有意地试图通过各种否定和阻止行动来削弱美国在空间领域的优势。

4.2.1 否定类威胁

卫星系统不仅包括航天器,每个系统还有自身有效载荷和总线,还包括支持性的基础设施——地面控制站,跟踪和控制链路(通常称为跟踪、遥感、控制、TT&C/测控、链路),数据链路,发射设施和一个工业基地。卫星系统的每个组件都处于可能遭受物理攻击和网络攻击的风险中,可能是同时或是单个组件遭受否定威胁。可以通过采用永久性或可逆性的手段来否定卫星的有效载荷、总线、链路和基础设施,以实现5个可能的否定影响中的一个,这5个否定影响被称为"5D",分别为欺骗、中断、拒绝、降级和摧毁⑤。

由于全球技术可利用性和进入空间域需求的日益增长,使得天基威胁激增。许多国家投入巨资鼓励开发和利用空间,空间技术的扩散已经出现。有足够资源的国家现在可以通过各种手段进入空间和"触摸"卫星,并可实施"5D"中的一个甚至多个威胁。中国的反卫星试验证明,航天器很容易受到直升式武器和各种各样的陆基、机载和天基反卫星武器的攻击。直升式或基于轨道的核装置可以被引爆,其产生的辐射和其他致命的影响可在很宽的杀伤力范围内破坏无屏蔽的电子器件。还可以使用共轨的反卫星武器,类似于苏联在20世纪70年代和80年代早期广泛测试的系统。在少有的情形下,还可以在靠近航天器的位置部署空间雷,或者将其引爆产生碎片云,碎片云可能会对在同一轨道平面或交叉轨道内的所有卫星造成破坏。敌对方还可以利用陆基、天基或机载激光器进行破坏,其造成的影响的范围可从"刺眼"的暂时炫目到航天器上的光学或其他传感器被烧毁的永久性失效,甚至发生强烈的爆炸。

地面系统、通信支持设备及其节点同样容易受到来自陆地、海上或空中的攻击和破坏。没有保护的空间系统也容易受到采用干扰和电磁欺骗技术的电子战攻击。敌方干扰器发出虚假信号欺骗或阻止接收所需要的信号;这些方法可以破坏上行链路、下行链路,甚至是交叉链路。通过使指挥和控制系统及数据通信设备丧失能力的手段,干扰器使卫星不能操作或无法使用。电磁欺骗技术可以用来迷惑系统,包括发送虚假的但看似可信的欺骗性指令,从而使航天器执行破坏性或浪费性的机动动作,还可以修改数据库或执行配置更改,甚至将航天器摧毁。同样,配套的地面站、计算机网络和链路很容易遭受信息操纵和网络战攻击。这些攻击可能包括直接拒绝全球性的服务,向空间系统注入假命令、恶意软件和病毒,执行未经授权的监控和披露敏感信息(数据拦截),可能会造成未经授权地修改或故意侵蚀网络信息、服务器和数据库。总之,敌对方可以考虑的用于攻击的动能武器和其他类型的攻击手段不仅宽泛且多种多样。即使非国家行为者也有可能利用其中的一些技术进入空间系统,并掌握"5D"中的若干能力[6]。

在空间域内实施攻击涉及相当可观的投资,这些投资用于开发、获取系统、运营,以及维持所需的发射器、传感器和指挥与控制系统。鉴于影响这样一种活动需要的眼界和责任,在轨攻击大概只有在一个更大的战略博弈的背景下方有可能产生,或许是初期作战的前奏或是其一部分。另一方面,廉价的干扰技术即使是最贫穷的潜在对手也可以加以利用。因此,对空间系统而言,干扰是最常使用的手段和日益增长的威胁。一些人认为,干扰还带有暗示进行政治和法律处罚,因为尚没有主要的航天大国禁止这些干扰活动,或者短暂宣布(可撤销)干扰是非法的。现在,这种情况可能会发生改变,针对最近伊朗进行的卫星干扰,许多国家已经共同禁止这种干扰活动[7]。网络战对手和犯罪分子也开始磨练自己的技能。他们呈现的是不断进展的空间系统威胁;如同干扰一样,只要适度投资,网络战威胁是可以开发和部署的。

4.2.2 阻止式威胁

阻止行动通常涉及经济、政治、信息和国家权力之外交手段。例如，一个非常强大的债权国可以利用其巨大的经济影响力和杠杆作用，企图迫使或要挟美国政府不能许可或默许对其领土进行照相观察，阻止对其的利用，并减少其领土在这种观察中的暴露。债权国可能通过不稳定的全球市场达到其目的——拒绝购买美国国债产品，增加经济好转的美国政府的财政和贸易赤字，或许是对方国家认为对其领土实施遥感观察，特别是商业遥感是对其领土和主权的侵犯，或者构成了"非法的"工业间谍活动，因此是一种不公平的贸易行为。⑧商业遥感系统是目前美国政府及其国家安全需要的重要资源。美国政府的订单帮助支撑和稳定遥感产业，⑨以及应对有关活动的任何限制，无论是对于美国政府客户还是商用客户而言，迫使其应对外部经济威胁可能会逐步造成问题。在另一种情形下，一个通过政治盟友和代理人发挥作用的国家可以发挥相当大的影响力和优势以影响美国法律的改变。这种变化可能会限制商业遥感成像的许可，限制市场，并影响生产者的商业模式⑩。

作为阻止的一个例子，敌对方可能会尝试利用国际论坛和条约，通过向国际电信联盟（ITU）提交虚假的"纸卫星"，拒绝美国获得其军事或情报卫星所需要的频率权限。"纸卫星"牵涉到国际电信联盟卫星轨道的应用，多为"投机"系统，将永远不会离开地球。这样做可以阻止其他有需求的用户利用稀缺的频谱和轨道资源⑪。同时也使通信和其他地球同步轨道（GEO）卫星进入轨道的能力可能处于风险中。一些人描述这类行为为"法律战"。"'法律战'一词说明了国际法日益增长的使用要求，通常是在事实或法律缺乏依据的情况下，做为一种战争的工具使用。其目的是在世界舆论的法庭上获得超越敌对方的道义上的优势，以及在国内和国际法庭上获得潜在的法律优势。"⑫

采取阻止行动阻碍美国空间系统运行的并非武装攻击。稍后会讨论，根据《联合国（UN）宪章》，使用武力回应武装攻击，只有在得到联合国授权或得到联合国安理会授权的情况下方可实施。因此，使用武力制止和挫败涉及政治、外交托词或阴谋的敌对方的阻止行动，根据国际法可能是非法的。因此，在面对这类威胁时，必须找到确保进入空间的创造性的解决方案。

4.2.3 对空间战略的影响

大跨度的威胁对空间战略及其执行产生了深远的影响。

（1）不同于冷战时期，美国现在所面临的是广泛的一系列的全球参与者，他们所有的行动有着不同的动机和诱因，其中一些可能会成为潜在的对手，有可能攻击或威胁空间能力。这些国家和非政府的对手表现出广泛的政治、经济、技术和社会差异。许多潜在的对手让人难以理解。这些情况使得努力理解对手的动机和对自身威慑目的的认知更为复杂化。另一方面,这些差异增加了误解的可能性,削弱了保护利用空间的能力的战略。当对目标的注意力分散时,适用于单一目标的遏制措施可能就不是很有用,对另外一个目标甚至可能适得其反。这就需要做好专门的情报收集工作、开展信息战和努力增加透明度,以避免或减少纠纷和防止出现问题。

(2) 大量的敌对者展现出了广泛不同的冒险行为。冒险行为可以强烈影响敌对者对局势的感知。了解这种现象可以有助于找到影响这些感知/看法更好的方法。不幸的是,潜在的对手可能并不关心空间系统给所有国家提供的巨大的价值和能力,也不关心空间冲突是否会产生空间碎片,这可能使所有的国家进入空间域付出代价。因此,一个确保持续利用空间资产的策略必须具有足够的灵活性,以便规避风险和应对冒险的敌对者。事实上,潜在的对手可能会在相对较短的时间内从冒险转向规避风险。中国可能符合这种情况。在接下来的10年或20年内,中国将拥有自己广泛的天基通信、导航、情报、监视和侦察卫星组网,所有这一切都将被纳入其军事行动。毫无疑问,中国愿意接受这样的变化,而且会变得非常依赖于空间能力;这会使其从一个非对称的竞争对手向一个类似于美国或俄罗斯的角色转变。

(3) 随着苏联的解体,一些政治评论家和批评者形容美国是"超级强国",而不仅仅是一个"超级大国"[13]。虽然美国受到最近发生的一些事件的冲击,这些事件包括伊拉克战争、阿富汗战争、全球反恐战争,以及2008年的全球金融危机,美国的军事霸权继续得以保持。但是,这一霸权并不能制订或保证一个成功的空间战略。对手可能会认为他们在一个特定的危机或冲突中会比美国拥有更高的赌注。另外,美国在危机中拥有的赌注可能不会与美国军方和其国家安全机构可能投入的成本相称。第一种情况可能会怂恿敌对方采取有害行为;第二情况则妨碍美国采取行动。其结果是,对手可能会发现美国为应对影响其利用空间系统的敌对行为所采取的响应行动的威胁并不确定和可信。

(4) 尽管美国已经研制成功了最高水平的空间能力,但是它并没有生产出在新的环境下有足够生存能力的系统,这些系统要能够应对新的动能武器、外来干扰和网络战的威胁。存在这种漏洞是因为,今天开发和部署的航天器在许多方面与原本在冷战期间部署的航天器是一样的。在那段史诗般的斗争中,美苏两个超级大国达成了心照不宣的默契和明确的认识,即除了在可能爆发核战争的极端情况下,两个国家不会攻击和压制对方国家的空间系统。事实上,两个超级大国以相互理解的方式签订了一些两国之间的协议,并排除使用国家技术手段包括空间资产进行相互干扰。这种对空间系统及力量优势的确信,使美国没有察觉到这些系统固有的战略上的弱点和漏洞。可以预见的是,潜在的对手可能利用这些弱点和漏洞,比如中国最近进行的反卫星试验表明,他似乎更愿意充分发掘所需要的突破常规战争限制面向空间域的技术。由于一些卫星的威胁探测、攻击规避和其他防御子系统的工程研制尚未足够成熟，因此，需要利用历史经验和外交途径减少威胁，最终要使这些卫星系统精致、灵活和强大到足以应对新对手的攻击能力。

（5）有些人认为美国应该运用空间域的"全频谱优势"[14]。这样做可能涉及空间战,这样的战争可能会污染空间,产生不可接受的危险的碎片云。空间碎片数量无节制的增长已经导致了令人担忧的飞行安全后果。一些人指出,我们正在接近这样的节点,即整体空间域将不再安全和保证安全运营,因为碎片终将会不断地与其他碎片和正常的航天器碰撞;这些碰撞将加倍地产生更多数量的可能会损害其他航天器的碎片。这种现象在过去的30年被称为"凯斯勒综合征",或者称为"碰撞级联"[15]。预期空间冲突将产生严重的空间碎片的这一事实展示了巨大的风险,这一威胁必须通过全面的空间战略得到解决、阻止和防止。

4.3 空间威慑

冷战期间,针对核爆炸潜在破坏的军事卫星得到了强化和广泛应用,最终,在对一些早期的武器系统概念进行数十年的讨论、部署,直至这些概念失去活力之后:

"政治上开始避免就敌对卫星或美国卫星所面临的威胁研发特定的武器。美国希望保护其卫星,但要避免被认为是潜在的不稳定因素,以及避免看起来是在进行空间军备竞赛[16]。"

就长期目标而言,空间域可用于和平目的,造福人类,有利于更好地履行《外层空间条约》(Outer Space Treaty,1967)的相关规定[17]。决策者与指挥人员必须确保参与空间作战活动的收益与所带来的巨大风险之间的平衡,必须确保所有这些不同利益的适当平衡。由于针对空间的阻止式威胁及否定式威胁呈现的多样性,因此使得针对此类威胁所进行的威慑、击败和防护将很难实现。

如果停留于冷战思维,则人们可能会采用传统意义上的威慑概念,对相关安全措施及其战略进行整合,以此保证空间域的使用权。传统的威慑战略主要是"通过武力威胁和其他相关措施说服敌对方,而不是追求采取不受欢迎的行动达到目的。"[18]美国国防部(DOD)对威慑的定义是,"通过让敌对方担心其行动所产生的后果,而阻止其采取行动。威慑是确信存在不可接受的反制威胁时的一种精神/心理状态。"[19]据奥斯汀·朗(Austin Long)认为,"一种使用较为广泛的威慑定义是,敌对者对其采取的假设行动进行成本效益估算的操控。"[20]威慑在一般情况和突发状况之间会不断发生变化。

一般威慑是指敌对国家之间的相互作用,在这种互动中,即使不能进行公开的报复性威胁,但一个国家仅仅通过维持自身的报复能力来阻止另一个国家的激进攻击性行为。另一方面,直接威慑是指已经明确使用武力相威胁的情况,通常伴随有明显的军事准备,同时防御一方借助于某种形式的报复威胁,积极明显地试图劝阻敌对方实施攻击。事实上,一般威慑与直接威慑之间存在威慑局势的连续性,具体取决于假定攻击者敌对意图的程度,以及可察觉的、与攻击方和防御方威胁相关的军事活动的水平[21]。

考虑到这种连续性,空间专业人士认为,基于对可能导致的后果的认知,敌对方会选择其认为能够更好地满足自身利益的行动方案。空间威慑的目的在于,通过提供适用的信息,使潜在的敌对方相信:如果其选择可能威胁到美国核心空间利益的相关行动方案,则其所产生的严重后果,较之采取其他可行措施所产生的结果更为糟糕。

从根本上来讲,三个独立威慑因素可对敌对方之决策计划产生影响。这些因素之间存在着密切联系,且经常会被同时应用:①以可确信的威胁拒绝给予敌对方所寻求的任何利益——"通过拒绝给予利益实施威慑";②以可确信的威胁强加成本代价,这一费用成本令敌对方难以承受——"通过强加成本实施威慑";③通过影响敌对方的相关认知,即如果不采取行动,将产生怎样的后果,诱导其采取行动——"通过诱导敌对方采取行动实施威慑。"[22]

敌对方在意识到克制或不采取行动将导致的后果的情况下,对特定行动的预期收益和成本进行权衡。威慑的成功并不意味着仅仅起到这样一种作用,即敌对方是否认为假设的行动成本大于收益。因此,采取行动的成本也必须超过不采取行动所产生的预期效果。否则,威慑可能失败,原因在于,敌对方会选择产生影响最小的相关替代行动,而非不采取任何行动。[23]

4.3.1 通过拒绝给予利益实施威慑

通过拒绝给予敌对方益处实施的威慑,可以通过以下手段实现:部署相关系统以达到中断、拒绝、降级、摧毁敌对方武器系统的目的,或以其他方式否定敌对方的武器系统或其希望达到的预期效果。可以通过防御性和进攻性武器系统达到拒绝给予利益这一目标。例如,能够成功摧毁、击败或边缘化动能杀伤反卫星(ASAT)拦截器的空间防御,即代表了一种通过拒绝给予利益进行威慑的能力。因此,应该开发能够在攻击发生之前预先采取防御措施摧毁反卫星武器发射装置的能力,或者开发能够引诱敌对方传感器和目标跟踪装置的能力,这也是一种通过拒绝给予利益实施威慑的能力。另一个例子是发展快速响应空间能力,确保即使是在遭遇敌对方重大攻击时,也能维持并继续有效地进行空间作战。在需要时或在遭遇先发制人的攻击时,能够实施卫星发射,以此降低敌对方削弱美国执行空间作战能力的可能性。可以通过强化系统以应对恶劣的环境条件;同样,也可采用相关战术、技术和作战程序,确保卫星系统在遭遇各种形式的攻击或干扰性时持续运行。最后,可以考虑采用非空间系统提供冗余,该系统具有敌对方可能选择的目标空间系统的具体功能。例如,这一战术可能包括使用光纤电缆或利用高空飞艇作为中继系统传输数据,或者利用有人和无人驾驶飞机提供必要的"制高点"和类似空间的通信通道。

4.3.2 通过强加成本实施威慑

通过强加成本实施威慑,旨在通过战略沟通使潜在敌对方确信:一旦有人攻击其卫星,则被攻击方将不惜一切代价采取相应措施予以应对。其中涉及使用武力或采取其他措施进行威胁,以此使敌对方相信,一旦采取行动,其将付出惨重代价,美国将努力阻止此类行动,同时,美国极有可能将所有成本强加至相关敌对方[29]。如果美国最终选择实施威慑,则其应确保其采用惩罚手段进行威慑的方式具备一定的灵活性。计划采用上述惩罚手段"将使得视空间系统为合法攻击目标的任何敌对方了解,如果其选择采取行动,则美国将采取相应手段做出坚决回应。"[30]例如,灵活性可能需要进行多方面的计划,以及为达到威慑目的宣布进行反制攻击。威慑行动可以包括针对敌对者、非动能反卫星系统或其他同等重要的军事目标进行中断、拒绝、降级、摧毁的行动,或者采取其他针对敌对者的否定行动。上述所有措施的目的在于迫使敌对方停止正在进行的以及未来可能实施的攻击行动。

此外,战略及战区打击系统的部署和运用也可以增强敌对方对于严峻的快速响应可能性的感知。"提高此类威慑(通过强加成本实施威慑)有效性的关键挑战在于使敌对方打消这样的看法,即他们可以成功阻止美国(或美国自己望而却步)施加过多的成本。"[31]毫无疑问,未来,核武器将继续在促进美国战略威慑方面发挥独特作用。然而,采用这类系统应对仅针对空间系统的攻击,无疑会被认为是不恰当的,或者更确切地说会被认为是违法的。正如后续所讨论的,武装冲突法禁止就空间系统所遭受的攻击进行不必要的或不相称的响应。

通过强加成本实施威慑,这一威慑方式应通过基于外交、信息、军事与经济等国家权力手段的全方位措施得到增强。这些措施不应仅限于进攻性空间对抗或空间控制解决方案。相反,通过准备和部署部队以具备有效的进攻性与防御性常规打击能力,以及先进的信息作战和特种作战部队突袭作战能力,也可以表明美国已准备好让敌对方付出可观的成本代价,这一代价在许多潜在对手看来是不可接受的;事实上,美国只需承担温和的成本即可完成以上的一些作战准备和具体行动,尤其是相对于美国空间资产及能力遭到降级或摧毁可能损失的巨大价值,这些成本的确是温和的和可以接受的。展示出以敌对方高价值资产为目标实施高精度全球定位系统（GPS）辅助之下的常规打击的意愿，也可以用来实现恐吓的效果。这些攻击可以拒绝向敌对方提供避难所（摧毁其盘踞的基地），并可提供使"战争升级"的主导权，同时还减少了附带损伤。

　　战争升级主导权意味着可以控制战争升级的速度和进度。这一术语过去一直用于表示美国以实施压倒性的报复威胁另一个国家，以阻止其应对美军的行动。[27]

最后，通过强加成本而进行的威慑可以通过威胁采用有关外交、政治、信息及经济措施与制裁而予以实施。这一"牵连式的威慑"可能包括对不同的商业、盟军，甚至敌对方利益进行整合，以此支持自身空间系统。反过来，通过将其他利益相关方卷入任何冲突，这将使得用于消除、中和或削减利益的地缘政治成本显著增加。

4.3.3　通过诱导敌对方采取行动实施威慑

通过诱导敌对方采取行动实施威慑涉及一些阻吓行动，相关方希望通过促使其他行动方案更具吸引力而避免此类阻吓行动。诱导敌对方采取行动是影响敌对方行动方案决策计算的一种"方式"，最不适合用作军事手段。[28]发生危机或冲突时，只有当所采取措施符合更广泛的美国利益时，方可考虑此类威慑措施。例如，指挥人员可以指挥其部队作战达到这样的目的，即怂恿敌对方选择一种"最不坏"的行动方案，以达到支持美国阻止其对空间系统进行攻击的目的。在这种诱导下，可能会促使敌对者得出这样的结论："最不坏"的法律战预防战术可能会更富有成效，同时也可实现中断、拒绝、降级和摧毁空间系统等否定攻击之外更多的目的。敌对者可能只是被动地选择行动路线，而不是自己主动采取行动。例如，使局势看起来更"有利可图"或不太具有威胁，也许会使"不采取行动"这一选项看起来更能吸引人。虽然不是严格意义上地诱导潜在对手采取行动，但效果是相同的。可以通过只是提供保障，或者通过某种补偿，甚至是贿赂来实现上述目标。

4.3.4　威慑三要素的整合

为了获得最佳效果，威慑必须对上述所有三种用于阻止美国切身利益所面临威胁的"方法"进行整合。这些方法不应被视为"非此即彼"的命题。必须以相辅相成的方式对威慑所涉及的上述所有三种因素进行整合，以便使可能面临的敌对者的整个全方位成功的可能性最大化。此外，"由于特定情况下特定敌对方的认知及其最终决策方法存在本质区别，因此，我们所采取的威慑措施在本质与侧重点方面也必须符合相关要求，以此解决此类差异问题。"[29]最后，威慑战略应努力为敌对方提供一种较为简单的行动选择，或者当其需要和有预谋的

时候制止其采取行动。㉚

4.4 空间保护

威慑核攻击这一策略在整个冷战期间均起到了一定的作用；苏联是强大的，但它同时也是一个理性的对手。出于这一原因，美国曾努力了解苏联文化及其发展目标、激励机制与相关设想。苏联对于美国的外交接触提议持开放态度，并给予相应的回应。美国已经通过空间能力的发展与整合获得了巨大的优势，这就迫使潜在的敌对者发展相关技术以抵消这一优势。可以通过恐怖分子代理人、第三方合伙人或采取隐秘的行动来完成对美国空间系统的攻击，利用这样的途径可以为肇事者提供其造成的破坏的合理推诿。美国现在面对的是广泛且各不相同的对手，而且其"无赖领导人"可能带来更多的风险，或者只是出于自相矛盾，故意鲁莽行事而不计后果。这些对手非常清楚空间能力对于美国外交、军事及经济成功的重要性。他们明白，攻击和破坏美国空间能力提供了一个重要的机会，即：否定美国的国家目标，同时保持或扩大自身的相对力量，弥补了其常规力量的不足。

纵观历史，所有威慑措施均遭到了失败——"原因在于，相关阻止措施并未引起其实施对象的注意，这类对象不认为此类措施具有可靠性，或者其正在寻求对其利益极为重要的相关目标，以至于开始忽略所遭受到的威慑攻击。"㉛鉴于这一情况，美国不能完全依靠威慑来保护自身。其必须为相关措施可能遭受的失败做好相应准备。因此，还应该部署防御系统，对其部署范围应针对其效用进行慎重的衡量和平衡，还应该依据预期的成本、丧失的机会成本、可能产生的效力以及最终取得的效果，对其部署范围进行衡量。

威慑与防御任务之间存在密切联系。如罗伯特·巴特沃思（Robert Butterworth）所述，"防御可提供保护，而威慑则预示着惩罚。不论敌人是否相信，防御措施均能取得成功。"㉜有许多的主动、被动防御能力可以开发、部署，用于保护空间系统，特别是针对动能杀伤反卫星（ASAT）武器与干扰器的相关防御能力。

4.4.1 被动防御

被动防御能力包括为降低敌对行动之可能性而采取的措施，以及将攻击过程中所造成的损害降至最低。被动防御技术可应用于卫星——这有利于增强电磁脉冲攻击、辐射与爆炸抵御能力；有利于采取措施，更有效地避免干扰，如链路加密、增加信号强度、自适应波形；有利于提高可操作性，主动避免攻击；也有利于安装烧蚀保护层。鉴于一些敌对方正在考虑采用陆基高能武器，因此，需要对较之目前系统，范围更为广泛的相关系统进行进一步强化。值得庆幸的是,采取某些强化措施可带来额外收益;这些措施有利于避免微小空间碎片的影响及其他环境危害。[33]

与此同时,分布分散且冗余的空间平台及其支持设备也可实现相关的被动防御目标。这些平台与构件的网络化有助于降低单点故障发生的可能性,并提升所有系统组件的敏捷性与弹性。[34]由于存在冗余,此类系统可能不会成为具有一定吸引力的目标。可以采用欺骗手段及其相关技术,对所有空间系统组件进行保护。最后,被动防御能力可以包括:采取武力保护以及关键基础设施改进措施,促使美国地面与任务系统更好地应对常规地面攻击。

4.4.2 主动防御

主动防御可用于中断、拒绝、降级和摧毁敌对者的攻击系统及其支持设备。这些主动防御措施可对被动防御进行补充,并可击败被动防御未能阻止的敌对者的攻击,或降低其攻击的有效性。有效的主动防御可以使航天国家运用军队力量更为经济,因为当受到攻击时,敌对者针对的目标卫星可以避免进行有损卫星寿命的规避机动飞行。

对抗敌对者的反卫星系统存在较大困难。在运输过程中对抗动能反卫星拦截器,需要就传感器、指挥与控制,以及射击技术进行大量投资。干扰器及其他威胁,可能很难对已遭受的或未来将要遭受的攻击进行定位或在其中发挥作用。此外,成功的主动防御必须有强有力的精确的情报支持,以及指挥与控制能力的支持,以便对威胁进行识别和归类,然后动用陆军、海军、空军以及天军力量,参与并摧毁敌对者的系统。区域防御可利用以网络为中心的信息技术的创新成果,并对其进行整合,从而在全球范围内提供交叉保护与互补性保护,但是,只有付出巨大代价,方可实现这一目标。毫无疑问,对等的或近乎对等的国家的对手也可能会设法击败主动防御。

4.4.3 空间保护的合法手段

必须通过合法手段实现空间保护这一目标。如果需要,可以鼓励美国及其盟国合法地使用报复性措施,如果交战不能达到预期目的,可以强迫冒犯者重新考虑其不受欢迎的行动方针,并遵守国际道义或相关法律义务。相关条约、习惯法、武装冲突法,以及其他法律原则极大地限制了空间作战的选项,同时也大大降低了守法国家间发生冲突的可能性。根据相关条约与习惯法,应对空间系统攻击、实施威慑或保护活动的相关权利均受到了一定限制。仅在自卫情况下或符合联合国维护国际和平与安全之相关授权时,方可使用武力。[35]《联合国宪章》第51条中重申:《宪章》中的任何内容均不得"损害武装袭击自卫这一固有权利"。这种自卫权利一直以来被公认为是国内法及国际法的一部分,且在《联合国宪章》颁布之前就已存在。如果使用武力维护国际和平与安全是联合国安理会授权的,则第二个例外条款适用。如果无法确认敌对方行动是否构成此类攻击,可参阅《联合国宪章》第七章之相关内容,其中规定:联合国安理会有权也有责任确定任何"和平威胁"或侵略行为的存在。随后,可以在安理会的建议及其领导之下做出合理回应;然而,由于安理会的行为受到国际政治谈判的限制,因而无法做出快速响应,且任何响应均不可能对攻击方产生重大威慑影响。㊱

此外,制造涉及空间系统的冲突并开展空间作战活动的权利也受到相关武力使用法规、武装冲突法及人道主义因素的约束。㊲"各国可能会使用武力进行自卫或保卫其他国家;然而,这一例外条款受到一定的限制。"㊳武装冲突法,也称"战争法",是国际法的主体,基于基本原则或规则的应用,针对武装冲突期间武力的使用确立界限。㊴其原则与规则同相关条约、国际惯例及国内法之相关内容相结合。武装冲突法对武力使用时间及其程度、目标,以及非战斗人员、平民与战俘的处理进行了限制。武器冲突法的必要性、区分性或歧视性、相称性、人道性以及侠义精神等基本目标的考量同空间战概念密切相关。

发生冲突时,美国及其盟国可对受到物理攻击、干扰攻击与网络攻击的相关空间系统组件进行保护,因为这类攻击在现代背景下应视为武装袭击。㊵在这种情况下,其必须准确确定攻击源以及蓄意以上述系统为目标进行攻击并产生破坏性影响的敌对国或非国家行为体。更为重要的是,态势感知措施必须明确反映:受影响的系统是否受到蓄意攻击,是否遭受到不良自然环境因素的影响,是否受到了某种无害的异常情况的影响。

当然,涉及空间系统的冲突无需以空间为基础。就保护自身系统而言,美国可以合法地利用现有的在陆地上的军事系统,以击败和阻止敌对方的武器进入空间或在空间发挥应有的作用。敌对方的地面指挥与控制站及传感器可能会被吸引,它们的节点及联系可能会被中断、减少,或者被摧毁。干扰器也可能会被定位、降级或摧毁。空间运输设施也可能被摧毁,从而使敌对方丧失发射能力。

运用《武装冲突法》(Law of Armed Conflict, LAC),只有在确保卫星的损失不会过度伤害公众或对空间环境造成过度影响,或者违反其他强制性规范这一前提下,美国方可对某些敌对者的卫星及有人与无人操作的支持系统采取措施。在某些情况下,由空间系统防御过程中所采取的措施直接造成的人身伤害和死亡可被视作合法。美国做出的回应必须是必要的和相称的;回应力度不应超过实现军事目标以击败敌对方的军队,以及迫使敌人部分或完全屈服所应有的力度。如果美国及盟国的系统出现了紧急和需要的情况,在条件成熟的时,即可按照预想的计划采取自卫行动。㊶此类预想的自卫行动的目标可能涉及在发射前和发射期间瞄准敌人的系统。尽管采用了合法的手段与方法,并锁定了目标,但物理、技术、环境和政治现实,以及这些因素的风险与获益情况,仍对空间系统的防御及对抗措施形成限制。

一般而言,必要时必须对破坏性的天基作战活动的准备进行慎重考虑,在适当的时候进行递延。这种冲突恰恰会使美国试图保护的空间环境面临危险。如果空间域在不明智的作战或冲突中遭受破坏或丧失,美国作为最大限度利用空间能力的国家,将蒙受最大的损失。此外,依据《环境改变公约》(Environmental Modification Convention,EMC)与《外层空间条约》,试图或实际已对空间环境造成长期破坏的自卫行为均是不合法的。[42]至少,造成此类破坏是不明智的;因此,美国应履行相应义务,在操作防御性空间武器时,避免并最大程度地减少碎片的产生。如果需要针对天基部件使用武器,则禁用的"软杀伤"武器显然更易于接受和受到青睐。爆炸性武器也是不可以接受的,尤其是围绕卫星部署的碎裂式空间雷,因为此类武器可以产生大量的空间碎片。[43]考虑到可能产生碎片,因此,除非在最紧迫的情况下,采取行动摧毁或损坏敌对方空间系统"可能违反避免对空间造成有害污染这一义务"。[44]

4.5 空间保障分析框架

应用于空间域的威慑与保护模式为美国的空间战略奠定了基础,但就该任务而言,它尚不够完整和充分。威慑与保护战略只会导致战略上的不稳定,因为中断、拒绝、降级或摧毁美国利用空间的能力太容易实现了,目前在全球范围内可以用于实现上述目标的危险的和具有破坏性的技术正在稳步得到提升。此外,美国可能无法依靠自身力量成功应对非国家的参与者或旗鼓相当的敌对者。对于一些潜在敌对者而言,没有相互理解或可靠的沟通渠道。同时,传统的威慑与保护战略将无法避免卫星系统不受到空间碎片的威胁。充分利用和部署合作式的态势感知工具、全球公认的报废协议,以及建立互信机制应该能够更有效地应对这些威胁。

此外,如果美国作出的回应指向敌对者的空间资产,那么报复性强加成本的威慑战略的可信度也是有限的,因为美国"是目前最依赖于空间的国家。如果有问题的敌对者没有利用重要的军事、外交与经济力量,则以袭击敌对方卫星作为威胁来应对自身所遭受的攻击可能只是徒劳的。"[45]如果应对威胁或攻击的过程中产生大量的空间碎片,则美国将使自身未来的空间运作复杂化。

可能发生的空间冲突与空间战带来了越来越复杂且日益增长的挑战,而美国尚未就此做好充分的准备。尽管如此,2010年的美国《国家空间政策》仍然指出:

> 美国将采取各种措施以帮助确保所有责任方对于空间的利用,确保符合自卫这一固有权利,阻止其他方的干扰与攻击,捍卫自身的空

间系统,并为盟友空间系统的防御做出贡献,而且,如果威慑失败,要努力挫败受到的攻击。[46]

但是攻击美国卫星系统极其容易,也极易导致威慑失败。正如布鲁斯·麦克唐纳德(Bruce MacDonald)所指出的,"当相对温和的防御投资可以对敌对者产生不相称的危险时,可能产生战略上不稳定这一固有风险";并且"当'成为第一'较之'成为第二'能产生更多收益时,也会产生危机不稳定这一固有风险。"[47]当决定采取主动行动阻止对空间资产的威胁时,尤其如此。此外,攻击其他方的空间能力会导致对相同系统的报复性攻击。并且,对于空间系统的较强依赖会加剧不稳定状况。[48]

因此,根植于传统威慑和保护观念的美国空间战略并没有提供足够的确保利用空间所需要的方法和手段。不能将基于报复威胁的威慑战略合理地作为一种战略,以应对长期以来缺乏责任感的一些盟国与友国,这些国家参与空间域,行事轻率或不负责任。除此以外,必须解决由空间碎片等无生命物体所构成的威胁,并尽可能将其数量减少至可接受程度。这类威胁也必须通过空间保障战略予以解决。与此同时,威慑-保护方法实际上并不提供所需的用于应对不断发展的技术及空间系统威胁的战略架构。2010年的《国家空间政策》中"国家安全空间的指导方针"部分对上述所有内容进行了阐述:

> 制订并实施所需的确保关键的国家安全空间任务完成的相关计划、程序,以及开发相关的技术与能力。任务保障的选项可以包括空间资产的迅速恢复,利用盟国、国外的和/或商用的空间及非空间能力协助执行上述任务。[49]

最后,本章一开始提出了空间保障分析框架的4个层面,即威慑与防御、全球参与、态势感知及快速响应的基础设施,可以更好地保护空间域的安全。本章对上述内容进行了全面详细的讨论,有关上述4个层面的重要性在2010年的美国《国家空间政策》中进行了强调和阐述。针对威慑与防御已进行了广泛讨论,接下来将对其余3个层面进行讨论。

4.6 全球参与

确保空间域安全及保护空间域的方法来源于理性决策和国际法,未来仍将在这一基础之上不断发展。在一般情况下,发达国家的法律与政策十分重视外交与国际参与,这对于确保边境安全、加快商业发展以及解决争端均起到了一定作用。事实上,国际法基于惯例和条约的限制条件,为全球航天界的所有成员提供了充分的信心,确保所有成员均可利用空间。

尽管一些具体空间活动受到条约的限制,如禁止使用在轨大规模杀伤性武器（WMD），但是将空间用于军事或其他目的的限制相对较少。[50]利用最低的国际法限制，所有航天大国及参与者需要凭借智慧作出决策，以确保空间域安全可靠地运行。条约、公约及协定有助于规范空间活动，同时也有利于对已经在轨或即将进入轨道的系统所具有的能力进行保护。双边及多边军控条约，依据禁止使用"国家技术手段""干扰"的条款，保留了一些空间的保护区，如用于验证条约遵守情况的导弹预警和侦察卫星。

建立互信机制的过程增加了潜在对手间的透明度，或许还可以加强相关方之间的对话，这样的沟通可能会阻止未来的任何争端演变为武装冲突或是核灾难。这些过程及活动可能涉及全球、国家及地方各级的数据共享、商业投资、教育及信息战。[51]其他条约和公约主要用于解决频谱管理问题。[52]

国际合作和相关的跨国经营是高效全球参与战略的重要组成部分，目的在于确保相关国家及其盟国与合作伙伴具备利用空间的能力。美国参与了一系列此类活动，因为这样做符合其最佳国家利益。2010年《国家空间政策》、2011年《国家安全空间战略》及其他美国国家安全战略文件，如《国防战略》，越来越多地强调国际合作，以实现重要的国家利益。

【国家空间政策】

确定潜在的国际合作领域。相关部门与机构应确定潜在的国际合作领域，这些领域可能包括（但不限于）：空间科学；空间探索，包括载人航天飞行活动；支持空间科学与探索的空间核动力；空间运输；针对碎片监测与感知的空间监视；导弹预警；地球科学与观测；环境监测；卫星通信；全球导航卫星系统（GNSS）；地理空间信息产品及服务；减灾和救灾；搜索与营救；将空间用于海域感知；对供人类活动与利用的空间环境进行长期保护。

美国国务卿在与相关部门及机构负责人进行协商之后，应进行相关外交与公共外交努力，以加强各国及公众对美国国家空间政策与计划的理解和支持，并鼓励其他国家利用美国空间能力、系统及相关服务。

促进透明化与建立互信机制。美国将促进双边与多边增加透明度及建立互信机制，以鼓励在空间进行的和平利用空间的负责任的行动。如果有关军备控制措施的相关建议与概念符合公平原则，可有效验证，并有利于增强美国及其盟国的国家安全，则美国将考虑军控措施的建议和概念。[53]

【国防战略】

"美国……必须加强和扩大其联盟与伙伴关系。超过一个世纪以来，美国的联盟体系一直是美国和平与安全的基石，目前依然是我们成功的关键,对于实现美国的所有目标做出了重要贡献。盟国通常拥有我们所不能复制的能力、技能与知识。我们不应将自身限制于以往所建立的关系中。我们必须开阔思路,将应对新形势与新情况的相关伙伴关系纳入其中,呼吁动荡地区的温和派和意想不到的合作伙伴加入进来。在某些情况下,我们可能会针对特定目的或目标做出安排,甚至是有限定期限的相关安排。尽管这些安排在共同利益方面会有所不同,但其仍应建立在尊重、互惠与透明的基础之上。"㉞

强调国际合作的相关政策与战略不能在孤立于环境的情况下进行制订。一直以来,同盟国与合作伙伴间的跨国经营,以及在联盟内的跨国经营是非常重要和必要的。对美国而言,从乔治·华盛顿将军为孤立并抓获英国在约克城的驻军而与法国合作进行的联合作战,到今日法国与英国所参与的"持久自由行动"(Operation Enduring Freedom,OEF)联盟,这是充满了不胜枚举的合作范例、历时长达230年之久的一种趋势。国际合作促使美国有能力应对整个全球的快速变化。

"国际合作可以使敌对方计划及其意图变得更为复杂,有利于在空间环境的有序利用下产生更多的利益相关方。如果敌对方在对抗美国回应的同时,还须与国际响应相抗衡,则可以极大地增强威慑力。"㉟

全球参与支持通过拒绝给予益处实施威慑这一战略。其主要通过宣传攻击卫星系统存在风险,通过向具有多个平台的系统注入冗余,以及共享盟国或友国空间系统功能来实现这一目标。这一切均能使较为理性的敌对方确信:其所进行的攻击现在可能失败,将来也会遭遇失败。

在规划及实施空间保障活动时,应将全面的国际法律、政策、外交及国际参与充分考虑在内。美国几十年来一直是这样做,多年来,其凭借以往的经验及运用丰富的智慧,对抗苏联对其所构成的威胁,以及近年来应对中国反卫星武器系统和其他空间活动所构成的威胁。全球参与有利于阻止潜在敌对方对于空间系统的攻击。

毫无疑问,尽管参与将起到一定作用,但是,仅通过参与确保达到相关空间能力,仍具有一定的风险。针对有关违反空间条约与协议的行为的执行机制相当有限。例如,目前没有具体的"合法"执行机制可用于解决违反《外层空间条约》的违规行为,而这就会使得为了保护或确保可利用空间而依靠此类文件、合作、达成未明确说明的谅解以及进行幕后交易的风险增加。同样地,国际电信联盟(ITU)被看作是一个"以成员信誉"为基础的"绅士俱乐部"。"没有机构强制政府遵守相关规则。"㊱

名义上,通过经济手段和外交协商对违反有关条约和其他协定的相关行为进行回应,必要时,采取其他制裁手段——假设一个国家或国际社会中的其他成员同意这样做。当然,符合规章是"说起来容易做起来难"。确定空间武器在哪儿和在什么条件下存在,这是一个极为复杂的挑战。罗伯特·A.雷米(Robert A. Ramey)认为:

> "空间武器这一基本术语在国际法中缺乏相关定义。因此,其所代表的概念,从广义上讲包括空间战争中的任何装备,很难将其分离开来。缺乏这一基础定义,则无法对可能依据于它的词汇、词组进行定义。任何空间武器的全面定义将包括用于非军事、非破坏性和非攻击性目的的空间系统的使用,通过对此进行观察可以使上述困难得出一个比较明确的重点。尽管空间武器似乎只包括相对独立型的装备,具备较易定义的特点,但通过仔细研究可以发现,空间武器还包括一整套不甚明显但更具包容性的系统。[57]"

伴随着定义之争,空间军备控制支持者大声呼吁:

> "为防止在空间发生航天器意外事件和进行危险的军事活动,应进行航天国家之间的行为准则的谈判。上述行为准则所涉及的关键活动包括:避免在空间中发生碰撞和采取危险操作;在卫星周围建立专门的警示区域和安全区域;制订更为安全的交通管理措施;禁止在空间中进行反卫星试验;通过信息交流、透明化和通报措施提供可靠的保障;采取更为严格的空间碎片减缓措施。[58]"

布莱恩·维顿(Brian Weeden)建议:在基于最新"国际民用空间态势感知(SSA)"进行验证行动的同时,实施行为准则,有利于打破目前建立最新空间安全机制所面临的国际僵局[59]。有关武器化定义与行为准则的持续讨论与谈判,最终可能促成相关协议的签署,这类协议有利于确保未来对于空间的探索。通过解决此类问题,空间保障的全球参与的支持将促使美国有能力应对世界舞台上的其他相关国家,这些国家试图通过利用法律战获得优势,或拒绝其他方使用需要的能力。

值得庆幸的是,友国、盟国、敌对方和竞争对手的空间共同利益日益交织在一起。空间保障可以通过军事与经济合作,通过整合得到加强;可在陆、海、空中活动以及空间活动中进行合作和整合。这样的合作与整合将不可避免地会影响到政治、经济以及对国家安全的认知等各个方面,也会影响到其他国家的相关利益。例如,以联盟为基础的活动会影响敌对方对于美国及盟军政治意愿的认知,促使其相信:对美国领导之下的国际联盟进行攻击,在冲突之后将会对其产生持久且有害的政治、经济影响。美国、盟国及联盟的能力得到提升,可能更有利于击败敌对者的军事行动,包括那些对空间活动的起诉。此外,盟国和联盟伙伴也可以满足东道国对安全与资源的需求。在某些情况下,盟国或合作伙伴的存在有助于确保对敌对国家和空间系统组件的攻击,或者是确保对处于那个国家的指挥与控制节点的攻击,会被视为对美国及其盟友的攻击,可以为另一方进行合法的共同防御。如下所述,全球参与有助于通过提供前沿资产提升态势感知能力,此类资产可显著强化国家情报系统。

4.7 态势感知

态势感知为空间保障提供了强有力的基础。对蓄意攻击与自然环境灾害的区分可以有效减少误解与误判的可能性。此外,如果态势感知能力可以显示出任何企图对系统的空间目标、地面目标或通信链路的攻击或威胁的性质和起源,则有助于加强对人为及环境威胁的有效威慑与防御[60]。

可通过对部署于全球的陆基、空中、海上、空间的态势感知装备及信息系统进行整合获得态势感知。这些装备的传感器不应只关注空间系统,还应收集陆地上的可能影响利用空间能力的相关信息。在通常不关注空间态势感知的情况下,增强态势感知还可以利用传统的能力,如利用导弹防御系统、机载或舰载雷达,以识别、跟踪、瞄准卫星及反卫星威胁行动,或者利用已经部署且用于直接支持军事力量的最新系统,如低成本可移动式光学望远镜。此类传感器的全球扩散,包括盟国运营能力的扩散,加之影响全面整合和信息融合的机会,这些情况均有利于提高态势感知能力。总之,信息融合为空间系统潜在威胁提供了完整画面,这类空间系统主要用于确保对敌对方行动进行有效的拒绝与回应。

支持空间保障目标的态势感知活动主要取决于所需要的情报支持工作。情报有助于提升相关能力,即在不同情况下,针对每个潜在的对手制订不同的作战计划,包括识别敌对者的潜在攻击手段,之后提供最为合理的攻击目标,实现以强加成本相威胁的威慑意图,或者以劝阻或阻止敌对方进行攻击的方式采取行动。这种情报活动包括两种形式。第一种形式是,获得有关敌对方对于收益、成本及克制后果(威慑行动的基础)的基本看法的相关信息。第二种形是,获得有关敌对方资产、能力及其缺陷的相关信息。这为操作者采取可靠且有效的防御与威慑行动提供了背景信息。

空间保障的成功还需要对自身能力、局限性和现状进行全面的了解,或至少在了解方面有很大的提高。这样的理解可以通过整合共享的信息、态势感知和了解情况以制订一个通用的操作界面来实现。该画面能够在可获得来自盟国及其他国际合作伙伴信息的网络基础设施共享。空间态势感知对于监测和预测空间威胁至关重要,而且在成功实施基本任务和保护空间资产方面发挥着绝对重要的作用[61]。它能够使空间强国有能力"探测、识别、评估和跟踪空间物体及发生的情况,以此支持空间运营。态势感知对于空间支持性操作也有着极为重要的意义,如将卫星送入轨道"[62],或执行异常,或恢复操作。

建立空间态势感知的基础,以及其基本组成部分是空间监视。空间监视是指"对空间以及空间中发生的活动进行观察"[63]监视是通过各种地面雷达、天基雷达,以及光电传感器完成的。各航天国家可凭借其态势感知能力避免空间危险,或者利用这种能力提醒其他国家可能存在对它们的危害,或向他们提出避免危险的建议,以及可以采取的手段与方法。监视可确保针对人为与环境威胁开展的威慑与防御活动。理想的情况下,较为完善的系统将提供

"对在轨物体的持续感知;实时搜索与目标详细信息;威胁侦测、识别与定位;在地缘政治背景下,对国外空间能力与目标的预测性情报分析;以及针对友好型空间系统的全球报告能力。[64]"

然而,现有美国及全球空间监视网络尚无法对所有在轨物体进行持续观测,也无法提供任何实时服务。仅可以在一些目标经过或靠近其任何一台传感器时,方可对其进行跟踪[65]。

应对敌对国家与非国家参与者所构成的威胁,并不意味着保护美国空间资产这一挑战的开始或结束。如前所述,人类对于空间环境本身的破坏也会构成重大威胁。50多年来,空间系统的不安全或不负责任的设计与运行,极大地加剧了产生轨道碎片的风险。目前,美国空军系统已经跟踪发现了22000多个人造物体与空间碎片,与此同时,这一数量仍在以指数级速度不断增长[66]。速度对于空间物体而言是极为重要的。因此,即使是小物体,有些小如油漆碎屑,也可能使空间系统产生重大损坏。必须对碎片威胁进行监控,态势感知有助于减轻威胁。

通过全球参与增加对空间碎片威胁的了解,并增强态势感知能力,美国和其他航天国家,以及国际商用空间部门正在进行合作,并致力于重振数据共享程序,以避免、减少撞击次数和其他空间碎片生成的事件,并对目前的状况加以管理。[67]例如,美国参加了机构间空间碎片协调委员会(Inter-Agency Space Debris Coordination Committee,IADC)。IADC 是一个国际论坛,主要工作是就相关空间碎片活动进行协调。IADC 的主要目标在于交流信息,促进有关空间碎片研究、空间碎片减缓措施和最佳实践方面的合作。IADC 共涉及 11 个国际上的政府空间机构,其中代表美国的是美国 NASA。

与此同时,美国也通过美国战略司令部(USSTRATCOM)、空军空间司令部(Air Force Space Command,AFSPC)及 NASA,加大力度通过 SSA 共享计划(SSA Sharing Program)向空间运营商提供轨道数据。[68]"美国空军运营着世界上最强有力的空间监视网络,同时,商业卫星及其他卫星运营商长期以来主要依赖于信息服务,目的在于减少与其他航天器或轨道碎片碰撞的机会。"[69]鉴于态势感知问题的重要性,一些商业卫星运营商建立了一个程序与数据中心,在此基础

之上，"共享以往被认为具有竞争敏感性的相关数据，避免发生代价高昂的事故。"⑩ 该中心称为空间数据协会（Space Data Association，SDA），成立于2009年，是介于国际通信卫星组织（Intelsat）、SES、国际海事卫星组织（Inmarsat）之间的一个非营利性组织⑪。

4.8 快速响应基础设施

强有力且具有一定灵活性的空间基础设施，可以确保航天国家对于人为威胁、空间碎片及空间环境的变化做出快速响应。快速响应空间基础设施有利于强化空间保障的其他组成部分，并在自身发生故障时能够提供备用支援。劳伦斯·库帕（Lawrence Cooper）指出：

> "快速响应空间是指在做出卫星发射决定后能很快将卫星有效载荷送入轨道的能力，其中包括迅速更换出现故障的卫星、发射失败后重新尝试发射，以及响应作战需求以满足国家安全利益的相关能力。快速响应空间为保障空间利用提供了有效的手段。快速响应空间的一个客观目标在于，将完成卫星发射的操作时间由当前的做出发射决定后的几个月至几年，改变为几小时至几天内完成发射操作。通过增加军用与商用卫星系统的稳健性，快速响应空间为美国的空间力量提供了增加额外维度的可能性。通过制订快速响应空间战略，可以使空间系统变得不那么易损，实现这一目的不是通过更努力地提升系统和采取积极的应对策略，而是通过系统无处不在的分布。这一战略将推动卫星价格变得更便宜、质量更轻；卫星发射服务更多元化且更迅速；卫星的操作更快、更具灵活性。如果工业部门能够将卫星更便捷、更迅速地送入轨道，卫星也就会不再易受损害，因为任何损坏或短缺问题均可在很短的时间内通过替换得到解决；同时，因为具有补充能力还可使操作更具灵活性。"⑫

许多快速响应空间的早期的重点是，以空间系统获取和操作的新方法实现转型过程的变化。虽然"转型"这一术语不再像21世纪初时那么具有"锐气"，早已发生了变化，当时的美国部队转型办公室（Office of Force Transformation，OFT）支持为快速响应空间开发提供资金和进行概念研究，支持者们对所提议的这些系统具有向决策者和指挥人员提供极大的灵活性和多种选择的潜在能力尤为重视。

美国的这一快速响应能力的主题理所当然地被纳入了国防部作战快速响应空间（Operationally Responsive Space，ORS）计划。该计划的重点在于，确保联合部队指挥官们所需要的及时和必要的空间能力的可用性，并通过三层构想满足作战快速响应的需要,即:从数小时至数天;数星期至数月;不超过一年。此外,国防部采取的措施包括:有必要在发生冲突时重建空间能力,以及在质量和数量上提升空间能力。

然而,由于结构的原因,目前的作战快速响应空间计划未基于空间战略需求制订可靠的长期获取的措施。如《联合出版物》(Joint Publication, JP) 3-14 中所述,"空间作战""战略上的或长期的需求并非是作战快速响应空间的主要着重点。"[23]与此同时,作战快速响应空间计划在理论基础方面也存在一定的问题,这主要是因为其部分理论基础是在错误的前提条件下形成的。首先,描述性术语"快速响应空间"意味着,航天界没有响应作战人员的需求,但实际情况并非如此,美国军方高层领导人曾在各种会议和论坛上对这一推论表示强烈反对。他们认为,航天界一直在积极响应并满足作战人员的需求,这一点在伊拉克、阿富汗和其他地区发生的冲突中已经得到充分体现。其次,作战快速响应空间这一基础理论意味着作战人员需要航天界开发和继续提供新的、及时的技术或解决方案,以满足战场和作战空间的需求。目前,尚未对上述第二个需求的实际业务及其预算进行全面探讨。

毫无疑问,军队和国家空间系统是确保"空间珍珠港"的生存,重构这些系统以确保其可为作战人员提供支持的必要条件。"重构是指为补充失去或减少的空间能力而制订的计划和采取的行动。这包括对未受影响的资产和幸存的资产进行重新定位和重新配置,增加民用和商用能力,以及替换已损失的资产。"[24]如果能够开发此类能力,则美国将有能力通过快速更换或重新装配被敌方行动所摧毁或降级的系统,以应对敌对者的攻击。这还将确保紧张局势加剧或冲突升级期间,美国将有能力发射和部署新的空间资产,或更换空间资产及能力,以及增加已经在轨的系统。

并非单纯采用重构的方法,美国可以通过不改变其卫星的设计,选择在大型分布式卫星组网部署小型专用飞行器来获得对地面的持续覆盖。这将对美国国防部及其国内同行的系统获取战略的改变产生深远的影响,因为在此之前他们关注的重点是旗舰级的卫星。美国国防部目前已经进行了小型卫星的试验,但通常只是用于新技术的演示验证。

正如本章4.4节中所指出的,大型的卫星组网架构是提供冗余的很好的措施。这就可以使敌对方无法仅以少数关键在轨卫星作为目标。创建与维护大型的卫星组网需要具备快速响应能力和更为经济的发射能力,具备相关的技术、基础设施和组织机构。必须对这些运作进行充分的整合,以确保系统的生存能力。在发射准备阶段,快速响应空间运输必须包括具有机动性的发射能力,还必须具备能够减少敌对者瞄准系统机会所需的疏散能力。最后,为了保证对空间的继续利用,必须维持在轨卫星能力的操作,并根据需要激活在轨备用件。

尽管发展重构与分布式卫星组网能力可以作为快速响应空间的重要目标，但这一举措将会耗费巨资。现实情况是，快速响应空间的解决方案也必须进行相应的改进，以便从根本上满足另一个更为重要的目标——有效部署系统的成本问题。这迫使决策者在作出如何最佳开发和部署空间系统架构决策之前，需要进行机会成本分析[75]。

杰夫·福斯特(Jeff Foust)提出假定称："如果作战快速响应空间运输如此重要，那么为什么现有运载器在短期内发射的能力并没有更多的需求？[76]"一些人认为，如果运载火箭、空间飞行器以及所有的空间运输操作的成本均能有所降低，则此类系统可能会成为发射需求的"真正推动力"[77]。然而，目前尚未完全确定短期内需要发射的特定有效载荷，原因在于：在航天飞机时代，当前的现实状况是"缺乏有效载荷一直是"实现成本效率"所面临的一个主要问题"[78]。这样一来，在不考虑潜在损失的机会成本的情况下，每年有数千万、数亿美元浪费在开发新的作战快速响应空间发射技术上。与上述分析方法类似，福斯特还注意到：国防部官员已经谈到在短时间内发射侦察卫星问题，目的是将其作为关注全球热点问题变化的一种途径[79]。此外，这样的单星战略的实用性与是否明智也值得商榷。针对此类航天器所选择的轨道，将会限制对地球特定椭圆轨道的访问次数，并因此影响其效用。

即使作最乐观的估计，也无法确定美国国防部是否将决定开发一些小型卫星，用于执行侦察、通信、预警、气象或其他任务，并随后对其进行存储，以便在短时间内进行发射。美国国会的拨款者可能对于卫星(此类卫星的部署仅为某些重建战略的一部分)长期存储战略持怀疑态度。换言之，它们不会支持将卫星存储于"谷仓"中或在轨道上——除非这一举措为可行且具有成本效益的支持战略的一部分。这并不意味着长期存储不能用作大型卫星组网存储与支持战略的一部分。这样的战略可以为进行系统升级、维护或替换特定能力提供独特的机会，以免在航天器即将发射时再完成这些操作为时过晚。美国国防部已采用了一种补充发射宣传战略，用于维持其GPS精确导航和定时系统，系统的获取和持续保障方法虽然不尽完美，但至少可以利用。尽管如此，卫星的长期储存仍可导致一个较为棘手的难题，即：如果存储时间过长，则会导致发射的是相对较旧、过时且无用的系统。

其他因素将使得快速响应空间基础设施的相关能力，即实现规模经济、降低快速响应系统总体成本以及降低机会成本更为复杂化。卢·阿莫罗西(Lou Amorosi)曾指出，即使是在两天内实施发射，对于陆基发射的运载器也可能需要提供专用的运载器和发射场，而对于空射系统也需要有专用的飞机和运载器。维护此类资产所需要的费用，尤其是当此类资产使用不是很频繁时所耗费的成本，可能抵消了系统本身低成本特性的优势。[80]尽管如此，目前仍在利用相应的快速响应平台进行一些新的探索性研究，这些研究包括："空间侦察翼能力"概念研究，与其相关的快速响应平台的研发，迅速集结与周转时间的研究，快速响应有效载荷及总线以及配套基础设施的开发。[21]同时，指挥与控制系统这类单元也面临新的挑战，也需要针对军用空间采用新的方法。[22]"

考虑到快速响应空间基础设施对于空间保障的重要性，有关支持这些能力必须加以改进和重新调整的争论表明，它们能够满足战略性及长远需求，也可以作为一种良好的经济投资。有弹性的部署、数量更多且复杂度较低的卫星组网，可以获得最佳的成本效益。利用这样的体系结构，与依靠单星和少量卫星的系统相比，可以在设计和开发时适当降低个别航天器组件的能力和可靠性，可靠性可以通过冗余获得。可通过缩短开发周期获得任务与成本节约优势，缩短开发周期应将每个平台逐步开发的模块和有效载荷考虑在内。增加在轨卫星的数量将有利于实现需要支持空间运输创新和鼓励商业部门投资的规模经济。

针对快速响应小型卫星系统开发的体系结构，能够有效地利用迅速发展的技术和工艺创新成果。目前，小型卫星上所使用部件的微型化技术，可以提供各种各样操作与科学任务所需的精致且复杂的能力，同时还可为设计大型卫星组网体系结构提供灵活性。它们可以被应用于：近地轨道（LEO），多平面Walker星座，每次发射多颗卫星，选择成熟技术准备水平（TRL）的传感器或通信有效载荷及总线，模块化集成方法，简化平台与总线，以及通用任务控制与地面系统。可通过开发和部署由装备了通信传感器的多颗卫星组成的简单的多任务卫星组网，实现具有成本效益的目标获取。商业与国际社会早已开始部署任务控制架构得到简化、使用寿命较短但具备一定功能的较小卫星；这些方法能够以较低成本满足任务需求。

系统获取一方必须采用最佳的方法。国家安全任务适于利用近地轨道和小型卫星系统，以完成通信、侦察、导弹预警与防御、气象服务等任务。正如我们已经了解的 GPS 系统、美国轨道通信公司（OrbComm）的低轨道卫星数据通信系统和"铱"星系统（Iridium），可以对小型卫星所组成的大型卫星网络进行有效管理，并利用其执行重要任务；它们利用设计良好的 Walker 星座，可以全天候（24/7）覆盖大部分地球区域。基于使用的理念进行运作，其设想是：有规律地对空间系统进行补充，而不是无规律地只在需要时才对系统进行补充，通过这种运作方式，决策者将可以拥有或存储足够数量的系统便于使用，从而能够维持快速重构的需要，或者增加应对企图发动的"空间珍珠港"事件或其他国家紧急事件所需要的快速响应能力。可以利用近地轨道部署系统，较之处于更高轨道的系统，在完成任务之后，该系统可以在相对较短的周期内脱离轨道，从而减少空间碎片的产生。

这样的维持战略还可以获得另外一个好处，即缓解美国航空航天工业基础近年来所受到的困扰，可利用获取战略为其注入新的活力，该战略要求对大型卫星组网空间系统进行持续的工程改进与创新。这将确保美国政府及其工业与商业基础产业拥有充足的资本和资金导向,使其能够"加快制订和实施有关迅速发射卫星的计划,以确保重构失去的系统,并在发生危机时为卫星网络提供支撑"[88]。尽管很难控制快速响应空间系统的成本,但是底层的工业基础产业仍竭力维持、重新定义和改善自身状况。[89]利用大型卫星网络,以及对其进行运行和维持的方法,有助于确保成本的必要性、有效性和弹性,提供对这一基础进行重构的机会。因此,快速响应基础设施也是空间保障战略的一个重要组成部分,可为美国2010年《国家空间政策》和2011年《国家安全空间战略》中所涉及的一些目标和目的提供支持。

4.9　美国《国家空间政策》与《国家安全空间战略》

奥巴马政府于2010年6月29日颁布了现有的《国家空间政策》。该文件就政府的"空间最高优先级,以及反映的……在实施空间计划及活动中所要运用的原则与目标"进行了简要的概述。[90]该文件指出:确保利用空间的能力对于美国空间利益而言至关重要,因为这些能力可满足通信、导航与定时、气象、遥感、导弹预警及防御等重要需求。该政策还指出,美国应确保其工业基础,提升人员在科学、技术、工程与数学(STEM)方面的专业知识,以及确保其航天界的专业化水平。政策大部分的基本内容是在国际合作原则的基础上提出的——减少空间碎片的危害、提升空间态势感知能力、避免碰撞,以及追求务实地增加双边与多边的透明度和建立互信机制(TCBM)——降低事故与灾祸、误解与不信任的风险,这些风险均可导致在空间或地面上发生冲突。

然而,只是确保美国能够利用迫切需要的诸多空间能力的政策不能替代空间战略。

> 从根本上讲,一份战略文件的编制应基于以下过程:确认组织机构的目标,确定和开发达成这些预期目标的方法与手段;通过分配资源实施计划,以实现组织机构的目标。战略涉及的是如何做的问题。相比之下,政策是一项行动计划,用于对为支持战略的执行而采取的决策与行动进行指导。政策涉及的是将要采取和不能采取的行动[91]。

此外,美国政府问责局(GAO)指出:这是标准的组织机构制订一个战略的实践,列出了战略目的与具体目标,提出为实现这些目标应采取措施的建议,分配资源,确定角色和职责,并对各相关方进行整合。例如,在美国缺乏《国家安全空间战略》的情况下,政府问责局认为国防与情报机构将继续独立地做出决策,并不一定基于国家的优先顺序而使用资源,这可能导致在一些空间运作方面出现短缺,而在其他方面又存在冗余[92]。政府问责局的结论是:需要制订相应的战略,加强国防与情报空间机构之间的联系。

2011年2月4日,美国国防部长和国家情报局局长就美国《国家安全空间战略》发布了一个非保密概要。概要强调了本章中所涉及的一些相同问题,对战略空间环境所面临的令人担忧的趋势进行了描述:空间环境拥挤、存在争议和竞争。针对拥挤问题,《国家安全空间战略》指出:"运营操作、结构故障、空间系统的意外事故,以及不负责的反卫星武器试验或使用产生的碎片都会对空间拥挤造成影响。[88]"无线电频谱的拥挤也使得空间作业复杂化。该文件还对国家与非国家参与者正在开发的空间对抗能力表示关注。最后,该战略强调,由于其他一些国家推进自身的空间系统,使美国部署和利用空间能力的领导地位受到威胁;美国供应商面临着获取与生产速率不一致,开发周期长,一级承包商管辖下的供应商的重组,以及面临国外市场竞争等问题[89]。

《国家安全空间战略》指出,美国国家安全空间的目标在于:
- 强化空间的安全性、稳定性和安全保障;
- 通过利用空间,保持和加强战略上的美国国家安全优势;
- 为支撑美国国家安全的航天工业基础注入活力[90]。

为实现上述目标,《国家安全空间战略》规定:美国将采取一系列相互关联的战略方针,以确保实现这些国家安全目标:
- 促进负责任地、和平及安全地利用空间;
- 提升美国空间能力;
- 与负责任的国家、国际组织及商业公司建立合作关系;
- 阻止及制止对支撑美国国家安全的空间基础设施实施攻击;
- 为在系统降级的环境中挫败进攻和实施操作做好准备[91]。

虽然《国家安全空间战略》在为美国安全空间部门进行战略性指导方面迈出了积极的一步,但其在"制订战略方面所做的努力仍然不够,未阐明将如何调整应采取的方法和需要的资源,以实现期望的结果,也未对我们自身在利用空间方面做得更好或更糟的情况进行充分的阐明。"[92]此外,非机密概要还因为以下原因而受到严厉批评:

"文件中充斥着'我们将'和'我们将继续'一类的表述。但是,较之于'我们将'这类的语句,'我们将如何做'这样的表述将会对战略更为有益。比如,国防部与情报机构(IC)将采取哪些不同的措施对产业基础进行激励?与目前的情况相比较,各种资源应如何差异化地使用,以有利于美国空间能力的发展?国防部与情报机构将采取哪些措施对出口管制进行改革?这些机构将如何针对当前的现状与未来的发展培养国家安全空间领域的专业人才,并为鼓励具有进取精神、相互协作、应变与适应能力的创业精神提供支持?[93]"

与此同时,《国家安全空间战略》还由于其根据"集体保障"原则,推进"相互依存"和"集体自卫",以及将"全球经济"进一步整合作为一个实例而受到批评。⑭举例说明这一点,用"以身作则"的方式阻止其他国家空间武器化,"显然有其局限性。"⑮美国传统基金会(Heritage Foundation)认为,《国家安全空间战略》的指导方针可能会"迫使美国放弃其在军事与情报空间能力方面的主导地位,而这一主导地位能够提供在实施和支持军事作战行动中超过敌人的巨大优势。⑯"

毫无疑问,在遵从《国家安全空间战略》的同时,美国官员希望利用外交及软实力等多种手段,阻止对卫星网络的攻击。通过建立"反对攻击空间基础设施的行为准则和国际规则",实现部分威慑。其次,美国可与其他国家共享多种空间平台,由此造成对这些平台的攻击转变对于国家联盟的攻击,而不仅仅是对美国的攻击,从而阻止任何潜在的攻击⑰。针对这些观点,罗伯特·哈狄克(Robert Haddick)观察认为:

"尽管美国政府利用外交与软实力策略维护自身的空间利益是聪明的举措,但是这对于处于危险状态时,对抗一些自身拥有少量资源的'无赖'国家或非国家参与者,可能还是不够的。在这种情况下,五角大楼(美国国防部)需要强化空间资产和使其多样化,或者开发可避免在空间中使用具有脆弱性的陆地系统(替代方案)。那些耗资巨大的解决方案在五角大楼预算紧张的情况下,无疑是可望而不可及。⑱

一些人坚决认为,这一战略将对国防部通过部署军事系统保护卫星免受空间武器(比如由中国等国家开发的反卫星武器)攻击的能力造成限制。⑲同样,曾在乔治·W·布什(George W. Bush)和巴拉克·奥巴马(Barack Obama)总统的政府中曾担任国家安全委员会(National Security Council, NSC)空间政策主任的彼得·马尔克斯(Peter Marquez),也对《国家安全空间战略》可能会导致其他国家对美国的空间防御设置范围表示担忧。他认为:

"空间战略的实施将成为关键问题。国际准则可能会在无意中限制了美国部署用于跟踪轨道碎片和空间中其他卫星的卫星……。同时,这也可能促使美国被迫披露其在轨情报收集活动的性质及其能力。⑳"

最终,2010年《国家空间政策》和2011年《国家安全战略》的批评者们认为:这些文件应该已经阐述了"通过提升能力,制订雄心勃勃的空间目标,不断创新,以及提高我们航天工业基础的全球竞争力,以此来增强美国的领导地位,并通过上述途径实现战略目的和具体目标。"批评者认为,应形成符合美国核心利益的战略性空间环境。然而,这些文件阅读起来更像是一份国际原则声明,而不是国家战略性文件㉑。

虽然《国家安全空间战略》不尽完善,但其包含了本章中所论述的许多问题和观察。因此,正如本章所概述的,该战略代表着面向空间保障发展迈出的第一步。正如国防部副部长威廉·J. 林恩(William J. Lynn)所称,有必要制订相关的国际准则,原因在于:一方面,空间竞争越来越激烈;另一方面,空间碎片的风险也随之增加。该副部长近期表示,"我们认为我们需要采取一种多层次的威慑方式,涉及国际准则,涉及与盟国的合作伙伴关系,以便引导在空间活动中保持克制。"[102]仔细阅读《国家空间政策》与《国家安全空间战略》可以看出:二者均延续并重申了艾森豪威尔政府首次制订的空间政策存在已久的主要原则。

4.10 结论

半个世纪以来,美国一直是全球空间领域的领导者。其在空间系统的研制与开发方面所做的工作,已经在民用、商用及军用/安全领域展示了革命性的新能力。由于几十年来美国一直保持领先地位,因此它在引领21世纪全球空间活动发展方向上享有独特的地位。在享有这一领导地位的同时,美国也肩负着重大的责任,即采取措施减缓空间碎片,阻止武装冲突,促进航天国家和世界上其他国家的和平、安全与繁荣。

竞争对手与敌对者已经注意到:美国及其盟友在其空间能力上具有不对称的优势。敌对者很容易发现,他们可以通过破坏这些能力造成对美国及其盟友极大的影响。2007年1月中国进行的反卫星拦截试验"表明中国军方对于空间对抗系统的兴趣不仅仅停留在理论上。"[103]鉴于上述压力,空间提供了一个可能的冲突舞台。然而,法律、政策与战略能够缓和冲突,并保护空间系统的安全。除了在最严峻的情况下,空间域对于风险而言过于脆弱。在过去几十年里,许多针对无约束的空间战的主张和规划已经被边缘化;美国政府行政部门及军方领导人、国会代表团和国际社会对空间领域发生冲突所作出的预期极为谨慎。

目前,敌对国家和非国家参与者对空间系统构成了新的威胁,这些威胁与冷战期间所经历的威胁根本不同。整个航天界普遍存在漏洞,美国及其盟友的对手已经对这些漏洞进行了研究。这些敌对者而今更为多样化,复杂化,而且其技术水平不断提升;它们装备精良,并且能够破坏空间活动。如果敌对方实施威胁或攻击,必须考虑和选择合法的应对措施。为确保持续利用空间的能力,以及空间域仍然保持空间条约所设想的和平环境,依据国际法利用空间系统是至关重要的。这样做的结果是美国将不仅占领最终的战略制高点,而且也占领了道德制高点。

从根本上讲,阻止或消除不断进展的威胁将是很困难的,因此,保卫空间系统需要采用新的工具。虽然空间能力面临无数威胁处于风险之中,但是空间保障战略及其涉及的威慑与防御、全球参与、态势感知和快速响应基础设施将为共同防御,以及保护和确保高边疆,提供最佳机遇和手段。2010年《国家空间政策》与2011年《国家安全空间战略》的重点就是实现这些目标,因此,这两份文件是美国制订全面空间保障战略重要且连续的步骤。

注 释

① Samuel Black,"空间保障战略的组成部分,"《高边疆》5∶1(2008年11月):16-18。

② 参见 Bruce W. MacDonald,"威慑变化的特性对空间的影响,"《空间威慑、空间学说与美国的安全》,国防大学,2009年4月13日,4-5。

③ 参见 James Rendleman,"21世纪空间保障",《高边疆》5∶2(2009年2月):46-53。

④ 在中国哲学中,"阴阳"的概念是用来描述事物看似分离和对立,但又相互联系,相互依存,相互影响。

⑤ 欺骗涉及的措施是:通过篡改、失真或伪造证据等措施,误导一个人做出有损于他(她)的利益的反应。中断指的是,空间系统的实用程序暂时出现故障,通常没有物理伤害。这些操作可以包括,关键的易受影响的操作数据的延迟。拒绝意味着暂时消除空间系统的功用,通常通过不会造成任何物理损害的方式阻止访问系统。通过以下措施可以造成这种损害:切断电源,切断与空间地面节点的网络连接,或者切断与计算机中心(负责处理和存储数据及信息)的网络连接。降级会造成空间系统功用的永久损伤,通常带有物理损伤。具体措施包括针对地面节点和能力的攻击,还可能包括利用信息战进行攻击。摧毁的特征是永久性消除空间系统的功能。这一措施包括:采用所有的手段阻断关键的地面节点;实施攻击摧毁上行链路和下行链路的设备、发电站和电信设施;以及针对卫星本身实施攻击。参见美国国防部"战略威慑联合作战概念(Strategic Deterrence Joint Operating Concept/SDJOC),"2004年2月,44-45。

⑥ 然而,他们能够获得并利用这些手段的全频谱,以及实现目前所有这些影响是不太可能的(2012)。

⑦ 参见 Peter B. de Selding,"法国寻求国际电信联盟的帮助以停止伊朗实施的卫星信号干扰"《空间新闻》,2010年1月8日,援引自 Francois Rancy。

⑧ 一些中国人民解放军的负责人认为,应该打击报复美国计划向台湾出售武器。军事科学院研究员罗援说,"我们的报复不应仅仅限于军事方面,我们应该采取涵盖政治、军事、外交和经济等反击力量的战略性的一揽子方案,以治疗这种疾病的症状和根源"。罗援说,北京可以"针对华盛顿采用倾斜式和隐形式的佯攻手段","例如,我们可以使用经济手段制裁他们,比如倾销一些美国政府的债券"。Chris Buckley,"中国人民解放军军官促使对美国进行经济制裁,"*Reuters. com*,2010年2月9日,www. reuters. com/article/idUSTRE6183KG20100209(2010年2月访问)。

⑨ 据全球航空副总裁 Fred Doyle 所说,"政府的决定将继续推动工业的商业可行性",因为商业需求"不支持独立的工业基础"。参见 Laura M. Delgado,"美国的商业遥感卫星的需求对稳定的劳动力市场是'不够的'",*SpacePolicyOnline. com*,2010年3月5日,http://spacepolicyonline.com/pages/index.php?option=com_content&view=article&id=780:us-commercial-remote-sensing-satellite-demand-not-sufficient-for-stable-work force&catid=83:news&Itemid=76(2010年3月访问的)。

⑩ 1996年,以色列安全利益的盟友在美国国会发起了针对1997年国防拨款法案的凯尔-宾格曼修正案,1064条款,P. L. 104-201。该法案禁止美国政府授权美国商业遥感卫星公司,以任何比其他国家遥感公司通常使用的分辨率要高的分辨率来收集或传播以色列的影像。法案的支持者认为,该修正案的条款有益于重要的美国国家安全利益,尽管它通过国际航天界只是延迟了已改进的天基遥感能力不可避免的必然应用。

⑪ "争夺空间中的空间:国际电信联盟(ITU)全权处理'纸卫星'的问题",ITU 新闻稿,2002年9月16日,www. itu. int/newsarchive/press_releases/2002/21. html(2009年12月访问的)。ITU 成立于1865年,

在国际无线电频谱和卫星轨道,以及所有与空间相关的重要活动的全球管理中起着重要的作用。

⑫ David B. Rivkin,Jr. 和 Lee A. Casey,"法律战",《华尔街日报》,2007年2月23日,A11,http://online.wsj.com/article/SB117220137149816987.html(2009年12月访问的)。

⑬ Peregrine Worsthorne,"布什主义",《星期日电信报》,1991年3月3日。

其结果是,美国现在对外呈现出是独一无二的世界强国。其政治、军事实力优于苏联是一目了然的,甚至似乎也给红军将领留下了深刻的印象。它是世界上一个有能力打一场大规模高技术战争的国家……现在不再有两个超级大国。只有一个超级强国,其他所有人都远远落后了。

⑭ 描述控制空间域意愿的术语已经发生了变化。在军事航天领域,仅在十几年前人们还谈论称"空间控制"。这个描述很快变成"空间主导地位",然后很快又扩展变为"全频谱主导地位"。Dwayne Day,"空间政策101:军事空间2009",空间评论,2009年6月15日,http://thespacereview.com/article/1397/1 和 http://thespacereview.com/article/1397/2(均为2012年5月访问)。

⑮ 参见 Donald J. Kessler 和 Burton G. Cour-Palais 的文章,"人造卫星的碰撞频率:碎片带的产生",文章8A0210,地球物理研究杂志83:A6(1978年6月1日):2,637;以及 Donald J. Kessler 的文章,"碰撞级联:在近地轨道碎片数量的极限",科学研究进展11:12(1991):63-66。

⑯ Joan Johnson-Freese,"美国反卫星(ASAT)政策的可行性:面向空间控制",INSS 临时文件30,空间政策系列文件,USAF 国家安全研究机构(2000年1月),P1。

⑰ "有关对各国探索和利用外层空间(包括月球和其他天体)活动进行治理的原则性条约",是1967签署的"外层空间条约"。该条约有关国家内容部分规定:条约第 I 条:

探索和利用外层空间(包括月球和其他天体)是为了所有国家获得好处,以及为了所有国家的利益而进行的,而不论这些国家经济或科学水平的发展程度如何,这是全人类的共同事业。包括月球和其他天体的外层空间,应该在平等的基础上供所有国家自由地探索和利用而无任何形式的歧视,以及根据国际法,所有国家应该能够自由地进入各种天体的所有区域。应该有对包括月球和其他天体的外层空间进行科学探究的自由,而且各国应该促进和鼓励有关这种探究的国际合作。

条约第Ⅲ条:

条约缔约国应按照国际法,包括遵守联合国宪章,实施探索和利用包括月球和其他天体的外层空间活动,以维护国际和平与安全,促进国际合作与理解。

⑱ John B. Sheldon,"空间力量与威慑:我们是严肃的吗?"马歇尔学院政策观点,2008年11月,P1。

⑲ "国防部军事与相关术语字典"(简称:联合出版物1-02)阐述了标准的美国军事及相关术语,涵盖了美国武装力量的联合行动及美国与盟军的联合作战行动,还包括作为一个整体的国防部的相关内容。

⑳ Austin Long,从冷战到长期战争的威慑(圣莫妮卡,CA:兰德公司,2008),P7。

㉑ Ken Watman,Dean A. Wilkening,Brian Nichiporuk 和 John Arquilla,美国的区域性威慑战略(圣莫妮卡,CA:兰德公司,1994),P13。

㉒ 这些因素或"变量"或"方式"是改编自在"战略威慑 JWCA 最终报告"中提出的"战略威慑分析框架模型",国防部,华盛顿特区,2002。报告第17页论述的观点认为,拒绝对手获得好处、向对手强加成本和进行约束是通过向敌对者的决策运筹施加影响以实现战略威慑目标的三个"方式"。为了实现具体目标,最终达成战略威慑目的,"联合作战部队必须能够使用各种能力(手段)进行可以决定性地影响战略威慑潜在对手重心的作战及活动。"该报告指出,可采用的实现战略威慑的"手段"包括:全球性的态势感知、海外驻军、联盟的合作与整合、核打击能力、兵力投送、全球打击、主动与被动防御、信息战、诱导式作战及空间控制。另请参阅"战略威慑联合作战概念",国防部,华盛顿特区,2004年2月。

㉓ 这是一个通常与理性选择相关的威慑的观点,与冷战时代的期望效用威慑模式有关。

正如本文所述,成本和收益可以大致等同于在考虑到一个给定的行动方针时敌对者对潜在效果的评估。这种评估将包含广泛的政治、经济、军事和个人因素的考量。当从对手的角度来看,不采取行动的效果比采取行动的效果更好,威慑可以被认为是成功的。与敌对者决策运筹相关的评估不仅包括其对现状的认可,还包括它对未来期望的评估。

"战略威慑 JWCA 最终报告",国防部,华盛顿特区,2002,20,fn.13,引用自 Ken Watman,Dean A. Wilkening,Brian Nichiporuk 和 John Arquilla,美国区域性威慑战略(圣莫妮卡,CA:兰德公司,1994),第2章。

㉔ "战略威慑 JWCA 最终报告",国防部,华盛顿特区,2002,23。

㉕ John B. Sheldon,"空间力量与威慑:我们是严肃的吗?"马歇尔学院政策观点,2008 年 11 月,P1。

㉖ "战略威慑 JWCA 最终报告",国防部,华盛顿特区,2002,23。

㉗ Gareth Porter,"鹰派就伊拉克问题升级赢得了一轮回合?"国际新闻通信社,2007 年 9 月 26 日,www.ipsnews.net/print.asp? idnews = 39417(2010 年 3 月访问)。另参见 Forrest E. Morgan,Karl P. Mueller,Evan S. Medeiros,Kevin L. Pollpeter 和 Roger Cliff,21 世纪的管理升级(圣莫妮卡,CA:兰德公司,2008),第 2 章,根据摩根等人所述,升级的主导地位是

一种状态,在这种状态中参战一方具有升级冲突的能力,它所采取的方式对敌对者不利且代价高昂,而敌对者又不能做出程度对等的反击,可能是因为它没有升级的选项,或者是因为可用的选项不会改善敌对者的处境。

㉘ "战略威慑 JWCA 最终报告",国防部,华盛顿特区,2002,24。在某些情况下,美国的战争目的的性质会与诱导敌对者克制根本不一致。

㉙ 同㉑。

㉚ 同⑳。

㉛ John B. Sheldon,"空间力量与威慑:我们是严肃的吗?"马歇尔学院政策观点,2008 年 11 月,1。

㉜ Robert Butterworth,"空间资产的斗争,不只是阻止",马歇尔学院政策观点,2008 年 11 月,1。这种联系的经典描述是由 Glenn H. Synder 提供的,威慑与防御(普林斯顿,纽约:普林斯顿大学出版社,1961),5 – 40。

㉝ John B. Sheldon,"空间力量与威慑:我们是严肃的吗?"马歇尔学院政策观点,2008 年 11 月,3。

㉞ 事实上,网络对于所有被动和主动的防御,以及协调对这种攻击的报复性快速响应是至关重要的。

㉟ P. J. Blount,"对空间武器的限制:将战争法纳入法典空间(*Corpus Juris Spatialis*)",IAC – 08 – E8. 3. 5。在空间法研讨会(Space Law Colloquium)国际协会提出,国际宇航大会,格拉斯哥,英国,2008 年 10 月,P3。

㊱ 参见 Jia Huang,"在外空间进行的信息战对战争法的传统原则提出新的挑战",政治和法律期刊 2:1(2009):39 – 43。

㊲ P. J. Blount,"对空间武器的限制:将战争法纳入法典空间(*Corpus Juris Spatialis*)",IAC – 08 – E8. 3. 5。在空间法研讨会(Space Law Colloquium)国际协会提出,国际宇航大会,格拉斯哥,英国,2008 年 10 月,P1。

㊳ 同④。

㊴ 国防部的政策是,"在武装冲突中采取军事行动和进行相关活动,无论这种冲突具有何种特征"都要遵守战争法。"国防部的战争法计划(Law of War Program)",国防部指令 5100. 77,段落 5. 3. 1,1998 年 12 月 9 日。参谋长联席会议主席(Joint Chief of Staff Instruction/CJCSI)宣称,美国"将在所有被归类非战争性军事行动中运用战争法原则"。"实施'国防部战争法计划'",CJCSI 5810. 01,段落 5. a,1999 年 8 月 27 日。遵守美国军方的常设交战规则(Standing Rules of Engagement/SROE)下,"美国武装力量将在涉及武装冲突的军事行动期间遵守战争法,根据国际法规定无论该冲突具有怎样的特征"。

㊵ James D. Rendleman,"合法地回应对航天器及其支持系统的攻击"。国际宇航大会上提出,IAC,2009 年第 52 届外空间法律研讨会 – E8. 2. 1,19 – 22。

㊶ 同㉒－㉓。

㊷ 外空间条约，第 IX 条款。

㊸ Adam E. Frey，“美国空间资产的防御：一个法律的视角”，航空航天动力学报（2008 年 12 月 1 日），www. airpower. maxwell. af. mil/air-chronicales/apj/apj08/frey. html（2010 年 6 月访问的）。

㊹ 同㊸。

㊺ John B. Sheldon，“空间力量与威慑：我们是严肃的吗？”马歇尔学院政策观点，2008 年 11 月，3－4。

㊻“美国国家空间政策”，2010 年 6 月 28 日，www. whitehouse. gov/sites/default/files/national_space_policy_6－28－10. pdf（2010 年 9 月访问的）。

㊼ Bruce W. MacDonald，“威慑变化的特性对空间的影响”，空间威慑，空间学说，以及美国的安全，国防大学，2009 年 4 月 13 日，P4－5。

㊽ 同㊼。

㊾“美国国家空间政策”，2010 年 6 月 28 日，www. whitehouse. gov/sites/default/files/national_space_policy_6－28－10. pdf（2010 年 9 月访问的）。

㊿《外层空间条约》，第 IV 条。该条约有关国家的相关部分：第 IV 条：

各缔约国家承诺不在地球周围的轨道上布置任何携带核武器或任何其他类型的携带大规模杀伤性武器的物体，不在各种天体和站点上安置此类武器，不以任何其他方式在外层空间布置此类武器。

(51) Brian Weeden 认为：重点不是禁止空间武器，也许我们的目标应该是保护外层空间的长期可持续性利用，以便使全人类都可以将其用于和平目的并取得社会经济效益。如果是这样的话，就会有众多的国际社会努力，并建立相应的机制来实现这个已经获得强大国际支持的目标。

Brian Weeden，“空间武器条约的替代品”，原子科学家公报（2009 年 4 月 17 日），http://thebulletin. org/web-edition/op-eds/alternatives-to-space-weapons-treaty（2010 年 3 月访问）。

(52) 通过国际电信联盟。

(53)“美国国家空间政策”，2010 年 6 月 28 日，www. whitehouse. gov/sites/default/files/nationalspacepolicy6－28－10. pdf（2010 年 9 月访问）。

(54)“国防战略”，国防部，2008 年 6 月，P15。

(55) 约翰 B. 谢尔登（John B. Sheldon），“空间力量与威慑：我们是严肃的吗？”马歇尔学院政策观点，2008 年 11 月，P1。

(56) 参见 Peter B. de Selding，“法国寻求 ITU 帮助以阻止来自伊朗的卫星信号干扰”，空间新闻，2010 年 1 月 8 日，援引 Francois Rancy。“Rancy，一位资深的国际频率的监管者，其在 2007 年末主持 ITU 的世界无线电通信大会，他说，虽然他希望 ITU 的压力会影响伊朗的行为，但他并不清楚实际情况会怎样”。

(57)“导弹防御独立工作组，空间关系，以及 21 世纪的报告”，外交政策分析研究所，2006 年 8 月 28 日，P73。

(58) Michael Rance，2007 年 AIAA 空间报告，美国航空航天学会（American Institute of Aeronautics and Astronautics/AIAA）2007－6061，P4。

(59) Brian Weeden，“空间武器条约的替代品”，原子科学家公报（2009 年 4 月 17 日），http://thebulletin. org/web-edition/op-eds/alternatives-to-space-weapons-treaty（2010 年 3 月访问）。

(60) John B. Sheldon，“空间力量与威慑：我们是严肃的吗？”马歇尔学院政策观点，2008 年 11 月，P3－4。

(61)“空间态势感知——专门小组聚焦 2008 年的战略空间与防御”，航天基金会，www. spacefoundation. org/news/story. php? id＝599（2008 年 9 月访问）。

(62) 同(61)。

(63) 同(61)。

(64) 同(61)。

(65) 对与执行空间监视有关的当前的技术流程及困难的描述，与评估相结合，以及采用避免碰撞的活动来保护卫星,参见 Brian Weeden,"空间中的台球",空间评论,2009 年 2 月 23 日,www. thespacereview. com/article/1314/1(2010 年 3 月访问的);Brian Weeden,"数字游戏",空间评论,2009 年 7 月 13 日,www. afspc. af. mil/shared/media/document/AFD - 100226 - 085. pdf(2010 年 3 月访问);Richard W. Boltz 和 Zachary D. Owen,"走向国际空间态势感知的步骤",高边疆 6:2(2010 年 2 月):P34 - 37,www. afspc. af. mil/shared/media/document/AFD100226 - 085. pdf(2010 年 3 月访问)。

⑥⑥ 参见"国家安全空间战略",2011 年 1 月,www. dni. gov/reports/2011 _ nationalsecurityspacestrategy. pdf(2012 年 5 月访问)。

⑥⑦ 许多航天界成员谴责中国的 ASAT 试验。

⑥⑧ 参见 10 U. S. C. § 2274,"空间态势感知服务与信息:提供给非美国政府实体",以前实施的"商用与外国实体的试点计划"。

⑥⑨ Turner Brinton,"美国空军拒绝帮助国际通信卫星组织(Intelsat)进行卫星机动",空间新闻,2008 年 12 月 8 日,1。

⑦⑩ 同⑥①。

⑦① 参见空间数据协会(Space Data Association),www. space-data. org/sda(2012 年 5 月访问)。

⑦② Lawrence Cooper,"快速响应空间战略:确保利用空间的重新审视",快速响应空间会议,1 - 3,2003 年 4 月,AIAA-LA 部分/SSTC 2003 - 1003,P1。

⑦③ 联合出版物 3 - 14,空间操作,2009 年 1 月 6 日,PG - 1。

⑦④ 同⑦③,PII - 5。

⑦⑤ 根据《经济学人》:"机会成本"是指:

事物的真实成本是为了得到它你所放弃的所有一切。这不仅包括购买某物或做某件事情所花费的资金,还包括因为你购买了这一特定物品或做了这件事而没有获得的经济效益(效用),因为这一原因,你不能另外再购买到某物或做某件事情了……这些失去的机会可能代表着重大的效用损失,因此说你做的每一件事都是有机会成本的。

参见 www. economist. com/research/Economics/alphabetic. cfm? letter = 0(2010 年 1 月访问)。

⑦⑥ Jeff Foust,"作战快速响应空间运输:寻求一个问题的解决方案?"空间评论,2003 年 10 月 13 日,2,www. thespacereview. com/article/52/2(2010 年 3 月访问)。

⑦⑦ 同⑦⑥。

⑦⑧ 同⑦⑥,援引 Lou Amoriosi,轨道科学公司副总裁。

⑦⑨ 同⑦⑥。

⑧⑩ 同⑦⑥。

⑧① Doug Harris,"国际合作的快速响应空间(MOSA 标准的作用)",作战快速响应空间办公室,2009 年 8 月 13 日,在 2009 年的小卫星会议上提出,犹他州立大学,www. smallsat. org(2012 年 5 月访问)。

⑧② 这一问题在作者的"作战快速响应空间 C2 选项"合作文章中进行了探讨,该文提出了一种可以用于快速响应空间任务操作的指挥与控制的新模式。参见 James Rendleman 和 Robert Ryals 的"作战快速响应空间 C2 选择",AIAA 空间 2008,AIAA 2008 - 7692。

⑧③ John B. Sheldon,"空间力量与威慑:我们是严肃的吗?"马歇尔学院政策观点,2008 年 11 月。

⑧④ 美国航天工业基础面临巨大的压力,因而,必须给予更多的支持和资源。雄厚的工业基础对于国家的快速反应能力是至关重要的,因为它能够为国家提高防御设备的要求、进行武力扩张,以及为我们自己及我们的盟友提供强有力的支持。无数的研究和经验已经证明,美国航天工业基础及其获取系统的现状及能力存在一系列的问题。

⑧⑤ Frank A. Rose,军备控制、核查与执行局副助理局长,"国际合作:促进美国国家空间政策与目标",在美国战略司令部(USSTRATCOM)空间研讨会上的发言,Omaha,NE,2010 年 11 月 2 日。

⑧⑥ James D. Rendleman 和 Robert E. Ryals,"国家空间政策:更多的需要",高边界 7:2(2010 年 12

月):37。

(87) 同(86),援引“防护空间的活动:国防部未来利用空间的努力需要国家安全空间战略的指导”,GAO -08 -431R,2008年3月27日,P10。

(88) “国家安全空间战略”,2011年1月2日,www. dni. gov/reports/2011 _nationalsecurityspacestrategy. pdf(2012年5月访问)。

(89) 同(88),2 -3。

(90) 同(88),4。

(91) 同(88),5。

(92) “什么问题的新国家安全空间战略应该已经解决,”空间研究,http://spacewonk. com/what-the-new-nsss-should-have-addressed. php(2011年6月访问)。

(93) 同(92)。

(94) Christopher Stone,“集体保障与国家空间政策的独立性”,空间评论,2011年5月16日,www. thespacereview. com/article/1843/1(2011年6月访问)。

(95) Jack Moore,“拥挤的宇宙需要国家安全空间战略”,执行的政府,2011年4月8日,http://www. executivegov. com/2011/04/crowded-cosmos-calls-for-national-security-space-strategy(2011年6月访问),引用赫里蒂奇基金会的博客。

(96) 同(95)。

(97) Robert Haddick,“本周的交战:迷失在空间——五角大楼能保护其轨道利益吗?”外交政策(2011年2月11日),www. foreignpolicy. com/articles/2011/02/11/this_week_at_war_lost_in_space(2011年6月访问),援引Gregory Schulte,美国主管空间政策的副助理国防部长。

(98) 同(97)。

(99) Eli Lake,“要求限制空间活动的报告”,华盛顿时报,2011年2月7日,www. washingtontimes. com/news/2011/feb/7/report-calls-for-restraints-in-space-activity(2011年6月访问)。

(100) 同(99)。

(101) Christopher Stone,“集体保障与国家空间政策的独立性”,空间评论,2011年5月16日,www. thespacereview. com/article/1843/1(2011年6月访问)。

(102) Eli Lake,“要求限制空间活动的报告”,华盛顿时报,2011年2月7日,www. washingtontimes. com/news/2011/feb/7/report-calls-for-restraints-in-space-activity(2011年6月访问)。

(103) Richard H. Buenneke,欧洲空间政策研究所和乔治华盛顿大学空间政策研究所,关于“空间与安全:跨大西洋的问题与情景”内容的研讨会,华盛顿特区,2009年11月17日。

第 5 章　战略与安全空间事业

戴维·克里斯托弗·阿诺德和彼得 L. 海斯
（David Christopher Arnold and Peter L. Hays[①]）

几十年来，美国的空间能力一直具有压倒性优势。这一优势正是信息时代下美国实力的根本要素。然而，在多重因素的共同作用下，美国的空间优势正在被逐渐削弱。这些因素包括：近乎势均力敌且具有空间反制能力的对手——中国的出现、大量涌现的具备竞争力的空间领域参与者、为开发和利用空间能力而制订的战略在决策和实施过程中的不确定性和失误、金融危机等。美国空间实力的发展轨迹已经到达一个转折点，传统的商业模式将不再有能力提升或哪怕是保持美国的空间优势。如果美国不能通过推行切实有效的措施来改善这一局面，那么将不得不面对空间投资回报减少、空间领域领导地位丧失以及整体空间实力减退的后果。

为实现《国家安全战略》《国家空间政策》，尤其是《国家安全空间战略》《空间态势评估》的预期目标，美国必须从战略层面改善管理和组织结构，以使空间实力的发展具备更大的灵活性和适应性[②]。美国应当制订一个审慎、全面、统一、协调的战略，这将有助于美国在现在及将来更有效地开发利用关键性空间能力。战略应着眼于利用各级政府各种形式的力量，在国家安全空间（NSS）项目中培养协调一致性，提高美国空间工业基地的活力，特别是在利用尖端商业和国际空间能力方面寻求更有效的途径。

目前，国家安全空间所暴露出的许多问题的根源症结在于：长期存在的不合时宜或考虑欠妥的政策，以及高层管理结构的混乱。如果这些问题不能被尽快解决，美国的空间实力将不太可能继续保持显著和长久的压倒性优势。从战术和操作层面来说，国家安全空间项目已经行之有效地改变了战争模式。相比之下，高层改革似乎更为迫在眉睫。本章将通过回顾国家空间政策和战略说明美国航天业所面临的策略性挑战，提出国家安全空间管理体系的整改建议，并为寻求更为行之有效的商业和国际空间能力利用途径进行讨论。

5.1 国家安全与国家安全空间战略

2010年5月,奥巴马政府颁布的《国家安全战略》有力强调了空间发展的重要性,并提出了若干总体目标。然而,要达成这些富有挑战性的目标,将需要付出巨大的精力和努力。这是自克林顿政府以来第一个将空间发展作为特别关注点的《国家安全战略》。而接下来的挑战在于如何制订后续低层政策和战略,最大化有效实施并达成这些预期目标。

"利用和增强空间能力:50余年来,我们的空间领域一直是科技革命的"催化剂",也是美国技术领先地位的标志。我们的空间能力巩固了国际商业和科学的进步,加强了我国及盟友、伙伴的安全能力。为促进空间领域的安全与稳定,我们将继续推进旨在进行防御的空间项目,我们将深化与盟友的合作,并且愿意与任何致力于和平利用空间的国家合作。为了维护美国在空间领域的优势,我们也必须采取一些措施。我们必须通过向相关个人和工业基地投资,继续鼓励研发尖端技术项目。为了保持未来在空间领域的可持续发展,我们将对研发下一代空间技术进行投资,这些技术可以使我们在商业、民用、科学研究和国家安全等多个领域受益。我们还将努力加强空间工业基地与大学的联系,鼓励更多的大学生从事与空间领域相关的工作。③"

2010年6月,奥巴马政府颁布了新版《国家空间政策》,着重强调了最初由艾森豪威尔政府提出的美国空间政策中首要目标和重要议题之间的广义延续性。例如,两个版本的政策均鼓励合理利用空间资源和巩固空间领域稳定。其他目标则是直接从最初的美国空间政策目标中演变过来的,包括:扩大国际化合作,扶持美国空间工业,加强商用、民用、科研、国家安全航天器等领域核心任务及其配套设置的保障能力及适应能力。《国家空间政策》还特别指出,美国将"确保空间能力方面收支的合理性和可持续性",并为保障任务顺利进行而"研发和执行"必要的"计划、程序、技术及性能",如"空间资产的迅速恢复以及利用同盟间或外部的商用空间和非空间能力协助任务实施"等④。同时,新版《国家空间政策》也提出了若干新重心和重心调整,如2006年《国家空间政策》中有关抵制"制订新的法律制度或其他约束条例,意图阻止和限制美国进入和使用空间的权力⑤"的论述,在新版《国家空间政策》中被空间透明化与建立互信机制(TCBM)所取代,这一机制的核心是"空间军备控制理念,即军备是否合理、是否被有效核查并用于提高美国及盟友的国家安全"⑥。

然而,2010年的新版《国家空间政策》并没有达到"合理全面解决美国目前所面临的国家安全战略若干核心问题"的预期。虽然更加强调空间领域协同合作及行为责任有一定效用,但新版政策仅强调了空间领域的合作规模,却回避任何有关2006版政策中涉及美国作为空间领导者的单方面优势和纠正竞争性言论等问题的讨论。然而事实是,由于国家和其他个体都在追求自身经济和安全利益,空间本质上就是一个合作与竞争并存的空间。况且,《国家空间政策》并没有对何谓"负责任的空间行为"提供有效指导或标准。举例来说,《国家空间政策》没有特别提到2007年1月中国反卫星(ASAT)实验,该试验是一起不负责任的空间行为,它虽然唤起了对于"空间领域是军事上的争议领域"这一问题的关注,但同时,也创造了一个永久性碎片云——这个碎片云的范围覆盖了近地轨道(LEO)25%以上的在编对象[7]。新版政策中另一个令人困惑的部分是,美国提出将空间稳定性和可持续性作为首要国家利益。美国的确在以稳定持续的方式开发和维护空间项目上有强烈意愿,但强调将这些特定目标作为首要国家利益,只不过是一个政策声明的术语。美国有能力维持空间的稳定性和持久性,但将其提升为首要国家利益的目的在于,明确表明在需要的情况下,美国会为捍卫自身最重要的利益而使用军事力量。所以,空间稳定性持久性并不是真正意义上的美国首要国家利益,而是将空间和军事联系在一起的理由。此外,尽管《国家空间政策》的协调和审批流程都是相对快速和值得称赞的,但这样的速度和共识往往是通过仅仅解决争议部分或全局回避而达成的。许多值得关注的问题现在都急需谨慎考量,但《国家空间政策》并未就着手解决目前紧要议题——如国家空间运输政策——提供有效指导。最后,也是最关键的问题在于,《国家空间政策》错过了认识结构性缺陷的长期危害性的机会,这导致它无力解决美国应如何改善高层管理和组织结构的问题,无法为其提供明确的责任和权利准则,也无法保障其在影响决议中的长期必要性。事实上,结构性缺陷几乎是每一届委员会在研究国家安全战略议题中的永恒话题,还是总统候选人时,奥巴马就曾许诺将会在总统办公室重建空间委员会。

由于空间战略环境正在变得日趋错综复杂和充满敌意,对美国而言,制订和施行一个有效战略以适应这些变局就显得前所未有的重要。幸运的是,美国已于2011年4月由国防部长和国家情报局局长签署颁布了第一部全面的《国家安全空间战略》[8]。《国家安全空间战略》透露的细节证实了空间已愈发拥挤、对抗和竞争的事实:目前,美国国防部(DOD)在空间中追踪的人造物体超过22000个,其中包括1100颗有效卫星;此外,还有数以千计、体积微小的碎片残骸无法用目前的传感器追踪定位,但它们有可能会对在轨卫星造成损害;射频频带内已有60多颗国家和联盟的卫星,预计2015年还将有多达9000颗通信卫星被送入轨道,这将导致射频频带变得越来越拥挤[9]。

同时,《国家安全空间战略》也强调空间是对抗性的,即:

"空间在所有轨道层面都是充满对抗性的。今天,空间系统及配套基础设施正面临一系列有能力使其被拒绝、降级、欺骗、中断或摧毁的人为威胁。潜在对手正在寻求利用已被察觉到的空间系统弱点。未来的10年间,将会有越来越多的国家和非政府业者开发反空间能力,美国空间系统所面临的威胁和空间环境稳定安全所面临的挑战将愈发严峻。不负责任的空间行为将有可能对空间领域之外的区域造成无法预期的影响,也会破坏民用和商业部门所依赖的全球卫星服务。"[10]

对于日益激烈的竞争,美国的态度是"保持空间能力的全面优势",但承认"随着进入空间市场门槛的降低,以及某些领域技术领先程度的削弱,美国空间竞争优势已经降低"。

"美国的供应商,特别是那些处在工业基础第二、三级的供应商,在不协调的采办和生产效率、长开发周期、对一级主承包商的供应商整合和国外市场更具竞争力的多重因素作用下,处境并不明朗;"并且,美国在世界卫星制造业收入所占的市场份额,已经从20世纪90年代的60%以上,下降到21世纪10年代的40%甚至更少[11]。

为应对这些挑战,《国家安全空间战略》制订了三个战略目标:①加强空间的安全性、稳定性和保障性;②保持并增强空间为美国带来的战略性国家安全优势;③提升航天工业基础活力以保障美国国家安全[12]。战略提出5大战略方针以达成上述目标:①倡导负责任的、和平的、安全的使用空间;②不断提高美国空间能力;③与负责任的国家、国际组织以及商业公司结成伙伴关系;④防止并慑退针对支撑美国国家安全空间设施的侵犯行为;⑤准备挫败攻击和在被降级的环境中作战[13]。达成和实现这些战略性目标和方法将会有一定困难,但好在《国家安全空间战略》正确评估当下空间战略环境最显著的变动,并为解决问题进行了全面和负责任的规划。

当下的全球安全动态及空间战略环境改变,意味着不可能用快速、简单或单边的方式来提高空间安全——没有单一的方法是万能的。在这种情况下,维持美国空间能力压倒性优势的只不过是几项有吸引力的传统技术和衡量体系;此外还需积极检查所有预期的进度以求其获得更大效能。新方法在考虑问题时应着眼于全局,吸取过去曾试图改善空间安全行为的经验教训,并从政府、工厂、同盟的相关实践中获取最佳方案。此外,鉴于当下来自经济方面的挑战,美国必须谨慎考虑所有提高效益的机遇,以求事半功倍。2011年颁布的《预算控制法案》要求,在未来10年间削减国防部4 870亿美元费用开支,同等规模的预算削减有可能在2013年以资金冻结的方式启动。这一切都意味着,当前以及未来的空间项目都将面临更多的审查和更加严峻的资金问题[14]。

5.2　改善管理与组织结构

　　在考虑改变《国家安全战略》的管理和组织结构之前,我们先来回顾一下在过去的10年中,这个系统采办和雇佣体系的独特性质,以及系统内企业及其主要参与者构成方式的显著混乱性,这将对后面的分析起到很大的帮助作用。《国家安全战略》系统采办和雇佣模式与许多地面系统模式是对立的,一般来说,地面系统整个生命周期内所需资金的80%是在系统部署完成之后才到位;然而,对于大多数空间系统而言,其生命周期内所需资金的80%早在系统拥有完全运转能力之前就已到位[15]。与大部分地面系统不同,美国目前还没有能力——也没有短期内计划——去修复或修正已部署到位的空间系统在轨组件。此外,考虑到发射空间系统的成本高昂,所以,几乎所有增量投资的目的都是为了获取更大的运载能力,而不是提升现有能力的可恢复性,而空间系统的设计初衷就是同时支持多任务进程、设计有多个冗余和备份备件以有效地在严酷艰难的作业环境中长年作业。尽管可以从数量有限的一些高价值地面系统中获取经验,但将主流地面系统的采办和雇佣模式应用于空间领域,或试图生搬硬套这一模式使其去适应性质截然不同的空间领域管理组织结构,显然是不切实际的。

　　随着国家安全空间管理和组织体系调整措施的迅速实施、撤销或修改,体系内部的混乱局面已趋于缓和,在下一轮调整意见出台之前,此前调整措施对企业的影响程度是无法定量的。因为一个全新的空间系统从计划研发到最后一刻卫星退役,运行周期通常能够达到30年或更久,所以,想要检验空间管理和组织体系运作是否更加行之有效,需要十足的耐心、透明、协作和责任感。管理和组织结构应保持足够长的时间以确定其是否是有效的,政策执行贯彻到所有组织部门,针对组织和个人实行明确奖惩制度。对组织的动态变化研究表明,新结构的功效往往需要在明确和切实的运行数年之久后才得以显现;就这一点而言,短暂存在或没有被彻底贯彻执行的结构体系案例是没有任何参考价值的,例如,20世纪90年代设立的的空间国防部长助理职位和21世纪初设立的国家安全空间办公室都是失败的典型案例,但二者都没有被给予足够的时间或给予足够权利以进行持续性改进[16]。

　　10年前,国家安全空间的主要参与者包括国防部长办公室(OSD)、美国空军、美国空间司令部(USSPACECOM)和美国国家侦察办公室(NRO)。除了美国空间司令部在2002年被撤销之外,其余组织仍是现行国家安全战略的关键参与者。相较于为这些组织的内部结构调整提出建议而言,更加迫在眉睫的难题是,组织内部和组织之间在"关键空间政策如何决策"的问题上经常处于"情况不明和摩擦不断"。存在争议的议题包括:是否存在明确并切实可行的国家安全空间企业规划,其中应包含或不应包含的部门,如何全力在企业内部促进团结努力氛围和清晰责任权利范畴,何种空间能力应当保持在政府控制之下、何种可以被外包;如何最大限度利用尖端商业和国际空间能力等。尽管很多建议和调整都旨在提高和确保空间能力延续、促进团结协作、清晰管理权限,但"谁说了算"的问题总会存在,并且时至今日,到底哪个主要参与者或主体结构在关键国家安全空间决策中负有更大的责任和义务,比10年前显得更为不确定。

在全面彻底调查、有力人员保障和整体综合建议的框架下,2001年1月由评估美国国家空间安全管理与组织委员会(被称为空间委员会)发布的相关报告,是迄今在国家安全空间问题上最重要和最有影响力的分析报告[17]。初期,国家安全空间的确进行了显著调整,以直接回应报告中的恳切建议,但随着时间推移,现在很多调整已被撤销或无法被有效执行。美国空军迅速并有效地施行了——或至少是部分施行了——委员会13个主要建议中的10个,例如:将空军空间指挥部(AFSPC)司令定位为不需飞行分级的四星职位,并将空军空间指挥部从美国空间司令部作战指挥权体系中剥离;任命空军副部长为美国国家侦察办公室主任、空军空间采办主管和国防部空间事务执行代理(EA);空间和导弹系统中心(SMC)不再隶属于空军装备司令部,将其调整并入空军空间指挥部旗下;为国家安全空间预算设立首要推进计划账目分类[18]。

空间委员会还给出了一些高层建议,包括:将空间作为顶级国家安全优先事务交由总统领导;组建总统空间咨询小组;在国家空间委员会(NSC)设立高级空间跨部门合作组织;国防部长和中央情报局局长[19]有必要在空间议题上加强更为紧密有效合作等。然而,这些建议都远超出国防部的执行能力范畴。

此外,由国会授权的独立评估小组(IAP)也于2008年7月的报告中提出了一些类似的高层建议[20]。报告中的4个主要建议包括:①总统应当参与国家空间战略的制订,掌握其执行权,并在白宫重建由国家安全顾问主持的国家空间委员会;②设立与国防部副部长、国家空间情报局副局长同等级别,具备国防部空间事务执行代理权的国家空间管理局;③创建由美国国家侦察办公室、空间核导弹系统中心、陆海空三军中具备空间能力的运营职能部门构成的国家安全空间组织;④改变空军和情报体系(IC)空间采办专员的人力资源管理政策,着重强调人员的技术能力、从业经验和工作延续性。

正如空间委员会和独立评估小组报告中提到的,总统领导权能够使空间问题得到最高级别的持久性关注。总统应当尽力完善美国第一部全面的《国家空间战略》,保证战略至少每4年更新一版,并同时重组国家空间委员会(NSpC)。为管理空间领域日益增长的安全、技术、经济价值,国家空间委员会应由国家安全顾问、科学与技术政策办公室(OSTP)主任、经济顾问委员会(CEA)主席三者共同主持,并指派一到两名隶属于国家空间委员会、科学与技术政策办公室或经济顾问委员会的专员承担支持性工作。总统办公室内部需要一个专注于空间事务的常设机构,机构人员应当:对空间问题有相当的专注度和敏感性;能够为国家空间战略和政策的循环发展提供建议;在强大空间组织间就相对优先级和责任分担问题上出现不可避免意见分歧时,从国家利益层面给出裁定意见;与总统密切合作以提出和解决棘手议题;确保战略和政策的全面贯彻执行。或许,在总统办公室施行上述整改建议将存在一定难度,但至少应当考虑迈出最微小和必须的第一步。这个常设机构将设立发展和施行国家空间战略的步骤,但这并不意味它有能力保障战略的顺利执行,因为总统对空间战略的积极性和持续性才是整个执行进程的关键要素。然而,与其继续讨论何谓国家空间政策发展的最优结构,倒不如现在就着手进行调整,并在其后的工作中发现新结构需要改进的地方。这个改进过程有可能需要后续几届政府的共同努力[21]。

此外,行政部门组织结构也需要进行调整。然而空间委员会就此给出的最重要建议却没有被采纳,原因是"增设负责空间、信息、情报的国防部副部长职位"的权利属于国防部,而时任空间委员会主席的拉姆斯菲尔德(后成为美国国防部长)并没有选择采纳建议,而是指派了自己的亲信史蒂芬·坎博(Stephen Cambone)放弃原职去填补空位,并最终使其担任2003年3月增设的负责情报工作的国防部副部长职位。国防部长办公室内部关于国家安全空间机构权力和责任集中计划的失败,破坏了空间委员会对调整国家安全空间机构组织管理结构的愿景,这同时也解释了各种问题存在的原因,例如:一些重要的国家安全空间项目进行中看不到团结一致的努力,反而在国防部长办公室内部分支机构之间频频出现持续的不良竞争;国防部长办公室和国防部执行代理在空间问题上存在权力责任重叠、空缺、模糊等。

就此,独立评估小组已就该问题的解决提出了最为恰当的关键性建议:增设一个与国防部副部长、国家空间情报局副局长同等级别,并兼具里程碑决策机构(MDA)权力的国家安全空间管理机构,这个机构应当具备在关键决策点开始、继续、调整或终止主要采办计划的权力,且决策优先权高于情报体系和国防部空间的所有主要采办项目。加强里程碑决策机构在国家安全空间权力体系内地位的稳固,将会改善目前国防部长办公室各参谋长助理(PSA)之间权力责任分散的现状。参谋长助理的职能是在主要空间采办项目进行中,为国防部副部长提供有限范围内的工作支持。然而,在参谋长助理责任职能设定尚未稳妥和定位之前,国防部长罗伯特·盖茨(Robert Gates)的"效能提案"已建议撤销网络和信息基础设施国防部长助理(ASD/NII)职位,赋予参谋长助理的业务范围扩大到国家安全空间的三个领域——卫星通信,定位、导航与定时(PNT),以及空间管制。随着这一提案的采纳实施,目前业已混乱的权力和责任系统结构问题有可能进一步加剧。其实,独立评估小组建议的"国家安全空间管理机构"与空间委员会对国防部长办公室增设副部长的建议是非常相似的,二者的目的都旨在结合国会的指导方向设立国防部长办公室官员,以全面监督 MFP - 12 空间计划中项目建议和预算草案的准备及修正进度,整合及明确国防办公室内部国家安全空间管理体系的权力和责任,并加强国防部和情报体系的紧密联系。在国防部空间事务执行代理(DOD EA)主持下新成立的国防空间委员会(DSC),有可能在国防部层面就改善内部团结和解决其他挑战等问题上有所进展,但这需要国防空间委员会成为更加正式和有决定权的决策机构,拥有明确的代理执行权,最好是成为里程碑决策机构,唯有如此才有希望作出更大的全局改善。

"9·11"事件之后,为配合强调国土防御的美国北方司令部成立,美国空间司令部并入美国战略司令部(USSTRATCOM),空间委员会也在 2002 年 10 月 1 日对国家安全空间管理组织进行了又一次重大调整。计划最初被描绘成两个司令部之间的适度重组和平等联合,但实际执行结果却是美国空间司令部被美国战略司令部迅速吞并至所剩无几。美国战略司令部的组织构架共有 9 个统一指挥部门,与原先美国空间司令部只关注空间问题不同,在当下新的构架体系下,美国战略司令部的任务领域广阔而宽泛,空间仅仅是其关注的一个方面。美国战略司令部的使命是:阻止对美国切身利益的攻击,确保美国在空间和网络空间的行动自由,投送一体化的动能和非动能效果(包括核和信息作战在内)以支援美国联合部队指挥官的行动,同步导弹防御计划和行动,打击大规模杀伤性武器等。鉴于统一指挥部门多是系统操作和属能配置方面的作战人员,因此本次调整并未对目前空间运行和未来空间能力的需要给予太大关注。期待实际组织调整能顺应空间委员会总体建议,从而使得空间领域成为国家安全的首要任务,还是具有一定困难的。首先来说调整计划必须获得国防部长拉姆斯菲尔德的首肯,但这将需要一定时间,因为这位部长的管理重点总是变幻莫测。此外,期望以缩减总部员工数量以提高作业效率的方式也是值得欣赏的,但远不如建立合理分工结构使军方注意力能够集中在关键安全挑战上来的重要;比如,美国非洲司令部就在 2007 年打破了只能有 9 个统一指挥部的限额,而这类强加的自我限制政策对于不断发展的全球安全动态没有任何战略意义。

为了给空间领域足够的关注,美国需要对空间能力具有真知灼见且身体力行的专家的帮助,为此,美国应重建以空间为使命和职责领域(AOR)的统一指挥部。如果说在财政紧缩的局势下重建统一空间指挥部会存在一定困难,那么其他的选择是建立四星军官领导的次级指挥部的统领机构,这可能是美国战略司令部下空军空间司令部的指挥。美军能够有效发展、整合、保卫空间和网络空间能力至关重要,但美国战略司令部现有的指挥架构(即在 2006 年 7 月建立的空间是由三星军官领导的联合职能分司令部(JFCC)和在 2010 年 5 月成立的由四星军官领导的次级美国网络司令部)是不一致的。这导致了管理范围的过度宽泛和混乱,同时也低估了增强空间和网络空间业务能力的重要性。

针对国防部内部管理结构的其他两项调整,也不同程度放慢了增强国家安全空间体系整合统一的步伐,这两项调整分别是:①主要国家安全空间采办部门的里程碑决策机构脱离国防部空间事务执行代理管辖,交由采办、技术与后勤国防部副部长(USD AT&L)负责;②美国国家侦察办公室主任职位不再属于国防部空间事务执行代理范围。随着2005年3月空间事务执行代理兼美国国家侦察办公室主任彼德·逖茨(Peter Teets)辞职,里程碑决策机构也随之被撤销,这也从根源上说明了,当时的确缺乏美国上议院认可的、能够胜任这一职务的空军领袖,彼德·逖茨的辞职只不过是暂时的权宜之计。由于里程碑决策机构通常被认为是空间系统的主体,所以采办、技术与后勤国防部副部长在施行权力的过程中有时会感觉到缺乏主动权和连续性,再加上他对其他采办事宜同样负有监管责任,空间系统又具备自身独特性,所以工作开展过程中总会遇到一定困难。将里程碑决策机构置于新国家安全战略的上述职权位置,将能够集中、明确、简化权力和责任框架,从而建立更为有效的、高效的管理体制。

2005年7月,情报部副部长坎博(Cambone)宣布,如其前任一样,即将就任的美国空军副部长和国防部执行代理罗纳德·世嘉(Ronald Sega)不会担任美国国家侦察办公室主任职务。虽然有一定的社会原因,但以"解体"作为前提的组织调整方向是非常明确的。如要求关闭美国战略司令部,就是在质疑国防部对践行空间委员会关键建议的承诺,因为国防部-情报体系之间的更好整合才是空间委员会建议的首要基础,然而让人很难理解的是,两个组织要如何融合才能达到比单个组织更完美的效果。此外,"解体"也反映了国家层面对国家安全空间管理和组织的不协调性。

举例来说,美国战略司令部合并了美国空间司令部,显著降低了国防部对空间的关注程度,然而不久之后,又有言论呼吁应当增设独立的美国国家侦察办公室主任职位,以便对空间领域情报体系给予更多关注。

在这个层面的最好结构改进方法是,将国防部空间事务执行代理、空军部长或副部长、美国国家侦察办公室主任三权归一,重新恢复成单一职位。这种恢复将带来空军-国家侦察办公室组织结构的重组,使其基本上回归到自1961年国家安全办公室成立到2005年解体这一期间的层级状态[22],从而为促进国家安全空间中两个最主要机构的融合和团结提供更为广阔的前景,同时还能够保持国家安全空间项目评价这一类国防部执行代理目前重要的架构、计划和评估功能的连续性。

与前述中提到的问题频出的国家安全空间高层管理结构不同,一些低层倡议得到了有效执行,促进了整个国家安全空间体系的效率、革新和团结。这些倡议包括:成立促进国防部执行代理和国家航空航天局(NASA)、国家侦察办公室、美国战略司令部、空军空间指挥部之间一年多次会晤的空间合作理事会;出版由国防部执行代理指定的旨在提供有限资源优先级的国家安全空间项目评价年度报告;完善和继续国家安全空间中维护空间任务保障,转型通信、定位、导航和定时(PNT),空间管制等方面的架构工作;在国家安全空间体系内部各成员——航天工业基础理事会、供应商小组委员会、空间专业监督委员会、国家安全空间科学技术委员会、国会空间核心会议之间创立或重建更多协作机制。此外,自2004年以来,国防部执行代理已主办了11次项目保障会议来讨论空间态势感知(SSA)和保护性议题,与此同时,与商业卫星通信(SATCOM)所有者和经营者的首席执行官会晤,最近还开始与商业卫星通信硬件供应商和遥感技术供应商开展类似磋商性会议。国防空间委员会目前正考虑将所有上述活动进行整合。无论最终何种路线被确定,其在执行过程中都应被赋予所需的决策权,并以持久、透明和可预见的方式进行施行。

5.3 利用商业和国际合作伙伴

通过重建商贸伙伴关系、外包业务、改进出口管制、与国际伙伴更紧密合作等方式,最大限度利用商业和国际能力,美国将能够寻求到更为灵活和适宜的方法来发展国家安全空间能力。鉴于空间正变得越来越拥挤并充满对抗和竞争,再加上俄罗斯和中国这两个与美国势均力敌的竞争者一直在投资空间产业以对抗美国的空间实力,所以美国军方的空间领导地位势必将被削弱或限制。对此,美国可以通过在民用和商用空间领域加强与盟友和伙伴的合作来抵消潜在对手的获利。随着美国在通信和遥感等方面越来越依赖商用空间服务,与之配套的服务恢复和保障性工作更应当被给予足够的重视。国家安全空间企业与商业和国际伙伴之间的良好沟通,是以最为有效和持久的方式努力来维护和增进美国空间实力优势的关键所在。只要有机会,美国政府就应当通过有利的外交政策或适当的商业利益来促成这些沟通,如在把握风险程度和市场决定权的前提下,为参与者更好地发展恢复服务能力提供长期租赁或采办优先权。如果施行一旦成功,可能会为空间能力带来巨大飞跃——"宇宙飞船"或是"1000艘空间飞船的舰队"[22],从而建立更加灵活、广泛、具备恢复力的国家安全空间架构。同时,通过调用有效、可靠、即时的国家、国际和商业空间资产,还可以减少对军事规模和商业现货市场的依赖(正是当前所面临的问题)。

随着过去10年间美国在商业空间市场份额的严重下降以及外国空间实力的显著提升,美国航天业开始寻求更为紧密的商业-政府合作关系。如果如一些专家所期待的,放弃某些空间领域能力的研发让与俄罗斯、中国、欧洲或印度去进行,这些国家在该领域的空间能力——如载人航天领域——将会在短时间内就超越美国,从而使国外对美国航天业做出衰败和低能的预期。这些有可能对美国经济和对外关系造成负面影响的问题,以及将被外国认为势力衰退的恐惧现在经常被作为额外的担忧而提及[23]。

自 1999 年以来美国航天工业基地产出的下降证明了这些担忧的存在。2010 年,以卫星服务业为主体的全球卫星产业收益增涨了 5%,总额达到 1681亿美元,然而,包括政府开支在内的全球空间项目支出却增长到 2756 亿美元[25]。1996 至 2006 年的 10 年间,卫星服务业的规模扩大了至少 3 倍,收益总额占全球卫星产业的 60%。2004 至 2009 年间,整个卫星产业收益的年增长率为11.7%。[26]然而,美国的市场份额并没有跟上全球卫星产业整体增长的步伐。1996 至 1999 年间,美国的商业和政府卫星制造业所占份额平均超过 60%,而到2008 年,这一数字下降到不足 30%[27]。这项数据昭示了产业基础的衰退,运营和技术迁移至其他领域或转移到海外,促进了其他国家的空间能力的发展。国防部越来越受到美国工业基础萎缩、外国公司分流劳动力和外国竞争对手的影响。美国必须在支撑航天产业基础问题上采取迅速而有效的措施,否则将不得不为像维持"兵工厂"模式一样,维持空间能力和权限承担巨额开销。

5.3.1　商业合作伙伴

商业空间市场的运行已颇为成熟高效,特别是卫星通信技术已被成功应用于卫星遥感、卫星发射和卫星地面运营(SATOPS)等层面。进一步加强政府－商业合作将使节约成本、增进各种空间能力实用性、提高信息周转效率、促进服务提供商多样化、提升项目保障能力和降低技术风险成为可能,从而在潜在对手和威胁越来越多的国际环境下具备更强威慑力。

全球商业空间发射能力一直在显著和稳步增长。2009 年全球范围内的商用或两用发射数量为 35 次,2010 年增加到 49 次[28]。地球同步卫星市场的年需求量已趋于稳定,一般每年需要大约 20 颗卫星,考虑发射的双重功能任务后,每年大约需要进行 15 次发射[29]。2010 年美国商业发射收入为 12 亿美元,但美国在世界范围发射市场收入所占比例已由 2009 年的 42% 下降到 2010 年的28%。欧洲和俄罗斯是目前商业空间发射服务的主要提供者;再加上中国已重返商用发射市场,其他国家(特别是印度)的重型运载火箭发射技术也有长足发展,商用空间发射的市场份额分配将会持续变动,美国将面临前所未有的强力挑战。10 年前美国就不再是商用发射服务的领先供应者了,这一角色先是被欧洲的"阿丽亚娜"(Ariane)火箭替代,现在又属于俄罗斯"质子"(Proton)、"第聂伯"(Dnepr)、"天顶"(Zenit)等推进器。截至 2012 年,作为发射市场中唯一具备成熟运作能力的主要美国公司,联合发射联盟(空间探索技术公司,又被称为Space X,总部位于美国,为发射市场研发了"猎鹰"9(Falcon 9)号空间运载火箭)为美国政府进行了包括波音公司的 Delta Ⅳ 重型运载火箭和洛克希德公司的"宇宙神"5(Atlas V)号载人运输在内的有效载荷发射。但其高昂的发射价格对商业客户没有任何吸引力,而且以政府唯一供应商的形式运营,与那些真实参与市场竞争的商业体比起来也没有任何竞争力。

提升美国在全球商业发射市场所占份额的努力面临重重挑战。美国的发射服务供应商一直用两个主要的理由解释业务外流的原因：成本保障和调度保障。美国本土的发射费用要比"阿丽亚娜"或是俄罗斯推进器的发射费用高出2亿美元，想要节约发射成本，美国政府必须在主要发射范围和发射调度流程方面提高效率。东部和西部航天发射中心采用统一标准化流程能够缩减发射成本，但通常情况下，调度和安保方面的不透明和个性化管理又会增加成本、需求，从而造成延迟。虽然2004年的《商业空间发射法案》试图防止在国防部项目出现商用空间发射冲突的局面，但当政府发射改期而使其他任务延期时，还是会导致额外成本的增加。调度保障对于发射供应商来说是非常重要的，发射供应商要根据发射日期确定卫星运送的轨道位置。由于顾虑到调度无法得到保障，发射供应商通常不愿意选择美国的航天发射中心。

美国发射供应商总是抱怨说，外国发射供应商能够得到大量补贴，是美国商用发射成本不具吸引力的首要因素。随着发射业主体的转移，未来将不再有商用发射来分担绝大部分的基础设施成本，到时候美国政府将不得不承担所有发射基础设施的成本费用。考虑到商用航天飞行和小型卫星业务的需求，持续努力发展的新型发射能力将具备极大应用潜力。随着航天飞机的退役，NASA宣布启动商用载人和货运项目，购买使用非政府火箭用于载人（宇航员）和货物运输的商业空间运载服务，以支持国际空间站的人员物资运输需要。这些调整同时也能有助于发展军方-商业发射领域的合作伙伴关系。为了解决存在的问题，美国应当规定更为标准化的流程，采纳自主规划和以空间需要为基础的建议，增加财务系统透明度，确保发射日期可控，持续激励发展服务于商用航天飞机和小型卫星业务的新型和高效的发射系统。当然，美国也可以提供补贴来补足国外发射商和国内发射商的成本差价。但如果政府不能在解决挑战上更加富有创造性和主动性，未来政府就不仅需要应对构建更为平衡和有竞争力的商业-政府发射基础设施的问题，还要应对发射成本越来越昂贵的局面。

尽管曾经为美国军方服务的几乎全部都是专用的军用卫星通信（MILSATCOM），但近年来，美国军方已越来越依赖商业卫星通信。在2001年9月"持久自由军事行动"（OEF）开展之前，美国中央司令部（USCENTCOM）职责范围内的信息支持主要来自军用卫星通信系统。20世纪90年代末到21世纪初这一期间，通过商业终端连接的商业卫星通信非常有限，卫星任务需求大多数是短期的，并且支持区域仅局限在伊拉克上空禁飞区，因此军用卫星通信完全能够满足需求，而无需租赁商业卫星通信设备[㉚]。如今，国防部使用的所有卫星带宽中有近80%是国防信息系统局（DISA）向商业卫星通信公司购买的[㉛]。在2008财年（FY），国防部用于商业卫星通信的开支是9.248亿美元[㉜]，大部分支出被用于购买现货市场商业卫星通信服务；但这仅是一个为期一年的商业服务租约，由临时年度国防经费拨款。现货市场的优势是其灵活性，即：服务可以被买卖;可以选择即时交付或定期交付;价格紧随供需波动。然而这也是其劣势所在:现货市场允许政府购买所需要的带宽,但价格是不确定的。依靠现货市场为提供未来所需带宽服务是不切实际的,这无疑是将政府暴露于带宽成本和容量有可能发生不利变化的威胁之下。产业评估表明,美国国防部所获得的超过70%的商业带宽是用额外追加的资金在现货市场购买的,而不是年度预算中的既定条款。然而,政府问责局(GAO)发现,国防部在2010财年为每兆赫带宽支付的费用比2003财年增加了将近30%。[33]海军是唯一一个对商业卫星通信使用给予资金支持和持续预算的军方服务机构;海军办公室在很久以前就深刻体会到,在海上作业期间失去通信能力的情况下,想要获得军用通信卫星服务是非常困难的。在这种前提下,海军最终全面转向使用商业卫星通信系统满足作业需求,并作出战略决定为其设立专项预算[34]。

目前,商业卫星通信产业将更多注意力集中于海军的商业宽带卫星项目和未来的商业通信卫星服务采办项目(FCSA)合约上。这项合约由国防信息系统局和通用服务管理部门(GSA)共同努力促成,将使国防部在未来10年间能够以更为便捷的方式购买商业卫星的通信服务和能力。根据项目预期,国防信息系统局和通用服务管理部门将花费50亿美元用于购买任何可以从市场上得到的卫星商业通信频段的卫星服务,包括L、S、C、X、Ku、扩展Ku、Ka和超高频(UHF)频段。商业通信卫星服务采办项目的开端似乎还不错,进程规划也更为快速和灵活,但很多人认为它只不过是一个短期的采办权宜之计,而不是国防部对商业卫星通信产业明确的战略承诺,这是因为到目前为止,这个项目仅仅只在美国海军内部被接受[35]。

考虑到未来对卫星的通信能力和通信需求会非常复杂,所以在商业和军用卫星通信之间寻求平衡势必将存在一定困难。为了促进短期临时性作业,美国削减了长期性海外作业,即使这会带来某些空间应用需求的增加,也难免导致对负责通信带宽作战人员的部署需求和其他空间相关产品和服务的供应需求的整体下降。

空军正在努力实现国防部长下达的在2013年实现MQ-1/9(MQ1"捕食者"无人机与MQ9"收割者"无人机)在阿富汗上空的65条巡逻轨道规划目标。这些与"全球鹰"类似的遥控飞行器目前全部依靠商用卫星通信完成指令接收和情报传输。然而,随着在伊拉克和阿富汗军事行动的减少,尽管还是有可能出现需求激增的情况,但新一代军用卫星通信系统或许有能力在稳定和和平局势下使国防部对商业卫星通信的依赖有所减少。首颗宽带全球系统(WGS)卫星提供了超越整个国防卫星通信系统(DSCS)集群的功能,并成功将其替代。陆军空间核导弹防御司令部宽带卫星通信部主任彼得·斯托弗(Peter Stauffer)表示:

"宽带全球系统带来了通信能力的巨大飞跃,不仅体现在数据输送量上,更极大增加了操作灵活性。凭借更高速高效的数据传输能力,作战人员得以更快地交换信息;信息同步到达全球不同地点更是宽带全球系统与生俱来的能力之一。数据、全动态视频、地图、声音和图像将能够被战术、操作、战略等各级作战人员所接收和传送。"[35]

目前计划宽带全球系统内至少包含 7 颗卫星,一旦系统完成,预期使用期限将达到 10 年甚至更久。同宽带全球系统一样,第一颗计划中的先进极高频(AEHF)卫星就提供了比整个军事星(Milstar)系统更强大的保卫、抗干扰、高数据速率通信能力,并且能够为 5 倍于原先数量的终端提供服务。[36]此外,盟军的参与也是发展这一系统的关键。2007 年 10 月 4 日,澳大利亚宣布与美国结成合作伙伴关系,共同资助第 6 颗宽带全球系统卫星的研发和相关地面基础设施的建设,以提升澳大利亚军方的网络有效效能,并获得整个宽带全球系统的使用权;[38]2012 年 1 月 18 日,空军官方购买和发射了第 8 颗和第 9 颗宽带全球系统卫星。第 9 颗卫星发射计划耗资 6.73 亿美元,加拿大、丹麦、卢森堡、荷兰和新西兰等国家均参与其中。同样,先进极高频卫星的研发也是一个合作项目,参与者包括加拿大、英国和荷兰。

更紧密的合作对政府和产业来说是互惠互利的。二者共同协作之下能够获得的潜在利益是多方面的,包括:扩充数据储存容量和降低收发比特字节成本的科技能力的提升;通过聚焦激光束提高定向性能;对邻近载荷、无线电频率干扰(RFI)或抑制有更好的态势感知能力;更为快速和经济的开发支持型设备新产品。例如,高机动作战人员专用的网络和移动中通信(Communication-on-the-Move,CM)设备。此外,考虑到产业领域充满了尚未开发有待填充的空白领域,所以,政府和产业更密切的合作还能够提升资源管理能力的技术性和计划性,比如:增加每个卫星转发器的用户数量,为特殊用户提供专用天线,开发可转换的军用-商用两用频段以维持政府需求低迷期间的销售量等。以上每个领域都能够继续发展多重投资或共享商务体系,从而进一步降低系统的运营和维护(乃至整个军用卫星系统或遥感系统)的成本。然而,要实现上述预期,也许需要政府应用某些商业流程以满足自身权益[39]。

目前最成功、最发达的多重商务体系案例或许要数民用预备空运队(CRAF)的国家空运机动资源了[40]。从美国航空公司选择飞机,以合同的形式承诺服务于民用预备空运队项目,以便在空运需求超过军用飞机运输能力的紧急情况下,满足国防部空运需求。为鼓励民用运输服务于民用预备空运队项目并确保美国具备足够空运储备,政府规定在和平时期,国防部空运业务可服务于为民用预备空运队提供飞机的民用航空公司。诸如此类的计划也可以用以满足国防部的空间需求,并由此降低国防信息系统局对现货市场通信采办的依赖、政府对精湛技术的渴求和对空间运输的需求。为了加入空间民用预备空运队，商业服务供应商必须签署合约以保证在需要的时刻，转发器在不同军用频段随时可以被激活。为了鼓励商业运营商加入空间民用预备空运队项目，保证美国具备足够的卫星通信资源储备，政府应当保证国防部卫星通信业务在和平时期优先服务于那些为空间民用预备空运队提供转发器服务的公司。加入项目的公司也应当承诺保留至少 30% 的业务能力供空间民用预备空运队调遣。服务于项目的航天器无需是美国注册卫星，但必须具备在至少一个军用卫星通信区工作的能力。不符合空间民用预备空运队需求的航天器运营商将被签发技术不合宜证明，但仍可以继续参与竞争以服务于政府卫星通信业务[41]。

比起购买一支庞大的载重运输机的部队却又在和平时期无用武之地而言，民用预备空运队的确是一个上上之选，它能够通过定期和惯常的信息、数据、人员交换，使得政府与商业空中运输供应商之间保持更为紧密的合作关系。对于政府而言，其最大的优势还在于在确保高效、有效地使用有组织的军事空运能力的同时，还发展了其多元化经营的能力。商业公司也可从与政府的合作中获得更多的信息，从而在预测政府行为时具备更深刻的洞察力，做出与外界不一致的决策。以商业市场作为满足世界尖端国家安全空间需求的基础，政府将能够通过限制无用预算、合约、技术、需求和发射量而获得更大优势，唯有如此才能降低成本、增加灵活性、维持空间产业基地活力，进而增强国家威慑力。

作为航天业最大的商业市场，通信并不是唯一一个需要国家和商业紧密合作的领域。迄今为止，只有少数国家具备遥感能力。今天，任何能够使用互联网和信用卡的个人都可以使用商业成像卫星给自己的房子或军事组织拍照片。一些公司，多数是外国公司，甚至可以提供 10 年前只有政府机构才能获得的光电或合成孔径雷达成像技术。美国已与许多商业遥感供应商建立了紧密的客户关系，在这些商业供应商继续为商业、农业、矿业及其他商业需求提供业务支持的同时，其遥感网络将帮助政府填补全国范围内空白的遥感区域。

随着国防部开始使用商业卫星搭载有效载荷并允许与商用物资共同运输，这一存在多年却不同于往常的政府-商业合作理念如今获得了发展机遇。2010 年《国家空间政策》要求行政分支部门应在"获取美国政府所需的可靠、负责、高性价比成本的空间发射服务和搭载有效载荷配置工作中协同作业"[42]。这一合作理念还获得了众议院军事委员会（HASC）的关注，在其 2011 财年国家《国防授权法案》报告中对政府-商业合作理念有如下评述："委员会鼓励充分利用商业设备搭载政府有效载荷，鼓励商业卫星产业为军需进行额外超高频段增加的研发。"[43] 此外，2011 年 3 月由 7 个卫星产业公司联合组建的搭载有效载荷联盟也期望"使政府进一步意识到使用商业卫星搭载政府载荷的益处"[44]。从天基红外（IR）系统需要的商业搭载红外有效载荷（CHIRP）传感器，到只能为军方服务而无法为商业通信业者产生任何回报的军用频带转发器——如澳大利亚国防军购买的加载有超高频能力的商业通信卫星,搭载有效载荷往往贯穿整个空间任务执行过程[45]。在使用搭载有效载荷的基础上发展更为快捷的用户自定义有效载荷及相关技术是非常有必要的;如多任务卫星的设计在技术上是可行的,但从操作层面来说分离卫星并不可取;某些时候政府任务中并不需要过于精湛的系统;有些情况下经济利益对政府、搭载运营商和载荷开发人员而言异常重要[46]。

在研发测试和技术成熟的条件下,二级有效载荷都被证明是众多领域(诸如红外传感器、空间态势感知和卫星通信)的可行和优先的选项。政府近期就美国通信政府服务(AGS)搭载有效载荷和政府拥有、操作的专用卫星的红外有效载荷测试分别进行了成本效益分析。政府估计使用改进型一次性运载火箭(EELV)发射一颗专用卫星的成本接近3.54亿美元,并能够满足所有技术需求。反之,美国通信政府服务搭载有效载荷的成本约为0.65亿美元,能够满足80%的技术需求。后者显然具有更好的整体成本有效性[47]。除了以增加空间资产、多样化卫星种类和所有权、合并分散势力以应对敌方空间对抗行为等形式增进系统可恢复性潜力之外,开展检验商业空间飞船性能的操作性实验将能够有效降低生产周期长度和空间产品采办成本。在搭载有效载荷阶段降低成本和缩短周期,可能是一种独特而富有创意的风险降低途径,将会使空间能力得到迅速的大幅提升和充分发展。政府应当制订标准的搭载有效载荷－发射商对接协议,以进一步促进其健康发展。一旦此方法在商业空间资产的示范性有效载荷搭载实验中被证明是成功的,政府就可运用这一潜在的快速响应模式将新技术迅速应用于空间项目中去[48]。

为使搭载有效载荷和其他快速采办更加符合商业运作时间模式,军方必须摆脱原先需求蠕变的习惯:为了要求空间飞船能装载尽可能多的辅助物资,总是在到达项目关键设计节点之前要求为项目增加供给。有些时候,独立任务尽快进入空间是非常有必要的。作战快速响应空间(ORS)计划的未来规划,是使作战司令官能够在最短的时间控制一颗具备某种单一能力的卫星——这颗卫星将不具备任何其他需求和系统结构。战术卫星(Tacsat)项目的进程(包括近来携带有高光谱成像仪器的Tacsat-3小卫星投入运行)将会展示空军在小型卫星项目上削减成本和避免风险方面的能力。相较于战术卫星项目的顺利实施,国家极轨运行环境卫星系统(NPOESS)的表现却是天壤之别。国家极轨运行环境卫星系统计划了无数次的任务执行,却又频频出现需求变更的情况,曾被称作"危机中的项目",并最终在2010年被终止。国家极轨运行环境卫星系统的多重领导机构设置似乎是一个巩固项目管理的好方法,但在任务监管不同、需求不同且互不妥协的三个政府机构(国防部、国家航空航天局、国家海洋和大气管理局)的共同管理之下,计划终因管理需求、开支和调度等方面的重重问题而宣告全盘失败[49]。

由于目前的主要空间运营商是仅有的几个非常庞大的跨国公司,所以在政府监管之下,利用商业空间行为实现更为灵活和适宜的国家安全空间企业应该是具吸引力的选项。然而不幸的是,由于政府的无所作为、速度缓慢和国际体系僵硬,希望通过政府途径解决这些问题或许是不可行的。相较之下,卫星运行商的行动速度就快得多了,但不同运营商往往会在实现相同功能时采取不同方式,运营商之间也缺乏共同的作业协议。要想寻求最优解决途径,必须同时考虑到这些优势和限制。近代一个卓越的打破陈规缓和问题的案例,是2009年成立的空间数据协会(SDA),协会提供常用的避免卫星碰撞和缓解相邻卫星无线电频率干扰的信息。[50]组成空间数据协会的三大商业通信卫星运营商——国际海事卫星组织(Inmarsat)、国际通信卫星组织(Intelsat)和卫星欧洲股份公司(SociétéEuropéenne des Satellites,SES)——自愿分享数据甚至是专有资料,但成员必须对自己的所有行为负责。商业公司组成空间数据协会的部分原因是"卫星目录(satellite catalog)中存在太多模棱两可的地方"[51]。换句话说,就是政府的行动速度太慢,无法为这些公司提供所需的卫星信息资料。

2009年和2010年,"施里弗"军演期间形成的主流观点是联盟需要更多的计划和高效的使用商业系统以维持联盟的某些能力——有组织的联合资产规模在这一期间出现了减退和降级现象。然而,政府决策者没有为联盟最大限度使用商业资产建立完善机制。此外,对手也意识到商业资产的价值,并有效利用其服务于自身利益以对抗联盟。对此,空间联合部队指挥官(JFCC)、空军中将哈里·詹姆斯(Larry James)表示:

"结果清楚地表明了发展更具操作性方案以整合商业能力,以及制订紧张局势和敌意加剧态势下所允许使用的'现成'计划和协议的必要性。结果同时也再次确认了更好管理商业通信卫星能力和获取其服务能力的必要性。[52]"

此外,参加军演的联盟和商业伙伴一致认为,在范登堡空军基地的联合空间行动中心(JSpOC)设置商业和盟友代理是极为必要的。如何寻求途径以发展新型联合空间行动中心任务系统(JMS)和更快实现综合空间操作系统是过去几届军演的关键议题[53]。空军部长和国防部空间事务执行代理迈克尔·东尼(Michael Donley)一再强调"建立联合空间行动中心任务系统是空军任务的重中之重"[54],然而,在2011年3月,空间行动中心任务系统承包协议进程被终止,空军空间指挥部司令威廉·谢尔顿(William Sheldon)在国会发言中表示,空军"将花些时间研究此问题"[55]。更紧密的政府–商业合作可以通过整合空间行动中心任务系统的商业伙伴、为某些高级公司官员提供所需的安保核查服务、扩大航天业操作人员和采办人员行业教育(EWI)项目来实现。这些方法将有助于商业空间产业成为切实的合作伙伴而不仅仅是服务供应者。

目前政府所面临的一个重大挑战是如何选取最佳方式以达到与空间数据协会和商业运营商建立更广泛合作关系的目的。无论是实际或表面上将商业伙伴整合进入联合空间行动中心，都将是建立更紧密政府－商业合作关系的重要一步。通过所提供的卫星目录重要内容，空间数据协会可以为会员完成所有避免卫星相撞和机动保障工作。空间数据协会为联合空间行动中心提供化解冲突数据，政府从中的最大获益在于卸去了空间监视网络任务的重任。而联合空间行动中心则能够依靠卫星目录更为容易地对所有政府系统和非空间数据协会会员系统进行审核。空间数据协会还应当在会员卫星上为联合空间行动中心提供演习计划、追踪能力和健康状况信息。目前，空间数据协会对任何卫星运营商（包括其他国家的政府卫星运营商）都采取会员资格开放制度㊱，这一制度是互惠互利的，不但会极大促进联合空间行动中心的运营商整合计划，也能确保其世界卓越卫星星历库的地位。

有选择地给予业界伙伴更高安保核查权限也是体现密切合作关系的一部分。最终，空间联合职能司令部（JFCC SPACE）将有权力使用商业关系以帮助其更好地进行操作实施和行动整合工作。如果政府能够对遥感公司高层领导如实相告——计划中的机动能力是不够的，因为政府的需求是更高级别的，这对政府来说才是有实际价值的。然而，无论国防部和业界在联合空间行动中心下将整合得多么融洽——有可能比美国其他领域最紧密的联盟还要完美，国防部仍必须在权衡已给予盟友伙伴权限范围的前提下，考虑给予商业伙伴最高机密和更大空间的时机。

政府和业界在空间领域的更紧密合作还可以通过扩大行业教育项目来实现。行业教育项目包括卫星运作人员、选定军官的工程领域再教育和商业卫星通信公司运营。这一项目将提供给这些官员在职教育和经验；开放民用工业环境、运营和采办；由主要的国防和商业承包商使用的管理技术的工作知识；通过在商业实践中掌握用工业行业术语解释军事需求的能力。行业受益包括：培训军事空间官员的骨干，深入理解了工业行业目标、运营和采购过程、现代技术、组织结构、问题解决方案和操作模式；通过了解彼此的目标和保持持续成功的过程，发展商业卫星通信公司（SATCOM）商业和军事的伙伴关系；从航天业操作人员和采办人员行业教育（EWI）中学生表现出的天赋和经验中获得新的观点和领悟。㊲

5.3.2　出口控制

一个对政府－业界紧密合作的关键约束是由当前执行的《国际武器贸易条例》（ITAR）造成的。《国际武器贸易条例》执行《武器出口控制法案》，该法案要求政府只能将从美国获得的武器用于合法防卫。国务院强制《国际武器贸易条例》作为一套美国军火清单（USML）上的国防相关文献、服务、技术等进出口控制的规则的一部分。美国军火清单包括枪械、坦克、核武器与"航天系统和相关的设备"。

《国际武器贸易条例》的目的是防止美国技术的国际扩散,并处置危及国家安全的状况。在美国休斯和劳拉航天公司与保险公司分析了中国在1995年1月和1996年2月发射失败并损坏其通信卫星后,在1998年完成国会审查的《考克斯报告》,确定这些分析给中国提供了关键的卫星和导弹技术[58]。1999财年的《国防授权法案》,通过将所有卫星出口的控制从商务部的控制列表(CCL)转移到更严格的国务院美国军火清单来应对,并进一步要求总统确保任何转移到中国的技术不会损害美国的国家安全。战略与国际研究中心(CSIS)在2008年的一项研究中记录了遵守《国际武器贸易条例》的管理成本,其列举了卫星产业遵守《国际武器贸易条例》的成本为平均每年5000万美元,并发现授权相关的事项导致了多达每年6亿美元的利润损失[59]。商业卫星运营商往往需要《国际武器贸易条例》授权与其国际电视、电信和互联网用户讨论航天器的技术细节。一些卫星行业协会成员估计,《国际武器贸易条例》给商业卫星所有者和经营者增加了每年近100万美元的管理成本[60]。

此外,由于在商业卫星的出口控制转移到国务院管理,建造和销售商业卫星及其部件的美国公司的国际市场份额已经大幅下降,同时出口限制已促使外国竞争对手去发展自己"不受《国际武器贸易条例》限制的出口能力"[61]。如上所述,在1996年到1999年期间,美国在商业和政府的卫星制造市场份额中平均占据超过总数的60%,但到2008年已经下降到低于30%[62];这种下降很大一部分可以归因于美国军火清单和美国军火清单限制。根据卫星工业协会2010年6月《卫星产业状态》报告,2009年有41个需要未来交货的商业的地球同步轨道(GEO)卫星制造订单,几乎两倍于2008年宣布的订单的数量。其中:美国制造商获得这些订单中的19个,占46%——比2008年美国公司宣布的52%订单比率略有下降;欧洲的制造商获得这些订单中的12份,占29%——比2008年欧洲公司赢得的33%略有下降;剩下的10份订单被分给了俄罗斯、中国、加拿大和日本的制造商。很明显,这些新兴供应商赢得的订单份额总和从2008年的14%上升到2009年的24%[63]。

2010年8月,白宫宣布计划开始通过彻底检查美国军火清单和商务部的控制列表来修改出口控制系统。修改的想法是使用客观标准来控制相关条目,像"技术参数,如马力或微米",而不是"广泛的、开放的、主观的、包罗万象的或基于设计的标准",如"行波管"或"刹车片"这些被类似控制出口的条目[64]。政府的目标是围绕"四个单一"来建立一个新的出口控制流程:一个单一的、分层的、积极的列表,其将允许美国更好地保护更敏感的项目,同时允许不太关键的技术在限制较少的流程下被允许出口;一个单一的出口政策和授权的机构;一个单一的执行机构;一个单一的执行新流程的信息技术系统[65]。同时,许多出口管制规则是经过立法的,并不能简单地通过行政命令改变。2012年4月,美国国防部和国务院根据2010财年《国防授权法案》(NDAA)第1248节的要求,发布了关于放松对卫星的出口管制对国家安全的影响的报告。该报告的结论是,不包含保密部件的通信卫星和性能参数低于一定阈值的遥感卫星并不包含美国独有的技术,对国家安全来说不是关键的,应该将其从USML移到商务部的控制列表。[66]但从美国军火清单移动这些技术的列表到商务部的控制列表,需要国会的法定授权。报告在其结果中陈述:"如果国会授权,从美国军火清单去除空间相关的双用途商品的风险,将可通过商务部的控制列表的控制和许可政策的管理在可接受的范围。"[67]

除非国会采取行动来改变现行法律,否则美国对空间能力的出口控制将会继续妨碍美国公司在全球商业空间市场的参与。在2008年,美国众议院外交事务委员会防止核武器扩散和贸易,小组委员会主席、国会议员布拉德·舍曼(Brad Sherman)(民主党)通过称为《国防贸易控制改进法案》来推动立法。立法"广泛地看待问题,包括平均授权次数的提高、适当的工作人员来审查决定和国务院的更大的责任机制"[68]。在2012年,H. R. 3288是由霍华德·伯曼(Howard Berman)(民主党)代表发起的出口控制改革法案,其包含提供类似于在1248报告中建议的内容,并呈现了有效的卫星出口控制改革的良好前景。然而,近期这一问题在国会成为一个主要议题的前景是不明朗的。除非美国解决监管难题,否则通过放在美国军火清单上来把商业卫星作为重要的国家安全组件仍将是一个很大的障碍。

世界各地的、大大小小的、私有的和国有的卫星制造商正在建造与美国卫星有类似能力和可靠性的卫星。直到最近,在世界各地方制造的大部分卫星还需要包含在《国际武器贸易条例》监管下的美国制造的部件或子系统。换句话说,几乎所有的卫星都有对《国际武器贸易条例》监管的一些要求,不管它们在哪儿制造,以至于任何来自遵守《国际武器贸易条列》产生的额外时间、成本或不确定性都要对所有制造商产生影响。现在情况不再是这样,因为在过去的几年里,全世界越来越多的制造商已经有能力去生产不包含任何美国出口控制的空间组件甚至整个航天器。此外,这些"不受《国际武器贸易条列》限制"的能力现在有广泛的市场,并将可能导致美国航天工业基础继续下降[69]。

出口控制也需要有足够的灵活性,以允许调整控制准则来保护新兴的"精细"的技术,同时允许以前受控的技术出口,其有意或无意地转让并变得"足够好"。目前的系统是在过去几十年来采用多层法制规定管理的产物,导致在盟友和对手之间,以及比较广泛使用的技术和最先进的专有技术之间,几乎没有明确的区分[70]。2009年,后来的美军战略司令部司令凯文 P. 奇尔顿(Kevin P. Chilton)将军,在众议院武装部队委员会战略力量小组委员会作证称:

"关注的是我们自己的民用和商业的空间企业,其对军事航天工业基础来说是重要的,可能会遭到出口管制法规不必要的限制。显然,必须继续关注合法的国家安全问题,以支撑限制特定与空间相关的技术、设备和服务的出口的需求。然而,允许有关技术转移到盟友,或当商业可用性使他们的管制不再必要时,及时地对一些技术解除管制的适当的灵活性应被认为有助于确保我们的航天工业基础的未来[21]。"

虽然重要的问题仍然是关于政府希望保护什么样的空间技术和它希望出口哪一样技术,这些问题在某种程度上已经在实践中得到解决,这是由于美国军火清单的许多技术已经全世界共有,因此可以不再被认为是"最先进的",但应被认为是"世界技术现状"。美国需要了解这些"世界技术现状"的能力,以便更有效地保护其最先进的空间技术。理解技术成熟度也很重要,因为它们会有所不同,并不是每个技术将遵循计算机的处理能力每两年加倍的"摩尔定律";例如,受保护的 EHF 通信目前可能是最先进的,但最终会成为世界技术现状。正如由国防部长罗伯特·盖茨(Robert Gates)最近强调的,出口控制改革的总体目标应该是"一个系统,在这个系统中,更高的出口限制管制围绕较少、更为关键的项目[22]。"如果美国不处理自己造成的出口管制的问题,那么美国产业仍将处于严重的劣势。

5.3.3 内包或外包

对利用空间来支持国家安全来说,有许多商业模型。一个极端的方法是,政府外包所有功能,除了最重要的部分,如战略(核)通信、导弹预警或核爆炸的检测。英国采用这种外包模式用于卫星通信(SATCOM),比如一家商业公司运营英国的通信卫星[23]。相对的另一个极端的方法是在国家内部完成所有国家空间安全相关功能的执行,像美国政府在冷战时期所做的,但是这样会花费巨大的成本。美国政府需要决定它应该在哪儿继续沿着这个方式运行,因为目前针对国家安全空间企业内部有一系列非最优的实践,并且也不清楚他们如何支持当今的全球安全动态变化。

关于如何最有效地运营卫星遥感、跟踪和控制的方法也有问题。卫星操作,或卫星运营(Satops),包括战斗支援和战斗勤务支援功能,但卫星运营是否是政府固有的职能而必须由军事人员管理,这一点并不明确。自 20 世纪 60 年代有了卫星指挥和控制以支持"科罗娜"(Corona)侦察卫星计划,承包商已经成功运行空军的全球卫星控制网。空军的早期目标是在地面和空间中由部队人员操作空间设备,因为空军将自己视为军队的航天部队:"USAF[美国空军]逻辑上应对卫星运营负责,由于卫星服务主要面对航空武器,尤其是战略的[24]。"但空军未能实现其服务所有空间需要的军事目标,这是因为国防部的内部政治、情报界的问题、越南战争的压力和民用空间计划的拉动[75]。商业部门已经学会了非常有效地运营卫星,并且美国政府应该认真考虑采用这个高效的模式或完全地外包卫星运营。

尽管一些国防部领导担心有关部门对私人部门的依赖,但也有国防部领导视亲近的政府和产业的关系。例如海军陆战队将军、参谋长联席会议副主席詹姆斯·卡特赖特(James Cartwright)在回应一个国防记者关于军事依赖商业频带是否是"好的、坏的或不重要的"的问题时表示,"最终,这将是一件好事"。"当我们使用更精细的传感器,高清视频的需求量是很大的,所以我们不得不使用到媒介和压缩算法才能满足要求",他是 2010 年 2 月在圣地亚哥武装部队通信和电子协会(AFCEA)会议上演讲之后说这番话的,"好消息是,工业技术在这方面很领先。我不用去研发这个技术。"[76]

在其他方面,决定是内包或外包一个功能取决于它是否是一个政府固有的职能。联邦采办政策办公室在 2010 年 3 月发布了一个政策备忘录,以指导机构使用 1998 年的《联邦活动清单改革(FAIR)法案》中定义的"政府固有职能",扭转了此前布什政府的决定。当它与公共利益如此密切相关以至于其必须由联邦雇员完成时,《联邦活动清单改革法案》将此类活动分类为"政府固有职能"。[77]这个新的解释并不旨在阻止政府利用承包商,因为他们能够提供广泛的专业知识、创新和经济有效的支持。依赖于承包商不是也不应该是一个引起担忧的原因,只要他们所完成的工作不是应为联邦雇员保留的工作,而且联邦官员正在有效地管理承包商的工作。备忘录还定义了"关键的功能":

"其对机构的使命和运营的重要性要求至少一部分功能必须保留给联邦雇员,以确保机构内部具有足够的能力去有效地执行和维护对其使命和运营的控制[78]。"

如果一个功能完全由承包商进行,只要"有足够数量的合格的政府雇员,用知识管理或执行工作"以监督合同和承包商,而不会使国防部面对任务失败的风险,那么这个功能就不是一个政府固有的功能,外包是被允许和授权的[79]。对内包和外包决策的另一个重要的考虑因素是他们能否在培训、职业道路和领导职位等方面为航天专家创造机会。

多年来,军队主要依靠军人完成卫星运营[80]。但在今天的财政限制环境下,这仍然是正确的方法吗?并不是所有的政府机构都采取这种方法。自 20 世纪 60 年代以来,国家侦察办公室(NRO)一直没有使用大量的政府人员运营卫星,而是使用承包商来"购买-观察-飞行"卫星,提升在政府监管下合同执行的稳定性。今天在任何一个国家侦察办公室地面站,在有足够经验和洞察力的政府人员的监督下,都是由承包商执行支持多个侦察卫星星座的运营。而在大多数国防部卫星运营中心的运营工作则正好相反：当错误产生或异常发生时，在有经验和洞察力的承包商人员的监督下，由军队人员执行卫星星座的运营操作。

此外，在这两种情况下，政府仍然不是最大的或最有效的卫星运营者。商业公司每天常规操作数以百计的卫星而没有大量使用政府人员。"铱"星计划由66颗近地轨道、交联的卫星组成卫星星座，仅使用少数操作人员来跟踪他们整个的星座，而在一个单一星座中，政府或供应商需要10~15个人员来跟踪5~10颗卫星。对比国际通信卫星组织的50多颗卫星运营和军用卫星通信或GPS运营，美国政府要认真考虑卫星运营是否采用精益商业运营方式。有一个不同之处在于，"铱"星运营是为了单一的任务运行相同的卫星平台，而一个近地轨道成像卫星具有完成多任务和重复编程的能力。然而，即使在这些情况下，仍然有光电（EO）和合成孔径雷达（SAR）卫星的精益商业运营，突显了商业和美国政府在卫星运营上的反差。

5.3.4 国际协作

美国在世界舞台上参与了多个专注于空间，或者关注一系列空间安全和规则问题的多边论坛。在这些论坛和更广泛的国际政治中，有一些具有竞争力的方式方法被公认为提升空间安全的途径，但其实许多概念和术语在不同状况下有着不同的含义。例如，在发展中国家，"可持续性"是指进入空间，而对发达国家，可持续性是与另一个不准确的术语——稳定性联系更为密切[⑫]。竞争方式和蓄意的歧义存在于《外太层空间条约》，这有助于解释为什么在寻求一个更全面的空间安全制度所要求的内容方面没有达成共识，以及为什么现有制度欠缺强制执行机制。对于自上而下、具有法律约束力的全面的方法（如条约），以及自下向上、自愿的渐进式方法（如透明度与建立互信机制（TCBM）），究竟使用哪种方法能更有效地推进空间安全或空间法，也存在分歧。

在上一个时代中，不断有人呼吁美国重申领导作用，或者至少更投入地推进空间安全和空间法，以致于这成为2001年空间委员会的一个主要的议题。空间委员会宣称，除了其他事情，美国政府应该"积极参与塑造空间法律和监管环境[⑬]"以"确保美国的国家安全利益和提高商业部门的竞争力和民用航天领域的有效性[⑭]。"空间委员会还表示，"通过竞争性计划或者尝试通过国际规则来限制航天活动其效果将会受到时间的检验"[⑮]，并建议：

> "为了扩展其空间威慑力和防御能力，美国需要发展全面控制空间的新的军事能力。这也将需要美国的盟友和朋友及国际社会共同持续努力来形成合适的空间'通行规则'[⑯]。"

基于这些主题，奥巴马政府自2001年以来认识到航天领域的不断变化，采取一个多边合作的方式，使增加国际合作作为一个新的《国家空间政策》和《国家安全空间战略》的主要部分,并指出美国应该"扩大互利的空间活动的国际合作,来拓宽和延伸空间效益;进一步和平利用空间;在航天信息共享方面加强合作⑧。"《国家空间政策》放大了这些目标,呼吁负责空间计划的执行机构增强美国的空间领导地位,确定潜在的国际合作领域,并增加透明度和建立互信机制⑧。

对美国来说,通过仔细评估如何最好地推进最近在支持有效的、可持续的和合作的空间安全途径方面的进展,进而采取一个慎重的针对增加透明度与建立互信机制(TCBMs)的方法,这是非常重要的。特别是应该考虑如何才能有效促进在主要参与者之间的持续对话,强调渐进、务实和技术措施,并以自下向上的方式、从小的措施向更大的活动推进。这种自下而上的方法将建立一个坚实的基础,并比自上而下的、寻求全面空间安全条约的具有法律约束力的方法更能获得稳定的进展。自下向上方法的主要例子包括2007年12月机构间碎片委员会(IADC)为联合国大会所采纳的用于减少空间碎片的自愿准则,还有2008年12月欧盟委员会(EU)的外层空间活动的行为守则草案,以及2010年9月欧盟法规的修订草案⑧。美国一直是非正式地但密切地参与起草欧盟法规的过程,并在2012年1月,国务卿希拉里·克林顿(Hillary Clinton)宣布,美国与欧盟和其他国家一起制订指导空间活动的国际行为法规。悬而未决的问题包括:法规与《外层空间条约》制度的关系,且法规可能会限制反卫星武器或导弹防御试验;行政机构应该如何就法规咨询国会,并且最终无论是否符合美国的最佳利益,都承诺支持法典的自愿指导方针⑧。此外,国际社会需要找到更有效的方法一起工作来修复空间碎片和共享SSA的数据,特别是与商业参与者通过空间数据协会(SDA)以及其他机制进行共享,如美国政府正在进行的SSA共享程序。

其他国家继续实行自上而下的方法,包括考虑在修改外层空间条约制度上达成一致。加拿大政府已经提出了一套安全保障性规则,他们相信可以处理和平与战争时期的空间活动,包括自愿禁止空间武器。俄罗斯和中国在2008年的裁军会议上共同推出了一个旨在禁止在外空放置武器(PPWT)的条约草案。然而,草案中强制执行机制的缺失和其仅关注基于空间的武器而不是更广泛的空间对抗能力,使其不可能被采纳。事实上,在2010年7月,美国使用TCBM的标准和在《国家空间政策》中的军备控制以重申PPWT条约草案存在重大缺陷,不应作为未来空间安全性讨论的基础。

美国也长期坚持与主要盟友召开双边空间合作论坛,和与每一个合作伙伴讨论合作机会。重要的是要知道这些关系比关于空间的合作要更广泛。例如,美国和英国都有着悠久的历史,并且空间仅是两国超过一个世纪并跨世界大战的国际合作关系的一个子集。同样,当一个合作伙伴给盟国提供航天能力,回报也不必在航天系统中,因为安全合作已经超出国家安全空间的范畴。无论哪种方式,"特殊关系"被加强。由于与美国有重要双边关系的国家的数目扩大,因此这种方法就显得更为重要。

在战术和操作层面,空军的机组间的对话(Airman-to-Airman,AA)也可以作为美国空军和世界主要航空部队之间的空间合作论坛。由于空军继续考虑自身作为国防部的航天力量[80],航天专家分享他们的专业知识并在这些交流期间了解其他空间运营者的战术、技术、程序和操作理念。长期交换美国和合作伙伴航天运营位置的军官和士兵也提高了学习和分享世界航天部队之间的最佳实践的机会。

随着美国较少独自在空间开展活动并更多地依赖于合作伙伴,航天能力变得更灵活、更分散,并且因为使用"世界技术"而更容易获得。技术顶尖的卫星星座也可以用"世界技术"来增强,以使这些重要的实力更具灵活性。这些"世界技术"的实力可以是合作伙伴的能力,如盟友的 COMSAT 星座或多国合作伙伴关系,如宽带全球系统(WGS)星座。当今,"世界技术"能力比盟军的能力可以更好地融入到美国的能力。40 多个在阿富汗参战的北大西洋公约组织(NATO)的国际安全援助部队(ISAF)往往意识不到他们可用的航天能力,还常常拒绝访问航天情报;按照国际安全援助部队前航天运营官员认为:"欧洲的军用卫星设计只能由拥有它的国家使用,至多是作为与其他国家交换协议的一部分进行双边使用[81]。"

在"世界技术"层面促进合作的另一个优点是,它可以使敌对者对攻击目标的核算复杂化。当这样一个攻击可能构成对北约(NATO)的攻击时,为什么要攻击携带美国军事通信设备的卢森堡卫星?联盟的动态可以导致最小公分母效应,但与盟友和商业伙伴更多的合作至少意味着对手有更多的潜在的敌人去梳理。由于商业卫星通信(SATCOM)平台通常支持一系列的国际用户,包括美国军队,因此,政治成本和对这些资产实施破坏性攻击所增加的风险,可能会阻止对手攻击企图,除非冲突升级到了一个更高的水平[82]。

5.4 结论:实施一个更加灵活和有适应能力的计划

现在是美国制订一个深思熟虑的、全面的、长期的和一致的国家安全空间(NSS)策略的时候了。美国需要通过战略合作、外包业务、改进出口管制和扩大国际协作,改进战略管理水平和组织结构及利用商业和国际能力。成功利用商业和国际合作伙伴的关键在于知道什么是需要的,什么样的技术必须得到保护,并了解什么参与者可能已经或可以更迅速和有效地制订解决方案。这有悖于国家安全空间业引以自豪的传统和根深蒂固的文化,但美国政府并不一定对每一个问题有唯一的或最好的解决方案,甚至在某些情况下会使问题恶化。应优先改善战略关系,特别是与盟国和商业合作伙伴,优先完成美国出口管制的重大改革,优先考虑哪个空间活动需要内包、哪个可以外包,并优先确保航天专业人员有足够的职业发展机会。

应用约翰·博伊德(John Boyd)的"观察－调整－决策－行动"(OODA)模型已帮助美国飞行员的思想提前对手一代，并且军事战略家经常参考"观察－调整－决策－行动"循环作为计划工具。但在架构非常昂贵且不灵活、开发经营了几十年、以光速发生事件的航天领域中，"观察－调整－决策－行动"循环可能不是最合适的模型，而一个"决策－调整－行动"的回路可能是需要的。在危机或冲突的情况到来之前，美国应该制订清晰的和深思熟虑的过程来决定：发展什么航天结构；如何平衡国际的、商业的和政府航天能力的混合；当与地面和其他能力进行权衡时如何灵活地使用这些空间能力。那么，美国政府将能更好地确定它会采取什么行动、红线在哪里、已经存在的能力是什么、什么是可以接受的损失。如果美国可以决定并朝这个方向前进，那么领导者将会以更充分的准备去实施更有效的行动。

空间可能会发展成类似海洋的那种公域——安全和经济利益重叠，必须用全局的和创新的方法来解决共有权。考虑并采纳在本章中讨论的一些方法只是个开始，在改善管理结构和利用商业及国际合作伙伴以长期支持国家安全空间企业方面还有很多事情要做。

注　释

① 本章中表达或隐含的意见、结论和建议是作者的观点，并不一定反映美国空军、国防部或者美国政府的官方政策或立场。

② 2009 财年国防授权法案的第 913 节(110 - 417 页)表明,国防部长和国家情报局局长在 2009 年 12 月 1 日给国会提交了空间态势评估(SPR)。奥巴马政府在 2010 年 3 月给国会递送了一个临时空间态势评估,并在 2011 年 2 月 4 日随着国家安全空间战略(NSSS)的发布完成了这个任务。

③ 巴拉克·奥巴马(Barak Obama),"国家安全战略",白宫,华盛顿特区,2010 年 5 月,P31。

④ "美国国家空间政策",白宫,华盛顿特区,2010 年 6 月 28 日,P13。

⑤ 同④,P7。

⑥ "美国国家空间政策",科学和技术政策办公室,白宫,华盛顿特区,2006 年 10 月 14 日,2。

⑦ "风云 1 - C 碎片:两年后",轨道碎片季度新闻 13:1(约翰逊航天中心:NASA 轨道碎片项目办公室,2009 年 1 月):2。由于 2007 年 1 月 11 日中国的 ASAT 试验,美国空间监视网络已经记录了 2,378 块直径大于 5cm 的碎片,正跟踪 400 个额外的尚未记录的碎片对象,并估计该试验产生了超过 150,000 块面积大于 1cm^2 碎片。不幸的是,到目前为止,只有不到 2% 的碎片已经重新进入大气层,并据估计,许多块碎片将留在轨道上几十年,有的甚至超过一个世纪。

⑧ 国防部长和国家情报总监,"国家安全空间战略:非保密概要",国防部长办公室和国家情报总监办公室,华盛顿特区,2011 年 1 月。

⑨ 同⑧,P1 - 2。

⑩ 同⑧,P3。

⑪ 同⑧。

⑫ 同⑧,P4。

⑬ 同⑧,P5-11。国防部副部长 William J. Lynn,Ⅲ,预测国家安全空间战略(NSSS)最重要的元素,包括在空间域中向更好的稳定性和可持续性方向发展、强调创造与加强空间负责任的行为的适当规范、与现有商业和国际的空间能力选择性地相互依存、确保美国依赖的空间能力的更好的保护和弹性、提高美国空间产业基础的生存能力的同时提高空间能力的开发与获取,并增加摧毁或破坏空间能力的开销。参见"国家、空间研讨会评论",科罗拉多斯普林斯,CO,2010年4月14日;和"美国战略司令部空间研讨会空间政策评论",奥马哈,NE,2010年11月3日。

⑭ "国防预算优先权和选择"国防部,华盛顿特区,2012年1月。

⑮ 负责采办的国防部长助理办公室工业政策部主任 Brett B. Lambert 在 George C. Marshall 研究所的演讲"空间产业基地的未来",国家新闻俱乐部,华盛顿特区,2010年5月25日。

⑯ 参见 Joan Johnson-Freese 和 Roger Handberg,"寻求政策连贯性:试验性国防部空间架构师",联合部队季刊16期(1997年夏):第91-95页;和 Joan Johnson-Freese 的"阿拉德委员会事后析误报告和建立国家空间委员会的必要性",联合部队季刊60期(2011第一季度):P54-60。

⑰ 早先其他重要的与国家安全政策相关的承诺和对空间政策的关键建议包括:1954-55年技术潜力审查小组(TCP)(确立了飞越领空合法性并发展了间谍卫星);1958年以科学顾问 James Killian 领导成立总统科学咨询委员会(PSAC),后发展成为国家航空航天局;1960年由科学顾问 George Kistiakowsky 领导成立小组,后发展成为国家侦察办公室;1961年4月由副总统 Lyndon Johnson 领导的审查(超越苏联首先登月以求国际声望);副总统 Spiro Agnew1969年成立空间任务组(制订了国家航空航天局的后阿波罗计划);1988年 Robert Todd 少将领导的空军蓝带小组(将空间实力整编入作战应用);1991年国家航空航天局的奥古斯丁委员会(强调航天飞机操作层面的科技探索);1992年 Thomas Moorman 中将领导的空军蓝带小组(强调对作战人员的空间支持并建立空间作战中心)。空间委员会由前任和后来的国防部长 Donald Rumsfeld 和12名国家安全战略各领域高层专家共同主持建立,以下将简要列举这12名空间要员及其前期所担任的职务:Duane Andrews(负责指挥、控制、通信和情报的国防部副部长帮办);Robert Davis(负责空间的国防部副部长帮办);Howell Estes(美国航天司令部司令);Ronald Fogleman(空军参谋长);Jay Garner(陆军空间和战略防御司令部司令);William Graham(总统的科技顾问和国家航空航天局代理局长);Charles Horner(美国空间司令部司令);David Jeremiah(参谋长联席会议副主席);Thomas Moorman(空军副参谋长);Douglass Necessary(众议院军事委员会成员);Glenn Otis(陆军训练和条令司令部司令);Malcolm Wallop(参议员)。参见 John A. Tirpak 的"空间战斗",空军杂志83期(2000年8月):第61页。空间委员会的报告,参见美国国家安全空间管理与组织评估委员会,依据为美国公共法律106条65款,2001年11月11日,华盛顿特区,http://space.au.af.mil/spacecommission(访问日期2012年5月)。

⑱ "防卫空间活动:组织变革启动,但需进一步加强管理措施",美国国会会计总会国防委员会的报告,华盛顿特区:GAO 03-379,2003年4月,P25-27。拉姆斯菲尔德部长在2001年10月18日签署了一份备忘录,指示国防部实施32项行动以践行空间委员会的建议并做出其他改变。

⑲ 2004年情报改革和防范恐怖主义法案赋予此职位对情报体系的特别预算决策权使这一职位的地位得到巩固;这一职位目前被称为国家情报总监(DNI)。

⑳ 独立评估小组(IAP)由 A. Thomas Young(主席)、Edward Anderson、Lyle Bien、Ronald Fogleman、Lester Lyles、Hans Mark 和 James Woolsey 组成。小组于2007年10月开始研究商议,并于2008年7月发布最终报告。小组所制订的纲领体现在2007财年国防授权法案的第913节。参见"国家安全空间的领导、管理和组织:独立评估小组对于国家安全空间组织与管理的国会报告",国防分析研究所,弗吉尼亚州亚历山大,2008年7月。

㉑ 美国空间政策分析师的院长 John M. Logsdon,就白宫空间决策体系进行了出色的的历史回顾,发现独立机构——如航天委员会——并没有成功彰显其组织方式的优越性,并倡导在国家空间委员会体系内部设立一个小型空间委员会;参见"新兴的国内结构:构建空间实力领导力",Charles D. Lutes 和 Peter L. Hays 与 Vincent A. Manzo,Lisa M. Yambrick 和 M. Elaine Bunn)(主编),空间空间实力论:文选(华

盛顿特区:国防大学出版社,2011),277-97。Joan Johnson-Freese 认为,迄今为止,奥巴马政府一直在扼杀国家空间委员会的创设,这是对"官僚体系和组织政治实力的歌颂",并认为"国家空间委员会的存在并不能保证变革一定会发生,甚至在一定程度上确保变革一定不会发生";参见 Joan Johnson-Freese 的"阿拉德委员事后析误报告和建立国家空间委员会的必要性",联合部队季刊60期(2011 第一季度):P60。

㉒ 从 1961 年国家侦察办公室成立到 2005 年其解体,国家侦察办公室主任(DNRO)一直担任空军部长助理、部长或副部长职务;国家侦察办公室是一个秘密机构,也就是俗称的"黑帽子"机构。Donald Kerr2005 年成为国家侦察办公室主任之前并没有空军职务,只是被任命为空军部长助理(智能空间技术)(该职位后来由他的继任者 Scott Large 接任)。在现任国家侦察办公室主任 Bruce Carlson 的官方履历上,没有列明他担任了任何空军职位。参见国家侦察办公室网页 www.nro.gov/directorlist.html(2012 年日期 4 月访问)。2003 年 6 月,国防部副部长 Paul Wolfowitz 签署的 5101.2 号国防部指令(DODD)任命现任空军部长为国防部空间事务执行代理,并仅允许部长将执行代理责任移交给副部长;这条指令目前已被修改。此外,2011 年 6 月颁布的新国家侦察办公室"章程"(5105.23 号国防部指令)确认国家侦察办公室主任的责任是:担任国防部长在高空侦察方面的主要顾问、参谋长联席会议主席、作战指挥官、空军部长以及国防部空间事务执行代理,但必须在国防部副部长(I)的权威、指导和控制下任职。

㉓ Christopher P. Cavas,"千舰海军",武装力量杂志,www.afji.com/2006/12/2336959(访问日期 2010 年 5 月)。CRAF 的全称是民用预备空运舰队。关于以民用预备空运舰队和其他商业模式发展空间能量的信息,Roger G. DeKok 和 Bob Preston 的"新千年的空间实力获取",和 Peter L. Hays,James M. Smith,Alan R. Van Tassel,和 Guy M. Walsh(主编),新千年的空间实力:空间与美国国家安全(纽约:麦格劳-希尔,2000)中 Simon P. Worden 的"21 世纪空间管制:以空间'海军'保卫美国的财富商业基础"一章。

㉔ 德州内幕成员,"众议员:不要把低地球轨道的能力割让给俄罗斯人",德州内幕,2010 年 4 月 27 日,www.texasinsider.org/? p=25887(访问日期 2010 年 5 月)。

㉕ 卫星工业协会和富创公司,"卫星产业现状报告",富创公司,马里兰州贝塞斯达,2011 年 6 月,5;空间基金会,2010 年空间报告:全球空间活动权威指南(科罗拉多的科罗拉多斯普林斯:空间基金会,2010),P6。

㉖ Jessica West(主编),2009 年空间安全(加拿大滑铁卢:犁铧项目,2009 年 8 月),84;卫星工业协会和富创公司,"卫星产业现状报告",富创公司,马里兰州贝塞斯达,2011 年 6 月,P5。

㉗ 战略与国际研究中心国防-工业创新集团,"国家安全和商业空间领域:增加商业进入空间选项的分析与评估",战略与国际研究中心,华盛顿特区,2010 年 7 月,26;也可参见国防部长和国家情报总监,"国家安全空间战略:非保密概要"(华盛顿特区:国防部长办公室和国家情报总监办公室,华盛顿特区,2011 年 1 月),P3。

㉘ "卫星产业现状报告",富创公司,马里兰州贝塞斯达,2011 年 6 月,P22。

㉙ 联邦航空管理局,"2010 年商业空间运输预测",1,www.faa.gov/about/office_org/headquarters_offices/ast/media/launch_forecasts_051810.pdf(访问日期 2010 年 5 月)。

㉚ Ron Dixon,"美国中央司令部商业卫星通信概述",2006 年 12 月 5 日,www.sia.org/2007DoDSatcomWorkshop/Tuesday/DoD/CENTCOM.ppt(访问日期 2010 年 5 月)。

㉛ Barry Rosenberg,"国防部对商业卫星的依赖达到新高峰",防御系统,www.defensesystems.com/Articles/2010/03/11/Cover-story-The-Satcom-Challenge.aspx(访问日期 2010 年 5 月)。

㉜ 美国战略司令部/J6,"国防部长副助理关于指挥、控制和通信的政策和计划以及空间项目的备忘录,题目是:2008 财年商业卫星通信(COMSATCOM)使用报告"(奥法特空军基地,内布拉斯加:美国战略司令部/J6,2010 年 3 月 31 日)。2008 财年数据是目前能够拿到的最新数据。固定卫星服务占整个 2008 财年总支出的 72.3%;支出增加了 34.8%(从 2007 财年的 3.555 亿美元到 2008 财年的 4.827 亿美元);带宽增加了 13.6%(从 2007 财年的 6.5GHz 到 2008 财年的 7.4GHz)。

㉝ 政府问责局,"电信:固定卫星服务业的竞争、能力和成本",GAO-11-777,政府责任办公室,华盛顿特区,2011年9月,P31-32。

㉞ Barry Rosenberg,"国防部对商业卫星的依赖达到新高峰",防御系统,www.defensesystems.com/Articles/2010/03/11/Cover-story-The-Satcom-Challenge.aspx(访问日期2010年5月)。

㉟ 同上;也可参见Michael A. Taverna,Amy Butler和Frank Morring,Jr.,"运营者阐述美国卫星通信问题",航空周刊与空间技术,2011年3月11日,www.aviationweek.com/aw/generic/story_channel.jsp?channel=space&id=news/awst/2011/03/07/AW_03_07_2011_p85-292918.xml&headline=Operators%20Decribe%20U.S.%20Satcom%20Problems(访问日期2011年3月)。

㊱ Ed White和Andy Roake,"第一颗宽带全球通信卫星投入运行",2008年4月29日,www.stratcom.mil/news/article/38/First_Wideband_Global_SATCOM_Satellite_goes_operational(访问日期2010年8月)。

㊲ Amy Butler,"美国空军计划下周发射先进极高频卫星",航空周刊与空间技术,2010年8月5日,www.aviationweek.com/aw/generic/story_generic.jsp?channel=defense&id=news/asd/2010/08/04/07.xml&headline=USAF%20Plans%20For%20AEHF%20Launch%20Next%20Week(访问日期2010年8月)。

㊳ 国防部长Brendon Nelson,"澳大利亚加入美国防御全球卫星通信能力项目",澳大利亚国防军事新闻发布,澳大利亚堪培拉,2007年10月4日;参见Turner Brinton,"澳大利亚向美国第六颗宽带全球通信卫星注资8.236亿美元,并将获得整个宽带全球系统集群的访问权",空间新闻,2007年10月8日,P15。

㊴ 军用卫星通信先进理念小组技术总监Joe Vanderpoorten,"打破商用卫星通信模式:搭载有效载荷研讨会",报告,2010年4月6日。

㊵ "实况报道:民用预备空运舰队",www.amc.af.mil/library/factsheets/factsheet.asp?id=234(访问日期2010年8月)。民用预备空运舰队的介绍摘录于此文件。

㊶ 有关此方法的更多信息参见David C. Arnold和Peter L. Hays,"空间民用预备空运舰队:为空间能力服务的民用预备空运舰队",联合部队季刊64(2012年1月):30-9。

㊷ "美国国家空间政策",2010年6月28日,www.whitehouse.gov/sites/default/files/national_space_policy_6-28-10.pdf(访问日期2010年8月)。

㊸ 111-491号"众议院军事委员会报告",美国国会,2010年5月21日,P161-162。

㊹ "产业联盟推进使用商业卫星搭载有效载荷",搭载有效载荷联盟,华盛顿特区,2011年3月30日。

㊺ Michael A. Taverna,Amy Butler和Frank Morring,Jr.,"运营者阐述美国卫星通信问题",航空周刊与空间技术,2011年3月11日,www.aviationweek.com/aw/generic/story_channel.jsp?channel=space&id=news/awst/2011/03/07/AW_03_07_2011_p85-292918.xml&headline=Operators%20Decribe%20U.S.%20Satcom%20Problems(访问日期2011年3月)。澳大利亚用了不到六个月的时间就批准了在国际通信卫星-22上X波段搭载有效载荷;波音公司目前正在建造这颗卫星并预计将在2012年上半年发射。

㊻ 国家安全空间办公室,"搭载有效载荷研讨会报告"(未发布的报告,无日期)。

㊼ Joseph Simonds,George Sullivan,Jie Zhu Jacquot和Charles Kersten,"从在通信卫星上搭载红外有效载荷中吸取教训",空间与导弹系统中心,加利福尼亚埃尔塞贡多,无日期,4。

㊽ Joseph Simonds和Andrew Mitchell),"商业空间飞船的国防部实验",IEEEAC论文#1294,第12版,2009年1月9日更新。

㊾ Tim Hall,"国家极轨运行环境卫星系统课程评价:执行概要",航空航天公司,加利福尼亚埃尔塞贡多,2010年12月1日;也可参见众议院科学和技术委员会,"知情者表示,国家极轨运行环境卫星系统在三年间预算超支达30亿美元之多",www.spaceref.com/news/viewpr.html?pid=18317(访问日期2010

年 5 月)。

(50)“空间数据协会相关”,www. space-data. org/sda(访问日期 2010 年 8 月);空间数据协会目前有 20 个成员国,超过 300 颗近地轨道和同步轨道卫星执行联合监控工作。

(51) 国际通信卫星总公司法律和政府事务副总裁 Richard DalBello,“空间数据协会”,报告,2010 年空间法律和政策会议,2010 年 5 月 11 日。

(52) Larry D. James),“施里弗 V 军事演习:空间和网空界限”,前沿,2009 年 8 月,13,https://newafpims. afnews. af. mil/shared/media/document/AFD - 090827 - 008. pdf(访问日期 2010 年 5 月)。

(53) 同(52)。

(54) Heather R. Shaw,“范登堡空间基地空军部长就后备民兵Ⅲ问题的讨论”,加利福尼亚范登堡空军基地:第 30 届空间联队公共事务会议,2010 年 6 月 17 日。

(55) 在发表的联合空间行动(JMS)中心任务系统证言中,谢尔顿将军表示:独立项目评估是在 JMS 进行到 B 里程碑点时开展的。评估发现了项目中存在的一些基础性困难,这也导致了项目的某些提案被驳回。部门正在考虑独立项目评估在引导 JMS 进程中所起的作用。众议院军事小组委员会在战略力量听证会为国家安全空间行动提出 2012 财年预算申请,2011 年 3 月 15 日。

(56) 国际通信卫星总公司法律和政府事务副总裁 Richard DalBello,“空间数据协会”,报告,2010 年空间法律和政策会议,2010 年 5 月 11 日。

(57) Jeff Kaczmarczyk,“建议为卫星通信业提供产业教育(EWI)”,报告,2010 年 1 月 20 日。

(58) 1995 年 1 月的失败的长征 2E 运载火箭搭载了休斯航空公司建造的亚太 2 号空间飞船,1996 年 2 月失败的长征 3B 运载火箭搭载了劳拉空间公司建造的国际通信卫星 708 号空间飞船。以 Christopher Cox(R. -Calif.)为代表的众议院选择委员调查会开展了为期六个月的调查,并于 1999 年 5 月 25 日发布了“与中华人民共和国相关的美国国家安全和军用/商业事宜”调查报告,www. house. gov/coxreport(访问日期 2012 年 4 月)。2002 年 1 月,劳拉空间科技公司同意向美国政府支付 2000 万美元作为非法技术转让赔偿费。2003 年 3 月,波音公司同意代替休斯航空公司支付 3200 万美元(波音公司已于 2000 年收购休斯航空公司)。

(59) 战略与国际研究中心,“美国空间工业基础的健康与出口管制对其的影响”,战略与国际研究中心,华盛顿特区,2008 年 2 月。

(60) 卫星工业协会(SIA)主席 Patricia Cooper 在众议院外交事务委员会(HFAC)的卫星技术出口管制——恐怖主义、不扩散和贸易——听证会上的书面证词,2009 年 4 月 2 日,6,www. sia. org/PDF/HFAC-STNT_SIA_Written_Testimony_3_31_09_FINAL. pdf(访问日期 2010 年 8 月)。

(61) Colin Clark,“美国意在从军火清单中移除某些卫星组件”,空间新闻,2008 年 4 月 7 日,www. space. com/businesstechnology/080407-busmon-satellite-remove. html(访问日期 2010 年 8 月)。

(62) 战略与国际研究中心的国防 - 工业指导小组,“国家安全和商业空间领域”,P26。

(63) 卫星工业协会,“卫星产业现状报告”,2010 年 6 月,www. sia. org/news _ events/pressreleases/2010StateofSatelliteIndustryReport(Final). pdf(访问日期 2010 年 8 月)。

(64) 新闻秘书办公室,“奥巴马总统奠定新出口控制体系基础以加强美国国家安全和关键生产与技术部门的竞争力”,白宫,华盛顿特区,2010 年 8 月 30 日,www. whitehouse. gov/the-press-office/2010/08/30/president-obama-lays-foundation-a-new-export-control-system-strengthen-n(访问日期 2010 年 9 月)。

(65) 同(64),Eli Lake,“放松出口管制将引火烧身”,华盛顿时报,2010 年 9 月 1 日,P7。

(66) Marcia S. Smith,“卫星工业称赞国防部长的 1248 号卫星出口管制报告”,Spacepolicyonline. com,2012 年 4 月 18 日。

(67) 提交给国会的报告,2010 财年国防授权法案 1248 节(公共法 111 - 84),“美国空间出口管制政策的风险评估”,国防部和国务院(无日期,2012 年 4 月发布),www. defense. gov/home/features/2011/0111_nsss/docs/1248%20Report%20Space%20Export%20Control. pdf(访问日期 2012 年 5 月)。

⑱ 2010年3月15日国会议员Brad Sherman在第13次年度卫星工业协会(SIA)领导晚宴上的"专题演讲",www. sia. org/news_events/pressreleases/RepSherman%27sAddress03_15_2010. pdf(访问日期2010年8月)。

⑲ 卫星工业协会(SIA)主席Patricia Cooper在众议院外交事务委员会(HFAC)的卫星技术出口管制——恐怖主义、不扩散和贸易——听证会上的书面证词,2009年4月2日,5;战略与国际研究中心国防-工业指导小组,"国家安全和商业空间领域",P27。

⑳ James L. Jones, "21世纪出口管制",华尔街日报,2010年8月30日,P15。

㉑ Chilton,引用卫星工业协会(SIA)主席Patricia Cooper在众议院外交事务委员会(HFAC)的卫星技术出口管制——恐怖主义、不扩散和贸易——听证会上的书面证词,2009年4月2日,P8。

㉒ Robert M. Gates),"出口管制改革",商业专员国家安全报告,华盛顿,2010年4月20日。

㉓ 2003年10月,英国国防部签署了360万英镑的"天网5"合同范本。公司代表英国拥有、管理并运作"天网5"系统,并同时为北约(NATO)、荷兰、葡萄牙、加拿大、法国和德国提供卫星通信服务。

㉔ Hoyt S. Vandenberg,"卫星运载火箭政策声明",摘自John M. Logsdon)(主编),探索未知:美国历史文选。民用航天计划卷2:外部关系(华盛顿特区:NASA, SP - 4407, 1996), 272, http://history. nasa. gov/SP - 4407/vol. 2/v2chapter2 - l. pdf(访问日期2010年5月)。

㉕ 就20世纪60年代空军所面临的卫星操作方面的挑战而进行深入探讨,参见David Christopher Arnold,来自空间的间谍:建设美国的间谍卫星指挥和控制系统(德克萨斯州学院站,德克萨斯A&M大学出版社,2005)。

㉖ Barry Rosenberg,"国防部对商业卫星的依赖达到新高峰",防御系统,www. defensesystems. com/Articles/2010/03/11/Cover-story-The-Satcom-Challenge. aspx(访问日期2010年5月)。

㉗ Robert Brodsky,"管理部门为'政府固有'贴标签",政府执行力,2010年3月31日, www. govexec. com/dailyfed/0310/033110rb1. htm(访问日期2010年5月)。

㉘ 联邦采办政策办公室管理者Daniel I. Gordon,政策许可号FR DOC 2010 - 7329, http://edocket. access. gpo. gov/2010/2010 - 7329. htm(访问日期2010年5月)。

㉙ 同㉘。

㉚ Joseph Simonds, George Sullivan, Jie Zhu Jacquot和Charles Kersten,"从在通信卫星上搭载红外有效载荷中吸取教训",空间与导弹系统中心,加利福尼亚埃尔塞贡多,无日期。

㉛ Ciro Arevalo,"主题演讲2",2010年空间法律和政策会议,2010年5月11日,华盛顿特区。

㉜ 参见美国国家安全空间的管理与组织评估委员会,依据为美国公共法律106条65款,2001年11月11日,华盛顿特区(被称为空间委员会报告),36, http://space. au. af. mil/space_commission(访问日期2012年5月)。

㉝ 同㉜, viii。

㉞ 同㉜, xii。

㉟ 同㉜, 17 - 18。

㊱ "美国国家空间政策",白宫,华盛顿特区,2010年6月28日,P13。

㊲ 同㊱, P6 - 7。

㊳ 联合国大会(UNGA)62/217号决议,"在和平利用外空间方面的国际合作",联合国大会,纽约,2007年12月22日;欧盟委员会,"外空间活动行为的委员会决议和准则草案",欧盟委员会,布鲁塞尔,2008年12月3日;欧盟委员会,"关于外空间活动行为准则修订草案的委员会决议",欧盟委员会,布鲁塞尔,2010年10月11日。

㊴ 2011年2月2日,在亚利桑那州Jon Kyl的领导下,37名共和党参议员给国务卿希拉里·克林顿写信表达了对美国潜在代码承诺的担忧,并敦促管理层尽快与国会进行磋商。

㊵ Lance W. Lord:"我们有一支独立的空间力量——这就是同时具备航天和航空能力,且在世界范

围内广受尊崇的美国空军。"引述自 David C. Arnold,"Forrest S. McCartney:第一个空间专家",空气动力学历史 51:4(2004 年冬季);P19。

㉑ Jorge Benitez,"美国官员:'我们需要一个如同北约一般的空间操作控制中心'",空间新闻,2010 年 5 月 9 日,www.acus.org/natosource/us-officer-we-need-nato-space-operations-control-center(访问日期2010 年 5 月)。

㉒ Forrest E. Morgan,"威慑和在空间中的第一次稳定性打击:初步评估",兰德公司,加利福尼亚圣塔莫妮卡,2010 年,P16。

第 6 章 空间战略与战略管理

库尔特·A. 赫帕德(Kurt A. Heppard)与史蒂夫·G. 格林(Steve G. Green)[①]

有关制订与实施一个实际且高效的国家空间战略的争论很激烈,相关的信息十分复杂,要从中把握关键无疑是一项具有挑战性的任务。随着信息和数据的收集、建立与分析,战略制订者们应从多个视角进行思考和分析,从而构建能够清晰阐述有关国家空间战略的最有效的战略知识与情报。本章提出了战略管理领域的理论框架和逻辑分析的方法。组织理论学、博弈理论和产业经济学是本章所采用的学术方法的基础,通过此方法可以分析了解多个单位或机构如何在数年内完成一项任务。本章将主要利用战略管理的资源基础理论框架来清晰地阐明空间战略的经济意义和战略价值。

读者和战略制订者需要注意的是,战略管理领域的重要学者对战略本质进行了不同方向的研究,并持有几种不同的思想学派的观点。其中一点特别值得重点关注,对于国家空间战略的制订,并非所有的战略管理学者都认同战略是"经过深思熟虑"、可以充分阐述和实施的[②]。相反,一个占据上风的观点认为,战略往往是"应急制订的",而且战略中的各项活动并不是按计划发生的。过去,这种观点往往来自于一些政府项目和一些实际的战略制订工作[③]。

在实践中,大多数现实中的大型组织机构的战略,从完全的深思熟虑到完全的应急制订,从始至终是相互连贯、不可割舍的[④]。许多战略不是完全通过仔细研究而得出的这一事实,不应成为阻碍空间政策决策者们实施战略性管理,或妨碍其制订和实施战略管理措施的理由。该领域的政策制订者和学者们需要意识到,整体战略的许多方面是会随时间而发生变化的,这些方面后来才会被理解成为组织或企业整体大战略的一部分。

另外一点需要注意的是,那些追求盈利能力和长期竞争力的企业经营实体是大部分战略管理学术研究的关注焦点[⑤]。而一些机构和承担开发国家空间战略任务的政策制订者们关注的则并不是收益,至少对政府机构而言是如此,他们当然强调更好的执行效果和尽可能低的成本,这是战略管理的特征。另外,许多战略领导者、政策制订者和有影响力的行业成员都熟知基于能力的规划，这是战略管理资源基础理论的一个分支。因此，航天界人士应该已经熟知战略学术领域的基本内容。

6.1　战略管理过程

战略管理过程是以达到愿景实现和预期执行效果为目的的信息收集、分析和战略选择的组合。[6]战略管理，与空间政策的制订和实施的关系，以及它与支持战略实施的技术和系统创新的开发或获取的关系，是"任何有关国家空间战略讨论中不可缺少的组成部分。[7]"从对国家空间战略的各方面需求中，可以看到战略管理过程的这些要素。

领导者和政策制订者们的关键作用之一是清晰地阐述愿景、使命和关键目标。战略领导者面临的另一个挑战是优化使用稀缺的资源和经费，以完成任务和取得成果。在战略管理中，机构领导者们的任务是评估和预测环境威胁，以及了解和开发机构的多种能力。然后领导制订战略并组织实施，最终完成组织任务及目标。在此之后，所制订的这些战略和实施计划，在几年内将跨多个部门和机构指导关键的决策[8]。

实施发展愿景、使命、关键目标、长期目标和组织原则的第一步通常被称为决策，在公共组织中尤其如此。关于行业和企业战略的学术讨论在 20 世纪 70 年代就已经开始，把各种类型的决策和规划归为战略决策或战略管理，而"政策"依然是对公共部门的讨论重点[9]。因此，人们通常不愿意向公共政策学术研究领域推广战略管理方面的理论。然而，公共管理领域的学者们令人信服地证明了，如果在两个领域之间进行适当的转化，相关的理论框架及学术思想在公共政策辩论中是非常有用的[10]。

本章重点强调这一点，因为我们提倡在国家空间战略的发展中采用战略管理过程。通过展示企业战略管理学术研究和公共机构及行政部门研究制订政策之间的关系，就可以在这两个领域之间架起一座桥梁，这将丰富围绕国家空间战略发展进行的讨论。

事实上，已经存在有一个完善的国家空间政策，即美利坚合众国的空间政策（National Space Policy of the United States of America，NSPUSA）[11]。该政策在一定程度上为国家航天界的成员提供了空间观的总体定位、主要的组织原则、国家空间战略的目的，并指导界定了哪些机构在国家整体空间战略发展中起主要作用。国家空间政策起到了一个非常有益的作用，即提供了有关国家使命、目的及组织原则的总体共识，实现了战略管理过程的一个最初目标。一旦对这些关键问题普遍达成共识——这不是一件容易的事情，但国家空间政策使之变得容易——战略领导者们就可以将整体战略的权力与责任进一步细分并下放，然后通过资源分配、机构或国家体系,以及关键资源与能力的获取或开发,就这些关键问题组织实施。⑫

从本质上讲,要求为美国的国家利益优化空间资产,就是要求在国家空间战略发展中采用某种战略管理过程。因此,一些来自战略管理、创新及科技管理领域学术原理在支持国家空间战略进程的讨论中是很重要的。具体来说,如果一个国家的空间战略是基于能力的,它就会继续专注于构建和履行支持国家优先权、空间政策和原则的多种空间能力。

即使有正式的、完全由国家颁布的、恰当的国家空间政策,也要对空间计划中的总体设想、可衡量的具体目标和目的加以讨论。这些讨论是复杂的,而且往往高度政治化,在国家安全机构、商业实体及民用空间机构中产生相互影响。⑬一个连贯的愿景和意义朋晰的战略目的和目标是战略管理进程的重要组成部分,尽管在一个快速变化的外部环境中,这些目的和目标可能会与空间能力更密切地相关,而不是与执行一个具体的任务相关。

空间战略的讨论通常不仅需要分析涉及国家空间计划的现有资源和能力的内部优势及劣势,这些因素是战略管理者们能够控制的;还要分析战略管理者无法控制的来自外部的机会和威胁。通常情况下,这一过程被描述为优势、劣势、机会与威胁(Strengths, Weaknesses, Opportunities and Threats, SWOT)。然而,如果此过程嵌入在包含整个战略管理过程的步骤中,则该过程可能是更为复杂且稳健的。由于外部环境构建了内部因素的存在背景,下面对外部因素加以观察和分析。

6.2　外部机会与威胁

虽然本节的重点是利用战略性的方法来分析不同国家空间资源与能力的优势与劣势,但提供一个由著名学者分析确认当前机会与威胁的范例是很重要的。一个很好的威胁的例子就是国家空间战略开发的主要参与者之间的战略合作,以及对增加国际参与和跨国项目的探讨⑭。第5章中,作者海斯(Hays)提出了一个令人信服的主张,即应通过与政府和产业之间良好合作的伙伴关系达到节约成本、提高利用率、获得额外能力,以及避免不利用国际机会"单干"情况的出现⑮。

谈及在空间战略管理过程中应考虑的威胁,如"否定式威胁"和"阻止式威胁"等不断演变的具体威胁,就是在探讨国家空间战略中的很好的例子⑯。有关这些威胁参见本书第4章,作者伦德尔曼(James D. Rendelman)论述了各种攻击或破坏威胁,这些威胁可能同时出现,也可能是接连出现,并被美国国防部(DOD)定义为"5D",即欺骗、中断、拒绝、降级与破坏(Deception、Disruption、Denial、Degradation and Destruction)⑰。

6.3 资源与能力

外部环境变化迅速,通常难以很好理解并加以控制,在这样的背景下,下面的主张令人信服,重要的战略管理应注重于分析战略管理者和政策制订者们可控的资源与能力。然而威胁与机遇是需要考虑的重要因素——没有这样的外部分析就很难知道什么样的能力是最重要的——可以有力地论断,空间政策战略制订者所面临的外部环境无疑也属于这种不清晰、变化迅速且难以控制的情况。[18]在动态的环境中,如航天界,许多战略管理学者推荐一种方法,即:在各种战略规划和战略管理过程中,重点关注资源与能力的优势及劣势,当然也不是把其他因素完全排除在关注之外。[19]

战略管理资源基础型观点的最初的相关学术工作,源于经济学家有关企业竞争优势的观点,并已成为竞争优势和机构成功的一般模型[20]。尽管一个成功的国家空间战略的绩效指标不是简单的金融回报或市场增长,但可以说,一个整体空间战略是否有效仍是可以衡量的,战略也是带有竞争性的。因此,将资源基础型观点推广或延伸至国家空间战略的讨论是有益的。在本书中对资源基础型理论进行了充分的论述,将使这一理论的推广或延伸得到更加清晰的展示。

关于竞争优势,资源基础型观点的核心前提是,战略性企业的成功或失败往往取决于其可控的那些影响关键效益参数的资源和能力,以及这些资源和能力与具有战略性竞争优势的对手有何种程度的不同[21]。虽然战略规划者和决策者,以及许多开发国家空间战略的关键参与者并不熟悉资源基础型观点的理论基础,但许多人都熟悉能力基础型规划的理念及其实施,这也是资源基础型观点的一种应用[22]。以下几个关键的定义,是在战略管理过程的实施中理解和应用该理论的基础[23]。

- 资源:指那些战略制订者有一定能力控制和使用的有形资产和无形资产。这些资源通常分为几大类,如财政资源、组织结构资源(如规划和控制体系)、物质资源、技术资源、人力资源、创新资源和声誉资源。
- 能力:为创造价值和完成特殊任务或常规任务而有意整合配置在一起的数组、数批或组合的资源。例如,为获取、传输和分析与天基资产相关的情报,所需的特定情报能力需要将物质资源、技术资源和人力资源整合在一起。
- 核心或独特的竞争力:对于完成任务必不可少,并提供了超越其他机构或国家实体企业的竞争优势的那些能力。从本质上讲,这些能力都是在空间活动中能够带来国家竞争优势的具体的组合资源及常规资源。

有了这些基础性的定义,在开发国家空间战略的过程中,我们还需要一系列用于分析各种资源、能力、竞争力的工具,以确定它们哪些将被使用、发展和掌握,从而可以保证既定战略的有效实现。战略管理专家们为面临相同挑战的公司和机构提供了一套经过证明有效的方法框架,即 VRIO 框架——价值(Value),稀缺性(Rareness),可模仿性(Imitability)/对抗能力(Counterability),组织性(Organization),这是一整套为战略制订和战略资源投资决策进行信息管理的可行方法[24]。

只需要对相关内容进行微调,VRIO 框架就能够帮助国家空间战略制订者将精力集中于框架的 4 个关键点,进而确定任何特定资源、能力和竞争力之间的相对重要性。[25]

- 价值:资源和能力是否允许机构能够抓住已有的或潜在的机会?或者是否能够保证机构可以克服已有的或潜在的威胁?对于不能创造价值或者没有潜在执行价值的资源和能力都不应该被支持和发展。当然,如何认定成果和竞争优势也面临着挑战,这就需要政策制订者对任何国家空间战略的成果加以仔细考虑,包括可能面临的机会和威胁。
- 稀缺性:相比于分布广泛,易于获得,且有多个来源的资源和能力。国家的政策制订者应当更重视稀缺的、只有少数竞争对手掌握和提供的资源和能力。
- 可模仿性/对抗能力:国家空间战略价值的唯一性和创新性的程度,关系到目标的成功和效果,所以可模仿性问题很重要。在投入大笔资金进行研究或者开发资源和能力之前,政策制订者必须分析这是否很容易被对手模仿或者反制。
- 组织性:考虑到已有的大量复杂的国家空间基础设施,制订一个优先考虑那些本来就能够满足或通过微调即能满足已有政策、结构和设施的资源和能力的国家空间战略是很重要的。这段关于 VRIO 框架的描述可能很难理解。关注可被现有机构使用的资源和能力,可能导致所形成的国家空间战略不能恰当地评价和推广一个具有破坏性的,可能带来巨大成就和优势但却不适合当前机构结构和控制的技术或能力。

机构所能开发、获得以及重新配置的资源和能力,通常对能否获得并维持竞争优势,或是在大部分环境下都能取得良好绩效起到关键影响。这种在战略管理中的资源基础型和能力基础型的视角是对关于空间能力的讨论很有用的基础。同时还要考虑新的资源和能力的发展,以及已有能力的执行和调整。

在发展国家空间战略的背景下,将新资源和能力的发展、获取以及重新配置区别出来考虑是特别重要的。这些资源和能力在战略管理学中被称作战略"库存资产"。[26]有学者提到在构思战略的时候区分资产"库存"和"资产流"的重要性。[27]战略理论家英格曼·戴瑞科(Ingemar Dierickx)和卡尔·库尔(Karel Cool)在解释这个观点的时候提出了"浴盆"比喻。[28]无论任何时候,浴盆中都会有蓄水。这些水的性质是可以发生变化的,但不会因进入浴盆的水流、漏出去的水、蒸发掉的水或者排出去的水立即引起改变。这些变化通常需要相当长的一段时间。如果期望的蓄水性质和当前性质有显著差别,那么必然需要大量投入成本和时间来增加水的流动才能达到预期效果。

出于空间战略的考虑,机构和国家经过多年发展得到了很多的资源和能力池。这些池已经处在一个合适的位置;不是能够快速、简单或投入较少资金就能被替代的,而且这些池包含了在发展战略中所必须考虑的全部资源和能力储备。对于国家空间战略而言,由于国家空间战略储备大都投资巨大,生命周期很长,这些资源和能力池也就显得尤其重要。例如:火箭、在轨卫星,以及地面设备等资源是花费了很长时间和很多资金发展起来的,因此不能够轻易地去改变。任何国家空间战略都必须认真考虑资源和能力储备,当然也需要考虑新的技术和资源。

能力基础型方法的战略支撑是,机构能够集中力量发展和已有技术能力相比具有最大竞争优势的新技术并进行创新。因此,可以通过与已有能力(这里指空间力量)的可预期的改进空间的边际提升和改进相对比的方法,对新的技术和资源的投资进行评估。从能力基础型观点的角度来看研究和发展(R&D),已有的科技基础对新技术和创新的可行性具有很大的影响。因为空间能力的自然积累规律,空间能力需要一个长期规划和有序的投资。同时,任何能够对已有空间能力和整个国家空间战略的提升产生影响的新的能力都应在考虑之列。

空间能力通常需要对多项战略资产进行投资。比如,如果开发增强型的卫星通信能力是国家空间战略中很重要的一部分,那么从卫星系统到地面基站,以及中继系统在内的要素都需要加以考虑,并根据它们对战略能力的整体影响进行评估,而不是考虑这些资产的单独价值。这个系统要达成的目标听起来很简单,但是,除非将其放到整个国家的空间战略中来考虑,否则是很难实现的。能力基础型战略可以让决策者集中精力于整体能力的提升,而不是某个特定资源或者对象的单独价值。如果国家的空间战略是能力基础型的,那么这个战略将会始终专注于构建和实施以国家利益优先的空间能力。

对于战略的资源基础型观点存在一些著名的批评,这些观点认为在考虑环境威胁和机会的条件下,确定资源的价值往往是一个循环过程,很难进行准确的描述。这种理论(资源基础型)还因为缺乏在投资决策之前,对资源和能力的投资决策如何影响绩效的研究而受到批评,只在投资决策之后进行分析是不够的[29]。但是,当优秀的决策者在一个功能和任务已经规范的领域,对资源和能力进行评价的时候,以及对如何整合使用资源和能力的知识进行细化的时候,目前已经可以很成功地识别和发展那些对整体表现性能和目标完成情况有贡献的能力[30]。因此,当国家空间战略的制订者考虑哪些资源和能力在达到国家空间目标过程中最具价值的时候,他们需要尽可能地从有用的专业知识和空间基础设施的所有层面中吸取经验。

由于资源基础型理论是建立在关注经济回报率的商业模型上，所以对于政府机构来说，资源基础型观点是否有效还存在一定争议。为了回答这个问题，我们可以回顾20世纪70年代战略管理研究领域分化之前，关于战略管理领域和公共政策之间共同点的讨论。如今，在公共政策和政府管理领域具有影响力的学者提出了一个具有说服力的论据，资源基础型理论可以帮助政府机构的政策制订者制订出"民生方案"，在公共领域"民生方案"实际上等价于商业模型或者战略方案。这种模型或者方案展示了资源和能力如何直接关系到机构或国家愿景的达成，诸如完成任务、目标、政策指示、绩效目标，以及利益相关方的需求等[31]。

这些学者强烈地表示，政府和其他公共机构能比公司利用资源基础型观点和能力基础型方法获得更多好处。他们声称，资源基础型方法将随着时间增长显现出好处，可以带来保持系统成功和健康运行的民生计划，通过这种方法，各种能力将会更好地关联和运作，而这些是建立在资源池的有效使用和创新发展的基础上[32]。

事实上，社会学家菲利普·萨尼克（Phillip Selznick）在学术研讨会上发表了一篇关于机构的能力和核心竞争力的文章，他认为，区分关键资源、能力、"与众不同的竞争力"，对所有管理学者都是非常有价值的技能[33]。这一决定机构内部优点和缺点的早期工作由于开启了商业战略和公共政策的有益讨论而受到广泛的赞扬。

也有一些批评的声音认为，此理论过于把重点放在静态资源和能力，而不是新的能力或者具有灵活性、易调剂的"动态能力池"[34]。关注动态能力可以使政策能够快速响应环境的快速且不可控的变化。但这种典型方法只是关注静态资源和能量池中的目标和对象，而没有考虑达成预定的目标所需的资源和能力。

"动态"这个术语在资源基础型战略中是指新资源和能力的创新性，以及战略管理者对已有池中资源的新的有价值的再配置[35]。在国家空间战略的背景下，这意味着战略关注于科技创新——考虑它能充分利用高科技产业，如半导体、软件业、信息服务业——以及规划和实现国家战略中的创新管理体系和方法。

战略变化可能对公共或者私人机构的效益甚至生存产生非常重要的影响，在动态且快速变化的环境条件下从战略上对动态能力进行充分地理解、发展和实现就显得十分重要了[36]。尤其是在资源和能力复杂、昂贵、很难改变的情况下，更是如此。出于这些考虑，由于大量新的能力难以或者根本不可能获得，对资源的投资就必须非常谨慎。由于在某些特定行业和政府政策中，动态能力的定义实际上仍然很模糊，那么对动态能力基本思想的理解就更为重要。新能力的创新性以及战略管理者应对环境的快速变化进行资源重新配置的能力,显得尤为重要。

这就引出了一个问题,即发展国家空间战略的决策者如何实施关注动态能力的资源基础型方法?战略管理文化提供了一套基于资源基础型理论的战略决策基础框架。这套框架包含了资源和能力的概念化以及发展,这就目标完成上来说将有较好的表现[37]。资源的概念化是指战略制订者基于价值、创造性、创新性,以及对最终绩效的影响,对资源进行评估。战略者需要对他们当前的资源配置情况有深入的了解,能够在一定程度上判断资源和能力如何与绩效相关。资源的概念化很依赖于战略决策者的知识和情报,他们必须对知识和情报有很好的理解力,并且有可以预见能力如何影响绩效的洞察力。资源的开发进度与投资承诺、执行的政策以及对政策的理解有关。资源开发是对已有资源和能力有目的、有针对性的调整,以及对新能力的深入研究、发展及获取[38]。

在已有很大的资源池存在,并且科技创新推动着知识获取系统变得越来越具有创新性和快捷性的条件下,可以证明这种概念化和发展的模型对发展国家空间战略非常有用。对概念化和发展之间的区分是在本章前言中提到的关于实现能力基础型的国家空间战略管理过程的重要组织模型。

6.4　向能力基础型的战略管理过程的转变

正如之前列举的高科技产业和政府职能,如国防、国土安全、国家空间政策,都处于一个快速变化、科技高度发达的环境中,战略管理正向着能力基础型方向发展。一些最早期的关于能力基础型方法的文献没有指出资源基础型理论和学术工作在动态能力方面对战略管理学的影响[39]。空间领域各个机构的负责人都要求制订出一个聚焦能力的空间战略或"构建国家空间力量"[40]。不管怎样,这种方法是从资源基础型理论的学术基础中得到的。美国国防部和其他政府部门对能力基础型计划的关注点是对动态能力的承诺,并且要做出相关的切实可行的决策,以及实现能够提高效能的且比静态和传统方法更能实现目标的资源投资决定。更多原本限定于能力发展的战略计划将更有可能扩展到战略制订以及国家空间战略管理的其他各个方面。

如前所述,能力基础型方法在战略制订方面对军事政策制订者和战略家并不是一个新鲜的东西。美国前国防部长拉姆斯菲尔德在 2001 年的《四年防务评审报告》中确立了能力基础型的思想[41]。这种方法取代了美国国防部在冷战中所采取的威胁基础型方法,这是因为在美国军事当前面临的威胁具有不确定性的条件下,能力基础型方法具有很大的优势。尽管这种方法在政府层面进行了变通,并且经过了几轮修改,但关于能力的讨论依然在美军国防政策的制订当中占据核心地位。

有几个原因可以说明美国国防部采用能力基础型战略是很重要的。首先，由于很多国家空间能力战略的关键参与者或多或少地论述过能力基础型计划的核心思想和相关术语，所以能力基础型战略值得在决定国家空间整体战略时给予重点考虑。在政府机构中有一股由来已久的力量支持相似的战略哲学。用来定义能力基础型方法的系统、惯例和可操作的方法已经存在了。考虑到参与国家空间战略任务的大部分机构已经采用了能力基础型方法，空间战略过程现在80%可能已有解决方案（即80%的任务通过合同交予公司，20%由政府机构内部完成），空间战略主要参与者也达成了普遍共识。自10年前实施以来，战略和战略方法一直在不断地演进变化，如今因为强调平衡这个主题，更多战略对象成为讨论的内容。但根本关键点——实现战略目标的能力和方法，依然非常重要，也依然是战略的一个重要组成部分。

我们至少在能力基础型计划的基础，战略管理领域的资源基础型基本理论的丰富度，以及为战略决策者搭建概念化发展框架这些方面，达成了相对广泛的共识，对于构建和实施国家空间战略，这是很重要而有力的依据。

6.5 国家空间能力概念

在制订国家空间战略中，除国家机构关键战略参与者对能力基础型方法的常规理解之外，另一颇有前景但常常未得到应有的重视的因素是对国家空间政策的广泛共识。空间能力具有固有的全局属性，以及对国家空间战略包含的基本和核心能力的内涵存在共识，这是重要的原则。以下讨论的几点关键能力必须成为国家空间战略的一部分，这是从奥巴马政府的国家空间政策的文件和运作中可以得出的共识。[42]

（1）高速可靠的通信能力。商业化的空间和通信系统提供的主要能力。全球广播和通信系统有赖于组网卫星实现关键功能。国防部通信卫星为美军提供了不间断通信的能力。

（2）探索和科研调查能力。美国航空航天局（NASA）提供这方面的主要能力。

（3）空间图像、信号和其他数据的收集分析能力。美军负责协调联合指挥部门内的情报部门和计划人员之间的天基成像。各种商业实体也出于商业和经济开发利益进行数据处理。

（4）先进的导弹预警能力。国防保障计划（DSP）的卫星和陆基雷达为美国国家指挥部和为部署在全球的部队的战斗指挥员提供支持，提供洲际弹道导弹和弹道导弹威胁预警。

（5）导航和全球定位能力。由28颗卫星组网的全球定位系统（GPS）为美国和盟军陆海空部队的定位和机动提供导航和定时服务。

(6) 全球气象预测能力。美国国防部气象卫星计划(DMSP)收集和发布全球气象数据。

(7) 有保证的空间到达能力,包括可靠的发射活动,操作自由,以及常规的空间到达方式。具体包括:可在所有区域实施发射,空间资源运作,如卫星操作及遥感、跟踪及命令(TT&C)支持,为更换在轨资产启用备件,对空间碎片的规避和清除。

(8) 对敌方空间系统实施的欺骗、中断、拒绝、降级、摧毁措施,以及空间反制能力。

(9) 可能的未来军事能力。可以从空间展开对抗性天基能力的研究和发展。需要指出的是,在实现这一能力之前需要对政策进行修改。

(10) 有能力领导全球的空间研究、科技和工业基础能力的发展。

(11) 强化现有人力资源计划并启动新计划,以发展和保持空间专业能力。

(12) 通过增强合作、协作以及信息分享来建立和保持机构间合作的能力。

(13) 为所有可行领域中的合作与协作建立和保持全球伙伴关系的能力。

(14) 维护空间环境和责任的利用空间的能力。该能力和美国的在限制空间垃圾,消除在轨的空间垃圾和危害,开发新科技维护空间方面所作努力相关。

(15) 制订高效的输出政策,在保证美国航天工业在国际市场上竞争力的同时不危害美国的国家安全的能力。

(16) 高效安全使用空间核能的能力。

(17) 避免通信频段受干扰的能力。

(18) 在意外情况下保持基本功能和连续服务的能力。

国家空间政策还包括了一份描述空间各领域的现有机构在国家空间战略中的作用的规划蓝图[⑱]。三个主要领域分类如下:①商业空间;②民用空间;③国家安全空间。国家空间政策为每个领域如何达到国家空间战略目标提供了初始指导纲要。在政府领域(包括民用和国家安全空间),政策为特定能力的负责部门以及该部门在执行整个政策中所肩负的领导责任指明了基本方向。

比如,在民用领域,NASA负责空间科学、探索和发现的能力,并且和商务部一起承担地球环境研究和气象信息任务。对于陆基远程测量能力,则需要几个大的政府部门的战略性参与,承担主要任务的是NASA,海洋与大气研究局,国务卿,地质调查局长,以及国防部长,国土安全部长,以及国家情报局局长。国防部长和国家情报局局长将参考其他部门的意见,主要负责发展国家空间政策中多项有关国家空间安全的能力。

国家空间政策和许多部门为该政策付出的努力奠定了国家空间战略发展的良好起点。国家空间政策给出了空间能力的基本概念,并将空间能力和主要的政府部门联系起来。随着战略管理过程的发展,在实际实现这些概念化能力的战略决策制订过程中,这些能力必将被相应的负责机构进一步深化提炼。这其中包括细化战略计划，从而决定如何让现有资源为这些概念化的能力或者资源储备做出贡献，以及需要怎样发展创新能力和方法。

6.6 国家空间能力的发展和创新

很多情况下，新的战略能力的发展有赖于科技和管理创新。已经有很多著作论述了如何将具有使用前景的新技术从研发环境投入到当前市场，被消费者大规模地采用。对特定的科技和能力进行更多的投资，将创新者的想法传递到创造新能力和组织价值的人员那里，这在政府性计划中是很典型的。简而言之，对于空间能力而言，就是将科学家和技术人员的想法传递到那些实现空间能力，用其创造价值或使用这些能力战胜威胁的人那里。

然而，对于如何评价和发展这些能力，经常会有一些值得关注的不同的意见，战略管理学还处在把战略决策理论和资源投资能力基础型观点相整合的早期阶段。[44]在对商业组织的研究中，很容易比较竞争对手之间的经济效益。与之相比，衡量国家空间战略的效益要复杂得多。当然，已经有一些管理学的初步成果可以帮助对能力基础型的国家军事战略下的资源发展选择进行评估。

首先，整体的发展步骤被看作是"资产编排"，众多的战略管理者都希望能够找到和他们的能力基础型发展决策相适应的方法[45]。对于国家空间战略，指定机构的领导者将为各个机构负责的空间能力找到一种相互之间能够匹配、效率高、效果好的操作方法。沟通、协调和计划的集中运用在这里非常重要。为了更进一步地发展和阐明资产编排概念，可以将其分解为资源投资和资源配置两个部分。研究投资主要是针对资源的发展和获取，而资源配置则是针对资源用在哪里以及如何使用的问题。[46]由于两个方面都很重要，"资产编排"着重于它们之间在达成整体效能和目标完成情况方面的相互依赖关系[47]。换言之，在国家空间战略的有效实施过程中，创造或者购买相关能力的机构应当和将来使用这些能力的机构紧密联系。依照"资产编排"的概念，资源发展和资源配置活动的紧密关联对最终成功是很有帮助的。在国家空间战略的背景下，有一些很好的范例，比如涉及多个空间机构的航天发射能力的发展，对国家空间战略中的"敏捷且自适应事业"的需求[48]。

另外有研究指出，除了追求有效果又有效率的资产编排，在竞争环境下，为了消减整个发展过程中的风险，相关机构会尽可能地对对手进行逆向工程[49]。在国家空间能力的发展中，当然存在大量对对手已有成功能力的模仿，随之大大降低了风险。考虑到政府机构不会愿意去承担风险，或者是与传统方法相悖，逆向工程是在所难免的。包括人力资源能力在内的全部能力发展都模仿已有的成功能力，可能会大大降低风险和开销，但这有可能导致所有发展努力付之东流、不能产生创新科技和新管理方法的风险。

科技和人员能力的创新是非常具有挑战性的重要话题[50]。在保持国家的利益相关者对高效的关注的同时,任何空间战略都需要为创新或者开创性技术提供一定的刺激。这对战略管理者是一个非常烦恼的挑战。当前政府为创新提供了一系列激励和奖励[51]。目前对用于发展的创新性和自适应方法[52],以及对增加企业特别是商业空间领域的机会,有着广泛的需求[53]。

全国性的能力基础型空间战略将有助于评估技术创新对实现空间战略管理投资的价值。战略化管理意味着所有科技创新都将被评估和选择,这种评估和选择是基于在某个核心能力方面的潜在价值,采用一致的严格的理性方法做出的。这样做有助于降低风险,避免让大量创新的方法被束之高阁,或者让创新的人才资源发展计划仅停留在纸面上。

新技术的发明和将其发展为实用的有价值能力之间的差距,被科技理论家乔费瑞·莫尔(Geoffrey Moore)称为"裂缝"[54]。他关于如何将新的想法和能力从初创转换为主流的文章已经被刊载在《跨越裂缝》上。[55]这篇文章描述了如何将新想法和创新产品从早期的小众产品扩大为商业市场主流产品。跨越裂缝意味着主要的资源投资都和新技术或者科技成果一样,需要经历从预研到演示验证再到实现的过程,从战略角度也可以将其看成是设想如何从实验室转移至产品中心,在未来实现为可行能力的过程。

"裂缝"是发明者、科学家、其他有远见的人与必须选择发展方向和技术的务实商业机构和政府机构之间的鸿沟。创新技术和能力实现之间的缝隙常常被描述为处于系统或者能力发展过程中的预研、演示和验证各个阶段之间的分隔点。这些新技术和创新在发展未来空间战略和国家空间融合战略中将非常关键。然而,在新的技术和创新,以及对已有成功能力加以利用以降低风险之间,显然注意需要二者的平衡,以达到最佳效费比[56]。

除了研究裂缝,莫尔对创新的类型和关于市场发展生命周期的各种观点进行了扩展讨论,并将各种不同形式的创新和生命周期各个阶段进行了匹配。[57]莫尔强调,组织的成功难免会滋生惰性,阻碍新能力的全面发展。他提出一个双管齐下的方法:一方面引入建设性创新方法;另一方面去掉无法驱动创新的功能。关键是要区分出那些必要的、有意义的能力。不是所有差异化的创新源都具有价值,也不是所有创造价值的已有能力都应该被拆分和抛弃[58]。发现创新性科技和管理方法是持续保持成功的核心,具有学术上继续进行拓展研究的价值。

以提升战略能力和创造机构价值为判断目标,新科技和创新在开发的必要性程度上存在相当大的差异。有些技术只需要相对较少的额外投资,就可以创造新的或提升已有的能力。只需少量的额外花费或只做很少的改变,这些新的技术就能转变为新的或改进的空间能力。由于这些技术"转型"可以在不大量增加能力或项目成本的前提下,快速提升机构效率,所以人们一直在进行积极的探索。

而另外一些需要较长发展周期和更多开销的创新科技,被认为是新科技创新中的"平移"类型。这些科技需要在发明它们的科学家和工程师、项目管理者和最终需要实现它们的用户之间有一个较长的转换时间。通常一个"平移"类型的创新项目在实际成为整个空间战略可用部分之前,至少需要 1~3 年时间。

最后一种科技创新类型是需要进行大量投资的,它们需要花费 3~4 年的时间来实现能力。这些创新被归类为"变形",只有对战略性的重要能力产生了重大影响,才能对它们进行评估。这种评估创新和新科技对战略能力影响的成熟度的方法,和已在许多主要政府部门使用的技术就绪水平(TRL)方法类似。

由于技术就绪水平法通常不能够细致地描述系统能力的各个方面,技术就绪水平法要求战略管理者在制订未来发展和资金决策时对科技成果进行客观评估。技术就绪水平法还提供了结构性方法,用来评估哪些创新已经技术成熟,可以用到现有系统中来。一套相似的系统的应用将成为发展能力基础型国家空间战略的第一步,这套系统将能够描述投资的指定等级和对要达成目标的影响。

6.7 结论

大多数领导和政府管理者认识到了国家空间战略在保障国家空间能力发展方面的好处,但却常常不参考具体的战略管理学理论和方法。战略方法有多种可能,但我们认为,嵌入到整体空间战略管理过程中的能力基础型国家空间战略能够提供可行的战略方法,不仅具有着强有力的理论背景,而且同当前国家空间领域有着高度融合度。对空间战略管理的整体关注,可以保证一个高效且有效的过程,这将可以进行信息收集和分析,得出能够达到国家空间政策的预期目标和战略选择。

有很多理论对国家空间计划和政策制订是有帮助的,本章提出关于战略管理的资产基础型视角和能力基础型战略的应用具有学术前瞻性。在快速变化的背景下对能力的战略关注思想之外,我们还特别讨论了两个关键的方面:①能力概念化;②能力发展。更进一步地,我们提出了关于战略的能力基础型方法,解决如何将有前景的科技创新发展为可以为空间机构创造价值的能力。能力基础型战略框架为在科技创新和管理过程中资源投资决策提供了有价值的背景。如果国家空间战略是能力基础型的,那么将会对构建和执行支持国家利益的空间能力持续关注,国家空间政策也会如此。

如果采用了常规的准则、目标、领域分配以及各领域的能力准则,那么在实施国家空间战略方面就已经有了一个很好的开始。有了能力基础型战略模型,再加上重点强调概念化和动态发展能力,航天界的领导者们就有很好的机会来发展一个好的国家空间战略:整合整个航天界;驱动资源投资、再分配和运作决策;能够为美国实现空间关键目标。

注　释

① 本文所表达和隐含的观点、结论和建议都是作者的个人观点,不代表美国空军、国防部,或者美国政府的官方政策或者定位。

② Henry Mintzberg 和 James A. Waters,"关于战略的深思和紧迫性",战略管理期刊,6:3(1985):257-272。

③ 同②,P257。

④ 同②。

⑤ 米切尔·A·赫特(Michael A. Hitt),R·端内尔南德(R. Duane Ireland),罗伯特·E·霍斯克森(Robert E. Hoskisson),战略管理:竞争和全球化(Mason,OH:South-Western Cengage,2011,9th Edition)。

⑥ 杰·B·巴尼(Jay B. Barney),威廉·S·赫斯特尔(William S. Hesterly),战略管理和竞争优势(Upper Saddle River,NJ:Prentice Hall,2010,3rd Edition)。

⑦ 艾利葛·赛德(Eligar Sadeh),"国家空间战略发展",空间政治8:2-3(2010):73-112。

⑧ 米切尔·A·赫特(Michael A. Hitt),R·端内尔南德(R. Duane Ireland),罗伯特·E·霍斯克森(Robert E. Hoskisson),战略管理:竞争和全球化(Mason,OH:South-Western Cengage,2011,9th Edition)。

⑨ 亨利·明茨伯格(Henry Mintzberg),"战略制订的三种模式",加州管理评论11:2(1973):44-53;哈佛·托马斯(Howard Thomas),"战略管理研究地图",通用管理期刊9:4(1984):55-72。

⑩ 乔恩·M·布莱森(John M. Bryson),弗兰·艾克曼(Fran Ackerman),弗兰·艾登(Fran Eden),"战略的资源基础型观点和特色能力在公共机构中的应用",公共管理评论67:4(2007):702-717。

⑪ "美国的国家空间政策",科技政策办公室,华盛顿,DC,2010。

⑫ 杰·B·巴尼(Jay B. Barney),威廉·S·赫斯特尔(William S. Hesterly),战略管理和竞争优势(Upper Saddle River,NJ:Prentice Hall,2010,3rd Edition)。

⑬ 艾利葛·赛德(Eligar Sadeh),"国家空间战略发展",空间政治8:2-3(2010):73-112。

⑭ 见皮特·L·海斯(Peter L. Hays),"灵巧型和自适应事业:通过改进管理结构和影响商业和全球合作伙伴提升国家安全空间",空间政治8:2-3(2010):P146-169。

⑮ 同⑭,P155。

⑯ 见詹姆斯·D·雷德曼(James D. Rendleman),"空间保障战略",空间政治8:2-3(2010):224-225。

⑰ 同⑯,P224。

⑱ 同⑯。

⑲ 米切尔·A·赫特(Michael A. Hitt),R·端内尔南德(R. Duane Ireland),罗伯特·E·霍斯克森(Robert E. Hoskisson),战略管理:竞争和全球化(Mason, OH: South-Western Cengage, 2011, 9th Edition),P72。

⑳ 最初的学术工作,见贝格·威尔曼菲尔特(Birger Wermerfelt),"公司的资源基础型视角",战略管理期刊5(1984):P171-180。

㉑ 乔斯菲·T·马哈尼(Joseph T. Mahoney),J·瑞简·潘迪(J. Rajendran Pandian),"战略管理下的资源基础型视角",战略管理期刊13:5(1992):P363-380。

㉒ 拉姆斯菲尔德,"四年一次的国防报告",美国国防部,华盛顿,DC,2001;米切尔·哈默(Michael Hamel),"美国政府在刺激、发展、使用空间能量方面的角色",空间政治8:2-3(2010):202-204。

㉓ 米切尔·A·赫特(Michael A. Hitt),R·端内尔南德(R. Duane Ireland),罗伯特·E·霍斯克森(Robert E. Hoskisson),战略管理:竞争和全球化(Mason,OH:South-Western Cengage,2011,9th Edition);杰·B·巴尼(Jay B. Barney),威廉·S·赫斯特尔(William S. Hesterly),战略管理和竞争优势(Upper Saddle

River,NJ:Prentice Hall,3rd Edition,2010)。

㉔ 杰·B·巴尼(Jay B. Barney),"公司资源和保持竞争优势",管理期刊17:1(1991):99-120。

㉕ 杰·B·巴尼(Jay B. Barney),威廉·S·赫斯特尔(William S. Hesterly),战略管理和竞争优势(Mason,OH:South-Western Cengage,2011,9th Edition),P68-83。

㉖ 英格曼·戴瑞科(Ingemar Dierickx),卡尔·库尔(Karel Cool),"资产池的累积和竞争优势的保持",管理科学35:12(1989):P1505-1511。

㉗ 同㉖,P1506。

㉘ 同㉖。

㉙ 大卫·G·斯曼(David G. Sirmon),米切尔·A·赫特(Michael A. Hitt),端内尔·G·爱尔南德(Duane G. Ireland),"在动态环境中管理公司资源创造价值:从内部看黑盒",管理学报评论32:1(2007):P273-292。

㉚ 马奇(Marc),F·高博·何乐曼(F. Gruber Heinemann),马特·布瑞特尔(Malte Brettel),斯蒂芬·霍格林(Stephan Hungeling),"资产和能力的配置及其效果影响:科技企业的探索研究",战略管理期刊31:12(2010):P1337-1356。

㉛ 乔恩·M·布莱森(John M. Bryson),弗兰·艾克曼(Fran Ackerman),弗兰·艾登(Fran Eden),"战略的资源基础型观点和特色能力在公共机构中的应用",公共管理评论67:4(2007):P702-717。

㉜ 同㉛。

㉝ 飞利浦·塞尔尼克(Phillip Selznick),行动的影响力(加州伯克利大学出版社,1957)。

㉞ 大卫·J·特斯(David J. Teece),盖瑞·皮萨罗(Gary Pisano),艾米·苏(Amy Shuen),"动态能力和战略管理",战略管理期刊18:7(1997):P509-533。

㉟ 同㉞。

㊱ 马斯·S·克瑞兹(Matthew S. Kraatz),艾德伍德·J·扎加克(Edward J. Zajac),"在快速变化环境下组织资源对战略变化和效果的影响:理论和实证",组织科学12:5(2001):632-657。

㊲ 马丁·H·昆克(Martin H. Kunc),乔恩·D·默克菲特(John D. W. Morecroft),"管理决策的制订和资源基础型模式下的公司表现",战略管理期刊31:11(2010):P1164-1182。

㊳ 同㊲。

㊴ 拉姆斯菲尔德(Donald H. Rumsfeld),"四年一度的国防报告",美国国防部,华盛顿,2001;保罗·K·大卫(Paul K. Davis),能力基础型计划,目标系统分析及变化的分析构造(国防研究中心,2002)。

㊵ 米切尔·哈默(Michael Hamel),"美国政府在刺激、发展、使用空间能量方面的角色",空间政治8:2-3(2010):P202-204。

㊶ 拉姆斯菲尔德,"四年一度的国防报告",美国国防部,华盛顿,2001。

㊷ "美国国家空间政策",科技部,华盛顿,2010;艾利葛·赛德(Eligar Sadeh),"向着国家空间战略发展",空间政治8:2-3(2010):P73-112。

㊸ "美国国家空间政策",科技部,华盛顿,2010。

㊹ 大卫·G·西蒙(David G. Sirmon),米切尔·A·赫特(Michael A. Hitt),"动态管理能力中的不可预见费用:公司表现中的资源投资和资产配置的内部作用关系",战略管理期刊30:13(2009):P1375-1394。

㊺ C·E·赫尔菲特(C. E. Helfat),S·菲卡斯汀(S. Finkelstein),W·米特切尔(W. Mitchell),M·皮特瑞夫(M. Peteraf),H·辛(H. Singh),D·特斯(D. Teece),S·G·温特(S. G. Winte),动态能力:机构战略变化的理解(Malden,MA:Blackwell,2007)。

㊻ 大卫·G·西蒙(David G. Sirmon),米切尔·A·赫特(Michael A. Hitt),"动态管理能力中的不可预见费用:公司表现中的资源投资和资产配置的内部作用关系",战略管理期刊30:13(2009):P1375-1394。

㊼ C·E·赫尔菲特(C. E. Helfat),S·菲卡斯汀(S. Finkelstein),W·米特切尔(W. Mitchell),M·皮特瑞夫(M. Peteraf),H·辛(H. Singh),D·特斯(D. Teece),S·G·温特(S. G. Winte),动态能力:机构战

略变化的理解(Malden,MA:Blackwell,2007)。

㊽ 杰夫・福斯特(Jeff Foust),“空间发射能力和国家战略考虑”,空间政治 8 : 2 - 3(2010):175 - 193;皮特・L・海斯(Peter L. Hays),“灵巧型和自适应事业:通过改进管理结构和影响商业及全球合作伙伴提升国家安全空间”,空间政治 8 : 2 - 3(2010):P146。

㊾ 大卫・G・西蒙(David G. Sirmon),米切尔・A・赫特(Michael A. Hitt),“动态管理能力中的不可预见费用:公司表现中的资源投资和资产配置的内部作用关系”,战略管理期刊 30:13(2009):P1375 - 1394。

㊿ 艾利葛・赛德(Eligar Sadeh),“报告和编辑:2010 年国家空间合集”,空间政治 8:1(2010):P1 - 6。

(51) 同㊿。

(52) 皮特・L・海斯(Peter L. Hays),“灵巧型和自适应事业:通过改进管理结构和影响商业及全球合作伙伴提升国家安全空间”,空间政治 8 : 2 - 3(2010):146 - 169。

(53) 杰夫・福斯特(Jeff Foust),“空间发射能力和国家战略考虑”,空间政治 8:2 - 3(2010):P175 - 193。

(54) 乔费瑞・A・莫尔(Geoffrey A. Moore),跨越裂缝(New York:HarperCollins,2002)。

(55) 同(54)。

(56) 大卫・G・西蒙(David G. Sirmon),米切尔・A・赫特(Michael A. Hitt),“动态管理能力中的不可预见费用:公司表现中的资源投资和资产配置的内部作用关系”,战略管理期刊 30:13(2009):P1375 - 1394。

(57) 乔费瑞・A・莫尔(Geoffrey A. Moore),“达尔文和恶魔:已有事业的创新”,哈佛商业评论(9 - 10 月 2004):86 - 92。

(58) 同(57)。

第7章　战略背景下的航天经济与航天贸易

安德鲁·J. 奥尔德林(Andrew J. Aldrin)

在过去的几十年间,美国国家航天政策和战略一直致力于支持发展更强大的商用航天工业。然而,因为某些原因,战略的执行数目却远远小于公布数目。迄今为止,美国航天业并不需要在商业航天市场上有什么突出表现,也能维持其在航天工业领域的庞大规模。这要得益于美国拥有的足够庞大和稳定的政府市场,完全有能力保持航天工业市场的活力和竞争力。正因如此,美国政府才处在了一个令全世界其他国家所羡慕的位置。

种种迹象表明,航天工业耗资巨大,而美国政府将不再有能力长时间负担这一奢侈的开销。其中最直接的表现是,国家赤字的节节攀升,以及由此导致的要求全线削减国防开支的呼声越来越高涨。或许是为了先发制人,国防部长先行叫停了若干引人瞩目的项目。随后,采办、技术和后勤(AT&L)国防部副部长也颁布了一系列旨在提高国防采购效率的指令。所有这些都陆续发生在愈发强调美国国家安全空间重要性和任务预算削减(冻结)导致资金不确定性危机的前后。与此同时,民用航天计划也正处在过渡期,这样的局面在标志民用航天项目失败的"阿波罗"计划终止后还从未出现过。就此,航空航天工业协会(AIA)宣布,美国在未来国防工业能力方面已经到达一个"转折点"。从 AIA 的观点来看,按照目前的发展状况,以"建设一个健全的国防工业基地"为目标的国家战略是不可行的。对此,空间政策研究院院长斯科特·佩斯(Scott Pace)在近期的一篇文章中指出了问题所在。

> "航天工业基础正在遭受到的侵蚀,进一步加剧了其成本增长和创新匮乏的问题……有限的民用和军用领域科技开支使航天技术研发越来越依赖于全球供应链,而出口管制进一步限制了科技产品的市场规模,在这样的情况下,我们完全不应为美国航天工业基础的削弱而感到惊讶。"[1]

事实上,美国政府面临的根本性问题是应该选择集中力量帮助有限的几个国家"冠军"企业并为其制订相应的国家工业政策,还是选择为了保持市场竞争力而大力支持所有美国公司在商业市场上共存。但无论以上何种选择,政府积极参与都是极为必要的。

美国航天工业基础的建设需要庞大资金投入和巨额固定成本的支持,但同时它又是一个产品用途单一、发展前景不明、目前处于下行的市场。这就造成了航天工业产品供需之间的大幅震荡和明显脱节。换句话说,美国航天工业基础不具备自我调整以迎合市场需求的能力。

然而,解决方案并不明朗。虽然进入更广阔的商业市场为获取足够资金建设航天工业基础带来了更大的可能性,但并不代表这种方式能够真正提供国防和民生所需的工业实力。比如,商用通信卫星在可靠性和安全性方面都无法达到国家安全通信卫星所需要的标准。在航天发射业市场,商业买家一般会通过购买保险来降低发射失败带来的风险,而政府买家却会因为同样的一次失败而面临承担国家安全重大损失的责任。因此,相比较之下,商业买家往往具有更大的风险承受能力,并且勇于冒险。

自里根政府开始,美国国家航天政策文件就一直在强调商业市场对于航天工业基础健康发展的重要性。在克林顿政府执政期间,使用商业航天产品和服务来实现政府市场需求的政策得到了有力执行,具体措施包括支持遥感、通信以及可重复和一次性的发射技术的商业化[②]。这一系列政策在某些领域取得了很大成功,美国政府利用数十亿美元的私人工业资产建立了低轨(LEO)卫星移动通信系统,近10亿美元研发可重复利用的 X–33 空天飞机,逾40亿美元开发一次性发射系统,数百万美元改进商用通信卫星能力。

奥巴马政府的国家空间政策同样对商业市场给予了相当多的重视,但政策的执行效果却并不尽如人意。一方面,国防部(DOD)倡议统包采购和渐进式采办(EASE)的购买方式,意在大力扶植有限数量的工业"伙伴"。另一方面,政策本身是希望通过市场进行优胜劣汰,决定商业数据出售、商用载人/货运服务和有效载荷等领域的赢家。于是,两方的不一致性就有可能导致问题产生。有选择性的收购政策——如统包采购和长期采购——能够满足政府需求,但这是与市场渗透政策背道而驰的。举例来说,对 NASA 商用载人发射系统适人性方面的需求,会导致发射器和航天器成本的被迫增加,从而降低其供应商在商业市场的竞争力。

在这个问题上,各个国家采取了不同的解决方案,每个方案都侧面反映了该国的实际国情。欧洲的工业基础一般由拥有多元化底层供应链的大型航空航天工业主承包商构成。对比而言,日本的航空航天工业则更多以多元化工业企业集团中小型部门的形式存在。俄罗斯的工业基础构成完全不同,国家直接拥有众多独立高效航天领域公司的所有权。每个系统都有其优势劣势。工业策略应能够体现每个国家国防工业系统的特色。

7.1 政府市场体制

表7.1分析了工业政策方面的四个基本政府市场体制。在具备多个供应商的强大商业市场主导自发调控下,政府没有必要进行任何干预行为。在拥有众多供应商和众多买家(表7.1所列的"隐形的手")的市场中,政府没有必要费心制订工业政策,市场本身有能力保证工业基础的健康发展。政府所面临的唯一风险是商业需求和政府用户需求之间分歧过大,导致政府无法继续采购满足其需要的硬件设备。当然,这个问题只是在理论上存在而已。实际上,从未在哪个航天市场中出现过商业因素强大到使政府面临这种风险的情况发生。

下一种体制(表7.1所列的"全国竞赛")最为接近美国政府自二战结束以来的工业标准运作体制。单独来看,美国政府提供了充足的需求来维持众多供应商之间的竞争。但问题是,这导致政府经常被迫同时为几个供应商的工业基础建设提供固定成本资助,从而使得这种体制下的政府开支越来越庞大。

表7.1 工业政策体制

	众多的国家级供应商	少数的国家级供应商
商业市场主导	隐形的手 众多供应商、众多买家	国家级最优供应商 唯一的专用指定供应商
政府主导	全国竞赛 政府要求供应商之间进行充分竞争	"兵工厂" 政府既是顾客又是所有者

考虑以上两种体制的成本问题,以及大多数国家工业基础规模有限的实情,追求发展单一专用供应商的"国家级最优供应商"体制应运而生,通常也被认为是最合理的工业体制。最后是经典的"兵工厂"体制,政府不仅扮演了唯一的顾客角色,同时还是工业设施直接所有者。而在其他体制下,工业供应商一般是私人性质的。暂且抛开工业总产值不谈,单凭全球采用此体制的国家数量,就可以说"兵工厂"体制是当今世界上最流行的航天工业体制。

很多时候,虽然国际商业市场足够健康,但国家自身的工业基础仅能支持一个供应商的存在。因此,为了使政府对商业市场的渗透达到最大化,同时避免失去对单一供应商的控制权,国家必须寻求与供应商建立紧密的工作关系,树立唯一的"国家级最优供应商"。

当然,每个国家的国情都是不同的,上述体制类型无法完整概括任何一个国家的实际情况。而且,很多国家还在不同子市场中采取了不同的政策体制——如通信卫星市场的政策体制就与发射服务市场截然不同。任何一个特定的国家市场在选择最适合自身发展的体制时,都必须考虑其工业供应商的市场地位和实力,以及国家政府的能力和政策。

7.2 美国航天工业基础

"优势－劣势－机遇－挑战"（SWOT）分析法，又称"态势"分析法或"优劣势"分析法，是一种能够清晰、简明、系统、客观地评估美国航天工业现状的分析法。它的核心价值在于采用最简洁和直观的方式，从不同视角——内部、外部、静态、动态——捕获和展示所需信息，在综合考虑自身劣势和潜在威胁的前提下，有机动态关联企业当下具备的优势和未来可能把握的机遇。这样，企业将能够在优势与威胁、机遇与劣势的交叉比较中获得更多的信息支持，来制订更为科学全面的战略计划。SWOT分析法为优化企业战略提供建议，但最为重要的是，它为评估战略备选计划的可行性划定了范围。

航天工业在美国的地位明显优于其在欧洲和其他任何国家的地位。[③]尽管耗资巨大，但就发展趋势而言，美国的工业实力可能并不像人们期望的那样面面俱到。比如，美国政府试图维持其在商业卫星市场的领导力，但它的发射工业在商业市场上并不具备相应的竞争力。总而言之，当威胁超过机遇而占据主导，并伴有潜在恶性循环出现的迹象时，往往会给工业基础的健康发展带来更严重的问题。

7.2.1 优势

美国政府在航天工业方面的支出足以维持其庞大的工业规模：2011年政府在航天业方面的开支是470.25亿美元。[④]相比之下，2011年全球其他国家航天预算总额不过220.5亿美元，[⑤]而且大部分政府开支用在了建设大型的、资金雄厚的工业基础上。美国政府庞大的航天预算意味着美国已经有能力保持工业基础的活力和竞争力，无需寻求更多的商业机遇。数据是最好的证明，在1996年至2006年间，美国政府平均每年进行19.5次有效载荷发射，全球其余国家在这期间进行有效载荷发射数目总和是34.7次，其中一半是俄罗斯政府进行的。[⑥]对比而言，欧洲国家没有足够的预算或制造业吞吐量来维持如此庞大的工业规模。所以，欧洲航天局（ESA）、欧盟（EU）和欧洲国家航天计划被迫联合采取"国家级最优供应商"体制以支持对商业市场渗透。

美国商业航天领域的另一个明显优势是拥有实力雄厚的航天制造业公司。全球75家最大的航天制造业公司中，有33家本部位于美国。更为重要的是，这些公司贡献了全球航天收入的70%，销售平均额达17亿美元。相比之下欧洲最大航天公司的平均销售额为10亿美元，日本4亿美元，俄罗斯1.56亿美元。[⑦]如果削减政府航天支出的可能性存在，至少就美国、欧洲和日本而言，美国的工业规模将给予美国公司更为弹性的空间以面对政府预算削减。

在主承包商层面来看，美国国防工业的高整合度使得大多数的私营公司具有能力应对任何单一领域的衰退,劳动力也得到了最大限度的合理利用。1990年至2006年的国防工业整合期间,美国航天工业主承包商从36个锐减至5个。这也使美国航空航天工业得以保持了稳健的历史销售利润率(见图7.1),并且在2008年经济衰退期间仍然维持了良好业绩。

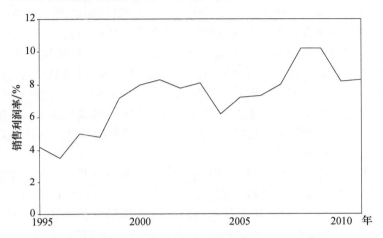

图7.1 美国国家航空航天工业销售利润率
(来源:航空航天商业数据2009,航空航天工业协会)

此外,美国在过去10年间对大部分航天基础设施进行了资本调整。改进型一次性运载火箭(EELV)系统已度过初期发展阶段,并获得了令人瞩目的成功,目前已开始正式投入运行®。在经历了无法避免的挫折期后,美国空军(US-AF)正在对大部分军用卫星网进行更新换代。新一代卫星系统的研发的确给军事决策制订者们一些喘息时间来设计更合理完善的工业方案。

奥巴马政府的国家航天政策为"商业市场和政府市场协同发展"的理念提供了重要支持。沿着这样的思路,政府正着手制订新的采购方案以增加两方的协同性。一个鲜明的例子是国家地理空间情报局的高分辨率(EnhanceView)商业卫星影像计划。该项目涉及从商业遥感影像供应商处购买数十亿美元的高分辨率卫星图像资料,而同时供应商也有权将该系统的产品出售给非政府客户。另一个例子是"新空间"(NewSpace)企业家们的出现,他们使新的商业机制的出现成为可能,同时也为一些领域(如NASA商业载人和货运项目支持的直达近地轨道卫星(LEO)航天运输服务)注入了更多的活力和竞争力,并且还有可能在将来带动其他领域的转型。

7.2.2 劣势

虽然美国航天工业正处于蓬勃发展的上升期,但同时也面临了长期的结构性问题。归纳来看,还是与政治因素、官僚主义和合同效率低下相关。如前所述,美国政府在航天工业方面的开支几乎相当于全球其他政府开支总和的三倍,但却远远没有得到同比例的回报。在运载发射和商业通信等许多商业领域,美国的实力并不比其他国家强太多。然而,美国的优势还是大大弥补了自身的劣势。

美国航天工业的一个显著劣势来自于政府官僚机制的繁文缛节。空间开发计划由超过五个政府机构共同支撑⑨。尽管美国的确出台了国家航天政策,并且规定了相应的机构间合作框架,但我们还是会发现,各机构的开发计划之间经常处于彼此孤立的状态,比如 NASA 和国防部一直在分别支持两套完全独立的发射工业体系的开发和维护。即使机构之间有一定协作,比如国家极地轨道环境卫星系统(NPOESS)项目,这种协作也完全有可能是无效的,或者根本只是起到误导作用(NPOESS 项目 2010 年被取消),带来的结果只能是毫无意义的重复作业和无效的成本支出。

美国航天工业的发展同时受制于在科技方面缺乏连贯一致性的政府投资。当多个机构同时支撑一个研究项目时,一个机构会很自然地认为,另一个机构在发展一项技术时,也会为这项技术的研发提供长期投资。这样一来,显而易见的后果就是研发(R&D)开支的全面削减。1993 年至 2007 年间,联邦研发开支从 250 亿下降到 220 亿美元。2007 年至 2010 年间,国防研发支出下降了 11%⑩。投资不连贯性的问题最突出显示在火箭推进器研发方面。如图 7.2 所示,当军方在推进系统研发方面提供恒定投资的时候,非军方开支(主要是 NASA 的非军方开支)下降到几乎接近零。

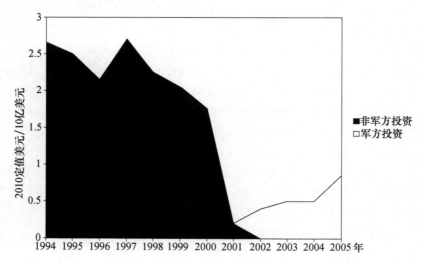

图 7.2 美国航天推进器投资额
(来源:航空航天商业数据 2009,航空航天工业协会)

美国出口管制政策——《国际武器贸易条例》(International Trafficin in Arms Regulations, ITAR)——更进一步约束了工业在国际合作项目中的行业参与力。这显著降低了美国公司在商业卫星市场中的所占份额。事实上，正如第5章说明的，美国国防部和国会已经认识到这一问题的存在，并已敦促改革《国际武器贸易条例》以解决这一制约因素。

欧洲公司和政府正在利用目前美国《国际武器贸易条例》(ITAR)管理体制出口政策的缺陷。法国阿尔卡特阿莱尼亚宇宙公司（前身是法国泰雷兹阿莱尼亚宇宙公司，2007）制造的ITAR-free卫星，其在国际市场上的份额从2000年的10%提高到了2004年的20%。欧洲航天局(ESA)如法炮制开展"欧洲倡议国组织"计划，研制只能从美国市场购买的航天飞船电子配件。[11]这无疑对美国市场造成了很大冲击。1996至1998年间，美国卫星制造商获得了全球卫星市场收益的66%，而在2002年至2006年期间，这一占比下降至42%[12]。在大量宣传报道中，欧洲制造商正在出售"不含美国零部件，可以合法出口"的ITAR-free通信卫星，也就是不受《国际武器贸易条例》(ITAR)制约的美国技术。虽然这并不一定是影响市场销售额的直接原因，但这同时也意味着，飞船可以在无需美国政府冗长批复手续的情况下建造，并选择中国运载火箭发射——其费用要远远低于传统的欧洲、俄罗斯、美国等国家的发射供应商。

虽然将美国工业交付给有限的几个主供应商的体制确保了公司的健康发展，但过犹不及。过度整合导致在某些情况下，仅有一家供应商有能力参与主体采购的招标。大部分时候也不会超过两家。国防部副部长阿什顿·卡特（Ashton Carter）在2011年表示，五角大楼"不太可能支持对主要武器系统承包商的进一步整合"。[13]

最后，合同签署过程的繁杂拖沓。某些评估认为，签约效率低会导致总体开支增加30%～40%。[14]低效源头很多，简单来说包括：《联邦采办条例》(FAR)规定了签约需要提交15份相关认证和报告；购买行为强调单一单位购买而不是统包采购；成本核算标准没有考虑有效购买行为。

7.2.3 机遇

在政府预算大幅下降的形势下，美国正努力从经济衰退中复苏，但航空航天业能把握的机遇并不多。美国联邦航空管理局(FAA)对商业航天器的前景给出了如下规划：商用地球同步(GSO)航天器的发射数量将会非常稳定地维持在每年20架次；非地球同步航天器每年发射数量波动较大，制造数量将会在每年30～66架。[15]所以，此消彼长，任何增长机遇都将建立在削弱他人市场份额基础之上。这样来看，规划中的未来喜忧参半。有三个市场机遇是美国工业可以开拓利用的。

第一个市场机遇就是NASA。随着航天飞机的退役，NASA绝对可以将每年30亿美元的科研经费用于维持系统运作，这是有利的一面。然而不利的一面是，立法和管理的混乱使资金到位一拖再拖，但事实上，建造新的航天器（"猎户座"多功能载人飞船）、重型运载火箭（NASA的航天发射系统）以及地面基础设施等所需的经费已经超过了资助总额。虽然如此，这项资助始终是美国公司必须把握的机遇，因为，无论这笔钱将会花在什么地方，他们总归有钱可以花了。

另外，有两个航天"预备"项目似乎非常适合与其他市场领域协同发展。一个是由NASA商用载人研发计划（CCDev）支持的商用载人发射器，每年可以进行2~4次前往国际空间站（ISS）的载人飞行。这一附加的输送量将会降低美国单次发射的成本，并使其在国际商业市场上具有更强的竞争力。另一个是由国会在2011财年通过支持的重型航天发射系统计划，它将会对美国发射工业起到同样的积极促进作用。航天工业也将受益于重型运载火箭和其他运载火箭之间的通用性。火箭推进系统就是最典型的范例。火箭推进系统的成本是运载火箭制造过程中单一开支最大的部分，且在过去几年中，制造成本一直在上升。重型运载火箭的发射一年要多使用10~14个引擎，比起现有的运载火箭，将大大降低引擎的单位成本[16]。

第二个市场机遇存在于商用卫星制造产业。美国在这一市场的占有率只有40%~50%，尚有很大发展空间。但这并不是一件轻而易举的事。过去，这个市场一直被欧洲和美国供应商主宰，而随着中国、加拿大、俄罗斯和极具竞争力的日本供应商的加入，这一格局开始被打破。新进国家的市场占有率从2008年的14%一跃上升至2009年的24%[17]。有低成本作为基础，再加上积极的政府支持政策，我们可以预见这些国家的市场占有率将随着其科技发展而进一步增长。

毫无疑问，美国卫星制造业是非常具有技术竞争力的。然而在过去的10年里，美国公司没有研发出全新的卫星平台，相反欧洲卫星平台已经研发至第3代，目前正致力于开发第4代[18]。此外，追求更大航天器的热情在经历了数十年的持续增长后，也开始逐渐消退[19]。唯一的潜在增长市场是有效载荷的使用。美国国防部目前正在促成使用商用卫星搭载不同仪器、通信装置和传感器的理念，利用卫星在能源、导航和其他所需支持系统方面的优势来分担发射成本。考虑到这些不同有效载荷的技术敏感性，美国制造商将享有绝对的搭载优先权。然而，这种方式也有可能迅速瓦解国防部市场为独立存在的航天器市场。

第三个市场机遇是全球商用发射业。商用发射市场的年平均发射数量为27次。[20]目前，美国的发射供应商已几乎全面退出这个市场。因为客户对这个市场的价格高度敏感，而美国发射供应商在价格上毫无竞争力。但价格并不等同于成本，发射价格更多依赖于政府政策，因为正是它影响了整体成本的构成。无论政府是否以提供发射基地、成本补偿（R&D）资助、削减预期利润率或基础设施无偿使用等形式提供帮助,可以肯定的是,几乎每个政府都会给予商业发射供应商大量补贴。补贴程度取决于需求,而对那些需要商用发射来维持工业基础活力的国家来说,需求往往是巨大的。欧洲航天局(ESA)平均每年只资助两次发射,明显无法满足工业基础的健康发展需求。因此,"阿丽亚娜"火箭(Ariane)必须通过商用市场来达到每年4~6次的发射率。在俄罗斯,发射供应商完全依靠商用发射销售所得的收入来维持整个俄罗斯航天工业的健康运转。

为提高美国发射供应商在商业市场的地位,政府可以从以下几方面着手。最直接的方法是,政府承担大部分成本,使供应商能够低价成交。然而历史经验证明,供应商降价只会导致底层的自相残杀,所以从根本上而言,这种方法可能不会奏效。另一种方法是,在供应商严格履行现行政策要求(即所有美国政府的载荷必须由美国运载火箭搭载)的基础上,政府会给予补贴并允许低价成交,这种方法或许会带来更好的效果。目前,并没有明令禁止有效载荷不可以由国外运载火箭发射,最简单的原因就是国外的发射费用更为低廉。如果结合上述提到的成本削减政策,或许有可能使每年的发射数量增加一到两次。

商业客运空间旅游市场的开发潜力是巨大的,极有可能带来巨大的发射量,美国运载火箭的可靠性正好能符合这一需求。然而,评估得到的市场规模不确定性相当大,预计在每年2500万~3亿美元之间[21]。

7.2.4 威胁

人们常说"防微杜渐",看似不相关的潜在威胁聚集在一起,就有可能会导致经济下行的恶性循环。

从出现在全球经济市场的那一刻起,新兴经济体就是航天工业舞台上的重要参与者。作为新兴经济体的代表,中国对发展航天力量正表现出越来越浓厚的兴趣[22]。其他新兴经济体也在发展各自的实力。巴西和印度钟情于发射业,每年花在发射器研发方面的经费占到航天预算的40%,与法国每年在这一项上的支出不相上下[23]。这给国际发射市场带来了日趋激烈的竞争。

补充一点,美国政府在航天业上的开支已经开始下降。如图7.3所示,1997年用于航天器方面的开支为152亿美元,2006年下降至56亿美元。预算削减是不争的事实。2011年预算控制法案是美国军事航天业现状的最好的体现。为了解决债务危机,法案授权在国会未能成功削减赤字的情况下,于2021年前自动削减(冻结)6000亿国防预算。截至2013财年,赤字削减任务未能顺利完成,自动削减计划有可能启动。然而,法案在削减金额上没有明确限额,国防部也尚未发布应急预案[24]。

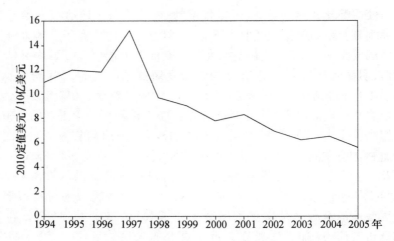

图7.3 美国航天运载系统开支
(来源:航空航天商业数据2009,航空航天工业协会)

随着劳动力老龄化加剧,航空航天领域的就业问题日趋凸显[25]。航天工业急于吸引高端人才来代替即将大批达到退休年龄的尖端科技从业人员,但新进劳动力却认为航天工业是个"无趣的领域"。截至目前,与空间相关的航空航天研发工作雇员数量,已由占全国总从业人员20%的14万人下降到不足5%的4万人[26]。

尽管主承包商市场发展相对健康,但二、三级供应商却为留在航天市场费尽周折。对很多供应商而言,航天工业(确切说是国防领域)只是他们与商业客户之间多样且昂贵交易中的一小部分需求。可这些需求却往往伴随着高额的固定成本,在预算减少的情况下,成本所占比例又在无形中被推高了。不仅如此,二、三级供应商还要承受许多其他的风险。然而在这个层面的供应商一般完全能够从非航空航天领域交易中获得更多的收入。所以在大多数情况下,航空航天领域的客户在商业市场上是不受欢迎的,因为从他们身上无利可图,却又分散了供应商们的注意力[27]。预算削减导致了采购方式的愈发不确定,大量供应商退出又将进一步加剧这一趋势。此外《国际武器贸易条例》(ITAR)强加的出口限制政策又增加了商业成本,二、三级供应商想在这种情况下维持利润并非一件容易的事情。

多重因素交织在一起阻碍了研发计划的开展,这势必会放大吸引优秀人才和削减研发经费等问题的存在。计划受阻的部分原因在于关键空间开发项目的拙劣表现,例如天基红外系统(SBIRS)、全球定位系统(GPS)的阶段升级、火星科学实验室,以及詹姆斯·韦伯空间望远镜(JWST)计划。这些项目一边在持续性地超支和延期,一边又在推出其他未来研发计划。为了保证关键项目的继续,不得不将其他一些计划一并取消,例如NASA的"星座"计划、极地轨道环境卫星系统（NPOESS）以及转型卫星通信系统（TSAT）等。

预算削减、庞大固定资本基础以及政策制订之间的差距，将不可避免地导致航天系统成本的大幅增加。上述提到的被终止项目都证明了成本增加问题的存在[28]。其中液体火箭推进器的成本增长最为明显。改进型一次性运载火箭（EELV）主火箭的成本已增长超过3倍。上级引擎的成本也有类似的增长趋势[29]。

7.3 横向分析法

"优势-劣势-机遇-挑战"分析法本身是一种有效的组织工具，它的作用在于能够系统分析研究对象优势-劣势-机遇-威胁4个方面的关系（见表7.2），分析结果将对制订更为有效的发展战略具有重要指导意义。SWOT分析法不仅为战略制订提供正确方向，也会向我们揭示战略的局限性，提醒我们战略执行或许并不会取得成功，以激励我们对更大成功的渴望。

表7.2 美国航天工业SWOT分析

优势	劣势
• 美国政府在航天领域开支庞大 • 主承包商财务状况良好 • 对空间和地面基础设施的资本重组 • 国家空间政策的支持 • 创业公司的出现	• 政府官僚机构和项目设置的极大重复性 • 科技方面缺乏连贯统一的投资 • 出口限制条例禁止进入国外市场 • 过度重组限制了竞争的可能性 • 低效率的政府合同执行
机遇	威胁
• 商用卫星和发射市场的优势份额 • NASA载人航天业资本重组 • 对商用卫星和发射成本的更多支持性政策 • 商业空间旅行的发展潜力	• 封存6000亿美元国防预算 • 中国和其他竞争对手的出现 • 政府削减航天系统开支 • 招聘和挽留技术人员的能力 • 二、三级供应商基础的薄弱 • 研发项目受阻 • 航天硬件设备制造成本增加

7.3.1 优势与劣势

美国航天工业的优势远远大于其劣势。与世界其他国家相比较，美国的航空航天工业规模几乎是不可思议地庞大。事实上，美国公司几乎在航天工业的所有领域都是领军企业。尽管拥有如此雄厚的实力，效率低下的政策和执行力还是严重影响了工业业绩。因此,针对提高政府开支使用效率的指导性方针将带领美国工业向更加卓有成效的方向前进。

7.3.2 优势与机遇

以美国航天工业现在的实力,开拓以上哪些市场机遇最为合适呢?答案是相当不确定的。从积极的一面来看,美国公司资本充足且拥有强大的技术资源支持,有能力为世界航天工业提出最具创造力和切实可行的解决方案。然而,大部分机遇都必定涉及与其他公司竞争更多市场份额,而这些竞争对手公司的政府为他们提供了非常积极的支持政策。新兴公司不仅能从政府支持政策中受益,运营成本也相对低廉。所以从整体来看,尽管美国工业一直具有压倒性优势,却仍无法在商业航天市场上斩获更大成功,这与美国政府没有出台更有效的政策和决策有直接关系。

7.3.3 劣势与机遇

令人不安的是,美国航天工业的机遇总与其劣势对应出现。为了提高效率,美国政府将不得不修正或者说容忍某些明显劣势继续存在。为了在 NASA 未控制的市场上具备更大竞争力,政府不得不对出口的现代化和竞争能力提供更多有效的支持。尽管在最近几个版本的国家空间政策中对于航天工业的商业化发展有了一定的支持性表述,但事实上,这些政策不是被基本忽视就是没有被有效执行。这是因为,商业化还不是航天系统各机构优先考虑的问题。但局面或许会有转机,美国国防部意识到了问题的存在,并于 2012 年 4 月向国会提交的一份报告中要求就《国际武器贸易条例》体系中涉及航天科技的部分进行调整[⑩]。

7.3.4 劣势与威胁

劣势和危机的亦步亦趋,预示着更为艰辛的工业未来。一方面,在政府预算不断削减的背景下,工业基础侵蚀和供应基础疲软等问题变得更加突出。对此,最直接的解决办法是设法占有更多市场份额。考虑到美国政府政策上的劣势,这将是一个严峻挑战。另一方面,我们需要清楚的是,这些劣势并没有严重到工业优势无法弥补的地步,所以预算削减的影响也是相对可以承受的。

7.4 战略重点

战略的制订应当是更侧重于凭借优势力量把握机遇,还是解决危机弥补劣势,这一直是个两难的问题。就航天工业而言,采用一分为二非黑即白的方法对待,显然是不恰当的。所有迹象都表明,改进美国政府的航天工业政策是使美国工业在国际市场上更具竞争力的唯一途径。但是,不同市场有着截然不同的情况。航天工业方面,政府应该集中精力把握机遇,拓展两个最重要的商业市场:通信卫星和航天发射。

图7.4分析了不同的国家航天工业体制。相较于其他行业,美国卫星制造业更加充满活力,它所处的市场地位也与全球航天领域的其他行业截然不同。然而,美国卫星制造业的竞争对手是欧洲和俄罗斯的国家优秀企业。所以无论如何,美国政府都不能幻想商业市场会在未来给航天工业更多支持,这种可能性微乎其微。

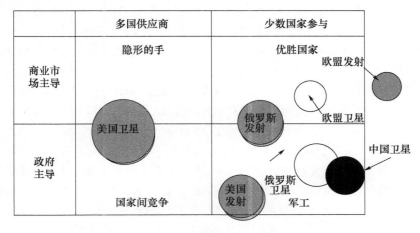

图7.4 国家国防工业政策定位
(注:圆圈大小表明了各国的近似国际市场占有率)

全球的发射工业则更为集中。全球范围内,只有俄罗斯拥有一个以上的供应商,并且这两个供应商(NPO Progress 和 AO Khrunichev)还在分别经营不同类型的运载服务。如果美国政府考虑对发射工业给予更大关注,可能会有机会进行高效的市场扩张。

7.4.1 商业通信卫星

美国公司在国际卫星通信市场上一直表现卓越。通信卫星的市场定位分为两类:满足固定卫星业务市场需要的低功率、低成本卫星;满足移动卫星业务、卫星直播业务和大容量固定卫星业务的精细、大功率航天器。这一高端市场的存在主要是为了满足军事通信市场的需要。尽管美国公司的市场占有率一直起起落落,但目前仍维持在40%左右,分别由经营范围不同的4家大型多元化公司占据。

轨道科学(Orbit Sciences,OS)贸易公司旗下的"STAR2平台"占领了中低端地球同步轨道(GEO)通信卫星市场。自90年代中期以来,轨道科学公司已在商业竞争中赢得 33 份地球同步轨道卫星订单。但与美国政府市场交集十分有限，目前仅参与了导弹防御、NASA 科技和研发中型运载火箭新兴计划中的小型运载火箭等几个项目。

相比于其他几家公司，Loral 空间系统公司有着更加稳健的市场地位，旗下针对商业通信系统开发的 1300 系列卫星平台更是当今商业通信卫星市场中的佼佼者。1300 系列卫星平台是大功率和相对大质量的通信卫星平台，至今销量已达 66 颗，获得了巨大的商业成功。尽管 Loral 公司获得了令人瞩目的商业成就，但公司还是曾经在 2003 年濒临破产，后于 2005 年成功走出困境。虽然 2008 年经济危机期间公司股价受到重挫，每股市值从 2007 年的 50 美元暴跌至 7 美元，但之后几年中股价一度飙升超过每股 80 美元（较 2012 年 10 月涨幅达到 70 美元），2011 年收入更是超过 10 亿美元。现今，美国政府所租用的通信中继器中有大约 1/4 由 Loral 空间系统公司卫星搭载。

波音公司日前正对其产品供应和市场形象进行多元化拓展，逐步将工作重心由供应大功率精密昂贵的军用系统转向供应低功率的 702 卫星平台，后者已在商业卫星市场上崭露头角。但商业空间市场仍然只是整个波音公司业务范畴的一小部分，年销售额占比不足 1%。与此同时，洛克希德·马丁公司已转移工作重心到与波音完全不同的方向——制造 A2100 系列卫星平台，意在瞄准美国政府市场。这一组合式卫星平台能够发射重量从 2300~6000kg 的航天器，搭载 GPS 和商业卫星等各种所需的仪器，具有广阔的应用潜力。

在制订商用通信卫星领域的发展战略时，美国政府应进行理性预判。随着印度、中国和俄罗斯等新供应商的出现，竞争势必会愈演愈烈。可以假设在未来，大量客户也会来自以上 3 个国家，而这些国家的政府都相当积极地支持航天工业发展，美国公司将很难在这种情况下获得更多机会。或许，市场份额的略微上升对美国来说就是最好的期望了。对航天工业而言，最重要的还是要出台行之有效的对工业基础中二、三级供应商的鼓励和支持政策。

以强大的工业基础和强有力的商业市场地位为基础，美国仅需对市场策略进行微调就应该能够达到预期效果。例如鼓励进一步整合主供应商的激进政策是没有必要的。国防部也已表示并不支持此类决策。但如果市场强制要求将 4 家主供应商整合为 3 家，也并非不可行，因为这并不会削弱市场竞争。

任何工业方面的整合都应当着眼于更底层的供应基础。首先应当有一个行之有效的政策帮助工业更好地理解问题所在，然后制订一份具有优先权的部门或技术的列表，列表既要体现可预期的危险，又要明确指出维持国内供应基础的需要。假设分析结果支持极度危险出现的可能性，那么政府就应该采纳"允许将任何形式的整合成本返还给予政府签约的符合条件的公司"的建议。这与 90 年代克林顿政府的政策是一致的，所以是有先例可循的。类似于"政府承诺长期稳定采购"的方法也有可能解决底层供应基础问题，但无法从根本上解决产能过剩的问题。

为占领商业市场而进行一些适度的改良措施也不失为退而求其次的方法。首先,这是对出口控制体系的现代化改良,但也或许是当今航空航天业最让人头疼的问题。将商业通信卫星的控制权由《国际武器贸易条例》转移至美国商业商品控制体系,将对美国公司占据更多的市场份额带来极大的帮助。最重要的是,美国公司必须摆脱冗长的许可审批流程,拥有使体系更加商业化市场化的能力。科技转化并不是纸上谈兵也并不需要政府提案,工程师们协同工作研发新系统的时候只需要操心知识会转化出什么样的结果就够了。所以,应该严格控制出口管制条例对市场商业化的影响。

接下来轮到国防部(DOD)或NASA这一类有效载荷的使用者们来思考更为严峻的问题了。假设国防部采购一批用于商业通信卫星的不同的载荷,比如传感器、通信卫星配件等,鉴于上述提到的技术保护政策,这批载荷将必须与美国航天器和发射器匹配使用,这无形中会使美国市场份额每年增加1%~2%,甚至更多。

第三个问题,也是一个已然引起关注的问题,就是美国政府往往更热衷于购买数据,而不是产生数据的系统。虽然我们看到NextView和EnhancedView项目已经取得了一些成功,但项目产品的主要买家是政府,所以这些以获取优质成像效果为目的的项目有可能除此之外没有任何其他附加价值,它们仅仅是政府采购类似产品的有效途径。近年来,商业通信数据产品由政府买断已经常规化,这也占据了商业卫星收入的相当大份额。现在,政府市场已经开始给予其他小卫星在商业遥感领域发展的可能性,这多少为美国卫星制造业基础注入了一些活力。

针对有效载荷和数据购买制订的相关政策都在2010年《国家空间政策》中一一列出,但许多都被忽视或是拖延数年不见实施。至于这些方案是否会被奥巴马政府或未来执政政府所重视,我们拭目以待。

7.4.2 商业发射市场

美国的发射工业与通信卫星工业有着截然不同的境况。发射工业是一个充满着未知数的领域。首先,有可能出现新的供应商——空间探索技术公司(SpaceX)以及轨道科技公司。空间探索技术公司的开发效率卓越,这不仅体现在其市场占有率的显著提升,还表现在其创造的中型、重型以及未来载人航天业务的新型弹性价格市场。相比之下,轨道科技公司有着相对有限的愿景,它们只承诺会提供面向国际空间站的高效低成本货运服务,并且为NASA在科技层面的重型运载火箭需求提供支持。

第二个不确定性是载人航天的发展方向。随着2011年航天飞机的退役以及NASA"星座"计划的终止,载人航天的未来前景十分广阔。一方面,我们注意到，NASA 所有的商用载人和货运发射的发射运载器都由正在进行的商用载人和货运项目提供，这一额外要求既能够使全国发射率倍增，又能大大缩减发射成本。另一方面，NASA 可以选择在复制现有 NASA 和国防部商用发射设施的基础上，发展自己的商用载人运载发射系统。

发射服务成本的上升证实了这种不确定性的存在。由于考虑到 NASA 发射系统研发计划的不确定性（2011 财年，国会拨款给 NASA 用于研发重型运载火箭），几乎所有计划用于推进系统研发的固定成本都被国家安全部门拿走了。这导致后来使用推进器的开支翻了 3 倍多，一些推进系统价格涨幅达 50%。在 NASA 开始计划取消航天发射任务之后，这种情况已经趋于稳定，但也侧面反映出发射行业供应基础的结构脆弱性。

为美国政府提供发射服务的供应基础只有联合发射同盟（ULA），此外还有两个新进竞争者——空间探索技术公司（SpaceX）和轨道科技公司。发射行业的商业化与传统意义上价格主导的市场竞争完全不同。可靠性和可用性是考虑的主要因素，可靠性在一定程度上能通过强大的发射保险市场来缓解——任何形式的发射失败都会得到补偿。这个领域显然是充满国际竞争的，欧洲及俄罗斯、乌克兰、日本、中国和印度都有能力提供颇具竞争力的航天运载火箭发射服务，而且这些国家的政府都为发射服务在商业市场上的价格提供了不同程度的补贴。原因很简单，就是政府市场无力单方面维持工业的健康发展，而国家必须降低价格以维持足够的发射率。俄罗斯和美国是仅有的两个例外，前者需要商业发射来维持货币强势稳定，后者的政府市场则完全能够单方面满足改进型一次性运载火箭（EELV）计划供应商联合发射同盟（ULA）的两个发射系统（Atlas 和 Delta）的全部发射量需求。

2006 年美国制订了最后一版《国家空间运输政策》（NSTP），这一政策要求美国空军（USAF）提供足够资金以维持 EELV 发射机群固定开销，并进一步要求所有美国政府的发射行为都必须尽可能使用 EELV 发射机群。但是，政策同时还允许商业发射供应商为 NASA 提供前往国际空间站（ISS）的货运服务和后勤支持。而后，由 NASA 局长迈克尔·格里芬（Michael Griffin）和空军部长罗纳德·斯嘉（Ronald Sega）联合签署的文件加剧了机构间的分裂。文件允许 NASA 在商业货运之外，自行建造用于载人航天和重型运载器的发射基础设施。这样一来，供应商与政府之间一对一的供求局面结束，国家发现即使在航天飞机退役后，自己还是不得不面对至少 4 家发射供应商。NASA 一年的重型运载、载人航天发射和国际空间站货运需求总额不过 5 次左右，真不知道 NASA 是否有能力满足所有这些商用实体的需求。

其中一个解决办法是，美国政府可以推行使美国供应商在国际市场上更具竞争力的政策。这意味着政府必须承担起大部分的商业发射成本费用。商业发射成本包括：一次性的研发/资本化成本；非一次性的用于维持基础设施和必要劳动力的固定成本；建造运载火箭的各种相关成本。在大多数国家，前两项成本由政府负担。美国则不然，EELV 项目下属的 Atlas V 和 Delta IV 的一次性成本全部由行业自身负担。空间探索技术公司和轨道科技公司的情况好一些，大部分一次性成本由政府支付。因此，理性的市场渗透政策应适当考虑合约统筹，也就是说，固定成本由政府承担，以换取供应商能够在一个更公平的国际环境中竞争。

合理竞争只适合国际市场，在国防部内部市场开展激烈竞争为时尚早。国内市场也无法支持多个供应商的同时存在。而且，竞争是否会为政府节省开支还是个未知数。为了同时维持 EELV 两个独立发射系统的固定成本支出，联合发射同盟的发射费用高得令人咋舌，甚至连新公司的定价都比联合发射同盟低 50%，这最终同样会导致美国政府的开支增加。但这种竞争应该不久就会成为政府的选项之一。在正常的市场中，竞争会带来非常理想的局面，然而，空间探索技术公司和轨道科技公司都无法证明自己有实力——我们指的是进行可靠和有保障的运载器发射的能力——独立满足美国国家安全空间部门的发射需求。

航天发射行业的本质问题，在于潜在的发射量急速扩张可能会导致的需求不确定性。所以，政策应聚焦于整合供应链，加强市场渗透，而不是减少竞争机会。其中，最应该进行整合的是 NASA 载人航天飞行和国防部的发射需求。单单重型运载一项，EELV 系统全生命周期的开支比用于开发 NASA "航天飞机衍生型运载火箭"的开支少了近 300 亿。㉛如果 NASA 和国防部能够协调航天发射的安排，不但能够提高发射器的使用效率，还能使国防清单上发射费用降低 25%～30%㉜。

政府的积极支持性政策，是使供应商在国际商业市场上更具竞争力的关键。如前所述，几乎所有国外发射供应商都得到了本国政府不同程度的支持。美国国防部应该参照其他国家的政府支持标准，并给予美国供应商以同样的支持。理想的情况是，这种政策的标准应该写入国际协议，国家给予的资助由国家政府支付，属于全球商业销售额的一部分。然而，考虑到国际发射市场的"零和博弈"（赢者通吃）法则的本质以及产能过剩的现状，这项政策的普及速度应有所放缓。至于上述提到的其他政策，例如有效载荷方面的提议，应该会对提高美国的市场占有率有一定积极作用。

7.5 结论

相较于其他国家而言，美国航天工业的规模和地位都是相当令人羡慕的。尽管存在很多不利因素和自我限制，但它仍旧是全球范围内利润最可观、涉及面最多元化、研究领域最广泛的航天工业市场。美国的航天工业不仅不必依赖于国外供应商保证其发展，其他国家反而要仰仗美国的资源来维系本国航天项目的开展。尽管如此，其领先地位正在被削弱。随着预算的持续削减，美国在未来可能出现无力持续负担所有国内供应商需求的危机，特别是对底层供应商而言更是如此。如果预算冻结变成现实，那么危机会更趋明显。

国家政策方面必定需要进行适度的改革，但问题是，对于一个已成形的政策体系而言，哪怕微小的改动都是非常困难的。比如，只是进行略微政策修改以减少对通信卫星数据出口的限制，恐怕都需要几年的时间才得以执行，更不要说整合国家发射需求了，在政府缺乏执行力的情况下，这根本是不可能实现的。所以，对工业政策的改革应当稳中求准，聚焦于能得到显著成效的领域。从态势分析法（SWOT）来看，发射领域应该可以作为一个战略重点区域。劣势和威胁固然存在，但机遇却提供了更有力的杠杆以扭转不利局势。发射领域的契机在于对国内市场和国家安全需求的整合。只要能改进这一点，美国将能够在长期确保其在商业航天基础领域健康发展的道路上踏下坚实一步。

注　释

① Scott Pace，"美国空间行业持续发展面临的挑战"，航天政策 25（2009）。
② Henry Herzfeld，"美国的全球一体化、商业空间和空间实力"，航天政策 23:4（2007）。
③ 参见"富创公司（Futron）2010 年航天竞争力指数"，Futron，www.futron.com/SCI_2010.xml（2011 年 6 月访问）。
④ 2012 年航天报告（科罗拉多州，科罗拉多斯普林斯市：航天基金会，2012），第 42 页，附表 2。2011 年政府航天预算。如果我们算上所有对情报机构行为和导弹研制计划的拨款，年度开支将超过 600 亿美元。
⑤ 同④。
⑥ 美国联邦航空局空间运输咨询委员会，2010 年商业航天运输预测。
⑦ "富创公司 2010 年航天竞争力指数"，Futron，www.futron.com/SCI_2010.xml（2011 年 6 月访问）。
⑧ 关于 EELV 计划的完整讨论，参见《国防领域航天发射报告》（加利福尼亚州，圣塔莫妮卡市：兰德公司，2006），www.rand.org/pubs/monographs/MG503.html（2011 年 6 月访问）。
⑨ 机构包括：美国国防部（DOD）、美国航空航天局（NASA）、美国海洋和大气管理局（NOAA）、美国地理空间情报局（NGIA）、中央情报局（CIA）。不包括独立的机构或服务，如美国空军、陆军、海军和国家侦察局（NRO）。
⑩ 事实和数据（美国弗吉尼亚州，阿灵顿市：航空航天工业协会，2009 年）。
⑪ Anotella Bini，"航天项目出口管制：欧洲优势保护伞"，航天政策 23:2（2007）。
⑫ "富创公司 2010 年航天竞争力指数"，Futron，www.futron.com/SCI_2010.xml（2011 年 6 月访问）。
⑬ 参见《华尔街日报》，2011 年 2 月 9 日。
⑭ "国家安全和商用空间领域"，战略与国际研究中心，2010 年 7 月，P18。
⑮ "2010 年商业航天运输预测"，美国联邦航空局空间运输咨询委员会，华盛顿特区，www.faa.gov/go/ast（2011 年 6 月访问）。
⑯ 数据基于作者的评估。
⑰ "卫星工业现状报告"，卫星工业协会，华盛顿特区，2010 年 8 月。

⑱"航天工业基础评估",美国商务部,华盛顿特区,2007年,P31。
⑲"2010年商业航天运输预测",美国联邦航空局空间运输咨询委员会,华盛顿特区,www.faa.gov/go/ast(2011年6月访问),P28。
⑳同⑲。
㉑下限是根据"联盟号"飞行一年的开支(2500万)确定的,上限是根据2013年6月24日美国参议院商业、科技、运输委员会的科学、技术、航天委员会和美国众议院科学委员会的航天航空委员会就商业载人航天问题进行的联合听证会上,富创主管菲利普·麦卡利斯特(Philip McAlister)发布的富创和左格比(译者注:国际权威调查公司)联合调查报告确定的。
㉒参见Bruce MacDonald,《中国、空间武器和美国空间安全》,美国对外关系委员会,纽约,2008。
㉓Giorgio Petroni,Karen Venturini,Chiara Verbano和Silvia Cantarello,"探寻大空间机构基本的战略性定位"。航天政策25:1(2009)。
㉔2011年预算控制法案,2011年8月2日由美国总统奥巴马签署生效,并成为国会法案。
㉕参见《驱动21世纪航天劳动力》,航空航天工业协会,美国弗吉尼亚州,阿灵顿市,2008年12月。
㉖航空航天工业协会,www.aia-aerospace.org/economics/chart_gallery(2011年6月访问)。
㉗"国家安全和商用空间领域",战略与国际研究中心,华盛顿特区,2010年7月,P18、P29。
㉘详细的开支增加分析可参见美国国家政府问责署的报告,www.gao.gov(2011年6月访问)。
㉙Amy Svitak,"引擎费用增加,不确定性使NASA的Atlas 5价格增加",航天新闻,2011年2月7日。
㉚上报国会的2010财年国家国防授权法案1248节(国际公法111-84),《美国航天出口管制条例的风险评估》,美国国防部(2012年4月更新并发布)。
㉛基于作者的分析结果。
㉜同㉛。

第8章 航天发射能力及战略思考

杰夫·福斯特(Jeff Foust)

空间发射对任何国家空间战略而言都是一个重要组成部分。为了使民用、商用和国家安全方面的用户在空间实现他们的目的,他们需要使发射能力满足成本、进度和性能需求。将卫星通过发射送入轨道,不仅是最显著的一项空间活动,也是一项最具有技术挑战的航天技术,其中微小的错误或者异常都会使昂贵的卫星受到破坏甚至遭受致命的损失。

目前尚不清楚在空间时代的历史上美国内部和外部发射客户是否对现有的发射能力完全满意,无论政府内部还是外部。多年来,政府和商用用户越来越关注于发射可靠性、性能、进度和成本这几个方面的问题。近年来,美国的发射产业在全球市场上缺乏竞争力,商用发射业务主要依靠欧洲和俄罗斯的供应商,对于这一现状很让人担忧。同时,美国航空航天局(NASA)和其承包商,以及与其有利益关联的机构,就2011年航天飞机退役后将宇航员送入地球轨道和未来探索低地球轨道以外的替换发射系统发展问题进行了商讨。目前的计划要求商业供应商利用NASA的商用人员与货物计划(Commercial Crew and Cargo Program,CCCP)为NASA开发近地轨道载人航天飞行器——"猎户座"多用途载人往返飞行器(Orion Multi-Purpose Crew Return Vehicle,OMPCRV),以及支持探索近地轨道以外的重型航天发射系统(Space Launch System,SLS)。

几十年来,NASA和美国国防部(DOD)资助的项目主要关注一个因素,即降低进入空间的成本。航天飞机计划就是基于可重复使用运载器的理念,具有频繁飞行和成本较低的特点,使其可以成为商用和政府用户发射卫星最主要的手段[1]。当发现航天飞机未能达到频繁、低成本地进入空间的标准时,NASA和空军开始转向其他研发工作,如国家航空航天飞机(National Aerospace Plane,NAP)、先进发射系统(Advanced Launch System,ALS)、国家发射系统、DC-X、X-33"冒险星"(VentureStar)和X-34等,最终在21世纪初发布了航天发射倡议(Space Launch Initiative,SLI),所有这些工作都是以降低发射成本为最主要的目标。NASA就航天发射倡议(SLI)计划做出了如下解释说明:

"这项倡议的产生被NASA、工业机构、白宫总统办公室和国会认为是必然的;尽管空间发射是昂贵的、危险的,但是类似全球广播卫星这样的空间发射在商用领域是富有前景的,而且对国防、探索以及科学研究等大型国家性重要任务有着重要意义。②"

如同其他项目一样,航天发射倡议(SLI)未能达到降低昂贵的发射成本的目标。

历史表明,将关注重点放在降低运载火箭的发射成本上不是一项有效的战略措施,它不能满足国家的民用、商用及国家安全空间方面的需求。那么,什么是有效的战略呢?为了回答这个问题,首先必须了解在所有市场领域中现有的和潜在的发射用户的需求,并了解现有的运载火箭技术在哪些方面没有满足客户的需求,然后分析出政府和企业在哪些步骤上可以将现有的发射技术和客户的需求结合在一起。

本章首先通过回顾民用和商用等多个客户群体所要求的有效的发射服务以及国家的安全因素,然后探讨美国国内发射产业的现状,发射产业在当今社会的需求,以及可能发生的变化对目前状况的影响。

8.1 美国空间发射客户的分类

空间产业的业内人士通常将客户分为三类:民用、商用、国家安全。然而这样的分类方法不足以概括潜在的用户以及他们的需求;在这些群体里不是所有的用户都有相同的要求,或者以相同的方式优化自己的要求。例如,对民用载人航天而言,航天员的安全是最重要的,其次才是成本和进度安排;对民用卫星的发射,成本和进度则要重要得多;对预算紧张或者发射窗口涉及轨道力学的任务而言更是如此。因此,将潜在用户简单地分为三类,太过粗略,难以满足不同发射客户的细微差别需求。

本章将客户分为 6 类:民用、商用和国家安全部门各分两个小类。它们分别为:①"精致"国家安全空间;②作战快速响应空间;③民用自主空间;④民用载人航天;⑤建设型商用空间;⑥创业型商用空间。同时,进一步细分这些客户为子类也是合理的,这种分类的依据是现有和潜在客户群体在现有发射服务方面上对成本、进度、可靠性和性能这几个关键参数的不同需求。

8.1.1 "精致"国家安全空间

"精致"国家安全空间涵盖了现有大部分军事和情报用户,其中包括美国国家侦察办公室(NRO)和其他情报机构等重要的军事服务分支机构。这些用户在空间有广泛的应用需求,其中包括(但不限于)通信、导航、侦察及导弹预警。这些任务通常需要使用庞大而复杂的高功率航天器,以保障像大型天线或光学合成孔径设备等载荷。在少数情况下,航天器尤其是 GPS 全球定位系统是大批量生产的，但是在大多数情况下，航天器是小批量生产的，甚至只生产一个。

这些因素使得这些任务耗资巨大。近年来许多军用卫星计划已经面临经费增加、工期延误问题，有些计划甚至因此取消。这些问题都被归咎于国防部20世纪90年代的国防改革，洛克希德·马丁公司前总裁托马斯·杨（Thomas Young）在2010年的国会证词中说道："直到今天，毁灭性的负面影响依然存在。"③

像这种高成本的计划，意味着类似任务的发射需要有附加审核，因为发射失败将会导致失去价值极高的卫星，而这些卫星往往在国家安全方面起着重要作用。对于此类任务，尤其是在"宇宙神"（Atlas）、"德尔塔"（Delta）和"大力神"（Titan）火箭的一系列高调发射失败之后，运载火箭的可靠性在1990年之后更加需要进行审查。在这些失败发生后委托开展的航天发射运载火箭广泛领域评估报告中，批评工业部门过多关注节约成本而不是运载工具的可靠性。"所节省的资金价值远低于处于风险中的资产成本，"这是在对 Titan Ⅳ 的项目评估中指出的。对于"更廉价、更好、更快"的航天发射而言，真正降低成本的途径是具有更高的可靠性。④

近年来，对于此类的有效载荷发射，人们更加关注可靠性，因为采购和开发推迟造成的损失比发射失败或发射延误要小得多。美国战略司令部司令空军将军凯文·奇尔顿（Kevin P. Chilton）在2009年11月的讲话中警告称，军方以前在空间系统中留有余地，地面上存储多个卫星，可以在短短的45天内提供发射，这样的余地已经不存在了，现在每次发射必须成功，以避免现有的空间系统存在缺口。齐尔顿（Chilton）表示："我们已经落入了我称之为缺口管理的方式来管理我们的星座——我们重要的在轨星座。"⑤空军空间计划部长助理加里·佩顿（Gary Payton）在2010年3月的一次演讲中重申了这些要求："发射的可靠性是首要任务。我们的星座不能容忍任何卫星发射任务的失败。"⑥

因此，对于这类客户，发射可靠性显然是最高优先级，该官员公开表示他们愿意花更多的钱，以获得较高的任务成功率。佩顿在他2010年3月的讲话中说："我付出额外的费用来保证我们所有的运载火箭的可靠性，这对我来说是最重要的。我很想节省1000万美元，但如果发射失败，20亿的卫星就没了，那我就做了一个错误的决定。"⑦

对于这组客户群来说，虽然进度没有可靠性那么高的优先级，但是在轨航天器发生故障而替补推迟发射会造成星座缺口，为避免这种现象，进度又显得很重要。奇尔顿在2009年11月的谈话中表达出对现有发射能力不断增加的召回次数与长期表现的关注，特别是对目前国家安全空间部门正在使用的改进型一次性运载火箭（Evolved Expendable Launch Vehicle, EELV）系统（"德尔塔"Ⅳ型和"宇宙神"Ⅴ）的关注。

8.1.2 作战快速响应空间

在过去的几年中,国家空间安全系统出现了一个新概念,重点关注更精致系统的高成本和扩展研发计划。这一概念称为作战快速响应空间(Operationally Responsive Space,ORS),以寻求发展空间能力,包括航天器、发射系统,以及相关因素,可以比现有的系统更迅速地部署,以满足国家安全和作战人员的紧急需求。在2007年提交给国会的报告中,国防部定义作战快速响应空间为"确保空间力量快速集中于满足联合部队指挥官的需求。[8]"

2007年的报告将作战快速响应空间(ORS)分为3个层级。其中:第一个层级是对现有能力的快速开发;其他两个层级在多数情况下,是能快速开发和发射小型卫星,以满足作战人员对图像采集或通信增强的需求。根据技术能力或特定任务的需要,可以使用标准化的组件快速组装这类航天器,或将其从仓库中取出,无论在哪种情况下都能将其与运载火箭快速整合。快速调用卫星实施发射的能力,在2008年通过空间探索技术(Space Exploration Technologies,Space X)公司的"猎鹰"1号运载火箭搭载"开拓者"(Trailblazer)卫星成功发射得到了验证,尽管火箭未能将卫星送入轨道,但是卫星的发射准备和将其组装到运载火箭上总共花了不到一周时间。

作战快速响应空间(ORS)在许多方面反映了与目前国家安全空间客户完全不同的需求。对于这些需求,计划安排是主要驱动力,要求在短时间内发射航天器以满足紧急需要。这种快速的方式驱使ORS采用那些不太复杂、容易准备、不太昂贵的小型航天器和小型发射运载器。为此,国会给予作战快速响应空间办公室的成本目标是每颗卫星4000万美元,每次卫星发射2000万美元。[9] 由于重点强调速度和成本,可靠性仍处于低优先级,特别是相比于精致国家安全空间任务更是如此;但并不是忽视可靠性,只是它的优先级相对较低,相比于采用大型且更昂贵的系统,能够快速地、以较低成本制造和发射卫星,意味着如发射失败更容易恢复。

ORS模式面临的一个挑战是有效性。尽管ORS的一些技术演示验证卫星已经进行了试验,部分实现了作战快速响应空间的操作能力。ORS-1于2011年6月发射,并在2012年1月宣布全面运行。ORS-1是美国国防部ORS计划设计的第一颗卫星,旨在作为支持作战司令部作战的实战样机。

8.1.3 民用自主空间

自空间时代开始以来,NASA等政府机构依靠运载火箭在轨部署了一系列卫星,以完成气象分析等地球观测任务和太阳系探索活动。在许多情况下,不管是用于军用还是商用客户,NASA使用的都是相同的运载火箭,很少有使用特定运载器的专门用户。

民用卫星的发射要求介于全面强调可靠性的精致国家安全空间客户和更加注重成本与快速反应能力的作战快速响应空间（ORS）的客户之间。可靠性是非常重要的，可以将失败对国家安全的潜在影响降至最低，虽然因为可靠性的问题会使声誉瞬间丧失或形成尴尬局面，但可靠性并不是造成这种局面的唯一因素。成本在某种程度上是一个问题，并在近几年有所增长，特别是未来计划停止使用"德尔塔"II 火箭运载器，使 NASA 用于火箭运载器的成本从 5000万～8000 万美元增加至近年来的大约 1.2 亿美元[⑩]。鉴于如此高的发射成本，NASA 或者付出额外的费用去购买更大运载能力的改进型一次性运载火箭（EELV），或者寻找新的运载工具，比如空间探索技术公司（Space X）的"猎鹰"9 运载火箭或轨道科学公司（Orbital Sciences Corporation，OSC）的"金牛座"II 运载火箭，其承诺发射中等有效载荷的费用为 5000 万美元。

　　NASA 要在计划进度上保障各种不同任务的需求。有些任务对发射时间没有迫切的要求，但有些则必须尽快完成。像行星探索任务，对时间要求非常严格，在某些情况下比国家安全方面客户的要求更严格。例如，因为地球和火星的轨道动力学和最小能量轨迹的使用——赫曼转移轨道，使得火星探测器的发射窗口一般只有几周，而且每隔 26 个月才能又出现一次。又比如，NASA 的最新火星任务也称为"好奇"（Curiosity）的火星科学实验室，其发射窗口在 2011 年 11 月 25 日打开，12 月 18 日关闭，不能容忍一丁点的延误。[⑪]该任务原定于 2009 年实施发射，却被推迟到 2011 年进行发射，因为 2009 年飞行器上还有许多技术问题没有解决。Curiosity 在 2011 年 11 月发射，2012 年 8 月成功登陆火星，其科学研究任务同时展开。

　　相比于国家安全方面的用户，NASA 和其他民用卫星在极少数情况下会有些灵活性，他们可以使用不属于美国的运载火箭。根据 2005 年度发布的美国《空间运输政策》要求，政府的任务必须使用美国制造的火箭进行发射，但是不包括一些科学项目和国家之间的政府合作计划。[⑫]虽然通常的情况下不会这样做，但目前 NASA 正在将这一政策应用于即将完成的"詹姆斯·韦伯"大型空间望远镜（JWST），该空间望远镜将接替"哈勃"望远镜的工作。欧洲航天局（ESA）将用"阿丽亚娜"（Ariane）5 运载火箭免费为 NASA 发射 JWST（计划于 2018 年实施发射）；由于欧洲航天局在任务中提供发射服务，它可以分享 JWST 的部分观测时间，并以此作为免费为 NASA 实施发射的回报。

8.1.4　民用载人航天

　　在 1981 年到 2011 年这 30 年间，NASA 的载人航天计划主要是由航天飞机完成的。航天飞机最初是作为一种通用的空间运输系统发展起来的，并承诺可重复使用且成本低廉，能满足商用客户及政府部门进入空间的需求，但最终这一计划几乎完全演变为载人航天的专用计划。自 20 世纪 90 年代以来，它的主要任务是支持国际空间站(International Space Station, ISS)的在轨组装和维修。

在实施航天飞机计划过程中,可靠性(更准确地说是航天员的安全问题)已经成为公认的最重要因素。在1986年"挑战者"号和2003年"哥伦比亚"号这两次航天飞机事故后,这一计划搁置了较长时间,人们对这两起事故的原因进行了长期的独立调查,而相关的预防措施也被纳入其中。尽管航天飞机计划未能成功降低进入空间的成本,但其依旧继续运行,NASA每年要为此花费大约30亿美元,仅仅是为ISS执行几次任务。

相对于民用、国家安全和商用空间项目,国家声誉是NASA发展载人航天计划的一个关键因素。由于将人类送入空间并安全返回的技术高难度(迄今为止只有美国、俄罗斯和中国成功做到了这一点),此类任务能为国家带来很高的透明度和随之而来的声誉。这种声誉不仅有助于推动国家和国际政策的制订与实施(正如美国为ISS所做的努力),而且进一步增强载人航天发射中的安全性这一关键因素的重要性。

截至2011年,NASA未来的载人航天计划依然包含了很多的不确定因素。在2010年2月公布的2011财年(FY)预算报告中提出,在2011年航天飞机退役后,将取消全部用于载人航天的星座计划(Project Constellation, PC)、运载火箭计划、飞船以及其他航天系统。[13]尽管奥巴马政府有所让步,重启了"猎户座"人员探索飞行器(Orion Crew Exploration Vehicle, OCEV)计划,将其用作ISS的逃生舱(现在被称为"猎户座"多用途人员飞行器),但同时也取消了部分星座计划,包括曾将"猎户座"送入地球轨道的"战神"(Ares)1号运载火箭。在2011和2012财年NASA预算中为人员运载以及正在开发的重型航天发射系统投入了专项资金。

然而,在星座计划开发期间和自2005年探索系统体系结构研究(Exploration Systems Architecture Study, ESAS)系统引入以来[14],安全问题仍然是"战神"1号和"猎户座"系统的首要考虑因素。NASA的航天安全咨询小组(ASAP)在其2009年针对该系统安全问题所作的报告中指出:

> "'战神'1号运载器在最初的设计过程中很清楚地认识到安全问题的重要性,它的系统结构之所以被NASA的EASA小组选中,是因为相较于当前的航天飞机,它的人员安全级别具有至少10倍以上的巨大潜力。"[15]

在探索系统体系结构研究(ESAS)报告中介绍了"战神"1号的设计结构,甚至还有一些备选的载人运载器设计,包括基于EELV和航天飞机的概念。展示的这些运载器既具有更低的单次飞行成本又具有更低的制造成本。

8.1.5　建设型商用航天

最近几十年来,商用航天工业取得了快速发展,这主要归功于卫星通信服务的推广。卫星行业协会(Satellite Industry Association,SIA)的报告指出,2010年全球卫星产业的总收入(包括卫星制造、发射、地面设备和卫星服务等)为1681亿美元,比2009年增长了5%,尽管相对于2008年到2009年增长11%有所下降,但从2005年到2010年依旧维持了11.2%的年均增长率[16]。2010年收入中的大部分(942亿美元)来自于基于消费者的卫星服务,主要包括卫星电视,以及面向政府或机构的卫星转发器租赁服务[17]。

为了提供这些服务,卫星运营商需要维持地球同步轨道(GEO)上卫星的数量。新的卫星会定期发射以取代即将寿命到期的卫星,不断增加现有卫星数量,以提供更多的能力,此服务新的市场空间和地理区域。虽然商用地球同步卫星的价格很少公布,但有迹象表明这类卫星的花费通常为1亿~3亿美元或者更多,这取决于卫星的尺寸和功率,以及系统的复杂性。尽管这类卫星的成本很高,但对于一个典型的15年寿命周期的地球同步轨道卫星来说,若将卫星转发器租赁给远程通信服务客户,则能够产生数倍于成本的收入。

由于制造卫星需要高额的前期投资和潜在的长期收益,卫星运营商更多关注发射可靠性和进度保证,其次才考虑发射成本。尽管发射一个典型的商用地球同步轨道通信卫星的花费超过1亿美元,但若考虑卫星的制造、保险以及某些情况下的地面设备成本,上述花费仅仅是整个系统的一小部分而已。虽然卫星运营商致力于降低卫星的发射成本,但是仍然以卫星的安全发射为前提,这同样会影响到进度,以便卫星能够尽快获得利益,并避免由于新卫星未能按时提供服务所导致的其他损失和法律责任。

在公开场合,卫星运营商已经确认与成本相比较将优先考虑进度和可靠性。例如在华盛顿特区举行的2007年度卫星会议上,卫星电视运营商DI-RECTV公司高级副总裁詹姆斯·巴特沃斯(James Butterworth)说,他的公司做采购决策时"不会受运载火箭或卫星的价格驱使",更关注卫星的"质量、可靠性和准时交货"[18]。

8.1.6　创业型商用航天

目前,通信卫星和商用遥感产业占据了商用航天市场的主导地位。根据卫星行业协会(SIA)的统计,2010年全球卫星服务市场的销售收入为1013亿美元,而DigtalGlobe和GeoEye两大公司的销售收入只有10亿美元,只占了全部市场销售收入的很小部分[19]。过去,卫星服务行业一直在致力于开发更多的商用航天领域,如生物技术、材料科学等,但这些努力都没能取得很好的结果。

现在,创业型空间公司对一些新领域的关注正在增加,其中重点关注的是私人空间飞行,即空间旅游。自2001年开始,美国空间探险(Space Adventure, SA)公司向私人客户提供乘坐"联盟"号飞船前往国际空间站的服务,客户为此支付的费用为2000万~4500万美元。到目前为止,该公司一共向7个客户提供了8次服务(其中Charles Simonyi一人飞了两次)。这些飞行没有产生任何新的发射需求,仅仅是通过"联盟"号飞船向国际空间站交换人员,但这些发射任务很好地证明了市场对空间飞行的需求。2002年富创公司(Futron Corporation)的一项研究表明,至2021年,对轨道空间旅行的需求很可能达到每年60人次,并将产生年3亿美元的销售收入[20]。

除了轨道空间旅游外,市场对利用定制的运载器将游客送到100km以上返回、不进入轨道的亚轨道空间旅行也产生了越来越大的兴趣。对亚轨道空间旅行的兴趣源于1996年开始的安萨里X(Ansari X)大奖赛,奖金高达1000万美元,这极大地激发了人们的参赛热情,此次比赛旨在开发亚轨道飞行器的能力,要求参赛团队设计一种可以承载3人且2周内至少能在100km的高空飞行两次的亚轨道飞行器。2004年由空中发射的"空间飞船1号"(Space Ship One)亚轨道飞行器获得了该奖项,该飞行器得到微软联合创始人保罗·艾伦(Paul Allen)的资金支持,由缩比复合材料(Scaled Composites, SC)公司完成建造。缩比复合材料公司于2007年被诺斯罗普·格鲁曼(Northrop Grumman)公司收购,现正在与维珍银河(Virgin Galactic)公司开展合作,维珍银河公司是由理查·布兰森(Richard Branson)爵士负责运营的维珍集团的子公司,该公司后续研制了更成功的"空间飞船2号"。2010年"空间飞船2号"开始进行飞行试验,并计划于2013年开始提供商用飞行服务。

其他公司也正在研究亚轨道飞行器,如犰狳航空航天(Armadillo Aerospace, AA)、蓝色起源公司(Blue Origin)、马斯腾空间系统公司(Masten Space Systems, MSS)、XCOR航空航天公司(XCOR Aerospace)等。其中,一些公司对空间旅游感兴趣,但更多的公司关注的是亚轨道市场,例如能够进行科学研究的亚轨道飞行器。亚轨道空间旅行的需求预计将远远大于轨道空间旅行的需求,并且亚轨道空间旅游比在轨空间旅游的价格低10万~20万美元。2002年富创公司的一项研究表明,到2021年亚轨道空间旅游的需求将接近每年1.5万人次[21]。

另一家创业公司——毕格罗宇航公司(Bigelow Aerospace)利用充气模块技术构建轨道居住舱的技术已经获得了NASA的许可认证。该公司在2006年和2007年分别发射了"创世纪"I和"创世纪"II(Genesis 1 and 2)两个航天器缩比原型样机。目前正在研制将要发射的全尺寸航天器舱,预计这类航天器将有足够的需求客户,与空间旅行不同,这类航天器主要用于科学研究,以及向空间设施往返运送人员和物资。

对这些公司而言,成本起着比构建商用航天工业更大的作用,原因在于:新的风险项目资金不足,特别是缺乏机构投资;大多数企业都是由"天使投资人"

出资或者依靠自筹资金。然而,对于空间旅行和其他的商用载人航天风险项目而言,首先要考虑的就是可靠性和安全性:很多业内人士都在关注一个企业的重大事故对削弱整个行业客户需求或增加政府监管方面的影响。这样的结果导致进度具有很低的优先级,至少在开发阶段如此。例如,维珍银河公司的官员往往拒绝透露其计划何时开始商业化运营的具体日期,他们声称不是在与其他公司竞争,而是"实际上在与安全比赛"㉒。

NASA 的商业机组人员与货运计划(Commercial Crew and Cargo Program,CCCP)更多强调的是安全性,其支持一项多阶段空间技术发展计划,即商业机组人员开发计划(Commercial Crew Development,CCDev)。该计划提供源于 NASA 的政府资金,用于开发商用空间运输服务,使政府能够以相对固定的价格采购向低轨和国际空间站的运输服务。接受政府资助的创业型企业包括蓝色起源公司(Blue Origin)、内华达山脉公司(Sierra Nevada Corporation)、空间探索技术公司和波音公司,另外,百诺肯空间发展公司(Paragon Space Development Corporation)也获得了资助,以支持该公司开发一个环境控制与生命保障系统。2012 年 10 月,Space X 公司成功完成了一次飞往国际空间站的运营任务,轨道科学公司计划于 2013 年进行飞往 ISS 的演示验证飞行。

8.2 客户需求分析

对不同客户群及其航天发射需求进行认真研究,可以得到一些有趣的结论。

(1) 成本不是最重要的,甚至不是必要的关键因素。传统观点认为,降低发射价格对国家发射战略是非常重要的,从航天飞机到航天发射倡议(SLI)以及现在的商业机组人员与货运计划,都在尝试开发新的系统来大幅降低发射有效载荷的成本。

如上所述,主要的政府客户以及现有的商用客户优先考虑的是其他因素,而不是成本。对于精致国家安全空间客户,发射的可靠性是至关重要的,因为这些飞行器执行的是重要任务,其成本高昂,并且在出现故障的情况下备选方案有限。对民用载人航天而言,人员安全是评判标准中最关键的因素。现有的商用和民用自主航天器客户重视成本,但仍将可靠性和进度保障置于更高的优先级。只有两个新兴的客户群体,即"作战快速响应空间"(ORS)和一些创业型航天企业,才会把成本放在第一位,但即使是这些关注成本的客户,也会有同等关注的要素,如"作战快速响应空间"的客户关注能够快速反应进入轨道,创业型企业关注任务的可靠性与安全性,特别是亚轨道和轨道的商用载人航天飞行客户对安全和可靠性更为关注。

相关研究表明,成本并不是市场的关键因素,对大多数政府与商用市场而言,发射成本没有很大的弹性空间。降低发射价格并不能有效地刺激需求增长,这是由于发射成本只是系统全部成本的一部分,其中:对许多商用发射任务而言,发射成本仅仅占到新卫星系统总成本的 1/3~1/2,大部分成本是用于卫星的制造和其他的开支;对政府的发射任务而言,相比于运行资金达数十亿美元的高价值的国家安全或探测任务,发射成本只是很少的一部分。因此,即使大大降低发射成本,其对整个系统的开发及运营成本的影响也是微乎其微。

在很多情况下,即使降低发射成本可以增加市场需求,市场的一些限制条件也会约束进入市场。例如,一个商用通信卫星的发射需要相关监管部门的审批,包括地球同步轨道(GEO)航天器的发射,因为在地球同步轨道的某些区域轨道位置是稀缺的,因此轨道位置需要有相关部门的审批。即使大幅消减总体任务的成本和发射成本,市场的准入条件也会限制因降低发射成本而增加的发射需求。其他潜在的约束包括:卫星制造商的供应能力是否能满足因降低成本而增加的市场需求,以及航天发射范围能否适应更快的运营节奏的能力。

(2)卫星发射市场明显缺乏竞争。民用载人航天服务仅由航天飞机完成,后续计划则专注于商业机组人员与货运计划。美国政府的精致国家安全空间与民用自主空间项目主要使用改进型一次性运载器(EELV)。这种层级的需求,客户对成本不太在意,尤其对于国家安全领域的客户而言更是如此,这就意味着这些运载器在商业市场上不存在竞争。根据美国联邦航空管理局(Federal Aviation Administration,FAA)商用空间运输办公室(Office of Commercial Space Transportation,AST)的报告,从 2007 年到 2011 年,在世界范围内共进行了 116 次商用发射,其中仅有 17 次(2011 年美国公司没有进行一次商用发射)是使用美国制造的运载器完成的[23]。商用通信卫星的发射任务目前主要由两家非美国公司的运载器承担:欧洲的"阿丽亚娜"(Ariane)5 和俄罗斯的"质子"(Proton)M 运载火箭。这些运载火箭被证明是可靠的,与 EELV 相比,他们的商用发射任务清单更加开放,能够满足将来政府有效载荷的发射需求。以 2011 年为例,全球共进行了 18 次商用发射,其中 14 次由欧洲和俄罗斯完成[24]。占市场份额第三的商用运载器是"天顶"(Zenit)-3SL 号,由跨国合资企业海上发射公司(Sea Launch)研发,该公司 2009 年中期申请破产保护,但在 2011 年恢复运营,并推出了一个陆基发射(Land Launch)计划,明显试图挑战提供商用市场服务。

在可预见的未来,这些挑战将一直存在。由 FAA-AST 和其行业咨询机构、商用空间运输咨询委员会(Commercial Space Transportation Advisory Committee,COMSTAC)发布的 2010—2019 年商用发射需求预测表明,地球同步轨道商用发射需求将持平,甚至在未来的 10 年里略有下降,从 2011 年高达 20 次发射下降到本 10 年末每年 14 次发射。未来 10 年,非地球同步轨道的商用发射需求将会在中期达到每年 15 次的高峰,这是因为铱星公司(Iridium)和全球星公司(Global star)将重组他们的卫星星座,组网成功后必将减少发射需求,到这个 10

年末的年发射次数将低于10次[①]。在没有大量增加发射需求的情况下,运载器将很难进入或重新进入发射市场。

这些情况表明:相对于大多数市场而言,美国目前的发射市场处于相对稳定的状态。由于改进型一次性运载火箭(EELV)历次发射的高可靠性,精致国家安全空间项目将由其提供发射服务。从长远来看,"作战快速响应空间"(ORS)是可行的,可以利用目前的一些小型发射系统满足发射需求,如空间探索技术公司(SpaceX)的"猎鹰"1和轨道科学公司的"飞马座"XL(Pegasus XL)、"金牛座"I(Taurus I)及"牛头怪"(Minotaur)火箭。此外,阿连特技术系统(Alliant Techsystems)公司和洛克希德·马丁公司重新启动了20世纪90年代开始研制的"雅典娜"(Athena)运载火箭,以满足作战快速响应空间的发射需求。民用自主航天飞行的发射服务目前由改进型一次性运载火箭和"德尔塔"II(Delta II)以及一些小型运载火箭承担,如"飞马座"和"金牛座"运载火箭;未来,空间探索技术公司的"猎鹰"9和轨道科学公司的"金牛座"II运载火箭也可支持这一市场的需求。目前确定的商用客户主要由非美国的公司提供发射服务,如欧洲的"阿丽亚娜"5(Ariane 5)和俄罗斯的"质子"M运载火箭,尽管改进型一次性运载火箭和"猎鹰"9(Falcon 9)也可以为这一市场提供服务。企业型商用客户在许多情况下可转向采用非美国的火箭运载器或"猎鹰"9(Falcon 9)火箭,除非亚轨道空间飞行运营商将使用专门为其市场服务的定制的亚轨道运载火箭。考虑到航天飞机于2011年退役、载人航天发射和"星座"计划的取消以及商业机组人员与货运计划的长期生存能力,所以民用载人航天发射也存在某些不确定性。

这种状态可能使多年来一直主张需要降低发射成本、开辟新市场的空间支持者和热心人士不满意,但却满足了现有客户的需求,他们对降低成本的重视程度并不相同。同时,由于当前市场千变万化,新能力的出现,以及国家政策的不断变化,都会打破这种平衡。

8.3 可能打破当前航天发射平衡状态的因素

8.3.1 民用载人与货运航天飞行的商业化外包

在2011财年的预算报告中,奥巴马政府对NASA的载人航天计划提出了一些重要改动。最初预算报告要求在保留航天飞机退役计划的同时暂停所有后续项目,如"星座"项目、"阿瑞斯"运载火箭;但政府随后在2011年重新恢复了部分"星座"计划和"猎户座"多用途人员飞行器(Orion Multi–Purpose Crew Vehicle,OMPCV)项目。针对载人航天发射,在早期有一个数十亿美元的"商用载人和货运项目",用于建立和发展能够运载宇航员和货物往返于近地轨道的商用系统。这个项目包括商用载人发展计划（Commercial Crew Developments Program, CCDEV）和早期发展的往返于近地轨道（LEO）的载人和货运系统的商用轨道运输服务计划（Commercial Orbital Transportation Services, COTS），并为国际空间站（ISS）提供支持[26]。

这些计划虽然具备打开新市场的潜力，但可能在短期内尚无法推向市场。通过为商用载人航天飞行和货运系统提供部分发展基金，并成为这些服务的固定客户，NASA 的商用载人和货运计划发展出的商用系统也将有可能获得一些额外的市场。事实上，由于 NASA 对 ISS 只有每年数次的载人和货运发射需求，如果在这方面能够成功，那么其他的市场也将同样能够打开并得到发展，例如空间轨道旅游。根据富创公司 2002 年的报告，预计空间轨道旅游每年将有数十名顾客，像"比奇洛"（Bigelow Aerospace）飞行器也有赖于商用载人运输系统，所以顾客可以通过他们公司的轨道舱进入空间。总的来看，这些附加的商业市场并不能由现有的任何运载器占有，但却能比单独的 NASA 创造出更大的需求。

当然，要达成这些设想还有很多困难。考虑到这些新的商业市场不够成熟，项目方可能很难制订出足够详细的商业计划来吸引外部投资者。因此，不得不更多地需要依靠内部资金。投资的规模是不确定的，这取决于项目方的认识深度和 NASA 开发相关能力的意愿。联合发射联盟（ULA）是一家对这些市场感兴趣的公司，他们前期投资了 4 亿美元用于发展商用载人任务所需的地面设施，以及运载器的健康监测系统和人员逃逸系统[27]。空间探索技术公司（Space X）是另外一家对商用载人运输系统感兴趣的公司，他们希望筹资开发发射逃逸系统和地面设施。ATK 公司也在寻求进入商用载人航天发射市场，但他们面临着与联合发射联盟（ULA）和空间探索技术公司（Space X）相同的资金问题。

这类任务投资是否合理有效是另一个需要关注的问题。正如前 NASA 审计员迈尔康·皮特森所估计的，相比于当前"联盟号"飞船每次发射耗费 1.5 亿的发射价格，商用载人运载器提供相同服务的价格将不会低于 4 亿美元[28]，尽管商用服务提供者声称他们的服务价格很低，但如果他们做不到，将会失去载人航天飞行的商业市场，而这将会限制 NASA 的相关能力。

此外，安全性也是一个值得关注的问题。尽管对载人发射运载器还有很多争议，但对"载人级别"的定义已经达成一致。在 2010 年 5 月 NASA 商用载人计划发布会中，发言人表示 NASA 已经制订了"商用载人级别计划"（Commercial Human–Rating Plan），这个计划是已有的载人级别要求的定制版本。尽管可能比政府要求的指定标准低，但考虑到政府载人计划的安全性要求和国内外对发射事故声誉的关注，在可预见的未来，任何载有 NASA 航天员的航天器都将受到政府的监督。这些额外的监督和必须优先保证的安全性、可靠性以及开支的削减，都将会抵消使用非政府的服务带来的成本节省，而且这也将会影响这些非政府的服务提供商吸引其他的商用业务。

商用载人航天飞行计划也受已有客户的影响。为了满足载人级别的要求，开发商需要对运载器进行改进，而这必将增加额外的开支。按照一位美国空军官员的说法，尽管改进型一次性运载火箭（EELV）和"猎鹰"9号火箭发射次数的增加会降低单次发射的成本，但客户对载人级别要求与非载人级别之间发射快速性差别的关注，将会抵消运载器产量增加带来的单价降低[29]。

8.3.2 成功的亚轨道空间飞行

商用亚轨道载人航天飞行是一个与商用载人轨道飞行相关但相对独立的市场，目前已经有数家公司在该领域发展。由于时间安排更具有弹性，最近几年数家公司正在积极发展和试验可以提供亚轨道高度飞行服务的运载器，这些运载器预计从已有的或新建的宇航中心发射，比如美国的宇航中心，一套价值2亿美元的设备正在新墨西哥州生产，并预计将在2013年投入使用。

通过先前提到的市场研究指出，虽然亚轨道旅游不足以支撑公司的成功发展，但已然是一个重要的市场，为了占领该市场，这些公司需要足够的资金来成功开发他们所提出的系统方案。如果这些公司能够克服包括管理和其他事务在内的一系列困难，提供的发射服务在空间位置、飞行轨迹和费用方面实现差异化，那么亚轨道旅游业的需求将足够支撑其中的一些项目。

当然，这些运载器可以实现的远不止空间旅游。其中研究和教育领域就具有相当大的吸引力，比如进行高空飞行实验、技术演示验证活动以及亚轨道搭载学生研制的有效载荷。相比已有的探空火箭或者轨道飞行活动，新的亚轨道运输工具具有高飞行率、低单次飞行成本，以及可以进行有人参与实验的一系列好处。支持者认为亚轨道研究的应用潜力远大于旅游，毕竟一个旅客一般只会飞行一次，而科学家的试验往往需要多次飞行才能完成。2010年2月，NASA表示将启动商用可重复亚轨道研究计划（CRuSR）以支持商用运载器的亚轨道应用。该项目从2011—2013年计划投资1500万美元，至2016年投资总额为7500万美元[30]。截至2012年，包括"维珍银河"（Virgin Galactic）公司、马斯腾空间系统（Masten Space Systems）公司、XCOR航空航天公司（XCOR Aerospace）、犰狳航空航天（Armadillo Aerospace）公司在内的一些亚轨道服务商参与了该项目的发射平台研制计划[31]。

从近期和中期来看，为了更好地服务于所对应的市场，避免与轨道飞行竞争，亚轨道飞行应当从轨道飞行中分离出来。其中可能的特例是某些亚轨道运载器上面级的开发商可以利用他们的亚轨道运载器将小型卫星发射至近地轨道。2009年，维珍银河公司从阿布扎比基金（Abu Dhabi – based fund）和阿尔巴投资（Aabar Investments）公司处获得了1亿美元的投资，用于开发可用"白骑士二号"载机发射的"发射者一号"轨道发射运载器,用来替代"空间船二号"。"发射者一号"是一种不可重复使用火箭,可以将200公斤的货物以每次200万美元的价格送至轨道,这个价格对快速响应空间(ORS)和其他寻求低成本发射小卫星的用户是很有吸引力的。[32]

如果第一代商用亚轨道运载器取得成功,那么相关的公司将会开发更有能力的后续系统。下一代的运载器将提供更快速度、点对点地输送货物或人员的服务(第一代的亚轨道运载器通常设计为在同一位置进行起飞和降落),接下来还可以实现直接进入近地轨道(LEO)。除非现有的市场加速发展,否则相比现有的运载器,该亚轨道运载器有可能提供更低的进入轨道的成本,但是针对未来10年有关公司的开发和投入使用的第一代亚轨道运载器的服务而言,这种情况很难发生。

8.3.3 作战快速响应空间能力的展示

虽然对作战快速响应空间(Operationally Responsive Space, ORS)具有很大的兴趣点,但是ORS概念向作战人员承诺的提供快速获取空间支持的能力还没有得到广泛的证实,这种能力包括能够在紧急情况下在一周或更短的时间内调用或发射卫星。尽管ORS-1获得了成功,但美国国防部的官员还在权衡ORS的性价比,特别是在2011年国会提出了预算控制法案削减国防部预算的情况下更是如此。

如果作战快速响应空间(ORS)被证明是有效的,那么将增加对小型发射运载器的需求。这些系统近年来由于此类应用的需求不足而严重闲置,主要原因在于这些小型发射运载器对所有的商用和大部分政府卫星来说太小了。ORS可以提升"猎鹰"1、"飞马座""金牛座""牛头怪""雅典娜"等运载火箭的能力,使这些运载器可以达到ORS单次发射成本为2千万美元的目标要求。但在某些情况下,这一目标很难达到。例如,2010年6月NASA"天马座"XL火箭的科学卫星发射合同价格为4千万美元,[33]这表明一些公司的发射装置不能满足ORS要求,或者需要修改ORS的目标价格。

如果ORS增加了小型发射运载器的需求并降低了它们的价格,那么对NASA之类的其他客户是很有好处的,因为他们以更高频率使用这些运载器发射科学和技术演示验证卫星。然而,除非小型卫星在未来的几年里展现出商业应用价值,否则商业客户不太可能发现这些发射运载器非常有用。

8.3.4 采用新型"低成本"运载火箭

虽然对大部分发射服务客户而言,成本不是首要的考虑因素,但他们同样会关心在保证可靠性和进度的前提下降低发射成本。即使是国家安全领域的用户,也希望运载火箭能够在相同可靠性的前提下发射价格更低。试想如果出现了一种新型低成本运载火箭,这种火箭具有可接受的可靠性和安全性,那么又会有什么情况发生呢?

毫无疑问,这种运载工具将会吸引更多民用和国家安全方面的客户,这些客户会对更低的发射成本感兴趣。然而,如前所述,现有发射市场的价格非常缺乏弹性,即便价格大幅下降,由于相比于卫星本体、监管和保险等费用成本,发射成本只占整体系统的很小一部分,所以也不会激发客户的额外发射需求。这种运载器只能抢占其他发射运载器的市场份额,但不一定对扩大发射市场的总体规模产生显著影响。

这意味着低成本的运载火箭想要扩大整体市场,就必须价格足够低,才能吸引之前因为价格太高而失去的用户。但这一价格要多低才合适呢?富创公司 2003 年为 NASA 新型运输工具的空间概念的分析研究中指出,在未来的 20 年即便发射成本降低 75%,发射市场的需求增长也不会超过两倍。市场的大部分增长点集中于空间旅游一类的"新兴"的商业领域,现有的发射服务尚不能很好地解决这一领域的需求。[38]

一个实例是,空间探索技术公司(Space X)试图采用价格远低于竞争对手的新的运载火箭。虽然这个公司成功获得了一些传统的政府和商业卫星的发射订单,特别是准备使用更大的"猎鹰"9 运载火箭实施发射,但其大部分发射服务实际上是基于 NASA 的商用人员和货运计划为国际空间站输送货物的新市场。由于发射成本的原因,NASA 主导的市场并没有打开,只是满足了 2011 年航天飞机退役后 NASA 为支持 ISS 所进行的运输的需求。

8.4 结论

国家空间战略和政策关注于降低发射成本这方面并没有取得成功,原因是相比于发射成本,现有的主要客户更关注的是发射服务的可靠性、安全性和实施进度,而且即便降低发射成本,也不会提升市场需求。作战快速响应空间和创业型空间企业这些新兴的客户对发射成本更加敏感,但在他们发展的早期阶段,其市场规模以及它们的生存能力都还存在着不确定性。

那么是否意味着降低发射成本就注定会失败呢?这也不一定,与"科技推动"相似,通过大规模投资研发新型运载火箭可以降低发射成本并打开新的市场,但这一情况在过去没有出现过,在未来是否会出现也尚存疑问。值得关注的是,随着"哥伦比亚"号航天飞机失事后美国的空间探索政策(Space Exploration Policy,SEP)被取消,无论是 NASA 还是美国国防部都没向可降低发射成本的可重复使用运载工具或其他技术方面投入大量的资源,美国空军在这方面也仅进行了较小规模的投资。政府用户对当前的改进型一次性运载火箭(EELV)和潜在的后续载人航天飞机表示满意,或者说至少是认可的。

在未来几年,航天发射领域可能会像克林顿·克里斯顿等描述的那样,出现突破性技术。就像个人计算机最初被主流的计算机厂商忽视,认为个人计算机的运算能力太弱,不能有效地完成工作一样。现在也有一些人批评说,目前新一代的商用可重复使用亚轨道运载器的运输能力太小,不足以替代现有的运载器⑮。既然个人计算机能够找到大型计算机不能提供服务的市场缺口并将其占领,那么亚轨道运载器同样也可以服务于市场——目前的不可重复使用的轨道运载器因为价格高和发射频率低无法满足空间旅游和科学研究发射市场的需求。随着时间的推移,亚轨道飞行器将通过市场推动获得支持,并从以往失败了的"技术推动"实践中吸取教训来提高自己的能力,最终有可能成为服务轨道客户的运载器,且价格更低、可靠性更高、发射频率更高、运载能力更大。

由于没有成功的经验可以借鉴,所以这种技术的进步可能会持续许多年,甚至数十年。这种情况类似于小型轨道卫星。同时,现有的运载火箭也需要进一步提高可靠性和安全性并降低成本。未来的国家空间战略的调整应当更加注重这些方面,而且应该鼓励发展新型系统来满足现有客户和新客户的未来需求。

注　释

① T. A. 赫本海默(T. A. Heppenheimer),航天飞机的决定:NASA 寻求可重复使用的运载工具(华盛顿地区,NASA 历史办公室,1999)。

② "航天发射倡议:开辟空间前言技术",NASA 马歇尔空间飞行中心,www. nasa. gov/centers/marshall/news/background/facts/slifactstext02. html(2010 年 6 月访问)。

③ A·托马斯·杨(A. Thomas Young),"科学与技术委员会上的证词",美国众议院 2010 年 5 月 26 日,http://democrats. science. house. gov/Media/file/Commdocs/hearings/2010/Full/26may/Young_Testimony. pdf(2010 年 6 月访问)。

④ "运载火箭广域评估报告",1999 年 11 月,HTTP://klabs. org/richcontent/Reports/Failure_Reports/Space_Launch_Vehicles_Broad_Area_Review. pdf(2010 年 6 月访问)

⑤ 凯文·P·切尔顿(Kevin P. Chilton),"2009 年空间战略研讨会:从指挥官的视角观察,"2009 年 11 月 3 日,WWW: stratcom. mil/speeches/26/2009_Strategic_Space_Symposium_Commanders_Perspective(2010 年 6 月访问)。

⑥ 杰夫·福斯特(Jeff Foust),"军事发射,失败不是一个选项,"SpacePolitics. com,2010 年 3 月 27 日,www. spacepolitics. com/2010/03/27/for_military_launch_failure_is_not-an-option(2010 年 6 月访问)。

⑦ 同上。

⑧ 美国国防部,"作战快速响应空间计划",2007 年 4 月 17 日,www. acq. osd. mil/nsso/ors/Plan%20for-%20Operationally%20Responsive%20Space%20-%20A%20Report%20to%20Congressional%20Defense%20Commit-tee%20-%20April%2017%202007. pdf(2010 年 6 月访问)。

⑨ 托马斯·亚当(Thomas Adang)和詹姆斯·格(James Gee),"创建一个敏捷的全空间架构,"互联互通(2009 年夏季),www. aero. org/publications/crosslink/summer2009/01. HTML(2010 年 6 月访问)。

⑩ 艾瑞克·汉德(Eric Hand),"空间科学愿望寄托于火箭试验,"自然新闻,2010 年 5 月 18 日,

www.nature.com/news/2010/100518/full/465276a.html（2010年6月访问）。

⑪ "几何学构造决定2011年火星发射日期"，发动机推进实验室，2010年5月20日，www.jpl.nasa.gov/news/news.cfm?release=2010_171（2010年6月访问）。

⑫ "美国空间运输政策概况，"科学与技术政策办公室，华盛顿特区，62005年1月"办公室，www.spaceref.com/news/viewsr.html? PID=15010（2010年6月访问）。

⑬ "2011财年预算评估，"NASA，2010.2.1，www.nasa.gov/pdf/420990main_FY_201_%20Budget_Overview_1_Feb_2010.pdf（2010年6月访问）。

⑭ "美国宇航局探索系统结构研究：最终报告，"美国航空航天局，2005年11月，www.nasa.gov/exploration/news/E SAS_report.html（2010年6月访问）。

⑮ "2009年年度报告，"美国宇航局，2010年1月15日，http：//on.hq.nasa.gov/asap/documents/2009_ASAP_Annual_Report.pdf（2010年6月访问）。

⑯ "卫星产业状况报告，"卫星工业协会，华盛顿特区，2011年8月，www.sia.org/PDF/2011_State_of_Satellite_Industry_Report_（8月%202011）.pdf（2012年4月访问）。

⑰ 同⑯。

⑱ 杰夫·福斯特（Jeff Foust），"当优秀公司遭遇发射失败"，空间评论，2007.04.09. www.thespacereview.com/article/847/1（2010年6月访问）。

⑲ "卫星产业现状报告，"卫星工业协会，华盛顿特区，2011年8月，www.sia.org/PDF/20II_State_of_Satellite_Industry_Report_（8月%202011）.pdf（2012年4月访问）。

⑳ "空间旅游市场研究，"富创公司，2002年，www.futron.com/upload/wysiwyg/Resources/Space_Tourism_Market_Study_1002.pdf（2010年6月访问）。

㉑ 同⑳。

㉒ 杰夫·福斯特（Jeff Foust），"哪里是我的火箭飞船"，空间评论，2008.06.07，www.thespacereview.com/article/1165/1（2010年6月访问）。

㉓ "商业空间运输：2011年回顾"，FAA/ASI，华盛顿特区，2012年1月，www.faa.gov/about/office_org/headquarters_offices/AST/媒体/2012_YearinReview.pdf（2012年4月访问）。

㉔ 同㉓。

㉕ "2010商用空间运输预测，"FAA/AST和CO\1STAC：华盛顿，2010年5月，www.faa.gov/about/office_org/headquaners_offices/ast/media/launch_forecasts_051810.pdf（2010年6月访问）。

㉖ "探索事业研讨会：2011财年商业载人计划的起点，""美国航空航天局，2010年5月25日，www.nasa.gov/pdf/457442main_EEWS_Commercial Crew.pdf（2010年6月访问）。

㉗ 道格·梅西耶（Doug Messier），"空间访问10：ULA的杰夫·巴顿评论Atlas V和Delta IV的载人能力"，抛物线杂志，2010年4月8日，www.parabolicarc.COM/2010/04/08/space-access-10-jeff-patton-united_launch_alliance（2010年6月访问）。

㉘ 杰夫·福斯特，"空间商业联盟能否胜过众议院？"空间评论，2010年3月22日，www.thespacereview.com/article/1592/1（2010年6月访问）。

㉙ 斯蒂芬·克拉克，""空军表示星座计划将增加发射成本"，空间飞行，就在现在，2010年3月15日，http：//spaceflightnow.com/news/n1003/15eelvcosts（2010年6月访问）。

㉚ 杰夫·福斯特（Jeff Foust）"亚空间轨道研究即将展开"，空间评论，2010年3月1日，www.thespacereview.com/article/1577/1（2010年6月访问）。

㉛ NASA飞行机会计划，https：//flightopportunities.nasa.gov/platforms（2012年4月访问）。

㉜ 罗伯·乔平（Rob Coppinger）"维珍银河公司考虑新的卫星设计"，国际飞行，2009年11月2日，www.flightglobal.com/articles/2009/11/04/334386/virgin-galactic-considers-new-satellite-design.html（2010年6月访问）。

㉝ "NASA 授予 IRIS 任务发射服务合同,"美国航空航天局,www.nasa.gov/home/hqnews/2010/jun/C10-033_NASA_IRIS.html(2010 年 6 月访问)。

㉞ "NASA ASCENT 研究最终报告:执行总结,"富创公司,2003 年 1 月 31 日,www.futron.com/upload/wysiwyg/Resources/ASCENTexe_summary.pdf(2010 年 6 月访问)。

㉟ 克莱顿·克瑞斯特森(Clayton Christensen)"创新者的困境:当新技术导致大企业倒闭"(剑桥,MA:哈佛商业出版社,1997)。

第9章 地球观测与空间战略

莫莉·K. 麦考利（Molly K. Macauley）

随着空间时代的到来，卫星开始收集地球上活动的信息。此类具有空间优势的信息在有效提高军事管理部署、侦查、通信及科学资源等方面有突出的表现。本章着重介绍由地球观测卫星提供的这类信息。美国等30多个国家，单方面或共同拥有、使用着约78颗共携带125台装置[①]的民用地球观测卫星，在这些设备上的总投资约为500亿~800亿美元[②]。这些卫星广泛应用于研究及管理活动，测量和监测土地使用、空气质量、淡水储量、海洋健康、可再生能源、地震条件和相关的地质情况、火山爆发或极端天气等自然界的活动，以及包括地球气候和全球碳循环在内的一些其他因素。另外，还利用安装在飞机、地面或海上的其他设备来收集其余的地球观测数据。国家安全观测网络也为国防力量的部署及操作收集自然及环境资源方面的数据，在某种情况下还会支持民间环境和灾难应对方面的需求。

本章认为，地球观测提供了一些特殊的、与经济和战略相关的信息，这些信息涉及国内以及全球的资源。一个国家的空间战略的制订应该以部署和使用民用地球观测卫星为目的，像这样一个战略计划应包含空间态势感知能力、空间运输能力、空间跟踪能力及通信基础设施。

在最高级别的行政部门决策中，早已承认以自然和环境资源为代表的国家生态财富，9.1节提及并描述了这段历史。这节还将地球观测突出作用的讨论范围从国内延伸到全球，例如矿物燃料储量、农业生产力和全球碳循环。9.2节内容讲述了美国国家安全部门一些对地观测可用信息对地球观测活动所做的贡献。尽管在民用领域之外，来自这类机构的对自然资源测量、监控的数据对公开数据进行了补充，但当需要用这些数据对民间资源进行管理或是贯彻执行国家气候政策时，还是有必要保证这些数据的公开与透明。现在，许多国家都在使用地球观测卫星，9.3节和9.4节就此提问：当由不同卫星提供的数据之间出现了差异时，到底该以哪些数据为准？以及在国家的空间战略中，对地球进行观测活动时，参与国际合作是否有保障，并且可行？

9.1 作为国家财富的自然与环境资源

丰富的自然资源——化石燃料和矿产、肥沃的土地、充足的淡水及海洋资源、新鲜的空气——都被认为是国家财富的一部分。这些资源与国家的工业基础、劳动力还有国防一样，拥有同样重要的地位。比如，1951年，美国总统委员会认为国家应当采取行动，通过改进测量和监控活动来管理国家的自然资源，并将资源视作"自由的资源"[③]。委员会主席威廉·S. 佩利在后来的回顾中提到这份报告时写道：

"（委员会的）委员们……认识到自然资源的供应及使用对美国经济至关重要……（并且）有两件事（从来）都没有改变。一是自然资源对社会的重要性与日俱增……二是客观并全面地评估自然资源与社会之间关系的任务还没有完成，而且永远也完成不了。[④]"

所谓"材料"就是关键资源，该报告强调"精选的材料在当今世界斗争中的使用足以毁了你或者保护你！[⑤]" 1951年的那届委员会当时正面临着由于第二次世界大战所带来的能源、金属以及农产品的限量供给问题。委员会为了避免将来物资的短缺，尝试通过改善国家资源的管理去寻找解决办法。

国家安全对自然资源的关注一直持续着，并且范围由国内扩展到其他国家。里根总统在1988年的国家安全策略中说道：

"一些国家对其自然资源——包括石油、森林、水资源和空气——的消耗和污染，将会损害美国及其他一些受影响国家的国家利益，并对这些国家的和平以及繁荣造成潜在威胁。[⑥]"

布什总统和克林顿总统将环境安全纳入国家安全战略当中，并强调水、食物、能源等资源的稀缺有可能会"触发、刺激或增加世界其他地方已经存在的政治紧张"[⑦]。

1951年，从空间观测地球的手段出现，使评估和监测很容易地扩大到国界之外。也就是说，1951年那届委员会的视野范围，由国内资源扩大到了全世界的资源，在某种程度上是因为全球观测数据提供了这种可能。例如现在的地球观测能够提供包括矿物燃料及可再生能源、农业、水源、空气质量、天气和气候的全球资源数据。

9.1.1 矿物燃料

由空间进行的对地观测早先主要被用来鉴定表面渗油和地形结构。在某种程度上,这些物质从空间能够比从地面更容易被观测到[8]。矿物燃料通常被形容成一个国家命脉的一部分,而矿物燃料储量的地质信息的价值则可以归为石油安全问题。石油安全的价值体现在能够规避由于可能的石油供应中断而导致的经济损失[9]。一些军事计划文件和一些高级官员认为,美国在波斯湾的整个军事目标就是为了保证美国及其他西方国家能够获取石油[10]。专家认为应当更深入地促进能源政策与国家安全政策的完全整合。[11]除矿物燃料之外,地球观测同样可通过提供关于风力、太阳能、水力及地热资源的信息,来协助统计可再生能源的状况。[12]

9.1.2 农业

管理农业资源是另外一个例子,这方面的战略重点是提供国内及全球的农业生产信息。本杰明(1994)注意到,从20世纪70年代早期到1991年苏联解体,美国及苏联之间的谈判主要集中在两方面:①核武器的管理;②采购美国粮食的价格[13]。在此期间发生的"粮食大劫案"据说促成了美国农业部农产品外销局(FAS)全球粮食监督报告系统的设立。1972年,一场严重的干旱使全球粮食产量大幅减少,尽管美国粮食储备量大,但当时的苏联悄悄地购买了大量的存货,导致全球农产品价格激增。根据罗基奥的说法(2007),美国行政管理和预算办公室指示农产品外销局建立对世界农业生产力模式化的评估方式[14]。目前这项评估包含了影响种植、收获、销售、商品出口及定价、干旱控制和粮食援助等条件。农产品外销局根据卫星的天气及土地使用数据,综合外国政府报告、海外媒体报道及其他一些数据,对美国和全世界的主要作物的关键性事件提供预警及分析[15]。

9.1.3 水、空气质量与天气

环境和公共健康之间的联系包括预报美国和全世界的霍乱爆发、空气污染、干旱以及其他与天气有关的灾害。联邦政府机构管理国内空气质量和水资源所使用的地球观测数据都记录在案,并写进由美国气候变化科学计划所支持研究的一系列报告里[16]。在美国最近发生的自然灾害中,地球观测数据起到了作用——及时反映海岸线的变化、恢复情况和"丽塔"及"卡特琳娜"飓风造成的破坏[17]。卫星所观测到的世界其他地区的环境问题及自然灾害数据,不仅可以支持资源管理、应急响应,还能帮助美国部署对外的人道主义援助。国家航空航天局(NASA)网站上的"地球观测站"图书馆介绍并进一步提供了关于此类案例的大量文件[18]。

9.1.4 全球碳循环

卫星观测为全球气候系统的认知、建模及预测提供了部分主要数据，包括大气层、陆地及海洋进程的测量数据。由世界气象组织（WMO）资助的一些专家列出了40余种识别特定类型观测物体的物理参数[19]。清单中大约有一半都需要由卫星来搜集；其余的则由飞机、气球、海上浮标和接地指示仪来搜集。

在政策设计中，地球观测所扮演的角色主要取决于其提供的数据对描述气候系统、识别和预测温室气体（GHGs）浓度的趋向所起到的作用，并作为一种未来监测这类气体稳定性及全球气温变化的手段。关于未来针对温室气体排放和隔离变化的全球监测活动的讨论也已经开始，有可能会被作为一种检验未来国际或多边减排合作协议的技术手段[20]。

对气候进程的地球观测结果，与减缓温室气体排放所采取的行动挂钩。这些行动包括对电力生产中可再生能源如风能、太阳能和地热能的资源配置，以及对运输行业执行严格的燃料效率标准。此类行动减少了矿物燃料的消耗，相应地可能会影响国家的能源安全[21]。有分析师将这种关系描述为国家安全的碳减排红利[22]。

美国国家安全局同样关注气候变化。在2008年进行的国家情报评估中，国家情报委员会（NIC）呼吁民间组织为气候系统建模并进行分析，指出军事组织自身缺少对气候研究的能力[23]。所提到的民间组织包括大学和其他非政府组织。NIC强调：

> "情报界并不评价气候变化的科学价值，我们也不会独立地对气候变化的根本原因、或是到什么程度会发生气候变化进行研究。事实上，情报界反而会依赖政府间关于气候变化专门委员会所做的评估、以及其他同行的评价，或所签订的关于预测气候变化及其影响的合同研究。[24]"

国家情报委员会设立了一个框架结构来确认战略性的环境及自然资源，这些资源对经济十分关键，并且（或者）与重要的军事产品相关。这些资源包括水源、有毒污染物及材料、天气、气候以及城市化之类的土地使用状况。

这些总结报告指出，气候变化会在未来的20年里对美国国家安全利益产生深刻影响，因为气候变化可能会加剧现有的贫困、社会紧张、生态恶化、无效领导、脆弱的政治制度等全球性问题，这些问题都有可能影响国家的稳定。这项评估认为单就气候变化本身，不大可能在2030年前引发任何国家的政府失灵。但是水资源的利用量、农业生产力和极端天气对重要的经济基础设施等方面的损毁，有可能会潜在地加剧国内、国际冲突。北极地区被特别地强调，报告提到了"无冰北极"的好处，包括能够更方便地获得能源、矿物资源以及海运线。同时也有在这一地区的其他战略上的考虑，包括北方国界需要更多的国土安全防护措施、通往渔场线路的监测以及评估环境恶化的风险。

2010年2月，《四年防务评审报告》将"制订气候和能源战略方案"列入了国家安全的优先顺序[25]。该报告指出：

> "尽管他们带来了不同类型的挑战，气候变化、能源安全和经济稳定是密不可分的……气候变化会从两方面影响美国国防部（DOD）。首先，气候变化会影响我们的工作环境、我们的作用和承担的任务……气候变化本身并不会导致冲突的发生，但它可以是不稳定或冲突的催化剂……其次，美国国防部需要根据气候变化的影响，对设备和军事能力进行调整。[26]"

奥巴马政府于2010年5月发布的《国家安全战略》将气候变化纳入了"关键的全球变化"[27]。在描述气候变化的影响之后，该战略中提到：

> "美国将以明确的科学指导为基础，同时与世界各国合作，共同应对气候变化。只有所有国家积极负责，共同行动，才能应对气候的变化，才能拯救我们所居住的地球。[28]"

来自NASA、国家海洋和大气局（NOAA）以及国家情报体系的地球观测数据组成了用以支持安全评估的气候科学模块。罗杰斯和加勒基（2010）进一步描述了这类用于支持国防领域界相关决策的民用科学[29]。

地球观测被认为减少了欧洲与资源有关的安全顾虑。比如，欧洲航天局（ESA）将欧洲国家的安全确立为全球环境与安全监测项目（GMES）的基本原则。全球环境与安全监测项目主要使用现有卫星和预计从2012年开始陆续发射的5颗"哨兵"卫星获得的地球观测数据。这些卫星设备包括：能够在全天候全天时观测海洋和陆地的雷达、高分辨率优化成像对地观测器、同步和极地轨道卫星多光谱大气状态监测器。GMES将在全球食物供应、气候变化、人道主义援助的调度部署、民防、边检及海上监控等方面协助欧洲处理安全事宜[30]。

以上例子说明了地球观测在管理国内资源、观测和监测他国资源和维护国家安全利益方面扮演的多重角色。一些"将资源列为生态财富"的支持者强调，自然资源对国家经济的价值要有更明确的财政反映，反之，地球观测所得信息的价值也与资源的价值有关。财政反映则与广泛使用的国民收入财务相对应，形式是国内生产总值（GDP）和经济增长的测量和报告。事实上，之前美国国会提案中讨论过设立一个"环境统计局"，仿效现有的数据搜集部门，如劳工部的劳工统计局、商务部的经济分析局及全国卫生统计中心[31]。有些欧洲国家已经设立了"绿色指标",并将其纳入国民经济核算体系。其目的是更全面地统计经济福利,方法是将自然资本及其贬值——由于退化、污染等原因导致的减少——与有形资本、其他商品和服务一样纳入 GDP[32]。

9.2 国家安全系统的地球观测

9.1 节着重讨论了多种目的下对自然资源进行测量和监控所得到的地球观测数据,所涉及的数据来源于公开的民用部门——NASA 和欧洲航天局,及其所使用的地球观测卫星的数据。但是,秘密的国家安全系统早已收集了自然环境资源数据[33],有些数据民用科学家已经能够使用,或者已经全部解密。自冷战末期以来,民用科学家已经有机会审阅已归档的 60 年代以来所收集的国家安全数据,包括被称为"天空之眼"的卫星或飞机所得到的数据以及"海洋之耳"的海洋学数据,比如来自国家声音监控系统所部署的声呐阵列的数据[34]。自 1992 年到 2000 年,科学家们在对这些文件进行审阅时,设立了不同的工作小组,用以鉴别那些对民用科学研究和自然环境资源管理有用的数据[35]。

例如,1992—1993 年,由 70 余名科学家组成的"环境工作小组"通过了安全审核,可以审阅国家安全数据,用于对地球进程及一些相关资源进行评估,包括云层、水蒸气、降雨量、温室效应、海洋生产力及空气与海洋间的交换、极地冰层、永久冻土、海平面、土地覆盖、地质学、土地使用、人口动态和城市开发以及环境管理数据的使用。其余的小组围绕"数据系统""传感器特性"等开展工作。环境工作小组提供了几项发现,包括国家安全系统帮助低分辨率民用卫星提供地面实况或为民用数据填补空缺,使用定位防御系统监测极地冰盖的移动情况、火山活动及海洋浮标,以及使用国防系统的信息来帮助管理自然资源。

后来,民用科学审阅的工作由一个称为 MEDEA 的常设顾问团来完成。MEDEA 从 1994 年到 2000 年间的活动包括评估附加的数据——"星座""氩"和"绶带"遥感计划的早期侦查卫星图像。这些项目收集了从 1960 年到 1972 年间的数据,比美国第一颗地球资源探测卫星的发射时间早了 10 年。对数据的审阅得出了一些成果,如使用 NASA 和加拿大航天局所获得的数据描绘出了南极洲的地图,并且假设一条输油管道在俄罗斯北部出现了泄漏,可能会对北极圈内河流所造成的损害程度进行了评估。

其他一些工作小组主要查阅对自然资源管理部门的政府工作有用的数据,比如对美国国家海洋和大气局(NOAA)管理沿海资源有用的数据。同时,协助灾害预警及监测系统,评审美国海军海洋学和大地测量学领域已有的数据为全球气候建模。此外,还促使在美国—俄罗斯经济技术合作委员会框架下的一个美—俄联合工作组,研究从绘制水位图到极地气候学方面的诸多问题。

MEDEA 的工作现在还在继续,包括关注相关数据以了解气候变化的科学[36]。另外,极地冰川的解密数据也是最近美国国家科学院研究关注的重点。他们发现,在极地的 6 个地点收集的数据提供了特别的信息,"对极地冰川的科学了解起到了重要的推动作用"[37]。其他一些环境和资源数据也陆续被归入由美国地质勘探局(USGS)所维护的加密全球基准库中[38]。

或许有人会问,国家是否仅仅依靠国家侦察系统提供环境数据,而不用在民用或商用方面进行投资?加密的系统是为了国家安全而运行的,但同时他们所收集的数据又能够服务于环境监测,这个观点认为独立的民用系统其实是多余的。这样,与其说地球观测是国家空间战略的一部分,倒不如说它其实是国家安全策略的一部分。加密的数据与民用数据比起来,确实提供了更长时间段的系列数据和更高分辨率的数据,但是有些观点却反对在了解并管理自然资源时,完全依赖于加密数据的双重用途。

一种观点认为,被优化的、主要为国家安全服务的系统,并不能够提供完善的资源测量和监测信息。另一种观点认为,环境数据向公众开放,使监管者能够利用这些数据跟踪进程、暴露缺陷并提高大众认知。公开透明能够促使人们支持气候及其他环境政策,尤其是当这些政策加重了纳税人的负担时。

地球观测数据同样也为科研团体提供服务,当然,他们对于数据需求的优先级要排在安全之后。此外,以安全为目的所收集的数据,可能无法满足科研团体要求分享科研成果、公开数据以验证结果的协议。比如,有些 MEDEA 项目提供的数据,是关于卫星上一些特殊设备的技术指标,或是航天器本身的轨道参数等就不能被公开[39],虽然这些技术细节对某些数据的解释说明和使用有着重要的作用。

有些观点认为,民用地球观测系统与加密系统的关系是互补而非替代[40],这种关系不需要同一个事情拥有两方面的用途,然而从制度上来说,把民用需求和国防需求相结合是有困难的。最近的案例是关于国家极地轨道环境卫星系统(NPOESS)。在 NPOESS 系统下,民用部门和国防部门——NASA、国家海洋和大气局(NOAA)和国防部(DOD)——要将民用和国防用的极地轨道卫星合并成一个进行对地观测、空间气象和气候监测的项目。NPOESS 项目被推迟后,造成了严重的超支,并且遇到了一些其他的问题,美国科技政策办公室(OSTP)在 2010 年 2 月宣布终止这个项目[41],新的计划要求将军事项目和民用项目分开[42]。

将来,安全和民用方面的一些其他合作有可能相互渗透。比如,国家研究理事会的空间研究委员会主席查尔斯·肯内尔提供了一份关于以安全为目的发展民用地球观测技术的报告。他指出……航空航天公司已经完成战场上态势感知所需要的平台、传感器、通信及信息管理的融合,想知道的是他们的经验能否被运用于环境管理。信息技术公司想知道的是未来能否有一个给全世界决策者们提供环境信息服务的庞大市场前景㊸。

9.3 谁的信息？

越来越多的国家开始部署地球观测系统,随着相应数据的增加,可能会导致由不同设备收集的数据之间存在差异。由于技术和作业设备的不同以及对数据的解释和分析,这些差异是预料中的。例如,陆地观测仪因其光谱、空间和时间分辨率的差异而有所不同；数据也同样受限于解释说明,比如"城市化"或"森林化"都有多种意义,不同的意义在进行土地使用分类时都有可能导致差异。数据间的差异为进一步的研究、仪器相互校准和分类方案的细化提供了机会。

资源管理所使用的数据间的差异可能会引起关于哪些数据是"正确的"的争议。举一个能源使用的例子,国际能源署提供的一项数据表明,2009年中国吨油当量的总消耗量超过了美国,中国国家能源局对这一数据提出了质疑㊹。另外还有个案例,是美国和欧洲所观测到的林地数据的不同。瓦戈纳(2009)指出美国NASA和欧洲全球土地覆盖测量的结果,从墨西哥到巴拿马这一块区域的森林面积就有40%以上的差异㊺。这个案例的特点是,这些评估需要被用来提高森林在全球碳循环中的标准,以及为以后的任何旨在通过碳收费或排放交易许可的方式来管理森林碳隔离的国际政策提供必不可少的数据。根据国会的提议、美国能源信息管理局给出的数据表明,全球森林碳隔离对美国的经济价值到2020年可达约200亿美元㊻。物理测量方面的重大分歧既扰乱了对政策影响的估计,又影响了政策贯彻执行的效力。

这个例子同样说明,使用属于某一国家的天基平台,在空间中对他国自然资源进行地球观测可能出现的问题,尤其是当所观测的资源有极大的经济价值的时候。联合国(UN)的遥感原则允许对他国进行观察,但是在很长一段时间内,只有数量有限的科研工作者能够获得数据。来自美国地球观测系统的数据通常在经过一系列的科学质量控制方案后,就公之于众了㊼。即使是在这种情况下,许多来自天基平台的数据还是需要进行额外的测量,如实地验证。所以,要获得在空间中观测到的一些国家的诸如森林之类的主权资源数据时,还需要被观测国家的合作。联合国粮食与农业组织试图在依据各国自己提供的报告,进行全球森林资源的定期盘查时,就受到了国家主权以及各国对森林资源进行自测的技术及经济能力的限制㊽。即使一些国家有能力测量他们的森林土地资源,但由于涉及国际木材及木质产品交易市场,这些国家也选择不公开自己国家的森林资源数据。

9.4 国际合作

许多国家都在建立属于自己国家的地球观测系统,这就导致了一个问题:在地球观测方面进行国际合作是否有利?如果是的话,那么国际合作在国家空间战略中是否应该占具突出地位?现在世界上至少有5个地球观测的国际合作组织,这些组织全都是在联合国或像国际科学理事会这类的独立实体的支持下建立的。这些组织包括地球观测委员会(GEOS)、全球气候观测系统(GCOS)、全球海洋观测系统(GOOS)、全球海平面观测系统以及全球陆地观测系统(GTOS)。这些组织在不同程度上主要针对科学问题进行研究协作,而不是《国际环境协议》的执行力度[49]。为了进一步发展地球观测系统间的合作,8个主要工业化国家组成的集团即G8,在2003年的一次会议上极力主张推动更多的合作。G8的这个建议促使了地球观测组织(GEO)的设立。有80个国家以及欧盟委员会(EC),还有一些政府间、国际和地区组织,都是地球观测组织的成员,且加入和出资都是自愿的。地球观测组织加强了系统架构和协调工作的能力、数据管理以及与地球观测系统有关的能力建设,并且确定了公共卫生、气候、能源、水、农业、生态系统、气象、灾害管理及生物多样性等社会福利领域的优先顺序[50]。

合作可以避免设备重复、同步协调地理覆盖范围,这听起来似乎很有道理。国家间的数据交换已有很多年的历史了,尤其是气象数据(例如,美国依赖一颗欧洲气象卫星提供一些天气数据,因为美国的国家极轨运行环境卫星系统项目被重组了)[51]。全球气候观测系统(GCOS)的意图之一就是通过组织国家的力量,来弥补地球气候观测的缺陷[52]。另一个例子就是,地球观测组织正在寻求协作,以建立一个全球综合地球观测系统(GEOSS),这样就能起到1+1>2的效果,改善主题资源领域的决策[53]。另外一些合作形式就是建立国际伙伴关系,共同建设和使用系统[54]。

但是,如上所述,国家对被观测到的自然资源的主权——一个国家的空气质量、土地使用等情况——有可能与协作产生冲突,在某些方面也会有其他原因限制了数据分享。比如,日本的先进陆地观测卫星(ALOS)的数据到目前为止只有科学家及其他与ALOS相关的研究专家才能接触到。另外一个缺陷是,如果有些国家将地球观测列为可持续发展的空间战略的一部分,对其高度重视,而另一些国家却非如此,那么尝试协作或依靠伙伴关系就有可能受到阻碍。

国家研究理事会在其2007年对国家未来10年的地球观测活动进行建议的"十年报告"中,将"有能力补充其他观测系统包括计划的国内国际系统"[55]作为标准。报告中,寻求这项标准与其他目标之间平衡的难度很明显地体现在后面的讨论里。比如,关于地球观测任务支持气候的多样性和变化、土地使用的变化、生态系统动力学和生物多样性，报告指出：

> "合作的潜在优点很明显，但是由于一系列因素，要想实现这些优势却很复杂……国际伙伴关系的加强必须依赖于设备能力和科学需求方面的强力协作，数据能够自由、方便地获取，数据分析过程公开透明，分析算法也随手可得。⑤"

因此，合作上的不利甚至是阻碍的因素范围很广。这些挑战启示我们，国际合作最好建立在就事论事的基础上，而不应当作为一个国家空间战略的首要目标。

9.5 结论

测量和监视国内国际资源，在许多方面等于是对自然资源进行跟踪投资。地球观测卫星系统对矿物燃料、可再生能源、空气质量、农业、碳循环和其他自然资源的全球评估的价值，证明了将地球观测纳入国家空间战略的合理性。与国家安全系统的数据相互重叠是有益的，尽管公众有可能要求一些影响到民用资源的政策决定的数据公开透明。地球观测方面的国际合作是否应当作为国家空间战略明确的一部分，或只是单纯地基于就事论事的原则来决定，尚不那么明确。

历来，在国家的空间计划中，地球观测默默无闻的状态或许使地球观测团体受益。在一些可见的活动诸如载人航天、哈勃空间望远镜的阴影下，地球科学由于不需要参与竞争稀缺的财政资源，已经在过去的几十年里渐渐发展起来。尽管不同的财年所得的经费有多有少，但总的来说，地球观测科学还是有了很大的发展与进步。过去地球观测默默无闻给地球科学带来了好处，但是，也许是时候让地球观测对资源财富管理做出更卓越的贡献、同时也获取更多的关注了，将其明确纳入国家空间战略正是朝这个方向所迈进的重要一步。

注　释

① 《世界民用、国有地球观测卫星及其设备目录》，在《2008年天基全球观测系统》（GOS–2008）的附录3中，《第一卷，卫星计划说明》（瑞士日内瓦：世界气象组织，2008）。目录并不包括商用地球观测卫星。
② 这项评估并不包括每年对来自系统的归档数据的操作及维护费用。
③ 威廉·S·佩利，《自由的资源：35周年纪念版》（华盛顿特区：未来资源，1987），前言。
④ 同③，P1。
⑤ 《总统的材料政策委员会报告》，第一卷摘要，1952年6月，P1。

⑥ 肯特·休斯·巴兹,《气候变化:使与极端思想的斗争复杂化》,卡罗琳·庞弗里主编,《全球气候变化:国家安全影响》(卡莱尔市,PA:战略研究所,美国军事战争学院,2008 年 5 月),www. StrategicStudiesInstitute. army. mil(2010 年 1 月访问),P130。

⑦ 同⑥,P130 - 131。

⑧ 美国地球资源卫星计划中的民用卫星发展简史,包括地球资源卫星数据在地质勘探中的使用,见莫莉·K·麦考利,《自然资源及环境管理社会科学研究中的地球观测:找出地球资源卫星的贡献》,《陆地观测杂志》1:2(2009 年春季):P31 - 51。

⑨ 如,见詹姆斯·L·史密斯,《世界石油:市场还是伤害?》,《经济观察杂志》23:3(2009):P145 - 164。

⑩ 此书最近的概览及更多引文,见马克·德卢基,《海湾战争中保护石油的代价》伊安·W·H·帕里和费莉西亚·戴伊(编).《今日要闻》(华盛顿:未来资源,2010),P48 - 49。

⑪ 约翰·多伊奇,詹姆斯·R·施莱辛格,和大卫·G·维克多,《美国石油依赖性的国家安全影响》外交关系独立工作小组报告,P58(华盛顿:外交关系委员会出版社,2006)。

⑫ 更多内容见大卫·雷恩,《评估混合可再生能源系统的决策支持系统》,莫莉·K·麦考利和弗雷德·尤科维奇(编),《观测、数据、预报及其他项目在特定领域决策支持方面的作用及限制》,美国气候变化科学计划,综合及评估产品 5.1(华盛顿:美国全球变化研究项目,2008),P27 - 38。

⑬ 查尔斯·M·本杰明,《美国 - 苏联粮食谈判的对抗分析》,集体决定和谈判 3:4(1994 年 12 月):P393 - 411。

⑭ 劳拉·罗基奥,《地球资源卫星保护面包价格》NASA,2007 年 4 月 2 日,http://landsat. gsfc. nasa. gov/news/new - archive/soc_0010. html(2010 年 5 月访问)。

⑮ 见莫莉·K·麦考利及此处提到的参考文献《农业效率的决策支持》莫莉·K·麦考利和弗雷德·尤科维奇(编),《观测、数据、预报及其他项目在特定领域决策支持方面的作用及限制》,美国气候变化科学计划,综合及评估产品 5.1(华盛顿:美国全球变化研究项目,2008),P11 - 17。

⑯ 关于公共卫生的讨论见 Gregory Glass,《公共卫生决策支持》,P39 - 44,关于水资源的讨论见 Holly Hartmann,《水资源管理决策支持》,P45 - 55,关于空气质量的讨论见大元·W·边,《空气质量的决策支持》,P18 - 25. 所有的引用见莫莉·K·麦考利和弗雷德·尤科维奇(编),《观测、数据、预报及其他项目在特定领域决策支持方面的作用及限制》,美国气候变化科学计划,综合及评估产品 5.1(华盛顿:美国全球变化研究项目,2008)。

⑰ 除国家气候卫星系统之外,这些事件其余的观测结果都来自于一些地面观测和其他系统。比如,地球观测卫星提高工未来跨机构地面成像工作组极端事件观测,《美国国家地面观测计划》(华盛顿:白宫国家科学技术顾问,2007),P16。

⑱ 见 NASA 地球观测,www. earthobservatory. nasa. gov(2011 年 1 月访问)。

⑲ 世界气象组织,《支持 UNFCCC(GCOS - 92)的全球气候观测系统执行计划》,2004,www. wmo. int/pages/prog/gcos/Publications/gcos - 92_GIP_ES. pdf(2010 年 1 月访问);及全球气候观测系统(GCOS)秘书处《针对 GCOS 要求的基于卫星的数据库及产品指南》2009 年 3 月。

⑳ 《温室气体排放论证:支持国际气候条约的方法》国家研究委员会,评估温室气体排放委员会(华盛顿:美国国家科学院出版社,2010)。

㉑ 见约翰·多伊奇,詹姆斯·R·施莱辛格,和大卫·G·维克多,《美国石油依赖性的国家安全影响》外交关系独立工作小组报告,P58(华盛顿:外交关系委员会出版社,2006)。

㉒ 布莱恩·米格农,《全球碳减排的国家安全红利》能源政策 35:11(2007):P5403 - 5410。

㉓ 里奇·恩格尔,《气候变化:影响国家安全》国家情报委员会 SEDAC 使用工作小组会议上的简报,威尔逊国际研究中心,华盛顿,2009 年 8 月 26 日;及托马斯·芬格,《至 2030 年全球气候变化对国家安全影响的国家情报评估》郑重声明,众议院常设特别情报委员会,众议院能源独立及全球变暖特别委员会,2008 年 6 月 25 日。

㉔ 里奇·恩格尔,《气候变化:影响国家安全》国家情报委员会 SEDAC 使用工作小组会议上的简报,威尔逊国际研究中心,华盛顿,2009 年 8 月 26 日,P12。
㉕《四年防务评估报告》(华盛顿:国防部长,2010 年 2 月)。
㉖ 同㉕,P84 - 84。
㉗《国家安全策略》(华盛顿:总统行政办公室,2010 年 5 月)。
㉘ 同㉗,P47。
㉙ 威尔·罗杰斯和杰·加勒基,《转型中丢失:消除气候科学及国家安全政策见的差距》(华盛顿:新的美国安全中心,2010 年 4 月)。
㉚ 见 GMES 总览及详情,http://ec.europa.eu/gmes/index_htm(2010 年 5 月访问)。
㉛ 这些议会的提议包括 H. R. 37 和 H. R. 2138,提出于 2003 年 6 月,以提高美国环保局的内阁地位,并在新的环保局内设立环境统计局。
㉜ 斯宾塞·H·班茨哈夫,《设立环境统计局》,《科学技术问题》,(2004 年冬季);乔尔·达姆施塔特,《将资源及环境变化合并人国家经济账户》RFF,问题摘要 08 - 04(华盛顿:未来资源,2008)。
㉝ 杰弗里·T·里切尔森,《Scientists in Black》,《美国科学》(1998 年 2 月):P48 - 55;和琳达·卓尔,《MEDEA 项目 1990 - 2000》非密简表,2007。
㉞ 杰弗里·T·里切尔森,《Scientists in Black》,《美国科学》(1998 年 2 月):P48 - 55。
㉟ 琳达·卓尔,《MEDEA 项目 1990 - 2000》非密简表,2007。
㊱ 威廉·J·布罗德,《CIA 与气候科学家共享数据》,《纽约时报》,2010 年 1 月 5 日。
㊲ 国家研究委员会,《极地海洋冰川图像衍生产品的科学价值》(华盛顿:国家科学委员会出版社,2009)。
㊳ 见美国地质勘探局(USGS),http://gfl.usgs.gov/index.shtml(2010 年 5 月访问)。
㊴ 杰弗里·T·里切尔森,《Scientists in Black》,《美国科学》(1998 年 2 月):P48 - 55。
㊵ 16 页所提到的地面成像联合工作组的前景,提供了非密数据支持军事行动的例子。这个案例是指在 1990 年海湾战争中沙漠盾牌和沙漠风暴行动中,地面观测卫星及 SPOT 数据,在对科威特城及其他地区的多光谱绘图中所起到的作用。
㊶《重建国家极轨运行环境卫星系统》白宫情况报告,2010 年 2 月 1 日,www.whitehouse.gov/sites/default/files/NPOESS%20Decision%20Fact%20Sheet%20(2 - 1 - 10).pdf(2010 年 5 月访问)。
㊷《环境卫星:维持关键的气候及空间天气测量所需的战略》,GAO - 10 - 456,(华盛顿:美国政府责任办公室,2010 年 4 月)。
㊸ 查尔斯·F·肯内尔,《讲座》空间研究委员会新闻 20:4(2009 年 10 月—12 月):P2 - 3,http://sites.nationalacademies.org/SSB/ssb_052298(2010 年 5 月访问)。
㊹ 见《中国占全球能源使用首位,但中国质疑显示其超过美国消耗的数据的可靠性》《基督教科学箴言报每日新闻简报》,2010 年 7 月 21 日,2。
㊺ 保罗·瓦戈纳,《森林资源调查:差异和不确定》讨论稿 09 - 29(华盛顿:未来资源,2009)。
㊻ 美国能源信息管理局,《H. R. 2454 的能源市场及经济影响,2009 美国清洁能源及安全法案》,2009 年 8 月 4 日,www.eia.doe.gov/oiaf/servicerpt/hr2454/index.html(2010 年 5 月访问)。
㊼ 乔安娜·葛布利诺兹描述了包括私人系统信息在内的地球观测数据的许可及制度发展。见乔安娜·葛布利诺兹《盘点半世纪:美国空间法律制订的发展及三个长期存在的问题》哈佛法律政策评论 4(2010):P405 - 426。
㊽ 见保罗·瓦戈纳,《森林资源调查:差异和不确定》讨论稿 09 - 29(华盛顿:未来资源,2009);艾米丽·马修斯和艾伦·格兰杰,《从使用者角度评价粮食与农业组织的全球森林资源评估》,FAO 共同文件,www.fao.org/docrep/005/Y4001e/Y4001E07.htm(2010 年 1 月访问);莫莉·麦考利,《气候政策中的森林资源:监测和管理中的技术、研究及经济问题》,为国家科学院"温室气体排放的经济建模工作组"准

备(华盛顿:全国研究理事会,2011);史蒂芬·莫里斯和申铉松,《公共信息的社会价值》,《美国经济评论》92:5(2002):1521 - 1534,描述了相似的问题,在分享银行业务和其他财务数据合作过程中遇到的阻碍。

㊾ 这些组织大概会解释说他们并不是为行政机构服务,但请看斯科特·巴雷特所指出的,针对改进执行国际环境条约的方式,提出的有说服力的需求。斯科特·巴雷特,《环境及治国能力》(牛津:牛津大学出版社,2003)。

㊿ 更多关于 GEO 的详细信息见地球观测组织,www. earthobservations. org(2012 年 5 月访问)。

(51) 见美国政府问责办公室,www. gao. gov(2012 年 5 月访问)。

(52) 见《支持 UNFCCC2004 - 2008,WMO - TD/No. 1489,GCOS - 129,GOOS - 173,GTOS - 70 的全球气候观测系统执行进度报告》(日内瓦:GCOS 秘书处,2009 年 4 月)。

(53) 见地球观测组织(GEO),关于"GEO",www. earthobservations. org/about_geo. shtml(2010 年 5 月访问)。

(54) 例如,在气象科学及应用方面,国家研究理事会、空间研究委员会有不只六个正在进行合作的对象《空间地球科学及应用》(华盛顿:国家科学院出版社,2007),P335。

(55) 同(54),7。

(56) 同(54),294。

第10章 俄罗斯空间计划的政策和战略思考

维克多·扎波尔斯基(Victor Zaborskiy)

俄罗斯联邦并没有一个书面的法定联邦文件作为其空间战略。当要制订一个经济或政治领域的长期目标时,俄罗斯政府更倾向于使用"计划"这个词。一系列的联邦计划,比如空间计划,就是实行国家战略的全部目标。联合国和平利用外层空间委员会法律委员会的俄罗斯代表曾经做过如下说明:

> "俄罗斯联邦空间计划项目已经制订了以发展空间潜力、研究和和平使用外层空间为目的的长期国家战略。根据空间活动法,联邦空间计划就是一份基础文件,国家基于这份文件以科研和社会经济为目的采购空间设备。①"

2003年俄罗斯政府决定发展2006年到2015年的联邦空间计划(FSP)。政府机构和主要航空航天企业花了两年多的时间规划政府的发展方向和草拟空间计划。2005年俄罗斯政府正式通过了联邦空间计划(FSP)②。许多机构参与了联邦空间计划的拟定,这说明空间活动对经济、民用及安全方面的重要性。以下这些机构共同参与了联邦空间计划的开发:

- 俄罗斯联邦航天局(Roscosmos)
- 民防、紧急状态与减灾部
- 工业能源部
- 国防部
- 自然资源部
- 交通部
- 信息技术及通信部
- 联邦水文气象及环境监测局
- 联邦渔业局
- 联邦测绘局

- 俄罗斯科学院

除了这些政府机构之外,以下国有企业同样参与了联邦空间计划的开发:
- 联邦企业"机械科学研究院"
- 联邦企业"阿加特设计局"
- 克尔德什研究中心
- "Technomash"科学研究公司

我们可以由联邦空间计划(FSP)的完成方式得出结论,这份文件其实可以被视为一份政府的空间战略,尽管文件中并没有明确地写出这一点。联邦空间计划中引用了俄罗斯联邦战略目标决策者——总统普京的话:"提高俄罗斯民众的生活质量,保持经济平稳、高速增长,使国内生产总值在未来10年里翻番,创造未来经济发展的潜力,提高国家安全水平。"根据联邦空间计划的说法,"空间活动使用空间高技术的优先权将与战略目标一致"。

联邦空间计划表明,通过以下方式确保"优先的空间活动将帮助实现战略目标":

- 监视环境和地球空间,控制紧急状态和生态灾害,探测地球自然资源;
- 在俄罗斯联邦领土范围内提供卫星通信及广播,包括总统、联邦政府、地区政府、军方、安全及法律部门的通信热线;
- 为联邦及地方政府执行机构提供包括水文气象等的地球物理信息;
- 为获得地球、太阳系及宇宙的新知识,指导天体物理学、行星学、太阳物理学、及日-地关系的基础科学研究,贯彻执行空间项目;
- 保障俄罗斯联邦在国际空间计划、项目中拥有平等的权利,并确保可以享用这些计划及项目的最终成果;
- 为经济及科学发展的利益实行载人航天计划;
- 完善在空间中制造新材料及高纯度物质的技术[3]。

联邦空间计划文件中使用"活动的优先级……完成战略目标"这样的措辞,并且俄罗斯空间官员将这一系列的活动视作2006年到2015年这10年的空间战略。事实上,联邦空间计划决定了俄罗斯空间项目实行的方法和途径,包括专项任务、到2015年的实施阶段、资金来源和总体预算指标。

10.1 民用空间计划

在2009年与航天工业主管的会晤中,普京将一系列"优先空间活动"分成了3个"战略部分":①载人航天;②制造宇宙飞船和火箭,管理航天发射场;③为外国客户提供运载服务[4]。一份关于最新开发及前景展望的概览将这3个方面概述如下。

10.1.1 载人航天

2007年,俄罗斯联邦航天局局长阿纳托利·波米诺夫分享了雄心勃勃的计划——在2035年之前建立一个月球基地以及完成将人类送上火星的计划。但是,自那以后没有任何官方公告表明正在着手进行这些计划。俄罗斯联邦航天局更倾向于与他国一起合作将人类送上月球和火星,而不是单独进行这些项目。"俄罗斯联邦航天局在此类大型项目上为他国提供必要的技术支持及科研开发能力",波米诺夫表示[5]。出于这个考虑,美国放弃联合出资将航天员送上月球的决定,破坏了俄罗斯的探月计划。俄罗斯会不会在月球基地项目上与印度或中国合作还有待观察。

此外,一些俄罗斯专家认为,应当优先考虑将人类送上火星考察。能源航天公司的总裁维塔利·拉波塔认为,"火星计划及相关的技术应当优先,因为这些技术可能会被运用到月球探测中。如将顺序倒过来将更难达到目标"。他认为,月球探测和航天飞机计划是NASA实施的异常昂贵且又没有带来足够利益的范例——这正是俄罗斯联邦航天局应当避免的错误。从技术角度来说,拉波塔认为现在的火箭技术很难理想地载人飞到火星或是更远的地方,有必要发展并使用核能火箭发动机[6]。

实现将俄罗斯航天员送到月球或火星的前景还需要25年,但将俄罗斯人和一些国际工作者送去国际空间站(ISS)则是当下的事实。尽管与国际空间站有关的项目花掉了俄罗斯联邦航天局大约70%的预算,但还是滞后了建设国际空间站的原有计划。国际空间站的俄罗斯部分原计划于2010年完成,但是最后一部分组件——多功能实验舱"Nauka"(科学)于2013年才发射[7]。

与此同时,NASA于2011年终止了航天飞机项目,而俄罗斯联邦航天局参与国际空间站建设的战略优先顺序也遇到了新的需求。航天飞机项目终止以后,俄罗斯的"联盟"号宇宙飞船成为短期内唯一能够将人和货物送上国际空间站的方式。2007年俄罗斯联邦航天局与NASA签订了一个价值7.19亿美元的合同,负责提供国际空间站2011年的运输服务。2009年6月两个机构又为2012年和2013年的航天飞行签署了一项价值3.06亿美元的合同。

但是,2011年8月24日,"进步44号"飞船的坠毁打乱了国际空间站的发射计划。货运飞船在发射之后,很快坠毁在西伯利亚,飞船和其准备运往空间站的2.9t的物资都损失了。工程师追溯到事故的源头,发现是第三级发动机的气体发生器出现了故障。这次事故不仅损失了国际空间站的物资,打乱了货运计划,同样使人们对俄罗斯用来进行载人航天发射的火箭的可靠性产生了质疑。"联盟"-U无人飞行火箭和"联盟"-FG用来载人进入国际空间站的火箭都是相似的,"我们都知道'联盟'-U和'联盟'-FG有非常大的相似性",NASA的国际空间站项目经理麦克·苏弗里迪尼说,"我们被告知,尤其是第三级,它们格外地相似。"这次俄罗斯货物运载的事故使美国国内关于 NASA 是否应该在载人航天和非载人航天的任务上依赖俄罗斯飞船的争论升级。"这次事故应当引起我们的特别关注,并应当重新审视美国的空间战略",美国国会众议院科学、空间和技术委员会代表达纳·罗拉巴克(共和党议员)警告说,"美国最负责任的行动方法就是加快发展正在开发的商用载人系统。"[9]

除了俄罗斯宇宙飞船的可靠性以外,在 2013 年以后使用俄罗斯宇宙飞船的前景很大程度上取决于国际空间站合作伙伴如何使用轨道实验室。尽管 NASA、俄罗斯联邦航天局和欧洲航天局(ESA)已经官方承诺支持国际空间站到 2020 年,但反对者长期以来都认为国际空间站纯粹是浪费经费和资源的。空间站已经受到了削减预算和设计变更的连续打击,并且几年前,空间站科研项目的经费也遭到了削减,严重影响了其功能。国际空间站的未来很大程度上取决于 NASA 和美国政府。而且,也无法保证在 2013 年之后还会对俄罗斯的"联盟"号宇宙飞船有更大的需求,因为美国也计划制造一架多功能、可载人往返国际空间站的航天飞机,并且奥巴马政府和美国国会也在支持一项商业载人和货运计划,以支持国际空间站的商业能力的发展[10]。

10.1.2 火箭与航天发射场

"安卡拉"系列的模块化发射器可以将 1.5t(轻型)至 25~35t(重型)的载荷发射到近地轨道(LEO),此系列拥有更先进的设计,使用氧-煤油助推器使成本更低,将被用来替换俄罗斯现有的运载系列。在第一个升级版中,为近地轨道任务设计的一个轻型助推器将代替现有的洲际弹道导弹(ICBM)的衍生品——其适用性限制了商业用途,这个产品将于 2013 年测试并推出。重型运载则会渐渐升级,最后完全替代现有"质子"号运载火箭[11]。

俄罗斯阿尔汉格尔斯克州的普列谢茨克发射场,将是"安卡拉"火箭的发射地。原来苏联军队建造用来发射洲际弹道导弹的普列谢茨克发射场,现在被用来发射军用卫星进入大倾角以及极地轨道。"联盟"号火箭、"宇宙"-3M 号、"呼啸"号和"旋风"号运载火箭都是从普列谢茨克发射基地发射人造卫星的,但是重型"质子"号运载火箭只能从哈萨克斯坦租用拜科努尔发射场进行地面发射。"在普列谢茨克发射场建造一个可以发射'安卡拉'火箭的发射台是国家一项具有特殊重要性的任务,"在拜科努尔综合发射场不属于俄罗斯管辖领土情况下,更应当如此[12]。

俄罗斯联邦航天局正在推行一项在俄罗斯远东地区(阿穆尔州)建造一座新的"东方空间中心"的综合计划,以巩固加强载人和无人航天活动。根据波米诺夫的说法,新的航天发射场是为了"应对未来可能的任务,并且保障发射能力"[13]。这个发射基地预计于 2015 年进行第一次发射,并且于 2018 年发射第一艘载人飞船[14]。顺带提及的是,东方空间中心预计将成为俄罗斯联邦航天局正设计的在未来"新的重型及超重型载人飞船"的发射基地。波米诺夫计划这类新的重型运载火箭能够将 50~60t 的有效载荷送入近地轨道,而超重型运载火箭将能把 130~150t 的有效载荷进入近地轨道。⑮

10.1.3 针对外国客户的发射服务

战略规划的第三个部分是为外国客户提供运载服务,并以前两部分的成功为基础。除了俄罗斯人之外,新的载人或非载人航天运载火箭还会运送外国航天员及物资。航天发射服务明码标价,除了能赚钱,这其实也是一种国家声誉和自豪感的体现。俄罗斯将通过一系列安排来提供商业航天发射服务。

- 从位于法属圭亚那的欧洲航天发射中心(圭亚那空间中心)发射"联盟"号火箭;2011 年 10 月第一次发射。
- 为海上发射和陆地发射项目提供第三级(DM-SL 模块)。
- 制造最新的"质子"号火箭(三级"质子微风"-M 运载火箭),可以将 3t 以上的载荷送入地球同步轨道,或者将 5t 以上的载荷送入同步转移轨道。新的"质子"号火箭可以将重达 22t 的载荷送入倾角为 51.6°的近地轨道——51.6°是国际空间站的轨道倾角。

在 2009 年的第 60 届国际宇航联大会上,波米诺夫概述了俄罗斯在国际宇航界背景下的任务:

> "俄罗斯联邦航天局相信,考虑到现在的发射状况,以及随着大规模探测太阳系行星计划的执行,轨道货运的需求日益增加,空间探测机构面临着两个关键问题——升级现有的运载火箭以减少现有飞船发射的费用;在新技术的基础上研发成本效益高且可靠的重型及超重型运载火箭。"⑯

前述的战略性活动的目的,是为了使俄罗斯能主导完成这两项任务,这两项正在执行的任务,占据了 2010 年到 2020 年的联邦空间计划的主要地位。

10.2 军用及军民两用计划

联邦空间计划将依据以下两份文件来决定空间计划的优先顺序:①2001 年由总统认可的《俄罗斯联邦 2010 年空间活动政策的基本原则》;②2003 年由总统签署的《俄罗斯联邦 2015 年的军事及技术政策基本原则》。将空间项目优先级与俄罗斯的军事优先级捆绑在一起,说明俄罗斯的和平及军事应用高度混合,事实上整个俄罗斯超过 60% 的空间计划都有国防应用。许多俄罗斯空间计划一开始就由俄国防部和联邦航天局共同合作开发,因此与生俱来就有双重用途。此外,从 2004 年 3 月到 2011 年 4 月,俄罗斯联邦航天局由阿纳托利·波米诺夫领导,他是前任火箭和空间部队的总司令;国防部第一副部长弗拉基米尔·波波夫金接任了他的位置,波波夫金同样也曾是俄罗斯空间部队的司令。

在军用和军民两用计划中,两个具有战略意义的计划值得关注——反卫星武器(ASAT)和全球导航。2007 年中国的反卫星武器将一颗报废的气象卫星解体,2008 年美国一架拦截机摧毁了一颗失效的间谍卫星,俄罗斯认为这是两国在进行反卫星武器的研究及测试,并将之视为对俄罗斯国家安全的威胁。因此,俄罗斯军事官员宣布将重启于 20 世纪 80 年代中期停止的反卫星武器计划,波波夫金表示,"我们不能坐看其他国家这样,俄罗斯已经重启了反卫星武器研究计划。"他还透露,俄罗斯正在基于已有的"基础技术、关键技术"⑰进行反卫星武器能力的研究。

苏联领导层在 1961 年开始反卫星武器计划时,做出了一个官方的决定,并为其命名为"卫星毁灭者"(Istrebitel Sputnikov)。1973 年,在进行了 23 次发射试验之后,官方就宣布该系统开始运行。1983 年,苏联国防部停止了这一计划,随后俄罗斯国防部也将这一计划隐藏至 2009 年。2009 年俄罗斯空军宣布,将重新开始这一计划,并将战斗机作为反卫星武器系统的发射平台。2010 年,根据俄罗斯空天防御部队上校爱德华·斯加罗夫报告中的说法,俄罗斯以目前已有的技术成就为基础"具备研发出摧毁空间中潜在目标的一种全新武器的能力"。⑱

作为对中国和美国反卫星发射的回应,俄罗斯军方完全没有掩饰其继续开发反卫星武器(ASAT)的意图。尽管俄罗斯国内就反卫星武器有反对意见,但反卫星武器计划仍然有了新的发展,但是没有进行试验。限制俄罗斯进行反卫星武器试验的因素之一是,这项试验会产生大量的空间垃圾。2007 年,当中国击中了卫星之后,产生的轨道碎片目前发现的就有 3000 多片,俄罗斯就曾经批评过这是目前有记录的、产生垃圾碎片最多的事件之一。⑲

俄罗斯联邦航天局还积极参与空间碎片协调委员会(IADC)以帮助机构间制订《联合国减少空间碎片准则》,并且还将空间碎片防止活动列入了 2006 年到 2015 年的联邦空间计划中。不过,如果最终决定进行反卫星武器(ASAT)发射测试,那么可以认为,所选目标的高度应该是经过了仔细斟酌的,以尽量使空间碎片的数量减到最少——事实上,美国正是这样做的。

俄罗斯的全球卫星导航系统(GLONASS)是优先级最高的空间项目之一,因为具有非常重要的民用和军事的双重需求。根据普京的说法,"我们的目标就是让俄罗斯卫星导航系统成为一个真正的大规模的(全球的)产品。"普京还强调"这个项目的商业前景",并且鼓励州政府和市政府更积极地使用全球卫星导航系统。与此同时,俄罗斯当局还强调了全球卫星导航系统对国家安全的重要性:"没有全球定位系统,我们将无法发展精确制导武器,专家们都知道这一点。实践证明,使用全球卫星导航系统对国家安全有切实的回报。⑳"

但是,一些故障导致了更新全球卫星导航系统(GLONASS)卫星的计划被延迟。2010年12月,3颗GLONASS-M卫星在进入轨道失败后坠入了太平洋。调查委员会总结认为,这次事故是因为燃料计算错误导致"质子"-M运载火箭太重了,根本无法到达预定轨道。俄罗斯联邦航天局副局长维克多·拉米舍夫斯基和制造"质子"-M火箭的"能源"公司副总裁维亚切斯拉夫·菲林都被解职㉑。尽管遇到了这些挫折,俄罗斯联邦航天局还是完成了全球卫星导航系统全部卫星的部署。2011年10月,第24颗卫星被送入了轨道,终于使这个系统覆盖了全球㉒。

全球卫星导航系统(GLONASS)的发射失败以及2011年2月新的Geo-IK-2军事卫星被送进了错误的轨道,使这颗卫星失去了应有的防卫作用变得毫无价值;还有在加加林第一次空间飞行50周年纪念日前夕,一项载人前往国际空间站的飞行被延迟。因为上述原因,普京在2011年4月将波米诺夫解职,并任命波波夫金为新的俄罗斯联邦航天局局长。不仅如此,一些俄罗斯政府的高级官员都对俄罗斯联邦航天局的总体表现表达了不满,认为这是俄罗斯联邦航天局技术部门水平的严重下降。副总理谢尔盖·伊万诺夫将全球卫星导航系统的发射事故称作俄罗斯联邦航天局的典型错误㉓。俄罗斯政府相信波波夫金的管理水平,并希望他能够尽快恢复俄罗斯联邦航天局的高效表现。

10.3 结论和俄罗斯新的空间战略

正如在本章开始指出的,俄罗斯没有而且从来没有过一个真正意义上的空间战略。然而,俄罗斯空间官员一直像苏联时期一样,不断制订着一段时期内的"空间计划"。每个航天国家都有必要拥有一个长期而均衡的战略,这样才能够使国家的空间计划与民用、军事利益及能力相挂钩。这不仅对于俄罗斯和美国这种有长期空间探索发展历史的国家来说是真理,对巴西这类刚刚开始发展空间项目的国家也同样如此。在俄罗斯,航天官员们曾经尝试研究出一份战略构想,但是从来没有制订出一个真正可行的战略。俄罗斯从来没有一份正式的空间战略的文件,最基本的原因有两个:项目优先顺序和保障必要的经费。

10.3.1 优先级

按照惯例,俄罗斯所有的空间计划都会把所有可行的、与空间有关的活动列出来,从载人航天到气象卫星没有任何优先顺序,所有的项目都被认为对于国家利益同等重要。这样做的原因是,如果选出一些作为官方优先考虑的领域,那么其他的领域就会逐渐失去其优势、效率和竞争力。从苏联到俄罗斯,理论上认为所有的空间探索领域都应当先进且具有竞争力。然而,由于资源的匮乏，现实生活中不可能同时赋予所列出的如此多的项目和计划同样的优先权。更有效的策略性地规划空间活动的方法是，选出一些短期优先的、对民、商用和国家安全都有深远影响的项目。

10.3.2 预算计划

俄罗斯联邦航天局的专家往往会在联邦空间计划中列出一长串的活动，他们并没有现实明确地想过项目资金都从哪里来，航天官员们对联邦经费和通过提供航天服务以及出售硬件所赚的资金进行不合理的、过于乐观的预测。但是在项目后期，经费短缺使一些官员非正式地优先安排一些计划，并搁置其他计划。很明显，在过去的5年中，俄罗斯优先制造为本国和他国客户提供载人和非载人航天服务的火箭。比如2011年，俄罗斯就进行了35次发射，而美国只有18次[24]。

同时，其他一些联邦空间计划中在列的活动也由于经费短缺而滞后了。比如，原计划在2009年底之前发射19颗通信卫星，而俄罗斯联邦航天局却只在2012年发射了一颗；9颗地球遥感、生态、气象和紧急测控卫星原本预计同期发射，最后也只有2012年发射了一艘宇宙飞船。另外，预计两颗天体物理学研究的观测卫星在2009年底前与一艘进行太阳研究的宇宙飞船同时发射，但到2012年，这些计划都还没有实现。

空间项目分开运作而没有明确的战略，不是发展航天事业最好的方式，在过去几年里对俄罗斯航天工业的主管和政府官员及院士来说，已经非常明显。俄罗斯航天员尤里·巴图林警告说，"在未来15～20年，俄罗斯还会是一个航天大国，但如果没有制订长期的空间战略，俄罗斯就会沦为二流国家。[25]"一流的火箭科学家、院士鲍里斯·切尔托克支持这个观点："首先，我们的航天部门需要一个发展战略……总体的、战略性的指导，我们的航天事业该向哪个方向发展必须要有一个明确的认识，可我们现在都没有。[26]"

俄罗斯政府已经意识到应当有一份正式的综合性的空间战略文件。负责国防和航天工业的副总理德米特里·罗戈津说，"俄罗斯联邦航天局需要为未来几十年制订战略，不然就会失去技术优势和领先地位"。2011年12月末，罗戈津要求俄罗斯联邦航天局局长波波夫金在2012年2月底之前拟定出俄罗斯到2030年及以后的空间战略文件的第一份草案。

2012年3月，俄罗斯宇航局将草案提交给了俄罗斯政府。《商人》报上刊登了这份文件的摘要。令人吃惊的是，与其说这是一系列经过深思熟虑且安排合理的，能够为社会、经济发展及国家安全有所贡献的优先活动，不如说这项草案读起来更像是苏联式的宣传册——打造成世界航天界领先国家。根据这份草案，俄罗斯航天工业将会完成以下任务：2020年之前，完全使用国产零件制造卫星及宇宙飞船；与2001年只占40%相比较，保证俄罗斯的轨道卫星群在2030

年之前能够应对国内95%的民用及军事需求;到2030年在全球空间市场占有率达到10%,并保证每年实施三次的科研发射任务,与之对应的是2006—2011年每两年才一次。

外空间探索任务更加雄心勃勃。俄罗斯联邦航天局计划:到2030年载人前往月球,包括在月球表面着陆,以及发射金星和木星探测器;到2020年,国际空间站有可能会被移出轨道,俄罗斯将与外国伙伴共同在火星上建造研究站[27]。

事实上,提交上去的这份草案与之前的空间计划并没有本质区别,而且还有同样的内在缺陷。许多项目——从建造重型火箭到研究小行星和彗星——都没有区别出优先顺序,许多项目的科学和社会经济影响都值得怀疑。比如,2030年将俄罗斯航天员送上月球,也仅仅只是复制了NASA 1969年的成果,而不能代表一次技术性突破。顺便提一句,根据一些俄罗斯空间专家的计算,月球探测计划将使俄罗斯宇航局的经费增加3倍。所以俄罗斯联邦航天局不大可能成功地同时进行所有的计划。

理想的状况是,"到2030年空间活动的发展战略"的最终版本将展示俄罗斯政府优先考虑的空间计划和项目的意图,维持提供给空间研究的联邦经费,并且改变专业技术人员急剧减少的现状。但是如果第一份草案没有经过修改就能够通过,那么一流的俄罗斯空间院士尤里·卡拉什对这份文件的形容将是非常贴切的:

"给我的感觉,好像这个战略文件的起草者所遵循的原则就跟家庭主妇煮蔬菜汤一样,认为:我要把所有现有的蔬菜都扔进去,搅合搅合,然后希望煮出来的汤的味道能够差不多就行。"[28]

注　释

[1] Titus Kin 在联合国和平时用外空委员会法律小组委员会上的讲话,2008年4月8日,www.oosa.unvienna.org/pdf/transcripts/legal/LEGAL_T777R.PDF(2012年4月访问)。

[2] 2005年10月22日,俄罗斯部长内阁会议通过了第635项决议,通过俄罗斯2006 – 2010联邦空间项目。

[3] 见联邦空间项目原文,俄罗斯联邦航天局,www.roscosmos.ru(2010年6月访问)。

[4] 《俄罗斯总理将载人发射项目列为最高优先级》,《独立报》,2009年8月28日。

[5] Kenneth Chung,《月球及火星探测计划,预算允许》,《纽约时报》,2009年7月14日。

[6] 《俄罗斯航天公司老板认为探测火星是第一位的,探月计划应当靠后》,BBC世界报道,2009年10月27日。

[7] 见《科学号飞船整体地面测试活动》www.energia.ru/en/news/news – 2011/new_11 – 09.html(2012年5月访问)。

[8] Mike Wall,《俄罗斯发射失败导致美国担忧》,space.com,2011年8月25日,www.space.com/12730 – nasa – russia – rocket – failures – united – states – worry.html(2012年4月访问)。

⑨ 同⑧。
⑩ 见《国际飞行》2009 年 8 月 11 日。
⑪ Alexei Komarov,《俄罗斯预算不稳定》,《航空和空间技术周刊》2009 年 3 月 23 日,P37。
⑫ 《国家优先发展安加拉火箭计划:俄罗斯安全理事会主席》,BBC 世界报道,2009 年 10 月 13 日。
⑬ 见俄罗斯联邦航天局,www.federalspace.ru/main.php(2010 年 7 月访问)。
⑭ Alexei Komarov,《俄罗斯预算不稳定》,《航空和空间技术周刊》2009 年 3 月 23 日,P37。
⑮ 《俄罗斯联邦航天局计划建造超重型火箭》,BBC 世界报道,2009 年 10 月 13 日。
⑯ 《俄罗斯联邦航天局计划建造超重型火箭》,BBC 世界报道,2009 年 10 月 13 日,www.accessmylibrar.com/article-1G1-209604662/russian-space-agency plans.html(2010 年 6 月访问)。
⑰ 《俄罗斯重启 ASAT 武器项目》,每日航天国防报告,2010 年 3 月 10 日,P3。
⑱ 《俄罗斯官员表示发展新的空间防御武器》,RIA 新闻,2010 年 5 月 15 日,http://en.rian.ru/russia/20100515/159029349.html(2010 年 7 月访问)。
⑲ 见《中国 ASAT 测试》,http://celestrak.com/events/asat.asp(2011 年 6 月访问)。
⑳ 《俄罗斯:普京主张加快全球卫星导航系统及数字地图发展》,BBC 世界新闻,2010 年 4 月 12 日。
㉑ 《俄罗斯梅德韦杰夫解雇空间卫星负责人》,BBC 新闻,2010 年 12 月 29 日,www.bbc.co.uk/news/world-europe-12088561(2011 年 6 月访问)。
㉒ 见全球卫星导航系统,www.glonass-center.ru/en(2012 年 5 月访问)。
㉓ 《普京在事故后解雇航天项目负责人》,《航天日报》,2011 年 4 月 29 日,www.spacedaily.com/reports/Putin_fires_Russia_space_chief_after_mishaps_999.html(2011 年 6 月访问)。
㉔ 见《2011 俄罗斯空间项目:计划与现实》,www.rissianspaceweb.com/2011.html(2012 年 5 月访问)。
㉕ 《俄罗斯需要长期的空间战略以维持空间大国地位》,RIA 新闻,2010 年 6 月 2 日,http://en.rian.ru/science/20100602/159263550.html(2010 年 6 月访问)。
㉖ 鲍里斯·切尔托克,《俄罗斯需要空间战略》,RIA 新闻,2011 年 9 月 1 日,http://news.mail.ru/society/6711257(2011 年 4 月访问)。
㉗ 《俄罗斯联邦航天局提交至 2030 年俄罗斯的空间战略》http://ispace.su/news/roskosmos_vnes_proekt_strategii_razvitija_otechestvennoj_kosmicheskoj_otrasli_do_2030_goda/2013-03-15-109(2012 年 4 月访问)。
㉘ 《俄罗斯联邦航天局制订完成至 2030 年的发射计划》,www.bfm.ru/articles/2012/03/13/roskosmos-opredelilsja-s-planom-poletov-do-2030-goda.html(2012 年 4 月访问)。

第11章 欧洲空间政策及战略制定的经验

Christophe Venet 和 Kai – Uwe Schrogl

欧洲近年来一直着眼于空间政策的制订及调整,2007年《欧洲空间政策》(ESP)正式通过,在此之前进行了范围广泛的讨论,而且加大了所有政策层面的工作力度。本章描述了欧洲在空间政策及战略方面的努力,尤其着重关注了可能与美国重新定义其空间战略和政策有利或与之有关的部分,并且深入分析了基于欧洲背景下跨大西洋的合作及竞争。

美国几乎不可能直接学习欧洲空间政策及战略的经验,因为两者的政治构成存在着差异。首先欧盟内部参与者的范围不同,除了逐渐巩固的欧盟(EU)本身及其执行机关欧盟委员会(EC)之外,还有欧洲航天局(ESA)以及拥有空间项目的欧洲国家。所有这些都参与了国际空间项目,并且与美国及其他国家进行空间项目的合作。2007年出台的《欧洲空间政策》由于并没有代替任何国家的空间战略及政策,所以差异依然存在,2009年12月生效的《里斯本条约》虽然没有禁止欧盟成员国参与空间活动,但是提出了欧盟及成员国之间的"共有权限"。

由此看来,欧洲空间政策与美国的国家空间政策并没有可比性。但是,欧洲空间政策在其制订及修改过程中获得了许多的关注,而且与美国制订的政策很有关系,所以本章将详细说明这一过程,以强调其重要性。欧洲的另外一个特点是,在空间项目上"空间战略"这个词很少使用,通常最顶层的是"空间政策",然后紧跟着的不是"战略"而是"项目"或者"计划",在《里斯本条约》里也是这样规定的,但是从欧盟成员国的角度来说,由于国家之间仍旧存在差异,所以会出现"空间战略"和"空间政策"之说。

上升到整个欧盟的高度,特定的不同区域在"战略"和"政策"的用法上会有刻意的区分,比如"产业政策"和"国际战略"。总的来说,"战略"的说法通常出现在欧盟和欧洲航天局的正式文件中,但通常都是用来强调一项空间应用或某一政策极为重要的特点。欧洲空间政策的战略要素超越了单纯的设施性构建,因为这些因素对其他一些相互依存的领域有强烈的影响。欧洲空间政策的经济方面与欧洲也有极大的关系。在战略概念化阶段,空间力量在欧洲与在美国所起的作用明显不同,由此为跨大西洋的合作提供了机遇,同时也带来了一定的阻碍。

11.1 过程作为目标

欧洲空间战略层面的界定经历了一系列长期且逐步的政策过程,直到2007年欧洲空间政策被采纳的时候。这件事一开始的出发点是:长期以来,欧洲无论是在通过"阿丽亚娜"运载火箭进行的空间商业活动,还是通过欧洲航天局进行的空间科研活动,都是很成功的,但是却缺少一个全面的空间政策。欧洲的决策者们已经意识到,随着新空间应用的出现,他们必须面对新的挑战及机遇,而这一点已经为欧盟委员会于1988年、1992年和1996年发布的最新空间通信所证明。[1]

因此,欧洲空间活动的顶层战略就是空间活动对各个政治领域的欧洲政策的有效贡献。考虑到欧洲的空间活动里有各种参与者的身影出现——欧盟、欧盟委员会、欧洲航天局、欧盟成员国以及其他一些政府间合作组织,比如欧洲气象卫星利用组织(Eumetsat)——建立一个统一的管理机构获取空间活动的政治利益是当务之急。政策协调及制度化管理这两方面构成了政策过程的统一路径,而且与欧洲作为空间活动参与者的特性紧密相关。结果是不同的阶段都关注对机构设置的巩固和说明以及对政策和战略的定义。这一过程建立在与公共及产业利益关系人广泛协商的基础上,其里程碑也常常被欧盟的理事会以及欧洲议会所认可,政策过程本身就是欧洲向空间战略、政策迈进的一个完整的部分。向前迈进的每一步都建立在前一步的基础上,并且为以后的阶段打好基础。

这一过程始于1999年,当时欧洲的部长们要求欧盟委员会和欧洲航天局详细说明一项欧洲空间战略(ESS)[2]。作为与欧洲航天局共同达成的第一个结果,欧盟委员会于1999年发布了一份工作性文件《欧洲统一空间发展》[3]。这份文件提出从统一、全面且政治性的角度,为欧洲战略性的空间发展奠定基础,同时强调欧洲航天局与欧盟委员会之间需要更多的共同合作,但明确指出,欧盟的政策为欧洲航天局的活动构建战略性框架。欧洲空间战略是在2000年《欧洲及空间:翻开新篇章》的欧盟委员会文件里确定下来的[4],欧洲空间战略并没有被当作是一份制订空间活动的详细指导性文件,而是对空间活动的政治支持的反映,以及一份作为咨询和社会动员基础的参考性文件。

这再次表明政策过程本身在定义欧洲空间战略时的重要性。这种战略有3个目标:①强化空间活动基础、进入空间的主要途径以及技术和工业基础;②加强科学知识学习；③从市场及社会获得利益⑤。同时，欧盟理事会主张设立欧洲航天局/欧盟委员会联合工作小组（JTF），以进一步发展欧洲空间战略，并为其贯彻执行提出建议⑥。欧盟委员会联合工作小组（JTF）的工作结果自2001年起在欧盟委员会的文件中进行总结报告⑦，该报告概括了欧洲空间战略所制订的三项目标的进展，并为以后的发展提出建议。这份文件还促进了欧盟委员会与欧洲航天局成员国之间的交流以及与航天工业界的对话，并为绿皮书的拟定做好了准备。

绿皮书的拟定阶段包括2003年的一系列欧洲航天局/欧盟委员会联合会议，每一次会议都着眼于欧洲空间活动的不同方面，包括工业、科学、公共事业、空间应用及国际合作，同时通过一系列高层次的双边磋商、公民个人的贡献以及特定主题的研究作为补充。绿皮书为广泛的磋商提供了基础⑧，作为结果，白皮书草拟了第一份"需求导向"的欧洲空间政策⑨，同时还提出，欧洲空间政策通过一项欧洲空间项目来执行。

同时，欧洲航天局和欧盟委员会正式形成合作，于2003年签订了一份框架协议，该协议于2004年5月生效⑩。协议的目标是通过构建"提供一个公共基础以及一个合适的有效、互利的合作规划为框架"，形成一份完整的欧洲空间政策⑪。为此设立了三个机构：①空间理事会，由欧洲航天局和欧盟的部长级代表组成，负责全部的政策指导性工作；②高级空间政策小组（HSPG），由欧洲航天局和欧盟成员国的代表组成，负责空间理事会决议的贯彻执行；③欧洲航天局/欧盟委员会联合秘书处，协助高级空间政策小组进行概念性及日常性工作⑫。空间理事会的头两次会议分别在2004年11月和2005年6月举行，讨论了欧洲空间政策制订的方向，定义了欧洲空间项目的优先级，并要求主要赞助者就其自身角色和责任做出明确的承诺，还确定了执行原则。作为结果，《欧洲空间政策》在2007年5月的第4次空间理事会上正式通过。

需要强调的是，欧洲的空间委员会与奥巴马在竞选期间承诺恢复的美国国家空间委员会的概念有所不同（尽管到2010年10月为止，还没有实现）。的确，欧洲的空间委员会仅仅只是聚集了欧洲负责航天事务的部长们，而美国国家空间委员会的组成更加广泛，涵盖了从国防到商业、交通、信息以及技术的各个政治领域。这也说明了欧洲空间政策的不足，尤其是欧洲已经决定全方位地发展其空间项目，并且承认了空间项目对多个政治领域所做的贡献。某些成员国在组织结构上，与美国国家空间委员会相同。例如英国国家航天中心，与10个组织都有合作关系，在2010年成为英国航天局。又如德国内阁空间委员会，虽然仅在1990年开过一次会，但几乎聚集了所有政府部门的代表。

总的说来，在欧洲的空间政策进程中对专用词也有所定义。"空间政策"用来形容整体框架，并为空间活动指明大的发展方向。实际操作过程中，"空间项目"指的是对空间政策所提出的概念性的指导意见的贯彻与执行。欧盟委员会最近发布的一份空间政策文件,为欧洲空间政策在签订《里斯本条约》之后的执行提出了新的指导方针,并提到期待已久的欧洲空间项目即将来临[13]。

11.2 欧洲空间政策的主要内容

2007年4月的一份欧盟委员会文件详细阐述了欧洲空间政策的内容,[14]并且于同年5月为欧盟委员会所认可[15]。这份文件首先确定了欧洲空间政策的战略性任务,将空间列为能够为欧洲独立、安全及繁荣发展做出贡献的战略资本。此外,还能为欧盟总体的政策目标服务,帮助实现欧洲2020战略目标的智能、可持续、包容性增长,向知识型社会的转变倾斜,促进欧洲的凝聚力,并且为整个欧洲的利益服务,维持欧洲在全球的先进地位。同时,欧洲空间战略特别提到了一些准则,也就是《联合国外空间条约》中订立的原则。欧洲空间政策专注于卫星导航、地球观测、卫星通信以及安全与国防方面应用的发展。为了保障获得空间、科学技术、及空间探索的相关信息,主张注重对天基平台的良好维护、保养。此外,具有竞争力的行业也至关重要,应当通过适当的制度框架确保充足的公共投入和推广。最后,欧洲空间政策需要处理管理性事务,尤其需要一个所有利益相关方协同配合的制度框架,以及处理国际关系也同样重要。总的说来,欧洲空间政策的政治指导原则有两条:欧洲战略上独立的必要性;维持自主决策的能力。

在这方面,"伽利略"和全球环境与安全监控(GMES)这两个旗舰性项目,在欧洲空间政策中有着极为重要的作用。的确,这两个项目是获取空间在社会、经济和政治利益的极好的手段,其发展完全符合欧洲人对空间项目的期望,并且使欧洲在重要的战略领域获得独立,比如"伽利略"项目所代表的全球卫星定位系统(GNSS),以及全球环境与安全监控(GMES)获取的具有战略重要性的地球观测(EO)信息的途径,这些反过来会增加欧洲承担全球责任的意愿。同样地,这两项应用也能间接地为经济做出贡献,毕竟《里斯本条约》的全局目标就是要使欧洲成为世界上最具竞争力和动力的知识经济体[16]。从这个角度而言,欧洲空间政策的其中一项目标就是在欧洲建立空间服务机制。尽管大的应用项目已经启动,但欧洲还需要经历从演示验证到实际操作的过程。为保证这个过程的成功过渡,需要面对两个主要的问题:空间服务的有效需求以及服务的可持续性。在这一点上,欧洲的决策层尝试开创先河,由技术推进型服务向需求导向型服务转变,这一转变要求供求双方都要有结构性改变[17]。最近欧洲航天局和欧盟关于"伽利略"和全球环境与安全监测项目(GMES)的政策性文件表明,欧洲空间政策正在整合这一趋势。

欧洲自主研发的这一系统的发展可能对欧洲与美国的关系有潜在地影响。从20世纪90年代开始,欧洲就一直尝试发展独立的空间能力,并且成功独立地发射了"阿丽亚娜"系列火箭,继而能够独立研发运载火箭、通信卫星、气象卫星,以及最近的"伽利略"项目中的全球导航卫星和全球环境与安全监控(GMES)项目中的地球观测卫星。这些活动大部分都是指向美国的,而且欧洲的政策制订者将之看作是以平等的身份与美国合作的前提条件[18]。

对于"伽利略"项目,一开始美国并不看好欧洲的决定,因为美国的全球定位系统(GPS)已经成为一项全球的公用事业,且有美国政府的财政支持,向世界任何一个角落的使用者免费开放。当意识到欧洲会继续发展自己的全球卫星定位系统(GNSS)项目并与美国的国家利益有本质上的冲突时,美国一开始是想阻止该项目的发展,后来又尝试寻求合作,以限制"伽利略"项目对全球定位系统(GPS)的潜在不利影响[19]。最后的结果是,美国积极参与包括欧洲在内的独立自主的全球卫星定位系统(GNSS)研发者和与全球卫星定位系统(GNSS)项目有关的国际团体,并积极进行双边合作[20]。

同样的事情也可能发生在地球观测(EO)和空间态势感知(SSA)领域,欧洲最近也在发展这两个领域的独立研究能力。但是,当格里森认识到未来几年与欧洲合作的潜在可能性,尤其是在国防领域会越来越大时,为了避免与"伽利略"项目的紧张局面,他坚持认为,比起将欧洲和美国的战略利益视做对立,其实欧洲的这些新项目的发展对美国来说也是个机会。他觉得美国应当与欧洲在全球环境与安全监控(GMES)和空间态势感知项目这两个重要的战略领域内及早进行合作,这样就可以同时优化美国与欧洲的防御结构,并使之长期为美国的国家安全利益服务,同时还能压缩项目开发的开支[21]。总体上来说,在不考虑立场、观点及战略性问题分歧的情况下,欧洲与美国在以上领域的合作还是有前景的。

事实上,《欧洲空间政策》有一章是关于国际关系的。欧洲有一个指导原则,即战略独立不能破坏国际合作。因此,在《欧洲空间政策》中也对国际关系的发展策略进行了规划。预定的目标是:将欧洲的航天产品及服务推入第三市场,以减少空间系统的成本,吸引国际合作者共同发展欧洲所构想的项目,参与难以承担的大型国际项目,保障可持续地使用空间资源[22]。

关于欧洲空间活动的监管环境条款,在2009年12月生效的《里斯本条约》关于空间的章节中有所规定,欧盟成员国的宪法中都没有提到"空间"——大多数都是对领空进行了规定,但是《里斯本条约》中明确提到空间活动,甚至有一条是专门涉及这方面的。条约第189条如下:

"1. 为加快科学技术发展、提升产业竞争能力,保障政策的执行,欧盟将起草欧洲空间政策。以促进联合行动,支持研究及技术的发展,并协调空间探索和开发的工作;

2. 为达到第1款所列出的目标,欧洲议会及欧盟委员会将依据一

般法律程序,采取必要的措施,可能会以不含任何协调成员国法律法规的欧洲空间项目的形式来体现;

3. 欧盟将与欧洲航天局建立良好的关系;

4. 本条款不得损害本文中其他条款的规定。"

如前所述,欧洲的"空间政策"(而非"空间战略")通过"欧洲空间项目"来贯彻执行。成员国所起到的作用将在后续章节中进行详细分析。

论及空间活动的环境条约,则必须提到,在欧洲宪法层面,以《里斯本条约》体现空间活动有两个原因:①强调政策领域的重要性;②分类公共领域、欧洲以及成员国层面的需求,充分考虑欧洲航天局的作用,这些成员构成了与欧盟分开的欧洲多边政府间组织。通过制订《里斯本条约》的基本规章,使空间发展成为欧洲最关键的政治议题,这点很重要。但对跨大西洋合作关系来说更重要的是,由于《里斯本条约》的存在,欧洲在国际关系中已经拥有一个独立的合法身份,并且在高级代表中还有一位"外交部长",这位"外交部长"不仅负责外交事务,还要负责安全政策[23]。本节将进一步阐述这个问题。

说到《里斯本条约》中的管理层面,条约中根本不存在协调一致的空间活动的大致框架。例如,只有少数几个欧洲国家通过了有关授权许可空间活动的立法,尤其是针对私营企业的空间活动,而这些法规大都还是东拼西凑来的,所以其内容所描述的范围及处理方法也有区别[24]。《里斯本条约》中的这种"不和谐"条款——"欧洲的空间项目应当独立于任何成员国的法律及规则之外"——可能会阻碍这方面的发展,不过通过其他的方式,比如说在某些领域进行标准化或立法,同样能够达成目标,这一点可以从欧盟空间信息基础设施(INSPIRE)的数据法律领域中体现出来[25]。

考虑到这个条约的设置,欧洲与其他诸如美国之类单独的国家比起来似乎处于不利的地位。一个难以协调的管理框架会阻碍政策的制订、经济和工业的发展,也会限制在国际关系中的执行效率。但是,欧洲已经意识到这个问题,并且已着手进行矫正。在《里斯本条约》中将建立空间活动视为特别重要的政策领域,欧盟也作为一个参与者正式进入安全领域及其他一些国际竞争中。

11.3 国家空间政策及战略

欧洲空间政策为在欧洲层面进行的空间活动提供了一个整体的框架,但是欧洲航天局和欧盟的成员国各自都还同时发展着自己国家的空间项目。有些国家的绝大部分空间活动的经费都投给了欧洲航天局,比如瑞士、希腊和爱尔兰,但也有些国家将大部分的空间活动预算拨给了自己国家的空间活动,比如法国和意大利。每个国家空间活动的框架及设想都可能不同,几乎所有相关的欧洲国家都由各自国家宇航局来进行与空间有关的活动,且这些活动的战略构想也不一定相同。需要注意的是,这些国家的空间战略和空间政策,都必须与欧洲空间政策一致,事实上欧洲空间政策是欧洲航天局、欧盟及欧洲成员国合作的结果。不过,各国有关空间活动的官方文件的范围、内容和特点也可能完全不同,下面选取英国、意大利和比利时3个国家的例子来说明这一点。值得注意的是,有些欧洲国家没有任何的空间政策或战略性的指导性文件。

(1) 英国一开始为2008—2012年的民用空间活动制订了空间战略。该文件设定了5个广泛的目标:①提升在全球航天系统及应用市场所占的份额;②开发世界领先的航天系统;③成为全球空间探索任务合伙人的首选;④通过加强创新及发展以空间为基础的应用,使社会受益;⑤开发技术的深度及广度。[26]但是,这个战略文件却没有提供一个详细的执行方案或者专门的方法,以达到以上的目标。空间政策本身将由英国政府、工业界及研究团体共同贯彻执行,同时,2010年新成立的英国航天局也被赋予了参与民用航天活动领域合作的任务。除了民用空间战略之外,英国还在2009年发布了其最新的航空航天领域活动准则以及实施方案[27]——《未来航空航天作战概念》[28]。

(2) 意大利每隔两年发布一份国家空间计划。通过制订意大利所参与的国际国内空间活动框架,以及未来的发展策略,为意大利的空间活动指出一个大致的方向。这份指导性文件由每3年一次的活动计划来完成,活动计划年年更新,并提供具体的操作及执行方法[29]。

(3) 比利时在2005年发布了一项综合性的空间政策[30]。该文件明确了战略目标、实施目标,以及实现目标所需的包括财政在内的各种手段。这份框架性文件有两份补充文件,一份指导2006—2010年的发展方向[31],另一份阐述同一时期对空间活动的预期、战略目标及实施目标[32]。

欧洲空间活动多层设置的状况对美国也有所影响,尽管欧洲尤其是欧盟正在崛起,但美国作为一个空间大国,会继续与单独的成员国在空间项目上进行双边合作。尤其是欧洲的一些空间力量比较强大的国家,诸如法国、德国和意大利,会继续发展一些重要的国家空间项目并参与大型的合作项目。

11.4 欧洲空间政策及战略的经济规模

为商业活动提供支持以及建立强大的欧洲航天工业体系,是早期的政策目标。对此,欧洲空间战略有两个支柱:强大的制造工业基础,以及下游市场需求的呈现。空间政策的经济层面和战略层面有紧密的联系。在航天发射领域,欧洲空间政策实施的战略前提是能够进行独立的发射活动。基于此,欧洲航天局的政策核心是支持"阿丽亚娜"系列火箭,而这也是欧洲空间政策所关注的重点。"阿丽亚娜"空间公司发展商业活动的原因也是为了维持这项战略优势,以减少发射费用并提升可靠性㊴。

同样，欧洲在卫星制造领域的领先地位，能够促进欧洲在重要领域的战略上独立。最近，在金融危机的背景下，欧洲也开始强调空间活动的经济利益，地球观测和导航应用下游市场的发展尤其受到关注。通过提高在这些领域的全球市场占有率，欧洲可巩固其国际地位。同时，对空间项目的投资预计也能够加快改革、促进增长、扩大就业，并以此保障欧洲在全球化的大背景下能够维持其战略优势。因此，现下的金融危机可以被当作一次对欧洲空间活动战略性的考验，同时也带来了强化空间战略的机会，能够引领欧洲空间活动的长期发展，以期在社会经济的层面上走得更远㊵。

在航天商业领域，美国与欧洲之前的差异非常显著。在美国，航天商业及经济活动饱经争议；而欧洲，则在一开始就将其纳入了空间战略框架。产品差异的主要原因在于：美国公共市场的规模很大，美国政府足以维持一个健康的行业基础；而在欧洲，由于其公共市场狭小，针对全球市场的商业活动则显得尤为重要。所以，欧洲的决策者们希望，在航天领域能够及早地出现一些和欧洲同等级的参与者㊶。另外一个差别是，由于美国的国防采购市场的重要性，促使美国国防工业高度整合㊷。而在欧洲，成员国之间的新合作方式，以及更合理的国防预算开支，都要求整合防务采购市场，这在成员国之间已经达成共识，㊸但是由于空间军事活动敏感，以及欧洲市场依旧零散，国家之间的尝试合作也进展得很慢。

随着航天工业的重建，欧洲成为上游商业市场的主要参与者，拥有大量且有能力的企业，比如欧洲航空防务航天公司（EADS）、泰雷兹阿莱尼亚宇航公司（TAS）等，并将持续这种趋势。在这方面，欧洲需要关注的是公众对国际商业市场的理解，尤其是与美国的共识。

11.5 "空间力量"和欧洲国际合作的途径

"空间力量"这个词在欧洲很少使用，而且基本上不为人知。空间力量是指通过发展空间能力，追求国家目标㊹。由于欧洲在国际空间事务上，从大的范围总体上起步较晚，欧洲空间政策还无法使欧洲航天事业的发展成为欧洲外交政策的长远目标，而这两样也还都在制订过程中，成员国还不具有为国家目标完全地获得及使用空间资产的潜能。研究性的空间活动传统上只是合作的媒介，为军事及防务相关目的空间资产使用也只是在最近几年欧洲在区域外部署军队方面更为活跃时才有所增长。这使得"硬实力"和"软实力"变得同样重要，并成为欧洲政策制订的重点。

尽管没有空间力量的概念，但欧洲仍旧在国际空间政策领域变得日渐坚定而且自信。因此，欧洲能够更强有力地宣传欧洲原则，发展国际关系。这些原则主要是基于解决合作上的冲突,并且被形容为以"空间保障"为目标,否定进行空间战或空间武器化的概念。目前美国正从"统治空间"向"保障空间"阶段发展,而欧洲随着2010年空间政策的发布已经达到了这一阶段㊴,但这是一个自下而上的发展过程,而且作为首要原则,欧洲已经用其关于欧洲外层空间活动行为准则的外交证明了这一点㊵。这项发展并不能使欧洲本身成为美国的例子,但是进一步了解这项规范的制订,可能能够帮助更好地理解空间管理问题,并加强合作的机会。

11.6 跨大西洋合作与竞争的前景

欧盟现在在国际关系中已经有一个合法的身份,并在安全政策中承担一份责任。这两个特点都在外交和安全政策高级委员会中得以具体化。欧盟的合法身份使其完成欧洲空间政策中所包含的国际关系事务时更加有效率,尽管这些目标还未形成战略或指示。以欧洲空间政策中所描述及分析的目标为基础,能够总结出适合跨大西洋合作的业务领域。

第一个领域是安全领域。利益的融合能够促进在多领域合作机会,比如共同开发空间态势感知系统,或者为国防目的使用外空。北大西洋公约组织(NATO)正准备制订属于自己的空间政策㊶,使其有可能成为美国及欧洲的纽带。第二个领域是为管理气候变化及与全球利益相关的地球观测领域。第三个领域是监管规划事宜,比如:保护空间服务所使用的无线电频谱不受到有害干扰;推进开放、协作的空间系统标准;推动开放全球航天产品及服务市场;防止弹道导弹技术的扩散;鼓励国际磋商或修改影响商用空间领域的国内规范。㊷

合作是欧洲空间政策的一方面,另一方面是竞争。竞争将在空间运输、卫星制造、空间服务的商业市场上继续深入,同时为主导地位的竞争也会出现。欧洲非常清楚地知道自己的经费预算比美国的预算少了不止一点,并且主导地位并不代表空间活动领域的控制权。欧洲的领导地位可以通过空间科学和地球观测等特定的技术领域,以及《欧洲外空活动行为准则》等政策领域来实现。在促进空间保障的传统领域,欧洲的能力是毋庸置疑的,这与美国长期以来主张的空间统治地位是截然不同的。随着欧洲技术的发展,新的空间政策以及不断完善的计划设置,使欧洲开始重新定位其在国际空间事务中的作用。

11.7 结论

欧洲的空间政策受到国家、政府间及超国家层面的因素所影响,这也阻碍了连贯的空间战略的形成,因为利益相关方能够很清楚地知道他们能够从一个统一的空间政策中得到什么。由此,促使欧洲空间政策通过的这一重要过程是一个概念化的行为。

在欧洲,空间问题之所以上升到战略层面,是因为它能够影响到欧洲政策的广泛执行,还能帮助实现欧洲的独立以及建立信誉。"伽利略"和全球环境与安全监测(GMES)这两个旗舰项目,以及欧洲空间政策中有关经济发展的部分,都阐明了这种二维的结构。促进欧洲空间战略长远发展的过程仍在探索中,但欧洲很显然有竞争空间领导地位的雄心。当许多人在关注中国和印度的空间项目发展时,他们也许忘了欧洲正在渐渐展现出它的实力。

注 释

① 《共同体和空间:连贯的进程》,欧盟委员会,COM(88)417 1988 年 7 月 26 日;《欧盟和空间:挑战、继续和新行动》,欧盟委员会,COM(92)360 1992 年 9 月 23 日;《欧盟和空间:培养应用、市场和工业竞争力》,欧盟委员会,COM(96)617,1996 年 12 月 4 日。
② 《一个统一的欧洲空间发展战略的解析》,欧盟理事会 1999/C375/01,1999 年 12 月 2 日。
③ 《欧洲统一的空间发展》,欧盟委员会,工作文件,SEC(1999)789,1999 年 6 月 7 日。
④ 《欧洲和空间:翻开新的篇章》,欧盟委员会,COM(2000)597,2000 年 9 月 27 日。
⑤ 同④。
⑥ 《委员会关于欧洲空间战略的决议》,欧盟理事会,Doc. 13953/00,2000 年 12 月 14 日。
⑦ 《欧洲空间政策发展》,欧盟委员会,COM(2001)718,2001 年 12 月 7 日。
⑧ 《欧洲空间政策》,欧盟委员会,绿皮书. COM(2003)17,2003 年 1 月 21 日。
⑨ 《空间:欧洲扩张的新边界 欧洲空间政策的执行计划》,欧盟委员会,白皮书,COM(2003)673,2003 年 11 月 11 日。
⑩ 《理事会关于签订欧盟及欧洲航天局间框架协议的决定》,欧盟理事会,DOC. 12858/03,2003 年 10 月 7 日。
⑪ 同⑩。
⑫ Geraldine Naja – Corbin,《欧洲空间政策》,在欧洲探索小组上的演讲,2007 年 1 月 9 日。
⑬ 《利于民众的欧洲统一空间战略》,欧盟委员会,COM(2011)152,2011 年 4 月 4 日。
⑭ 《欧洲空间政策》,欧盟委员会,COM(2007)212,2007 年 4 月 26 日。
⑮ 《关于欧洲空间政策的决定》,欧盟理事会,DOC. 10037/07,2007 年 5 月 25 日。
⑯ 《里斯本条约》,有效期至 2010 年,之后被新的《欧洲 2020 增长及工作战略》所替代,后者于 2010 年 3 月 25、26 日由欧盟理事会通过。
⑰ 夏洛特·马蒂厄,《欧洲空间应用:从论证到实践的转变》,第 60 届国际宇航大会大田韩国 2009 年 10 月 14 日。
⑱ 迈克尔·P·格里森,《是时候用新的空间力量改变世界》,《前沿》6:2(2010 年 2 月)。
⑲ 斯考特·W·拜德尔曼,《GPS vs. 伽利略:空间地位的平衡》,Astropolitics 3. 2(2005):P117 – 161。
⑳ 大卫·B·戈德斯坦,《我们正在经历一场全球导航卫星系统暴动吗?》,《前沿》6:2(2010 年 2 月)。
㉑ 迈克尔·P·格里森,《是时候用新的空间力量改变世界》,《前沿》6:2(2010 年 2 月)。
㉒ 《关于欧洲空间政策的决定》,欧盟理事会,DOC. 10037/07 2007 年 5 月 25 日。
㉓ 格里森,完全承认欧盟做为一位参与者出现在国际舞台上是在《里斯本条约》签订之后。见迈克尔·P·格里森,《是时候用新的空间力量改变世界》,《前沿》6:2(2010 年 2 月)。

㉔ 全面了解国家空间法规及其影响,参见 Matxalen,Aranzamendi,《欧洲空间制度的经济及政治特点,第一部分:国家空间法规案例——通用及协调行动》,欧洲空间政策研究所(ESPI),ESPI 报告 2009 年 9 月 21 日。欧洲最近的空间法规,见伊姆加德·马波耶和弗洛里安·哈夫纳,《最新的欧洲空间活动国家授权及法规趋势》,Kai - Uwe Schrogl,Wolfgang Rathgeber,Blandina Baranes,和克里斯托弗·维纳特(编)《空间政策年鉴 2008/2009:发展新趋势》,(维也纳:施普林格出版社,2010)。

㉕ 见凯瑟琳·道迪丽娜,《欧盟空间信息基础设施:为建立欧洲互通及统一的空间信息基础设施所迈进的一大步》欧洲空间政策研究所(ESPI),ESPI 报告 2009 年 3 月 20 日。

㉖《欧洲民用空间战略 2008 - 2012 及以后》,2008 年 2 月,www.ukspaceagency.bis.gov.uk/assets/channels/about/UKCSS0812.pdf(2010 年 4 月访问)。

㉗《英国航空航天力量原则,AP 3000 第四版》,2009,英国国防部,www.raf.mod.uk/rafcms/mediafiles/9E435312_5056_A318_A88F14CF6F4FC6CE.pdf(2010 年 4 月访问)。

㉘《未来航空航天运作方案 2009》,2009,英国国防部,www.raf.mod.uk/rafcms/mediafiles/B59F2D16_1143_EC82_2E7E0EA0529ED1CD.pdf(2010 年 4 月访问)。

㉙ 参见意大利国家宇航局,www.asi.it/en(2010 年 4 月访问)。

㉚ "比利时空间区域及野心",2005 年 7 月 15,代表比利时高级空间政策,www.bhrs.be/docum/stratbhrs_fr.pdf(2010 年 4 月于法国发表)。

㉛ 比利时的政治空间:方案的定位 2006 - 2010,2005 年 11 月 23 日,www.bhrs.be/docum/note_cm_an3_f.pdf(2010 年 4 月于法国发表)。

㉜ 比利时的政治空间:愿望—战略目标—军事目标 2006—2010,2005 年 11 月 23 日,www.bhrs.be/docum/note_cm_an2_f.pdf(2010 年 4 月于法国发表)。

㉝ 航天服务领域的欧洲商业政策原理详情参见 Bernard,d'Escatha Bigot,Yanncik 和 Laurent Collet - Billon,"欧洲在运载火箭方面的政策确保了欧洲可持续、自主的发展空间",2008 年 5 月 18 日,http://lesapports.ladocuentationfrancaise.fr/BRP/094000223/0000.pdf(2009 年 9 月于法国发表)。

㉞ 克里斯托弗·维纳特,《金融危机中的航天领域》,Kai - Uwe Schrogl,Spyros Pagkratis,和 Blandina Baranes(编)《空间政策年鉴 2009/2010:社会中的航天》,(维也纳:施普林格出版社,2011)。

㉟ 见《欧盟委员会:面临全球挑战的欧洲航天工业》,COM(97)466,1997 年 9 月 24 日。

㊱ 更多详细信息见本书第 7 章《在战略背景下的空间经济及商业》。

㊲ 见《21 世纪航天战略性概览》,欧盟委员会,Star 21,2002 年 7 月。

㊳ 见尼古拉斯·彼得,《21 世纪的空间力量及欧洲》,欧洲空间政策研究所(ESPI),ESPI 观察 2009 年 4 月 21 日。

㊴ 迈克尔·P·格里森,《是时候用新的空间力量改变世界》,《前沿》6;2(2010 年 2 月)。

㊵《欧盟行为准则草案》详细内容见 Wolfgang Rathgeber,Remub Nina - Louisa,和 Kai - Uwe Schrogl,《空间安全及欧洲外空活动行为准则》,UNIDIR 裁军论坛,《更安全的空间环境?》,No.4(2009):33 - 41。

㊶ NATO 的空间政策的元素在托马斯·辛格的《NATO 空间政策的考虑》中有所发展,欧洲空间政策研究所(ESPI),ESPI 观察 2008 年 9 月 12 日。

㊷ 一系列的这类问题都记录于 SPI 和 ESPI 的联合备忘录里《空间政策研究所(SPI)和欧洲空间政策研究所(ESPI)关于空间活动战略经济重要性的联合声明》,2009 年 5 月 14 日,www.espi.or.at/images/stories/dokumente/leaflet/spi - espi%202009%20_5_.pdf(2010 年 4 月访问)。

第 12 章 日本的空间战略:外交与安全的挑战

渡边武田(Hirotaka Watanabe)

自 20 世纪 50 年代中期启动空间计划后,2008 年以来日本空间活动进入最大的转型期。《空间基本法》(Basic Space Law,BSL)于 2008 年 5 月在日本国会获得通过,并于同年 8 月开始执行。依据《空间基本法》,日本内阁(Cabinet of the Prime Minister,CPM)设立了空间政策战略总部(Strategic Headquarters for Space Policy,SHSP),任命了空间政策国务大臣。2009 年 6 月,战略总部公布了新制订的《空间政策基本方略》(Basic Plan for Space Policy)。

2009 年 8 月,日本政府更迭,日本民主党(DPJ)在日本国会众议院选举中以绝对优势击败了自由民主党(LDP)。新上台的民主党政府试图对日本的空间战略、空间政策、空间计划以及相关空间组织机构做出调整。事实上,上届自民党政府所支持的一些空间计划已在 2010 财年预算编制过程中被取消或受到一定限制[①]。然而,民主党政府在 2010 年 7 月举行的日本国会参议院选举中惨遭失利。尽管如此,民主党政府仍一直尝试恢复日本的空间活动,包括对相关行政机构进行改革,颁布新的日本《空间活动法案》(Space Activities Act,SAA),以此促进私营空间业务的发展。

本章从国际关系角度对日本新的空间战略进行分析和论述。首先,对日本空间政策发展史进行回顾。然后,对日本最新发布的《空间政策基本方略》进行综述,并对日本《空间基本法》进行介绍。接下来,将对《空间政策基本方略》中所涉及的三个关键性政策问题进行分析。这三个问题分别为:日本政府如何利用空间提升国家安全保障能力?日本政府如何促进空间外交的发展?日本政府如何就负责空间计划的相关行政机构进行改革?最后,本章将就日本新公布的空间战略及组织机构提供相应的解析。

12.1 日本空间政策发展史

日本空间政策演变的标志是平衡转换民族自治与国际合作[②]。尽管日本的国际合作形式多为多边合作,包括与美国合作,但空间自治权意味着日本的空间政策仍是独立于美国空间技术之外的。随着二战后日本的外交重心转向日美关系,日本的空间活动也随之演变。

1955年第一枚代号为"铅笔"的火箭发射成功后,日本启动了空间活动。但是,直到20世纪60年代初,日本的空间政策和空间组织才逐步成型。1960年5月,日本成立了国家空间活动理事会(National Space Activities Council,NCAC),作为一个日本首相的咨询委员会。国家空间活动理事会提交了数个涉及设立日本空间政策及其有关组织的报告,后于1968年8月被空间活动委员会(Space Activities Commission,SAC)取代。国家空间活动理事会于1962年5月编制的首份报告将"民族自治""国际合作""和平目的"以及"对公众开放"列为日本空间活动的基本原则。

民族自治与国际合作是日本空间政策的基本原则与宗旨。事实上,日本在二战后重返国际社会的过程中,上述原则起着非常重要的作用。但是,在实现世界主要经济强国目标过程中,日本空间活动领域的自治与国际合作往往存在相互抵触现象。过去几十年中,日本曾就本国空间战略问题做出过多项重要决策。[3]这些决策与日本当时所面临的冲绳归还、日美经济摩擦的解决,以及日美安全同盟的强化等外交活动密切相关。

20世纪60年代,日本制订的空间政策提出,日本应在不依靠国外援助的前提下,采用本国研发的火箭发射自己的卫星,同时通过国际空间研究委员会(COSPAR),与联合国和平利用外层空间委员会(UNCOPUOS)等国际组织开展相关国际合作。

在1969年同美国签署《换文》(Exchange of Notes)之后,日本却最终选择了在美国空间技术的支持下研发火箭和卫星。就在这一决定之后,美国立即邀请日本加入其后来的"阿波罗"计划,特别是美国航天飞机计划。但是日本最终决定不直接参与该项计划,以便将重点放在自己研制火箭、卫星项目上。作为使用者,日本之后间接参与了美国的航天飞机计划。与此同时,基于《换文》以及1976年、1980年所作的修订,日本国家宇宙开发事业团(National Space Development Agency of Japan,NASDA)相继研制成功了N-Ⅰ、N-Ⅱ以及H-Ⅰ运载火箭。

20世纪80年代中期,日本决定投资研发新一代本土火箭H-Ⅱ,以确保日本具备独立进入空间的能力。此外,在国际空间站(ISS)计划于20世纪80年代启动之后,日本直接参与了该项计划。日本通过研发H-Ⅱ火箭以及参与ISS计划,实现了对空间的自主权和国际间的合作。在日本的空间政策发展史上,上述两项决定具有划时代的意义[4]。

在20世纪80年代,日本还参与了空间科学领域机构间协商组(Inter-Agency Consultative Group,IACG)等其他一些国际合作[5]。自1970年2月利用

"兰达"(Lambda)运载火箭发射日本第一颗人造卫星后,设在东京大学的前日本空间和航空科学研究所(Institute of Space and Aeronautical Science,ISAS)已使用 Mu 系列运载火箭成功将十余颗科学卫星送入轨道。1981 年 4 月,通过对日本空间和航空科学研究所进行改组,日本教育省又新成立了日本空间与宇航科学研究所(Institute of Space and Aeronautical Science,ISAS)。新成立的日本空间与宇航科学研究所,通过与美国 NASA、欧洲航天局(ESA)、苏联国际航天员计划(Intercosmos),以及东欧集团空间机构(Eastern – bloc Group of Space Agencies)进行合作,分别于 1985 年和 1986 年对"哈雷"彗星进行了研究。在成功合作的基础之上,空间科学领域机构间协商组(IACG)成立。空间与宇航科学研究所,而非日本国家宇宙开发事业团,为空间科学领域的国际合作做出了贡献,从而排除了或至少最大程度上弱化了国际政治与经济方面的影响。

冷战结束后,俄罗斯加入了 ISS 计划。尽管自 1992 年起,日本航天员就开始参与美国航天飞机飞行项目,但是日本仍未实现利用本土飞行器将其航天员送入空间这一目标。虽然在 20 世纪 80 年代末、90 年代初日本的应用卫星采购是引发日美经济摩擦中的一个问题,但是 1994 年 2 月日本仍启动了 H – Ⅱ运载火箭发射项目,并于 2001 年 8 月成功发射了自主研制的 H – ⅡA 运载火箭,其目的是进入全球卫星发射市场。H – ⅡA 运载火箭是早期 H – Ⅱ运载火箭的后续型号,研制目的是提高火箭的可靠性和降低成本。

2003 年 10 月,日本合并国家宇宙开发事业团、空间与宇航科学研究所及国家航天实验室(National Aerospace Laboratory of Japan,NAL),成立了日本宇宙航空研究开发机构(Japan Aerospace Exploration Agency,JAXA)。宇宙航空研究开发机构是一个独立的行政机构[⑥],针对 ISS 成功研发了日本"希望"(Kibo)号实验舱(Japanese Experiment Module,JEM)。2008 年 3 月至 2009 年 7 月,该实验舱的一些部件在美国航天飞机飞行任务中得到了应用。与此同时,2009 年 9 月日本成功发射了第一枚 H – ⅡB 火箭,将 H – Ⅱ转移飞行器(H – Ⅱ Transfer Vehicles,HTV)送至国际空间站(ISS)。H – ⅡB 运载火箭较 H – ⅡA 运载火箭更强。

2003 年 3 月日本启动本土情报收集卫星计划(Information Gathering Satellites,IGS),2003 年 12 月日本加入美国导弹防御系统,成为了空间安全领域的一员。上述活动标志日本空间政策的巨大转变,因为在此之前,日本的空间活动仅限于和平与"非军事"目的。过去 10 年中,除空间活动中所涉及的自治权与国际合作问题外,日本同时还在与空间活动相关的和平目的及对外开放的管理方面遭遇了一系列困难。

日本曾与一些欧洲国家、加拿大、俄罗斯进行过合作,且近期也与一些亚太国家展开合作,但其空间合作的首要伙伴仍是美国[⑦]。日本空间政策制订过程以官僚作风、自下而上、建立共识以及递进方式为主要特征,有时也会由于一些国际因素而呈现出政治化与动态化特征。进入21世纪以来，日本在空间活动以及外交、经济、工业、国家安全与人类（全球）安全问题等领域的协调需求日趋强烈,2008年、2009年分别制订新的《空间基本法》与《空间政策基本方略》[8]。

12.2 2009年新版《空间政策基本方略》

日本目前在空间活动领域进行的改革,符合2008年的《空间基本法》和2009年《空间政策基本方略》。尽管《空间基本法》与《空间政策基本方略》是在上届自民党政府就任时所确定的,但它们是由两党共同确立的。因此,当前所面临的主要问题是如何将《空间政策基本方略》付诸实施,而不是讨论其内容恰当与否。因此,首先介绍一下《空间政策基本方略》。

《空间政策基本方略》"引言"部分指出[9]:"《空间基本法》与《空间政策基本方略》主要是基于日本对于空间的利用与研发的危机感编制,危机感具体如下:①缺乏国家级总体空间战略……②日本空间利用跟踪记录的不足……③缺乏该行业的国际竞争力。"更确切地说,它们的主要目的在于:依据《日本宪法》规定的和平主义原则维护日本专守防卫战略,同时全面、系统且有效地"以高技术能力为基础将空间政策由'研发型'转变为'应用型'",从而将其"应用到"超越普遍意义的"国家安全领域",确保向"环境友好型"方向发展,同时推动"空间外交"以及"前沿领域研发项目"的发展,加速"行业竞争力的提升"。

因此,《空间基本法》与《空间政策基本方略》的关键词为策略、利用、行业、国家安全、外交以及环境。就国家安全而言,本书将在随后针对"普遍意义"进行讨论。在《空间政策基本方略》第1章中提到了日本国家战略的地位[10]。《空间政策基本方略》规定如下:

"1. 对于表述关于促进空间利用与研发的基本方向；

2. 日本政府全面、系统地对空间利用与研发的政策措施【包括具体目标及其时间安排】；

3. 基于《空间政策基本方略》有关政策措施进行的宣传推广。

……展望未来10年,《空间政策基本方略》有关措施将需要5年进行全面、统一的推进。5年后《空间政策基本方略》将被复审,并基于细节落实情况对其进行复核。"

《空间政策基本方略》是日本针对未来5年所制订的国家空间战略。第2章就日本空间利用与研发提出了6大基本支柱（方向）,分别为:①利用空间建设一个安全、舒适且富足的社会；②利用空间加强国家安全；③促进空间外交的发展；④推动前沿领域科学技术的研发,创造一个生机勃勃的未来；⑤为21世纪培育一些战略性产业;⑥关注环境[11]。在上述6大支柱的基础上,第3章列举了由5大空间利用系统以及4大研发计划组成的9大系统,计划进行推广,具体政策措施(包括具体目标及时间安排)包括:①针对亚洲与其他区域的陆地、海洋观测卫星系统;②全球环境变化与气象观测卫星系统;③先进通信卫星系统;④导航卫星系统;⑤国家安全卫星系统;⑥空间科学计划;⑦载人航天计划;⑧太空太阳能计划;⑨小型卫星演示计划[12]。

《空间政策基本方略》第4章阐述了用于促进上述政策措施实施的有关事项:以《空间政策基本方略》为基础,推动政策措施落实的组织结构;细化政策措施实施所需的固定预算、人力资源;细化落实政策措施实施及对外公布的进度;强化国际趋势调查与分析功能;制订空间活动相关法律;确保其与非空间政策政治措施之间的联系与一致。[13]就组织结构而言,政府将"负责对空间利用、研发的行政组织与机构(如日本宇宙航空研究开发机构)的性质进行审查,并基于审查结果为修订版法律文件做好准备。[14]"

就法律制订而言,政府将"准备好对基于空间活动立法性质研究结果制订法律"[15]。实际上,空间政策战略总部负责针对空间活动立法进行研究的工作小组已于2010年3月公布了日本最新《空间活动法案》草案[16]。但是,对于应由哪个行政组织负责实施即将颁布的、涉及到日本空间组织改革的《空间活动法案》,却并无解决方案。因此,在有关组织机构的改革问题得到解决后,该法案会被提交至日本国会进行处理。即将颁布的《空间活动法案》包括:"日本空间业务在未来的私有化和商业化进程;日本对于新近颁布的国际空间法利用的概念,其中包括"启动状态"的概念;所有权转让与空间物体注册登记之间的关系;空间物体进行注册登记的标准。[17]"同时,《空间活动法案》还就日本空间业务的批准、监督,以及第三方责任与强制保险进行了适当、适度的阐述。

为确保非空间政策和法案的关联性与一致性,日本政府将:确保法案与非空间政策的政治措施,如《科学与技术的基本计划》《经济增长计划》《海洋政策基本计划》《推进地理空间信息应用基本计划》,以及相关政府部门措施的一致性[18]。

《空间政策基本方略》未直接列出《防卫指南》(Defense Guidelines)及《中期防卫计划》(Mid-term Defense Program),但是强调利用空间加强国家安全为上述6大基本支柱之一。总体而言,确保与《防卫指南》《中期防卫计划》的联系及一致性。

《空间政策基本方略》将促进空间利用及研发作为日本未来5年的国家战略的基本方向、措施、政策。目前,本届民主党政府面临以下3个(尤其是就国际关系角度来看的)关键性政策问题:①如何利用空间加强国家安全;②如何促进空间外交的发展;③如何对空间行政组织机构进行改革。

12.3 基于利用空间的日本国家安全

《空间政策基本方略》第 2 章指出：空间在日本国家安全领域的应用，一直遵循 1969 年颁布的《日本国会关于和平利用空间的决议》(Diet Resolution Concerning Peaceful Utilization of Space)的有关规定，日本自卫队被限制卫星的使用，"只应用那些被广泛使用，并有同等功能的卫星(摘自日本政府于 1985 年 2 月 6 日发表的官方言论)"。因此，卫星的使用仅限于通信、气象、全球定位以及情报收集等方面的一般应用[19]。

针对日本自卫队卫星应用所进行的限制被称为"广义理论"。至 2008 年制订的《空间基本法》实施前，日本仅实施开展了基于和平、非军事目的的相关空间活动，其自卫队仅使用商业卫星。然而，基于国际协议的规定及《日本宪法》所强调的和平主义原则，《空间基本法》考虑到国际环境，尤其是东北亚的现状所带来的压力为加强国家安全而促进空间在新领域的应用与研发，其目的在于改善并强化情报收集功能，加大力度开展预警监测活动[20]。

遵从《空间基本法》，依据 1967 年颁布的《外层空间条约》开展一些和平、非军事目的空间活动，日本自卫队可以"研发、制造、拥有、操作国防卫星以支持其地面任务行动，包括其自卫范围内的弹道导弹防御(BMD)"[21]。《空间政策基本方略》第 2 章还进一步指出：将在《防卫指南》《中期防卫计划》中予以确定空间利用、研发在整体防御能力中的地位，……将依据《防卫指南》，确保促进空间利用及研发的一致性[22]。

作为未来 5 年国家安全领域的专用卫星体系，《空间政策基本方略》第 3 章针对情报收集卫星的发展与巩固以及在国家安全领域对空间的最新应用与开发，进行了如下阐述[23]：

> 在 1998 年 8 月 31 日朝鲜发射"大浦洞"(Taep'o-dong)导弹之后，日本引进了情报收集卫星，主要用于确保外交、国防领域的国家安全，以及大规模灾难的危机管理。之后，建立一个由两颗光学卫星、两颗雷达卫星组成的四卫星系统的目标，目的是一天之内多次对地球上的指定地理位置进行照相。但迄今为止，该四卫星系统尚未完全建立。
>
> 日本政府将建立前述四卫星系统，并通过提高照相频率增加信息量，以及通过提高光学卫星、雷达卫星的分辨率改善信息质量。这些改造后的卫星已经超出了一般商业卫星的标准。此外，政府还将稳步推进针对预警系统传感器的研究，以及针对空间中无线数据采集功能有效性检测的无线电性能进行研究。

日本政府应有能力完善、增强情报收集卫星的功能，同时还应提升支持外交、国防领域的国家安全所需的情报收集能力和应对重大灾难所需的危机控制管理能力。

2010年12月，民主党政府公布了最新《2011（财）年及以后国家防卫计划指南》（以下简称《防卫计划指南》）以及《（2011—2015财年）中期防卫计划》（以下简称《防卫计划》）。[24]但是，民主党政府并未透露有关空间的任何具体措施或是政策。《防卫指南》中仅指出："日本将通过强化情报收集与通信功能，大力开发、利用外层空间"。[25]与此同时，根据《防卫计划指南》与《防卫计划》，尽管其启动了针对预警系统传感器的相关研究，且加入了美国导弹防御系统，但是日本防卫省不会开发、制造、拥有或运行情报收集卫星。情报收集卫星由日本宇宙航空研究开发机构研发，属于日本内阁官房内阁情报调查室（CIRO）下属的内阁卫星情报中心（CSICE）管辖范围。[26]

令人关注的是，有关日本防卫省不负责情报收集卫星的原因被写进了《空间政策基本方略》：

就日本国防领域而言，仍需积累足够的有关空间利用、研发的相关专业技术。为此，相关机构间的合作对于积极利用领先的民用技术（"民用技术转为军用"）起着极为重要的作用。此外，预警系统探测弹道导弹发射所需的传感器具有多种用途，如森林火灾监测。因此，日本政府作为一个整体将国防目的功能与其他用途的功能相结合以促进上述技术的有效利用[27]。

鉴于日本在预算、人力资源方面的空间能力有限，这一声明具有一定的合理性。但是，由于东北亚地区的不稳定因素，以及空间技术可以军民两用，日本逐渐在概念与组织上模糊了军用与民用空间计划的界限。尽管如此，日本仍不愿打破上述界限，理由如下：

● 就空间技术的目的与应用而言，民用与军用空间计划存在一定的差异。最为重要的一点是，从整体国防战略角度考虑应优先制订日本的国防空间计划，而其民用空间计划应优先从整体空间战略角度考虑、制订。然后，对二者进行协调及衔接。

● 如果民用与军用空间计划之间的界限不甚明确，日本将在国际社会上失去和平主义国家的信用。第二次世界大战后，日本力图赢得国际社会的信任。日本发射情报收集卫星并加入美国导弹防御系统之时，国内外均担忧日本可能会加速空间军事化、武器化发展的进程。随后，在2008年5月，随着新的《空间基本法》通过国会批准，这种担忧日益加深。如果日本模糊了民用与国防空间计划间的界限,其他国家就可能会受到威胁,尤其是东亚国家。由于日本自卫队依照《日本宪法》所规定的和平主义原则及专守防卫政策开展有关活动,因此,国防空间计划是在符合这些标准和界限的基础上确定的。

- 就信息处理而言,民用空间计划与军用空间计划存在着天壤之别。前者信息基本公开,而后者信息则基本上呈现封闭状态。情报收集卫星不仅为外交、国防提供支持,同时也对重大灾难的危机控制管理提供支持。尽管如此,原则上情报收集卫星的数据是保密的。但在 2010 年 8 月,日本内阁卫星情报中心(CSICE)报告称:作为日本情报收集卫星中唯一的雷达成像卫星由于电池故障导致航天器无法正常运行[22]。这意味着情报收集卫星在恶劣气象条件下将无法收集任何信息。考虑到对于国家安全造成的威胁,此类信息本不应被公开。然而,也有人认为,公开此类信息的目的在于获得额外预算,用于新型卫星的研发及发射。日本政府是否对情报收集卫星及其所收集到的信息进行了充分利用,这一问题始终值得怀疑。这正表明,由于在概念与组织上模糊了民用与国防空间计划之间的界限,日本政府对国家安全信息无法进行合理管理。

- 民用空间计划与军用空间计划尽管在基础技术与研发方面存在相同之处,但实际应用仍存在一定差异。鉴于空间技术的军民两用特性,一些技术与数据可能会立即由民用转向国防领域;人力资源也存在相似性。然而,民用与国防计划间存在人才交流,但国防空间计划仍然需要自身人力资源方面的发展与人才职业发展计划的支持。

- 日本国家安全与人类(全球)安全在概念上的区分尚不够明确,尤其是在空间领域。军事与国防事务的发展应由国防空间计划促进;而对于诸如环境、能源等问题的人类(全球)安全而言,则应通过民用空间计划予以推动。在日本,带有"军民两用"意思的"安全"这一术语在有关空间活动中的使用语焉不详。空间活动相关领域的"安全"一词尚无明确的定义。

总之,在维护《日本宪法》所规定的和平主义原则及专守防卫政策的同时,日本应明确民用与国防空间计划间的界限。换句话说,日本应对其利用军民两用空间技术所遵循的原则与标准进行说明。为此,日本应在概念上对人类(全球)安全与国家安全进行区分,并在组织方式上对民用空间计划与国防空间计划进行区别。此外,如果日本政府认为应将基于国家安全的空间利用放在首位,则日本防卫省与自卫队应为此而不懈努力。尽管可能会在空间活动方面受到其他省、厅的支持,但日本防卫省与自卫队应对本国的国家安全及国防空间活动尤其是对上述计划的实施的有关事项负责。

12.4 日本的新型空间外交

自 20 世纪 50 年代末于国际地球物理年(IGY)发射探空火箭后,日本便开始试图促进国际空间合作。实际上,日本已与美国、加拿大、俄罗斯和欧洲,以及一些亚太国家就各类国际空间计划进行了合作。但是,日本以往的空间活动与其外交政策之间并不存在联系。首先,日本一直将空间活动作为科技政策进行发展。其次,日本当时尚未针对空间、外交政策建立相应的协调机制,尤其是在 2001 年日本中央省厅进行改组后,空间活动委员会不再是负责空间活动的政府各部门的决策主体,而空间活动委员会会长也不再是科学技术省大臣[29]。

因此,2008 年《空间基本法》第 6 条关于国际合作部分提出:外层空间进行开发与利用应"通过积极促进"与外空间开发与利用方面的"国际合作与外交,促使日本在国际社会中发挥积极作用,并为扩大国家利益作出贡献"[30]。除"国际合作"一词外,日本在其空间政策报告中还明确使用了"外交"这一专业术语。同时,2009 年《空间政策基本方略》第 2 章还做出了以下解释:利用日本先进的科学技术以及空间利用、研发的独有特长(其中包括在国外进行的有关活动,例如全球信息收集)促进空间外交发展(以空间应用推动外交政策);利用日本的空间外交,同时努力日本的推进空间的开发与利用(以外交政策支持空间应用)[31]。

"以空间应用推动外交政策"意味着将使用空间活动作为"可提升日本国际影响力与国际形象的外交资产及软实力的来源,[32]"以此实现其外交目标。此外,《空间政策基本方略》还提出:"将加大对空间的利用与研发,将其作为确保人类安全的一种手段"[33]。具体原因如下:日本将人类安全作为其外交政策的支柱之一,一直以来都在积极推动人类安全发展。人类安全这一概念旨在通过保护人类免受如自然灾害、环境恶化与气候变化等多种跨国界的威胁,并同时通过对这些威胁建立防控机制以克服此类威胁,从而建立一个人类享有尊严且和平共处的世界[34]。

对于日本新的空间外交而言,"人类安全"是其中的关键词。凭借其先进的空间科学技术对外提供援助及相关服务,日本在推进发展中国家人类安全的同时,也赢得了这些国家的信任。

"以空间应用推动外交政策"的相关实例包括:通过亚太地区空间机构论坛(Asia – Pacific Regional Space Agency Forum,APRSAF),日本利用"亚洲哨兵(Sentinel Asia)"(亚太地区灾害管理支持系统)系统为灾害监测做出了贡献[35];通过参与创立地球观测组织(GEO)和全球综合地球观测系统(GEOSS),日本试图解决一些包括气候变化问题在内的全球性环境问题;就国际空间站(ISS)计划而言,日本不仅利用"希望"(Kibo)号实验舱开展了相关活动,而且使用H – II转移飞行器进行货物运输,在支持国际空间站的总体运行中发挥了重要作用。

因为与"以空间应用推动外交政策"存在联系,因此,日本需要重点考虑有关亚太地区空间机构论坛的发展。在日本的倡议下,亚太地区空间机构论坛于 1993 年成立,作为一个机构级别的论坛,其建立目的是促进区域空间利用。该空间机构论坛本着自愿、协作原则,重点开展科学研究与学术方面的工作。与此同时,日本国内也有舆论认为,为推进"以空间应用推动外交政策"这一观点,应扩大区域合作范围。这意味着亚太地区空间机构论坛与亚空间间合作组织(Asia-Pacific Space Cooperation Organization, APSCO)之间存在合作的可能性[㊱]。在中国的倡议下,亚空间间合作组织最初建立于1992年,2008年正式成立,是一个政府间国际组织,旨在通过协作推进空间计划的发展。为避免重复工作,促进更为有效的区域合作,亚太地区空间机构论坛与亚空间间合作组织可效仿欧洲航天局,合并为"亚太航天局"(Asia and Pacific Space Agency)或一个类似的机构[㊲]。尽管建立"亚太航天局"是一个可能的最终目标,但亚太地区空间机构论坛与亚空间间合作组织不一定需要通过效仿欧洲航天局进行合并。这是因为,就经济、科技水平而言,亚洲国家处于不同的发展阶段,在必要时,应基于对可行的国家空间项目进行协调配合来确保亚太地区空间机构论坛与亚空间间合作组织之间的协调配合。

"以外交政策支持空间应用"提出利用与发达国家、发展中国家的外交关系,促进空间的利用与研发。2009《空间政策基本方略》中提供了有关以外交政策支持空间应用的一些实例。

(1)为航天工业提供支持时,日本必须关注那些在本国政府的强有力支持下从其他国家接收订单的外国私营企业的动态。同时,日本需要借助外交手段建立政府级双边关系,并提供公共基金(如日本政府开发援助),以寻求其他国家对于空间利用与研发的需求[㊳]。

(2)"为建立责任共担,实现空间的有效利用和研发,与那些空间发展大国建立空前深入的关系十分重要"[㊴]。

(3)日本应在如联合国和平利用外层空间委员会与裁军谈判会议(Conference on Disarmament, CD)等国际论坛上积极参与有关国际空间规则的制订。

通过推进"以空间应用推动外交政策"和"以外交政策支持空间应用",日本期望在空间活动、外交活动进展双方面取得协同效应。此外,2009年《空间政策基本方略》第3章添加了标题为"促进空间的利用与发展为外交及空间外交做出贡献"的有关空间外交的更多说明[㊵]。其中针对空间外交提出了三项具体措施:①对亚太地区的贡献;②对全球环境问题的贡献;③加强双边关系。

就亚太地区而言,日本空间外交采取的措施包括:

(1)凭借其在亚太地区空间机构论坛的主导地位和亚洲唯一的ISS计划参与者,在亚洲确立其领导地位。此外,通过合理利用各类支持工具(如政府开发援助),日本将在亚太地区空间机构论坛的运营与双边合作相互联系方面做出相应的贡献,以此彰显其国际形象[㊶]。

(2)亚太地区国家对日本寄予极大期望,日本开展促进空间的研发与利用,能够使日本在亚太地区空间机构论坛的作用得到充分发挥。另外,可通过亚太地区空间机构论坛建立政府级的空间事务网络,例如基于亚洲科技部长级会议举行以"空间"为主题的国际部长级会议[42]。

(3)未来,为使"准天顶"卫星系统(Quasi-Zenith Satellite System)【日本全球定位系统】得到高效应用,日本政府将研究向本土外亚太地区提供地理位置信息的可行性[43]。

(4)通过利用"向日葵"(日本地球同步气象卫星)进行持续观测,提供分辨率更高的图像,为亚太地区的灾害、环境监测工作做出更大贡献[44]。

(5)通过采用已应用于亚太地区的一些方法,日本将向空间利用与开发需求与日俱增的中东、非洲以及南美国家进一步提供帮助[45]。

在全球环境问题上,日本空间外交采取的措施包括:

(1)日本将通过获取并分析公开卫星数据及传输数据,积极主动地建立开展全球环境观察与监测国际框架的全球讨论[46]。

(2)日本将积极参与新的挑战,如通过减少空间碎片应对空间环境问题[47]。

(3)通过为具备空间领域知识的相关人员提供国际外交经验的机会,以及加强高等院校与其他教育机构在空间科学、工程方面的教育,日本将致力于开发中长期人力资源建设,在包括联合国和平利用外层空间委员会在内的国际组织中发挥主导地位[48]。

就加强双边关系而言,日本空间外交采取的措施包括:

(1)美国与日本之间保持着一种长期的多领域协作关系……日本将建立一个日美空间论坛,就空间领域的进一步协作进行探讨,以进一步促进这一亲密关系[49]。

(2)欧洲与日本间……日本将尝试建立一个空间论坛,强化二者在空间治理、空间科学以及空间利用领域的相关合作(比如,日本与欧洲针对不同时区有关陆地、海洋观测卫星的协作)[50]。

(3)就涉及在空间开发与利用领域领先的其他主要国家(俄罗斯、中国、印度等)而言,日本将基于各国技术能力,与其建立密切联系[51]。

(4)就发展中国家而言,日本政府将对有关省、厅的海外办事处以及私营企业的信息进行收集、分析,并针对未来配套项目的重要领域、重要事项制订方案。同时,政府还将通过政府开发援助日本国际协力银行(JBIC),利用政府基金,寻求各国在空间利用与研发方面的需要。日本将以国家整体形象对这些需要提供支持。为此,日本政府将明确有关配套项目负责人,并加强国内相关省、厅(包括日本国际协力机构(JICA)与日本宇宙航空研究开发机构)之间的协作,各海外办事处(日本驻外大使馆、日本国际协力机构、日本宇宙航空研究开发机构、日本贸易振兴机构(JETRO)、JBIC等)之间的协作,以及日本政府同各海外办事处之间的协作。此外,日本还将确保本国多项支持计划的有机结合,例如提供政府基金、技术合作以及人才培养。政府将凭借顶级销售能力及海外外交机关网络开拓新的海外市场。日本将在"人类安全"的外交政策理念指导下为发展中国家提供援助[52]。

日本宇宙航空研究开发机构、日本国际协力机构、日本贸易振兴机构目前分别隶属于日本文部科学省(日本文部科学省)、日本外交省(MOFA)和日本经济贸易产业省(METI)。通过克服政府各部门及机构不通畅的"卡壳"行为,日本将集中精力更好地推进与发展中国家之间的空间外交。

因此,2009年《空间政策基本方略》列出了有关空间外交的具体措施,而日本政府需要做的就是制订各项措施的预算并落实各项措施。2010年5月,民主党政府将国家空间战略纳入了同年6月颁布的最新经济政策"新增长战略"(New Growth Strategy, NGS)[53]。"新增长战略"是民主党政府所公布的最重要的国家政策之一,旨在引导日本突破经济僵局,重振日本经济。

"新增长战略"确定了以下7大战略领域:①绿色创新;②生命创新;③亚洲;④旅游与地方复兴;⑤科技与信息通信技术;⑥就业与人力资源;⑦金融业。《空间政策基本方略》几乎涵盖了上述所有战略领域。在"新增长战略"中,日本计划采取以下三项涉及空间的具体措施:

(1)在国内培育新型空间产业。日本将在空间技术小规模化、系列化、标准化的发展基础上,增强空间产业基础,提升空间产业竞争力;鼓励中小型企业与高等院校研制小型卫星与小型航天器。同时,日本将建立相关平台推广卫星数据的应用。

(2)出口空间基础设施系统。为满足亚洲与其他国家对于空间基础设施的强烈需求,日本将通过公私合作,出口"成套"空间基础设施系统。日本将针对空间发展中国家采取"三步法"给予支持:①启蒙宣传活动;②针对能力建设开展技术合作;③提供空间技术与服务。为落实这一计划,日本通过高层政府官员与政府开发援助项目支持推广、销售事务。

(3)促进先进空间科学技术的发展。日本将推动先进空间科学技术的发展作为空间开发的创新引擎。实现"新增长战略"的上述有关空间的具体目标,有利于维护日本在空间活动领域的自主权,促使日本为国际社会,尤其是在绿色创新领域做出贡献,同时也可彰显日本的国际形象。

2010年7月,为推动空间外交的发展,日本根据"新增长战略"与《空间政策基本方略》开展了两项预防性措施:①日本宇宙航空研究开发机构与亚洲开发银行(ADB)同意就推广卫星技术在灾害管理、气候变化减缓与适应、森林监测及水资源管理领域的应用展开合作[54]。日本卫星信息与技术将为亚太地区的发展做出贡献。②日本宇宙航空研究开发机构公布了最新火箭发射清单[55]。由于涉及到一些渔业问题,经批准,日本宇宙航空研究开发机构每年夏冬两季(共计190天)在种子岛航天中心(Tanegashima Space Center, TSC)和内之浦空间中心(Uchinoura Space Center, USC)开展火箭发射项目。目前,日本宇宙航空研究开发机构与渔业组织就火箭发射期达成了一致,自 2011 年 4 月起,火箭发射期从 190 天延长至全年。

民主党政府实现了《空间政策基本方略》与"新增长战略"中所预期的首次空间外交。2011 年 1 月,日本政府决定基于政府开发援助为越南航天卫星项目提供资金支持[⑰]。日本将向越南提供约 400 亿日元资金建立一个空间中心,研制、发射两颗地球观测卫星以及培训空间工程师。2009 年 4 月越南请求日本利用政府开发援助支持其空间计划,日本贸易振兴机构就协助越南研制其自主卫星的可能性进行了研究。这是日本首个针对空间计划发展的政府开发援助项目。在此之前,政府开发援助的重点是桥梁与道路等基础设施建设,而空间项目被排除在外。根据 2008 年的《空间基本法》与 2009 年的《空间政策基本方略》,在公共部门与私营部门的共同努力下,日本开始向非洲、拉丁美洲出售卫星。但是,在这一方面,日本仍然落后于欧洲与中国……。对于日本而言,日本为越南空间发展所提供的全面支持,是其努力打入空间发展市场的过程中至关重要的一步[⑰]。

由此,日本依据新的《空间基本法》与《空间政策基本方略》,开始启动新的空间外交。但是,其发展却是由受到空间政策战略总部、日本经济贸易产业省、日本文部科学省、日本外交省以及日本宇宙航空研究开发机构下属的多个组织推进。为进一步推进空间外交,民主党政府目前正设法对有关机构进行改革。

12.5 日本航天机构的改革

长期以来,空间活动委员会是日本最高空间决策机构。日本首相办公室(Prime Minister's Office,PMO)于 1968 年 8 月建立空间活动委员会,会长由科学技术大臣担任。2001 年 1 月日本中央省厅改革过程中,空间活动委员会划归日本文部科学省,会长一职不再是科学技术大臣,而是一位空间专家。内阁政府新设立了科学技术政策委员会(CSTP),由首相担任会长。科学技术政策委员会负责制订包括空间政策在内的综合性科技政策;日本文部科学省与空间活动委员会,负责监管日本宇宙航空研究开发机构,制订长期基本空间方案,促进科学知识与空间技术的发展[⑱]。

2008 年 8 月实施《空间基本法》后,日本内阁政府新设立了下属的空间政策战略总部(SHSP)。日本首相担任战略总部主任,内阁官房长官与空间政策国务大臣担任副主任,成员由所有大臣组成。同时,内阁官方设立了空间政策战略总部秘书处。目前,尽管对于战略总部与科学技术政策委员会的任务授权划分情况尚不明确,但战略总部仍是日本最高空间决策机构。

2001 年日本中央省厅改组结束,并于 2003 年成立日本宇宙航空研究开发机构。在此之后,日本宇宙航空研究开发机构的所有活动受到日本文部科学省的监管,日本内务及通信产业省(MIC)对上述活动仍保留部分管理权。但是,对于哪一部门或哪些部门应负责对日本宇宙航空研究开发机构的授权、监管,日本政府仍在研究。事实上,日本宇宙航空研究开发机构是日本独立行政机构之一。这类机构为负责贯彻执行政府各省所制订的相关政策、方案的半自治实体,以自治方式进行运作,也可独立采取行动。

日本国内对日本宇宙航空研究开发机构的归属主要存在两种观点[59]。一些国会议员坚持认为,日本宇宙航空研究开发机构隶属于内阁政府,以便更好地实现《空间政策基本方略》中所设定的长远目标。而日本宇宙航空研究开发机构的一些研究部门以及学界普遍认为,日本宇宙航空研究开发机构应划归日本文部科学省,否则其研究自由会受到威胁。因此,有人主张应将日本宇宙航空研究开发机构拆分为科学与技术部门即原空间与宇航科学研究所,以及应用部门即原日本国家宇宙开发事业团,前者纳入日本文部科学省,后者纳入内阁政府。但是,为避免对空间活动的重复授权,2003年10月,日本国家宇宙开发事业团、空间与宇航科学研究所与日本国家航天实验室同时并入了日本宇宙航空研究开发机构。

《空间基本法》附则第3条指出:本法生效后一年之内,政府应对日本宇宙航空研究开发机构和其他机构开发、利用空间的情况,例如上述空间机构的目标、职能、职权范围、组织架构及主管机构进行审查,并采取必要措施[60]。附则第4条指出:在全面、综合地推广空间开发与利用过程中,政府将对相关行政机构进行审查,并依据审查结果,采取相应措施[61]。

因此,2008年10月,根据《空间基本法》及其附则规定,日本成立了空间政策特别委员会,专门负责向空间政策战略总部提交建议,该特别委员会还设立了两个工作小组,分别负责研究空间组织机构的改组及有关空间活动的立法。特别委员会与工作小组的成员从各领域专家中选定。

《空间政策基本方略》的制订是由战略总部秘书处负责编制草案,特别委员会对草案进行了讨论修改,并公布修改后的草案,2009年4月与5月接受公众意见。接着,战略总部秘书处对公众意见征集结果进行了总结并修改草案,特别委员会再次对草案进行了讨论修改。随后,战略总部对最终草案进行了讨论修改通过,并于2009年6月将其作为《空间政策基本方略》颁布。

在编制《空间政策基本方略》的同时,负责研究空间组织改组问题的工作小组于2009年4月提交了一份中期报告[62]。负责研究空间活动立法事宜的工作小组也于8月提交了一份有关日本新的《空间活动法案》的中期报告,该报告于同年10月公布并公开征求公众意见,2010年3月负责研究空间活动立法事宜的工作小组提交了修订后的中期报告[63]。

原自民党政府负责研究空间组织机构改组问题的工作小组提交的中期报告,提出了三个主要议题[64]。第一个议题是:通过设立新的"航天局"(Space Bureau)作为各部间协调机构,内阁政府将针对空间活动进行规划、实施、总体协调、后续跟进以及预算制订。第二个议题是:日本宇宙航空研究开发机构是核心空间活动组织,但是需进一步考虑是否应由内阁政府而非日本文部科学省对日本宇宙航空研究开发机构进行授权、监管。第三个议题是:日本文部科学省下属的空间活动委员会的有关职能与战略总部的职能相重叠,取消空间活动委员会这一机构,其安全职能转移至战略总部或其他组织。自民党政府下属的战略总部认为,内阁政府新设立的航天局应是空间政策制订主体,日本宇宙航空研究开发机构则是空间计划实施主体。

与此相反,作为当时最大的反对党,民主党建议对国内分散的航天机构进行整合,最终成立"日本版NASA"[66]。根据民主党在2009年8月30日举行的众议院选举竞选宣言中的提议,2010年3月前,各省、厅下属的空间相关部门机构以及日本宇宙航空研究开发机构下属的规划部门将统一并入内阁政府,随后对日本宇宙航空研究开发机构内的其余部门进行合并,成立航天局。

除空间政策特别委员会及其两个工作小组外,2010年2月在空间政策国务大臣之下增设了了日本未来的空间政策的直属顾问委员会。2009年8月政府更迭前夕,成立了月球探测顾问委员会。2010年4月,日本未来空间政策顾问委员会向空间政策国务大臣提交了一份长达5页的报告[67],建议政府在2010年4月提交下一空间预算申请至财务省(MOF)之前,解散日本宇宙航空研究开发机构,并在内阁政府之下设立新的"航天局",新成立的航天局将由5名专家组成的小型执行委员会掌控,统一管理日本所有的政府资助空间计划的政策制订与预算编制。同时,日本宇宙航空研究开发机构也可拆分为若干较小部门,重新组成专注于各项特定目标的项目小组。但是,日本宇宙航空研究开发机构应隶属于新的航天局还是作为其一部分却仍在考虑中。因此,民主党政府下属的战略总部认为,应在内阁中成立一个新的、权利更大的航天局,而日本宇宙航空研究开发机构则应隶属于这一新的航天局。

尽管如此,仍有两个问题尚待解决。第一个问题是:新成立的航天局是否应涵盖安全、国防等领域?换句话说,航天局与防卫省之间的管辖权限应如何划分?民主党政府更倾向于由新成立的航天局同时负责民用与空间防卫活动,如前所述,日本应从整体国防战略与政策角度决定其空间防卫计划,应从整体空间战略与政策角度决定其民用空间计划。情报收集卫星就是一个典型范例,情报收集卫星不由防卫省管理,而是由日本宇宙航空研究开发机构(隶属于日本文部科学省)下设的一个集团负责运营,但其仍然隶属于内阁官方。原则上,新成立的航天局应负责管理包括人类(全球)安全在内的日本民用空间活动;而防卫省则应负责管理包括国家安全在内的空间防卫活动。此外,未来日本将推出预警卫星,也将更为积极地参与美国导弹防御系统,日本防卫省应进一步同美国国防部进行合作,日本防卫省目前刚刚启动基于空间利用的国家安全的相关研究,而日本防卫研究所(NIDS)目前仅拥有为数极少的几名空间专家。

第二个问题涉及空间政策国务大臣的权力。现任空间政策国务大臣与日本宇宙航空研究开发机构执行长(非大臣)所拥有的权力均极为有限,因此无法在不同部门间做出自上而下的决策。新空间政策国务大臣作为新成立的航天局的负责人,应拥有更大权利,以对日本所有的民用空间活动进行管理,并可就民用空间活动与空间防卫活动间的关系与防卫大臣进行商议。此外,由于目前的空间政策战略总部由全体内阁大臣组成,战略总部内部无法展开任何讨论,因此,战略总部之下应设立一个空间委员会,由空间政策国务大臣主持,由极少数大臣与学术界、工业界的一些私营领域专家组成,负责讨论日本的空间政策,并就有关外交、安全、国防与经济政策进行协调。该空间委员会将取代之前的空间政策特别委员会。战略总部将通过内阁会议,最终决策空间委员会的提案,并对关键问题(由哪些机构、哪些人负责日本的空间战略及政策)做出决定。空间委员会将是日本最高空间政策制订主体,选出的代表直接对空间战略及政策提出议案。以往日本空间政策制订流程的主要弊端表现为官僚作风、自下而上、建立共识、递增式、低效,使日本在空间政策史上错失了很多重要机遇。毫无疑问,新的空间政策决策体系将使日本获益匪浅。

2010 年 12 月,战略总部对特别委员会成员进行了改组,设立了两个新的工作小组,分别负责就卫星导航系统——"准天顶"卫星系统(QZSS)的开发应用以及相关遥感政策进行研究。2011 年夏季前,特别委员会一直在尝试提交有关重组日本空间组织的方案,以期对 2012 财年预算产生影响[67]。然而,2011 年 3 月 11 日,日本发生了地震。考虑到可通过利用空间对灾难进行控制,新成立的民主党政府在日本首相野田佳彦(Yoshihiko Noda)的领导下,于 2011 年 9 月 30 日决定在内阁政府的支持下展开对准天顶卫星系统的开发、维护与运营,是否建立新的航天局以及如何从政治角度对待日本宇宙航空研究开发机构却仍在研究中。

民主党政府最终于 2011 年 12 月宣布,计划于 2012 年在内阁政府内设立"空间战略办公室"和一个空间政策专家组[68]。届时,空间战略办公室将取代空间政策战略总部秘书处,而空间政策专家组将取代空间政策特别委员会。通过对有关法律进行修订,日本宇宙航空研究开发机构将更加积极地落实各项和平、侵略性目的的空间活动;同时,除日本文部科学省、日本内务及通信产业省大臣以外,日本宇宙航空研究开发机构还将处于日本首相与日本经济贸易产业省大臣管辖之下,而日本文部科学省下属的空间活动委员会将被取消[69]。2012 年 2 月,日本内阁通过了这一议案,同年 7 月成立了空间战略办公室[70]。下一阶段,空间战略办公室可能会成立某一负责监管日本宇宙航空研究开发机构的新航天局,但该航天局将不会发展成为"日本版 NASA"。

12.6 结论

从 2008 年《空间基本法》与 2009 年《空间政策基本方略》来看,日本刚刚开始应对空间活动领域的外交、安全方面的新挑战。《空间基本法》与《空间政策基本方略》以及日本政府的更迭,正在逐步改变着日本的空间活动,并加速有关组织机构的改革。但是这种改变较慢,其原因在于,民主党政府尚未稳定,也未解决《空间政策基本方略》中所提出的三个关键性问题:①日本政府如何利用空间提升国家安全保障能力;②日本政府如何促进空间外交的发展;③日本政府如何就负责空间计划的行政机构进行改革。

本章在此对上述三个关键性问题进行了论述。首先,在维护《日本宪法》中所规定的和平主义原则及专守防卫战略的同时,日本应对民用空间计划与军用空间计划之间的界限进行某种划分。为此,日本需要对军民两用空间技术所依据有关原则、标准进行明确,同时在概念上对人类(全球)安全与国家安全进行区分。

其次,日本应促进与发展中国家(尤其是亚洲国家)及发达国家间的合作,如美国、欧洲国家、俄罗斯、中国和印度。更确切地说,日本新的空间政策将推动三类国际空间合作。第一,日本可与航天发达国家就大型空间计划(如国际空间站计划)展开多边合作,为奠定未来合作的基础,还可以选择以美国为主要伙伴的有关月球、小行星及火星探测的合作,也可以将加拿大、俄罗斯、中国和欧洲以及印度等其他国家和地区纳入合作范围。第二,日本可与发展中国家就中等规模空间计划,比如,基于亚太地区空间机构论坛的"亚洲哨兵"系统开展多边合作。合作方可以是亚太国家,甚至也可以是非洲国家。第三,日本可与所有国家,尤其是美国开展双边合作,也可与欧洲、亚洲国家就小型空间计划进行双边合作。

最后,在空间战略办公室下一阶段的工作中,日本可通过在战略总部下设立一个负责监管日本宇宙航空研究开发机构的新航天局和一个新空间委员会,并从中受益。作为新成立的航天局的负责人,新任命的空间政策国务大臣应有更多权力对日本所有的民用空间活动进行管理,并同防卫大臣就民用空间活动与空间防卫活动间的关系进行探讨。空间委员会由空间政策国务大臣担任会长,由选定的极少数大臣与一些私营领域专家所组成,将成为日本最高空间政策制订机构。事实上,上述改进均围绕着一个贯穿本章空间战略的主题,即由高层决策者制订和实施的战略政策是在遵循政府规章制度的框架内。

注　释

① 例如，"银河快车"（GX）火箭发射项目于2009年12月被民主党政府叫停——尽管自民党政府早在政府更迭前夕就已考虑暂停这一项目。GX火箭是一种中型二级液体燃料运载火箭，从2003年开始以公私联合方式研发。参见"日本GX火箭发射项目将于2010年取消（Japan's GX Rocket Targeted for Cancellation in 2010）"，《空间新闻》，2009年11月20日。

② 有关日本空间政策发展史详见日本科学技术振兴机构下属的研究协调局（Research Coordination Bureau）的监督下编辑完成的《日本航天事业的发展》系列丛书。参见John M. Logsdon，"向领先者学习：早期日美空间合作关系"，华盛顿特区乔治·华盛顿大学空间政策研究所，1998；Joan Johnson-Freese，《越过太平洋：进入二十一世纪的日本空间政策》（爱荷华州迪比克；Kendall/Hunt，1993）；Kazuto Suzuki，"日本空间政策行政改革与政策逻辑"，《空间政策》21：1（2005年2月）：11-19；Yasunori Matogawa，"展望未来：日本半个世纪的空间活动"，选自P. V. Manoranjan Rao（编）《空间发展五十年：全球视角》：（Hyderabad：高等学校出版社，2007），P137-171；Hirotaka Watanabe，"日本空间政策评估：民主自治与国际合作"，《火箭与航天史：国际宇航科学院第三十九届历史研讨会论文集》，日本福冈，2005，美国宇航学会（American Astronautical Society，AAS）历史系列，第36卷（加利福尼亚州圣地亚哥市：Univelt，Inc. 出版公司，2012），P271-295；以及Hirotaka Watanabe，"20世纪80年代日本空间政策：民主自治与国际合作间的平衡"，《宇航学报》68：7-8（2011年4—5月）：P1334-1342。同时，还可参阅日本经济团体联合会（Keidanren），《1978—1979年日本空间发展》（东京：《朝日新闻晚报》（Asahi Evening News），1979）。

③ Hirotaka Watanabe，"日本空间政策评估：民主自治与国际合作，"《火箭与航天史：国际宇航科学院第三十九届研讨会论文集》，日本福冈，2005，美国宇宙航行学会（AAS）历史系列，第36卷（加利福尼亚州圣地亚哥市：Univelt，Inc. 出版公司，2012），P271-295。

④ Hirotaka Watanabe，"20世纪80年代日本空间政策：民主自治与国际合作间的平衡"，《宇航学报》68：7-8（2011年4—5月）：P1334-1342。

⑤ Joan Johnson-Freese，"多边空间合作典范：机构间协商组，"《空间政策》5：4（1989年11月）：P288-300；以及Joan Johnson-Freese，"从"哈雷"彗星到日地科学：机构间协商组之演变"，《空间政策》8：3（1992年8月）：P245-255。

⑥ Tomifumi Godai与Masahiko Sato，"日本空间发展格局重组，"《空间政策》19：2（2003年5月）：P101-109。

⑦ 更多有关日本近期国际空间合作的详细信息，参见"国际合作"，日本宇宙航空研究开发机构（日本宇宙航空研究开发机构），www. 日本宇宙航空研究开发机构. jp/collabo/int/index_e. html（2011年6月访问）。

⑧ 更多有关最新《空间基本法》起源的详细信息，参见Kazuto Suzuki，"日本空间政策制订改革，"《空间政策》23：2（2007年5月）：P73-80；Kazuto Suzuki，"一种全新的空间政策，抑或仅仅是在搁置政治问题？日本正在制订新的《空间法》"，《空间政策》24：4（2008年11月）：171-174；以及Setsuko Aoki，"日本国家空间法的现状与最新发展，以及与环太平洋地区空间法及活动的相关性，"《空间法杂志》35：2（2009年冬）：P363-438。

⑨ 日本空间政策战略总部，"《空间政策基本方略》：日本的智慧推动空间的发展"，2009年6月2日，序言，1-2；全文请参阅网址 www. kantei. go. jp/jp/singi/utyuu/basic_plan. pdf，宣传册，请参阅网址 www. kantei. go. jp/jp/singi/utyuu/keikaku/pamph_en. pdf（2011年6月访问）。

⑩《空间政策基本方略》，第1章，P3-4。

⑪《空间政策基本方略》，第2章，P5-15。

⑫《空间政策基本方略》，第 3 章，P16 – 57。

⑬《空间政策基本方略》，第 4 章，P58 – 59。

⑭《空间政策基本方略》，P58，参见"《空间基本法》附则"（日语版与英文版），摘自日本宇宙航空研究开发机构（日本宇宙航空研究开发机构）总务部（General Affairs Department）日本法律事务司（Legal Affairs Division）《空间法数据手册》（东京：日本宇宙航空研究开发机构，2011 年 3 月，第 3 版），25 – 11 与 25 – 12。

⑮《空间政策基本方略》，59，参见"《空间基本法》，2008 年法律号：43"（日语版与英文版），摘自《空间法数据手册》，25 – 9 与 25 – 10。

⑯ 日本空间政策战略总部，"空间活动立法研究工作小组中期报告，"2010 年 3 月，www. kantei. go. jp/jp/singi/utyuu/katudo/houkokusho. pdf（日语版，2011 年 6 月访问）。

⑰ Setsuko Aoki，"日本国家空间法现状与最新发展，以及与环太平洋地区空间法及活动的相关性"，《空间法杂志》35：2（2009 年冬）：P390 – 391。

⑱《空间政策基本方略》，P59。

⑲《空间政策基本方略》，P7。

⑳《空间政策基本方略》，P8。

㉑ Setsuko Aoki，"日本国家空间法现状与最新发展，以及与环太平洋地区空间法及活动的相关性"，《空间法杂志》35：2（2009 年冬）：P387 – 388。

㉒《空间政策基本方略》，P8。

㉓《空间政策基本方略》，P27 – 28。

㉔《2011 财年及以后国家防卫计划指南》，2010 年 12 月 17 日由日本安全理事会与日本内阁通过，www. kantei. go. jp/foreign/policy/decisions/2010/_icsFiles/afieldfile/2012/01/27/ndpg_e. pdf（2012 年 2 月访问）；"2011 财年及以后国家防卫计划指南汇总"，2010 年 12 月 17 日，www. kantei. go. jp/foreign/policy/decisions/2010/_icsFiles/afieldfile/2012/01/27/summary_ndpg_e. pdf（刊登于 2012 年 2 月）；《2011—2015 财年中期防卫计划》，2010 年 12 月 17 日由日本安全理事会与日本内阁通过，www. kantei. go. jp/ jp/kakugikettei/2010/1217tyuukiboueiryokukeikaku. pdf（日语版，刊登于 2011 年 6 月）；以及《2011—2015 财年中期防卫计划汇总》，2010 年 12 月 17 日，www. mod. go. jp/e/d_act/d_policy/pdf/mid_FY2011 – 15. pdf（2011 年 6 月访问）。

㉕《2011 财年及以后国家防卫计划指南》，P5。

㉖ Setsuko Aoki，"日本国家空间法的现状与最新发展，以及与环太平洋地区空间法及活动的相关性，"《空间法杂志》35：2（2009 年冬）：P380 – 382。

㉗《空间政策基本方略》，P37。

㉘"日本雷达卫星失灵《读卖日报》"，《空间新闻》，2010 年 8 月 30 日。

㉙ Setsuko Aoki，"日本国家空间法的现状与最新发展，以及与环太平洋地区空间法及活动的相关性"，《空间法杂志》35：2（2009 年冬）：P370 – 374。

㉚"《空间基本法》，2008 年法律号：P43"（日语版与英文版），摘自《空间法数据手册》，25 – 1 与 25 – 2。

㉛《空间政策基本方略》，P8。

㉜《空间政策基本方略》，P8 – 10。

㉝ 同㉜。

㉞ 同㉜。

㉟ 更多有关"亚洲哨兵"系统与亚太地区空间机构论坛的详细信息，请参阅网址 www. 亚太地区空间机构论坛. org（2011 年 6 月访问）。

㊱ 更多有关亚空间间合作组织的详细信息，请参阅网址 www. 亚空间间合作组织. int（2011 年 6 月

访问）。

㊲ Minoru Suzuki，“亚洲与太平洋地区空间机构的建立”，《政策研究杂志》（关西学院大学）34（2010年3月）：P57－62。

㊳《空间政策基本方略》，P10－11。

㊴ 同㊳。

㊵《空间政策基本方略》，P37－40。

㊶《空间政策基本方略》，P37－38。

㊷ 同上。尽管《空间政策基本方略》中并未就此提及亚空间间合作组织，但亚空间间合作组织也举行过国际部长级会议。

㊸ 同㊷。

㊹ 同㊷。

㊺ 同㊷。

㊻《空间政策基本方略》，P38－39。

㊼ 同㊻。

㊽ 同㊻。

㊾《空间政策基本方略》，P39－40。

㊿ 同㊾。

(51) 同㊾。

(52) 同㊾。

(53)“新增长战略：日本复兴蓝图”，2010年6月18日，www. npu. go. jp/policy/policy04/pdf/04/06/20100917_shinseityousenryaku_honbun. pdf（刊登于2011年6月）。参见本蓝图中关于促进空间利用与研发的流程进度表，73（日语版）。英文版（无流程图），www. npu. go. jp/policy/policy04/pdf/20100706/20100706_newgrowstrategy. pdf（2011年6月访问）。

(54) 日本宇宙航空研究开发机构新闻公报，“亚太地区发展中国家通过合作促进卫星技术应用”，2010年7月21日，www. 日本宇宙航空研究开发机构 . jp/press/2010/07/20100721_adlb_e. html（2011年6月访问）。

(55) 日本宇宙航空研究开发机构新闻公报，“种子岛及其周围地区最新火箭发射期（全年）”，2010年7月29日，www. 日本宇宙航空研究开发机构 . jp/press/2010/07/20100729_tnsc_e. html（2011年6月访问）。

(56) Keiko Chino，“日本将协助越南发展相关空间项目”，《读卖新闻》，2011年1月7日。

(57) 同(56)。

(58) 更多有关中央省厅再编过程中空间活动委员会与CSTP的详细信息，详见Setsuko Aoki，“日本国家空间法的现状与最新发展，以及与环太平洋地区空间法及活动的相关性”，《空间法杂志》35：2（2009年冬）：P370－374。

(59) Setsuko Aoki，“日本国家空间法的现状与最新发展，以及与环太平洋地区空间法及活动的相关性”，《空间法杂志》35：2（2009年冬）：P391－392。

(60)“《空间基本法》附则”（日语版与英文版），摘自《空间法数据手册》，25－11与25－12。

(61) 同(59)。

(62) 日本空间政策战略总部，“空间组织重组研究工作小组中期报告”，2009年4月3日，www. kantei. go. jp/jp/singi/utyuu/senmon/dai6/siryoul_2. pdf（日语版，2011年6月访问）。

(63) 日本空间政策战略总部，“空间活动立法研究工作小组中期报告”，2010年3月，www. kantei. go. jp/jp/singi/utyuu/katudo/houkokusho. pdf（日语版，2011年6月访问）。

(64) 日本空间政策战略总部，“空间组织重组研究工作小组中期报告”，2009年4月3日，

www. kantei. go. jp/jp/singi/utyuu/senmon/dai6/siryoul_2. pdf(日语版,刊登于2011年6月)。

(65) Shiro Namekata,“民主党期望建立统一的空间机构”,Asahi Shimbun,2009年8月15日。

(66) Paul Kallender – Umezu,“日本强烈要求解散日本宇宙航空研究开发机构,建立新的空间机构”,《空间新闻》,2010年5月3日;以及“日本空间政策战略总部”“咨询委员会有关日本未来空间政策的建议”,2010年4月20日,www. kantei. go. jp/jp/singi/utyuu/seisaku_kaigi/dai7/siryou7_1. pdf(日语版,2011年6月访问)。

(67) Paul Kallender – Umezu,“人物介绍:日本空间政策战略总部秘书长 Hiroshi Yamakawa——重大改革”,《空间新闻》,2011年3月14日。

(68)“空间战略办公室关注:政府旨在更好地促进政策的协调”,《读卖日报》,2011年12月23日。

(69) 日本空间政策战略总部,“空间政策特别委员会关于从战略角度促进外空间开发与利用的报告”,2012年1月13日,www. kantei. go. jp/jp/singi/utyuu/senmon/120112hokoku. pdf(日语版,2012年2月访问)。

(70)《关于对内阁政府设立法案及其相关法律进行部分修订的法案(内阁决议)》,日本空间政策战略总部,2012年2月14日,www. kantei. go. jp/jp/singi/utyuu/kettei. html(日语版,2012年2月访问)。

第13章 印度的空间政策与战略

G. S. 萨克德瓦(G. S. Sachdeva)

20世纪60年代初,印度决定涉足空间领域的活动。这一决定源自于印度开国总理兼博学者贾瓦哈拉尔·尼赫鲁(Jawaharlal Nehru)与知名空间科学家维克拉姆·萨拉巴伊(Vikram Sarabhai)的共同愿景。凭借他们的超凡智慧和远见卓识,印度于1962年成立了印度国家空间研究委员会(Indian National Committee for Space Research)。1969年印度建立了空间研究组织(India Space Research Organization/ISRO),空间计划实现了制度化。随后,印度政府于1972年建立了空间委员会(Space Commission),负责制订相关政策,监督政策实施;接着,又成立了空间部(Department of Space),通过印度空间研究组织与其他研究实验室、技术中心,执行有关政策决定。

初期印度政府既未公布有关的空间原则,未宣布明确的空间政策,也未就利用空间发表政府白皮书。由此可见,印度在早期空间活动没有设定长远目标,也没有制订外空间探索的发展蓝图。因此很多方面表明,印度的空间计划是在一个比较特别的基础上发展起来的,主要针对提升经济和社会效益。

上述关于印度空间计划的观点,得到了近期有关印度空间安全问题的学术研究的专家的认可:"印度将全部精力集中于服务社会、经济发展的民用领域,极少关注利用空间、空间安全和空间战略规划问题"[1]。基于空间技术军民两用性,本章致力于"为印度制订发展综合性空间政策提供一种主动应对方式,有利于印度的国家安全利益"[2]。

印度最早就其空间政策的表述之一是萨拉巴伊1968年在顿巴赤道火箭发射站(TERLS)落成典礼上所发表的讲话[3]。他指出:"有些人对发展中国家开展空间活动表示质疑。对我们而言,我们的目标是十分清晰的。我们并不幻想能与经济发达国家相竞争……,但是我们坚信,如果我们想要在本国以及国际社会中发挥实质性作用,那么,我们必须做到首屈一指将先进技术应用于解决我国人民和社会的实际问题中。[4]"

1968年8月14日,作为联合国探索与和平利用外层空间会议(United Nations Conference on the Exploration and Peaceful Uses of Outer Space)科学主席,萨

拉巴伊在讲话中重申了社会发展与空间技术和平利用之间的密切联系。他说："我相信,对于那些希望实现经济、社会进步的发展中国家而言,外层空间的利用将带来巨大的效益……对于这些国家,有必要通过对实际资源预期利用进行合理的技术、经济评估,提升先进技术的研发能力,并用于解决本国所面临的特定问题,决不是为声望才这样做……,而是必须从整体上看待这一发展过程。[5]"

13.1 技术与智力资源

印度从未有机会从西方国家(如美国与欧洲)成熟的空间计划中转移最尖端的空间技术,其空间技术的发展从零开始。由于在冷战期间受到许多禁运和禁止技术转让政策的影响,印度主要依靠创造、本土研究和逆向工程发展本国的空间计划。

需要重点强调的是,印度目前已具备了一些必要的技术、系统集成及其制造的能力,印度已利用运载火箭成功自主发射了许多自主研发的卫星。印度的通信卫星与遥感卫星早已在运行中,并且还在持续对这些外空间卫星进行开发、发射和运营。这些卫星在技术上实现了同时代的水平,在性能上以位居国际标准中的前列,它们可靠、持续的空间运行证明了印度目前所拥有技术的先进性。当然,尽管以往的诸多试验常以失败告终,许多努力付之东流,但是其成功也预示了印度未来空间发展的广阔前景。近年来,印度空间研究组织成功进行实验已成为常态,印度已经从空间技术的开发阶段跨越到先进的空间计划阶段。

此外,印度设立了充足的研究型奖学金,用于激励空间领域的技术开发人才,通过突破技术壁垒实现一些技术的重大突破。现在印度仍然对创新项目的人员提供大量的资金支持[6]。

13.2 经济的制约

通常,财政资源不能够同时满足所有需求。印度经历长期的殖民统治,面临国家建设这一艰巨任务,政府一直没有能够拥有足够的资金开展空间计划;印度空间领域也同样面临着资金缺乏。因此,多数空间项目进展呈现为极其缓慢的渐进式的发展,由此导致项目超期、成本超支和某些项目的暂停。虽然空间技术已在孵化中,资金缺乏仍会引发空间技术的有关研究会过时,对持续、稳定地进行研究和完成既定任务造成损害。同理,一些前景乐观的项目也在中途被终止或是暂停[7]。

空间部建立后前15年内所收到的财政拨款,总额不足10亿美元,而2001年至2002年间的预算总额达到4亿美元,证明了由财政资源不足而造成印度空间事业发展受限⑧。近年来,印度空间计划在社会、经济效益方面的贡献不断增长,促使其预算总额得到显著增加;2008年至2009年,财政拨款达到8亿美元;2009年至2010年达到11亿美元;2010年至2011年达到13亿美元;2011年至2012年达到15亿美元⑨。经费增长使印度成为一个空间大国,也意味着印度政府赋予了空间发展以一定的战略价值。

尽管印度发展趋势良好,但国内依然存在一些质疑发展中国家是否应涉足空间活动的游说团体。游说团体认为,饥饿、营养不良、文盲以及失业仍然是国家所面临的巨大挑战,政府应优先将财政支出用于改善人民生活才应是政府明智的选择。此外,印度空间计划的预期效益既未得到正确认识,政治的支持者较少,曝光率亦不足,国内目前尚未普遍认可。但是在空间发展需求更多资金的前提下,印度政府明智地确保了相关竞争性需求之间的合理平衡以及实现方式的细微差别。

13.3 印度政府的正式声明

印度最新空间政策的核心可从《印度政府2008—2009年度报告》(2008—2009 Annual Report of the Government of India)中窥见一斑⑩。尽管被称之为政策,但更像是空间活动清单,大致归纳为以往、当前以及未来的空间活动。其中,不是按优先级排序,而是随机列举了一些任务;既不反映任何政治观点、科学预测,也不涉及战略问题。报告指出空间部致力于实现以下目标:

- 研发卫星与运载火箭所需的高端技术,实现自主发展。
- 为国家通信与广播提供空间的基础设施。
- 为国家开展自然资源调查及国防安全提供卫星图像。
- 为天气预报/气象监测及气候研究提供卫星服务。
- 为印度区域导航卫星系统提供准确、及时的导航信号。
- 为中央政府、各邦政府、准政府组织、NGO【非政府组织】及私营部门提供空间服务。
- 利用空间系统对应用程序进行概念演示验证。
- 推动空间科学与行星探测领域的研发工作。

除上述政策指令外,基于国家利益、发展目的以及一些经济方面的原因,年度报告中列出的以下活动委托印度空间研究组织负责实施。

在实现上述目标的同时,空间部还将致力于实现以下目标:

- 为国家发展创建空间资产。
- 提供所需卫星转发器及设施满足通信、电视广播【远程医疗及相关设施】的相关需求。
- 确保多光谱、多空间与多时间分辨率所需的地球观测能力。

- 提供满足国家要求与商业需求的发射服务。同时,为所有用户/客户快速高效地提供相关产品与服务[11]。

13.4 未来愿景

印度空间研究组织主席 K. 拉达克里希南(K. Radhakrishnan)在 2009 年就职时,就未来空间活动发展给出了一些信息,鉴于这些信息来源于最高领导层,可以视为印度现有的空间政策。拉达克里希南指出:"首先,也是最重要的,当今的空间计划是国家发展必不可少的部分。如今,印度已成为了全球空间研究和平利用的一个典范。[12]"这表明,印度将继续致力于将空间技术应用在民用领域,促进社会经济发展。目前,印度政府维持对既有优势的发展,并进一步实现多样化及加速发展。

这使印度在全球空间强国具有独特优势:"印度空间计划一直十分清晰地朝着和平方向发展。首先,印度与前苏联、美国、中国相反,印度空间运载火箭系列起源于民用火箭,而非军用弹道导弹转为空间发射用途,直到最近,依然缺乏规模可观的军事空间项目。其次,印度一直致力于地球遥感卫星、通信卫星以及气象卫星领域的研究,为本国庞大而又分散的人民日常生活和国民经济发展服务。[13]"

谈及正在进行中的项目时,拉达克里希南指出,地球同步卫星运载火箭(Geosynchronous Satellite Launch Vehicle,GSLV) Mark Ⅲ 的发射将使印度具有重载荷发射能力。印度在该项目上将首次采用本国生产的低温发动机。这个项目计划于 2012 年实施,将对固体捆绑式发动机与液体燃料火箭运载器等一些关键技术进行测试。目前正在对发动机与发射平台进行整合。该项目如果成功,将极大地肯定印度空间团体所做出的努力,也会大大地鼓舞他们的士气;从商业前景来看,印度可从使用重型地球同步轨道(GEO)卫星的客户上赚取到经济效益[14]。

同时,拉达克里希南还提到了地理增强导航系统(GAGAN)项目。该项目是印度本土导航卫星系统,主要应用于印度境内及边界地带。预计印度导航系统将接入美国全球定位系统(GPS)、俄罗斯 GLONASS 系统以及欧洲"伽利略"系统。印度将针对该卫星导航系统发射一系列专用有效载荷。系统目前已进入研发阶段,预计将于 2014 年完成[15]。此外,该项目也可能发挥军事作用[16]。

在谈到遥感领域所取得的成就时,拉达克里希南声称:"印度在该领域的水平足以与全球其他大国相抗衡。但是仍需研制用于大气监测、云层运动研究等项目的卫星。Cartosat-2 号在全球处于领先地位,照相机分辨率达到 0.8m,能够拍摄特定场景图像和提供地籍级制图应用,该系统目前运行良好。[17]"新一代 Cartosat-3 号卫星的分辨率将达到 0.25m,该卫星计划于 2013 年发射[18]。

在"月船"1号(Chandrayaan-1)成功发射的基础上,"月船"2号(Chandrayaan-2)作为其后续的月球探测计划将发射一辆月球车到月球表面,用于空间科学探索,对矿产资源分布情况进行绘图。"月船"2号由三部分组成:轨道飞行器、月球着陆器以及由俄印合资企业研制的月球车。在本项目中,印度研制的轨道飞行器将发射并运载空间舱进入地月转移轨道,随后环绕月球。同时,装有机械臂的月球车可在月球表面行动并进行岩石标本采集。俄罗斯负责研制实现软着陆的月球着陆器。印度空间研究组织确定该任务中所需的有效载荷及其相关科学仪器。"月船"2号计划于2013年发射[19]。

印度的另一项雄心勃勃的计划是首次载人航天飞行任务。印度空间研究组织提出将两名印度航天员通过一个空间舱送入近地轨道(LEO),并驻留生活一周。印度错过了通过参与国际空间站(ISS)计划训练核心航天员团队这一良好机遇[20]。尽管如此,印度目前已在着手研制相关航天器,计划于2016年组织实施[21]。

空间旅游是一种新兴的空间产业。俄罗斯率先实现了面向国际空间站的商业空间运输,其他竞争者,如维珍银河(Virgin Galactic),目前正在针对亚轨道空间旅游开发相关系统。印度渴望在空间旅游市场中争取到一定的市场份额。为此,"印度设想了一系列展示其技术的任务,制造了有翼、可重复使用的运载火箭(Winged Reusable Launch Vehicle,WRLV)技术样机,已经完成空气动力特性研究。"[22]该样机将充当试验平台对高超音速飞行、自主着陆以及动力巡航飞行等各类技术进行评估。这些系列试点示范项目中的首个项目为高超音速飞行试验(HEX)[23]。

印度的另一重大发展涉及小型卫星。印度研制出了配有多个小型子系统且质量仅为83kg的印度微型卫星(IMS-1)。2008年至2009年间,IMS-1主要用于遥感应用。目前印度正将该任务的数据对有关空间机构及来自发展中国家的学生群体进行开放,以建设卫星数据利用方面的能力[24]。小型卫星项目中的第二颗卫星被命名为"青年卫星"(YOUTHSAT),是一颗次要负载卫星,于2011年4月由印度极轨卫星运载火箭(Polar Satellite Launch Vehicle/PSLV)送入近地同步轨道。"青年卫星"是印度空间研究组织与俄罗斯的合作项目,研发具有科学价值的有效载荷,并鼓励青年大学生和研究学者参与研究,培养公众对于空间活动的兴趣。

为了满足日益增长的各类空间应用需求,包括通信与遥感卫星方面的需求,印度计划平均每年发射10颗卫星[25]。印度空间研究组织负责人拉达克里希南声称:"未来,印度将成为全球火星载人航天计划中的一员。"[26]随着空间应用任务(如通信、遥感及导航卫星系统)、登月任务、小型卫星、载人航天,以及有翼、可重复使用的航天器的不断发展,印度开始愈加重视空间的战略意义。

13.5 空间技术的发展

印度在空间技术计划方面的发展可与全球空间强国相媲美。通过"月船"（Chandrayaan）任务的成功实施，印度空间技术领域取得了一系列开拓性成果，如月球探测器收集的数据有助于证实月球上是否有水存在。印度运载火箭在设计上所具备的高可靠性与高稳定性，到2012年4月，印度极轨卫星运载火箭成功完成20次发射任务[27]。

印度为"制图"卫星（CARTOSAT）系列研制并运行高分辨率遥感系统。此外，印度小型卫星领域处于领先地位。例如，极轨卫星运载火箭 PSLV-C9 发射遥感卫星 CARTOSAT-2A，创造了一次成功发射了9颗小型卫星的世界记录；PSLV-C9 还参与发射印度微型卫星 IMS-1 以及其他国际客户的8颗小型卫星。2010年7月，PSLV-C15 成功完成 CARTOSAT-2B 发射任务，发射了3颗小型卫星——一颗是由印度大学生所研制的"学生卫星"（StudSat）[28]，其余两颗分别来自阿尔及利亚和瑞士[29]。

印度有涉及各类空间应用的全球规模最大的社会经济发展网。印度始终将空间应用作为确保社会福利、改善民生的战略方针。NASA 对印度基于满足社会需求而进行空间任务的做法表示赞赏[30]。印度空间应用涉及无线电通信、广播、远程医疗、远程教育以及农村发展。近来，随着 Gramsat 卫星的广泛应用，空间活动的范围不断扩大，这些以信息为主体的福利通过遍布印度乡村资源中心而造福普通老百姓[31]。

13.6 新的战略要求

印度不仅是一个航天大国，而且公认为是一个航天强国。印度的航天工业发展渐趋成熟，在技术研究、运载器发射、通信广播、卫星系统集成、深空探测器、卫星运行控制与监测、遥感能力及空间活动专业技术等方面取得了惊人成就。印度已经展示了其空间力量，目前正在对空间应用中所取得的成就进行总结，对以和平目的进行的地理空间数据采集进行评估，在新技术发展的基础上不断调整目标，依据地缘政治实际重新制订新策略。本章随后讨论一些最新的策略。

13.6.1 服务于人类的科学探索

尽管印度的月球着陆器过早失效，但是"月船"1号试验仍然取得了成功。"月船"1号在其生命周期内为月球上是否有水存在提供了有效数据。在此基础上，与俄罗斯合作的"月船"2号即将完成。计划中的月球车机械臂将用于挖掘、采集土壤样本并进行现场试验,之后通过绕月轨道飞行器将数据传回地面分析。上述发射任务预定于 2013—2014 年采用印度地球同步卫星运载火箭实施。在掌握空间探索专业技术的基础上,印度已准备利用相关技术完成更为复杂的星际任务、深空探测以及概念验证实验。这些空间活动的战略意义是为人类提供援助、造福人类,提高人们的生活水平,增加人类知识储备。

此外,印度为满足人类的好奇心发展空间科学,还设想了登陆其他天体进行科学探索的方案:"2015 年前后,印度将发射一艘无人宇宙飞船探索火星印度在取得一系列成功后备受鼓舞,空间研究组织正在对所有发射机遇进行评估,完成这颗'红色星球'的低成本旅行。㊱"尽管制订了明确的科学发展方向,确立了坚定的目标,但是无法确定印度政府是否提供足够的资金实现上述目标。

13.6.2 新出现的安全需要

印度通过和平利用空间政策来努力改善国内社会及经济状况。在扫盲计划、社会福利体系获得成功的基础上,印度的空间活动主要集中于尖端通信技术以及遥感技术。近年来,印度军事指挥官与国防战略专家督促政府集中力量开展国防空间活动㊲。印度军方认为:除战场网络化之外,外层空间是战场监视与侦察最终的高地,且能够发挥事半功倍的作用。印度海军认为,从地理上讲,印度的地理位置对于保护通过印度洋的海上贸易十分重要,印度计划发射一颗海军专用卫星,提升印度海军"全网络中心战"能力和"海域感知能力㊳"。印度空军(Indian Air Force)欢迎采用相关空间技术和方案"将空间应用纳入传统战略与作战㊴"。美国的实战经验已经证明了空间资产的实用性:实施侦察与监视;通过实时战区作战信息使部队的作战效果翻倍;增强通信的连通性;确保制导炸弹的精确性;减少在实战中(如伊拉克战争和阿富汗战争)打击军事目标造成的误伤等。印度对于获取以及使用空间技术军事应用的兴趣与日俱增,其空间运用、开发能力已纳入了全球航天大国的国防安全与战争思维中。

安全领域涉及国有空间资产的保护。印度正在运营重要任务所需的一系列可提供关键设施及相关科学数据的空间卫星㊵,无力承受任何的伤害、干扰或损耗。因此,为确保空间资产安全,尤其应将空间雷作为一种防御措施㊶;"印度需要制订更为精准的'外层空间政策'……,此类政策纳入对安全保障方面起关键作用的外空间能力。㊷"

2007 年 2 月中国所进行的一次反卫星(ASAT)试验成为一次验证区域安全重要性的事件,打破了印度空间力量的均势状态。较之美国在这一领域先进的技术水平,这一试验有力地证明了中国的 ASAT 实力,引起了印度乃至世界的不安。鉴于这一情况和"非正式"方式泄露的有关巴基斯坦军工厂不断壮大的情报,印度开始重新考虑其国防安全政策㊸。因此,印度国防军与安全战略家敦促印度政府中的决策者重新规划空间资产在国家安全领域的应用。事实上,由于空间技术的两用特性,民用空间计划中的"军技民用"趋势正日趋显现,印度空间战略家与科学家已提出通过国家安全应用进行概念验证实验,并着手为该项试验筹集资金。

一些学者认为:印度逐渐地意识到,空间的军事应用已在各世界强国得到了广泛应用,印度已经倾向于空间武器化趋势,向已部署的美国导弹防御系统提供支持,部署导弹防御系统是其发展反卫星能力的第一步[40]。

简而言之,印度需要通过变革,重新定义空间原则,实现空间资产的最优利用,解决实际存在的空间安全问题。

13.6.3 确立商业定位

航天是一个利润丰厚的行业。在与空间利用有关的活动(如通信、电视直播、遥感及互联网技术)所展现出的商业前景推动下,形成了以卫星、运载火箭、地面设施为主的全球空间市场[41]。印度已经积累了丰厚的卫星制造、系统集成、软件开发、运载火箭、遥感以及数据采集设备领域的专业技术和经验。尤其是在遥感与地理空间监测领域,印度所研制的卫星设备堪称全球最佳,广受客户追捧。印度已确立了自身的专业化定位,并有能力抓住巨大商机。因此,印度的商用空间政策不应仅仅对有限的现有优势进行保护,还应设法在新的商业活动与商业前景下取得新兴技术领域的实质性成果。

印度通过 Antrix 公司提供商用的空间应用硬件、发射装置、软件应用及其咨询服务。Antrix 是隶属于印度空间研究组织的一个企业实体,于 1992 年成立,专门负责航天工业的市场营销工作,印度的航天产品与设备都是由 Antrix 进行销售。印度所提供的相关产品与服务相对具有较高性价比,且均采用的是高尖端技术。此外,印度在小型卫星研制、低成本发射装置等领域的经验为其带来了广阔的发展前景与无限的市场商机。

印度的另一商用航天工业发展机遇是国际合资企业。这一机遇出现的原因在于,空间计划面临高成本、高风险以及由于空间技术力量分散所致的成果孕育期过长等问题。因此,国际合作在空间的商业化发展过程中变得尤为重要。目前,美国、以色列、德国及其他航天大国正在同印度开展商业化空间合作。

13.6.4 技术合作

在充分意识到自身在技术上的局限性之后,印度一直在试图寻求空间活动合作的任何机会,并一直热衷于就空间技术解决方案同任何有意向的国家建立友好合作关系。以此为方向,印度迎接并吸纳了任何可获得的、能够填补其本土技术空白的空间技术。虽然这一政策暗示着印度对他国的依赖,进而显示了一种疲软的国际形象,但其具有相当的实用性。此外,这一合作精神成功地增强了印度空间技术的发展。

就国内而言，印度的空间计划始终以自力更生与发动国内产能为主要目标。为此，印度已制订、实施了同相关学术机构、公营事业单位以及私营企业合作的方案。上述举措均取得了良好效果，印度实现了上述机构、空间研究组织及其联合机构在发射装置的研发和制造能力的互补。

西方国家对技术转移实施制裁形成的国际政治环境，是促使印度决心在空间技术领域实现独立自主的主要因素。这一制裁手段涵盖了所有领域，甚至包括了军民两用技术。因此，印度几乎完全处于技术封锁之下，甚至于其一些和平计划也受到了阻碍。所以，印度选择性地参与空间活动和训练项目的国际合作，这也是印度外交政策的基础，并为其开展相关空间项目提供了辅助支持。

多年以来，这类合作关系虽然处于不断地发展演变之中，但在未来一段时期内仍将在印度的空间活动中发挥重要作用。例如，印度同美国、俄罗斯、法国合作建立了顿巴赤道火箭发射站（TERLS）。同时，20世纪70年代，印度在其卫星教学电视实验（SITE）中采用了美国 ATS-6 卫星，在其卫星通信实验项目（STEP）中采用了法德"交响乐"通信卫星（Franco-German Symphonie satellite）。阿耶波多（Aryabhata）、巴斯卡拉（Bhaskara）与印度遥感卫星（IRS）发射台均由俄罗斯负责提供。印度首颗试验型地球同步轨道通信卫星"阿里亚娜搭载试验"（APPLE）是搭载欧洲"阿丽亚娜"（Ariane）运载火箭发射的。1984年，印俄联合载人航天飞行任务进行了空间遥感与生物医学实验，该任务中印度的极轨卫星运载火箭所采用的"维京"（Viking）液体推进发动机技术来自于法国[42]。印度目前所接收的微波遥感数据均是由欧洲遥感（ERS）卫星所提供的。目前，印度已与美国、加拿大、中国、法国、德国、以色列、俄罗斯、瑞典及乌克兰签署了相关协议或者谅解备忘录（MOU）[43]。

印度的另一合作方式是为第三世界国家提供援助。长期以来，印度始终怀有帮助、援助其他发展中国家的无私精神。为此，印度不断寻求合作领域，以便为那些无力通过全面开展空间活动而取得社会经济效益的第三世界国家提供援助。基于这一目的，印度制订了一项名为"空间经验共享"（Sharing of Experience in Space，SHARES）的计划，通过对其他发展中国家的人员进行培训，与这些国家分享自身的经验。印度已为马来西亚、毛里求斯、叙利亚、匈牙利、阿尔及利亚、新加坡以及巴西等亚非拉国家提供了援助。

13.7 国际影响

近年来，印度一直试图就与其他国家在地缘政治规则及外层空间的共同利益等方面的一致性在国际舞台上重铸外交关系。这在很大程度上暗示了印度的国家实力和其在国际事务上的立场。而促成这一切的一个因素就是空间技术领域的技术援助及其合作。印度也一直积极参与联合国和平利用外层空间委员会(UNCOPUOS)的活动。著名印度科学家 U. R. Rao 曾于 1999 年主持了第三次联合国探索与和平利用外层空间会议(UNISPACE III)。自此之后,印度开始更为高调地参与联合国及其他涉及空间事务的国际论坛,其意见的重要性也在提升。接下来,本节将对这一背景下印度同其他空间强国间的关系(尤其是与美国的关系),以及由此形成的影响进行讨论。

13.7.1 印度与中国

印度的空间计划是其国际声望的主要来源,其"投入了同中国展开的空间竞赛"[64]。这两个国家通常被认为是空间及空间商业领域的竞争对手。中国在空间的军事应用领域取得了重大进展,就这一点而言,已超越了印度以及其他亚洲航天大国;目前,中国正在发展与美国、俄罗斯及欧洲相抗衡的综合能力,已具备了利用空间资产进行导航、全球监听及其他防御目的的能力,比如进行信息支持、作战及"空间-战场"一体化战略。中国最新空间方面的成就,例如"神州八号"飞船与"天宫一号"目标飞行器的首次无人空间对接,以及 2011 年 11 月取得的在轨装配成功,意义极为重大。另外,中国航天运载火箭是由俄罗斯帮助下所研制的弹道导弹的衍生物改造而来,这表明了中国空间计划的军事化发展方向;而相比之下,印度的运载火箭在研制之初主要应用于空间项目开发,后来被调整、改良为弹道导弹[65]。由此可见,二者在空间技术上的不对等以及空间任务方面的不一致是非常显著的。

然而,印度依然达到了空间军事应用的"入门资格",其地理增强导航系统(GAGAN)目前正在稳步发展之中,在全球定位方面可与中国"北斗"导航系统相媲美。到 2020 年,"北斗"导航系统将最终完成 5 颗地球同步轨道和 30 颗非地球同步轨道主动式卫星的部署[66]。尽管该系统设计重点在于风暴与地震预测以及救灾行动,但仍适用于且可能应用于军事目的。印度的地理增强导航系统预计将于 2013 年 7 月前通过体系认证,之后不久将投入运行。就遥感而言,印度于 2010 年 7 月发射的 Cartosat-2B 与中国在这一领域的水平相当。在这一空间竞赛中,印度主动式遥感卫星的数量已达到"关键性"的 10 颗,而中国"则自 2006 年开始,利用其长征系列运载火箭成功发射了 9 颗遥感系列卫星"[67]。业界一致认为:"印度的空间计划在规模上小于中国,资金也远少于中国。同时,印度此类计划的目的以民用为主;反之,专家们则准确预测出中国更感兴趣的是将这类计划用于军事用途"[68]。总而言之,"中国仍是这一领域的领导者,印度也未能对中国在这一领域的国际地位造成影响。但印度正在努力提高其空间面的国际地位[69]。"印度与中国之间的空间技术差距正在逐步缩小。

中国于 2007 年所开展的反卫星(ASAT)武器试验将其空间军事化甚至于武器化这一趋势暴露无遗。在这一试验中,中国使用了一颗弹道导弹将一颗报废卫星摧毁。显然,这一试验的目的是在向美国甚至于俄罗斯证明:中国已经掌握了高效的、可彰显其军事力量与霸权姿态的反卫星技术。这一试验的成功对美国的空间霸权提出了挑战[50],同时也对印度造成了很大震撼,促使其开始反省自身空间安全计划。而中国也始终对印度国防军的实力、作战准备能力以及印度的军事威慑姿态保持着警惕。中国的反卫星试验,加之其为巴基斯坦研制核导弹所提供的援助,改变了印度对于威胁的感知能力,随之对其空间政策产生了一定的战略影响。尽管如此,中国目前仍处于快速发展之中且将尽力保持这一趋势,因此,在如此之快的发展中,中国不会冒险涉入任何与邻国的冲突亦或是与战略对手间的对峙。本书第11章已对中国空间战略与政策的独立性,以及中国在这方面的合作意愿进行了详细介绍。

从表面上看,印度与中国的敌对态度及竞争对手关系似乎是显而易见且由来已久,但是双方态度目前均出现了转变,表示愿意就空间活动展开相关合作。这预示了中印两国空间合作的可能性,但这种可能性可能会使美国、俄罗斯感到不悦,有潜在可能会打破力量均势,或迫使经济、军事实力的中心转移[51]。正因为如此,美国与俄罗斯可能会鼓励印度对中国在技术、经济上的崛起予以反击。

13.7.2 印度及其亚洲竞争对手

在空间领域印度的主要亚洲竞争对手是日本、韩国,在某种程度上还包括巴基斯坦。例如,日本制订了一项可信、可见的且成熟、多层面的空间计划。如今,日本已享受着其空间资产的军民两用技术带来的益处,在指挥、控制、通信、计算机、情报及监视与侦查(C^4ISR)、空间通信、导航、定位及目标锁定,以及弹道导弹防御(BMD)体系等方面所取得了巨大成就。日本通过将空间资产应用于安全、军事领域,将很快发展为"一个可以同亚洲大陆乃至全世界相抗衡的重要军事强国"[52]。

尽管如此,日本空间探测器仍主要是定位在科学方面,致力于行星探测及天体物理学研究。这一点可以从日本"隼鸟"(Hayabusa)号探测器[53]对一颗小行星长达7年的访问过程,以及日本计划于2014年进行的水星发射任务上得到证实。该计划所采用的航天器将被镜子所覆盖,借以反射来自太阳的热量;而与此同时,该航天器的部分动力将来源于太阳能[54]。从相关外交活动可以推测出,印度与日本可能会针对科学探索、深空探测器成立合资企业,建立合作关系。双方可能会发现彼此是空间领域值得信赖的合作伙伴。

韩国加入"航天国家俱乐部"的时间较晚,韩国通过美国的技术转让提升了自身空间实力[55]。韩国曾尝试在此基础上积累空间领域的专业经验,但是,"为了弥补由于入局过晚而损失的时间,韩国采用了一种'中途加入'的方法,……即通过技术转让快速达到必要的技术水平。"与上述战略相结合的是一种"智能筛选”法，即“基于特定的自身需求及资源选择待开发领域，而非试图投入所有领域以取得成效[56]。”这是一种较为审慎的政策，同时亦未对印度构成威胁。

巴基斯坦并未在空间领域同印度展开真正的竞争。事实上，巴基斯坦空间计划中极少有本国的项目，更多的是来自中国的“交钥匙”工程。涉及巴基斯坦的报道中很多是有关中国的秘密转让技术和模仿美国的二流技术。由此看来，巴基斯坦似乎并未吸收任何空间技术，而是一直在向其值得信赖的盟国及友邦寻求应急解决方案。“可以准确推断出，尽管巴基斯坦对于空间在军事、民用领域的应用怀有极大的野心，但其目前尚未具备实现这一野心的必要条件[57]。”

13.7.3 印度与俄罗斯

印度与俄罗斯有着近50年的合作关系。1970年，印度同苏联签署的《友好条约》正式确认了双方的这一合作关系。自此之后，双方在政治、经济与科技方面建立了持久、可靠的合作关系。苏联一直对印度在空间活动方面的不懈努力表示支持。因此，在未直接进行技术转让的情况下，苏联为印度提供了援助及其所需设施，加快了印度航天工业的发展速度。这些援助反过来也使印度有能力通过逆向工程以及实验研究，自主研发了供其已成功发射空间运载火箭使用的低温发动机。

当印度被西方空间强国孤立后，苏联从拜科努尔航天发射场为其提供发射装置，同时还为阿耶波多、巴斯卡拉以及印度遥感卫星提供发射设施。1984年，印度航天员拉克什·沙尔玛（Rakesh Sharma）与苏联航天员共同环绕地球飞行，成为两国关系发展进程中的一个重要里程碑。这一联合空间任务的目的是在空间中进行地理空间遥感与生物医学实验。印度与俄罗斯间的另一著名合作项目是计划中的“月船”2号项目。

印度与俄罗斯的战略合作关系一直处于不断发展之中。时任俄罗斯总统的德米特里·梅德韦杰夫（Dmitry Medvedev）于2010年8月发表的声明中指出：“在俄罗斯的外交政策中，同印度的战略合作占据着一个无条件优先的地位。[58]”这一立场似乎是俄罗斯给予印度支持的一个承诺，其中包括对于航天领域的支持。

13.7.4 印度与美国

印度与俄罗斯间的空间合作关系，以及印中可能的空间合作前景，开始使美国对于印度的战略观发生了改变。两国于2008年签署的《美印民用核能合作协议》显示了这一改变。该协议的签署确立了印度与美国之间的战略捆绑关系，该协议的一个间接收益是确立了发展中的美印空间领域合作关系。

就技术转让而言，印度与美国之间过去存在不信任及商业异化现象。美国外交政策的目的在于遏制印度的核研究野心，印度在成熟的尖端技术领域的需求是基于和平目的,而由于技术的两用特性,美国仍然对印度进行了严格制裁。美国的欧洲盟友也跟随美国对印度实施制裁。

自此之后,美国对于印度及其空间项目的认识发生了极大变化。《美印民用核能合作协议》使得两国间的关系有所转变,同时也为两国间和谐的战略、经济、技术互动铺平了道路。因此,在双边基础上,一些冷战期间以及冷战后所建立的敌对姿态和商业制裁被取消。其中最根本的一点,是政治与官僚主义已不再阻碍印度与美国间的科学研究及其技术转让。

13.8 结论

印度尚未对外公布长期的国家空间政策,且就空间战略而言,印度缺乏一系列统一的战略目标解决政策制订与政策执行间的空缺和脱节。印度的空间活动在很大程度上是以"个人偏好为导向",以追求成功为驱动力。尽管如此,印度依然坚定地信守着"使人民群众从社会经济发展中获益"这一承诺,并仍将这一承诺作为支持空间计划的战略目标。此外,由于国际上对印度进行技术转让制裁,印度被迫开发本国的空间技术,并因此积累了航天发射、遥感、空间资产以及地理空间利用等领域的专业技术经验及实践经验。同时,印度也是商用空间领域的一员,其空间产品与服务的质量及其可靠性在全球范围内相当不错。此外,印度已开始通过相关商业产品与服务为其他发展中国家提供援助。

近年来,印度通过利用空间实现安全和军事目的方面做出了行动;军事指挥人员及安全战略官员坚决、强烈要求将现有空间资产用于被动的国防应用,如情报、监视与侦察等。与此同时,印度曾在联合国及其他国际论坛上多次声明反对空间武器化。这一政策立场,作为印度的"空间原则"指导着其空间技术的研发。

在国际上需要重点考虑的问题是印度的空间政策存在多种分支。对中国而言,印度与中国处于一种敌对环境中,随着中国的经济发展及其在制订全面空间计划(包括空间军事应用)方面所起的杠杆作用,这一敌对趋势进一步恶化。其他亚洲国家的空间计划对印度构成极小威胁或不存在威胁,但是,这些国家却与印度之间存在竞争关系,尤其是在商业领域。印度与俄罗斯间有着长期的合作关系。对美国而言,基于2008年与印度签署的核协议,两国在空间领域的新战略层面的合作得到促进。

最后,有必要强调:当今的世界早已变为一个"平面的世界"[59]。这意味着世界是一个机会均等、平等参与的竞技场,但同时存在着多个层次的竞争与合作。就这一点而言,在确保国家资源、基础设施、专业技术以及国际空间合作得到充分利用方面,印度已在继续发展空间技术在民用与社会应用、军事空间计划及商用空间等领域,占据了有利位置。

注　释

① "空间安全：需要一个主动的方法"，《IDSA-印度帕格沃什社会工作小组关于空间安全的报告》，学术基金会（Academic Foundation），印度新德里，2009，18。

② 同①。

③ 顿巴赤道火箭发射站位于喀拉拉邦特里凡得琅（印度南部）。印度允许所有国家免费从该发射站发射实验火箭。

④ "印度国家报纸"，第二次联合国探索与和平利用外层空间会议，联合国文件，A（参阅101/NP/6），1981年5月8日，P15。

⑤ "沙罗白（Sarabhai）航天中心"，印度空间研究组织，印度班加罗尔，1979，11。另请参阅《最新国际空间法及政策趋势》（印度新德里；Lancer Books出版社，1997），P5。

⑥ 印度错失了参与国际空间站计划的机遇，这一机遇可为印度宇航员提供相关培训，促使印度为开展科学实验做好准备。

⑦ 这一背景可通过运载火箭发动机研制项目予以说明，该项目由位于印度班加罗尔的航空发展机构（Aeronautical Development Establishment）中途撤销。

⑧ 同一财政年度，美国为NASA拨款140亿美元。由于汇率的波动，所示数据处于不断变化之中。

⑨ 鉴于汇率的波动，美元等值均为近似值。所提供数据来源于各财政年度的预算估算。相比较，NASA 2010年的预算达到187亿美元。另请参阅《2012空间报告》（科罗拉多州科泉市：航天基金会，2012），42。

⑩ 《2008—2009年度报告》，印度政府空间部，发表于2009年7月，P4。

⑪ 《2008—2009年度报告》，印度政府空间部，发表于2009年7月，P4。

⑫ 《印度时报》新德里版，2009年11月1日。

⑬ James Clay Moltz，"印度空间计划"，摘自James Clay Moltz（编辑），《亚洲空间竞赛：国家动机、区域竞争及国际风险》（纽约：哥伦比亚大学出版社，2012），110。

⑭ GSLV-D3如期于2010年4月15日发射，但是升空后几分钟便坠入了印度洋。原因可能是印度本土研制的低温发动机未点火。印度空间研究组织负责排除了相关故障，并计划于2012年发射新一代地球同步卫星运载火箭（GSLV）。详见《印度时报》，2010年4月16日。此外，GSLV-F06也于2010年12月发射失败。同时，请参阅www.isro.org/launchvehicles/GSLVMARKIII/mark3.aspx（2012年5月访问）。

⑮ 《2008—2009年度报告》，印度政府空间部，发表于2009年7月，P23。

⑯ 由于GSLV-D3与GSLV-F06均于2010年发射失败，因此该计划遭遇了一系列挫折。由于上述失败，导致印度先进的通信、导航卫星GSAT-4丢失。

⑰ 《印度时报》新德里版，2009年11月1日。

⑱ 《2008-2009年度报告》，印度政府空间部，发表于2009年7月，P6。

⑲ 详见"Chandrayaan-2任务有效载荷已确定"，www.isro.org/pressrelease/scripts/pressreleasein.aspx? Aug30_2010（2012年5月访问）。

⑳ 宇航员拉克什·沙尔玛（Rakesh Sharma）在印度艾哈迈达巴德物理研究实验室会议上发言时所发表的评论。相关采访于2010年3月8日发表于《印度时报》新德里版。

㉑ 《印度时报》新德里版，2009年11月1日。

㉒ 《2008—2009年度报告》，印度政府空间部，发表于2009年7月，P49。

㉓ 同㉒。

㉔ 同㉒，P25。
㉕ 印度空间研究组织通过印度亚洲通信社（Indo – Asian News Service）发布的新闻稿，2010 年 3 月 31 日。
㉖ 《印度时报》新德里版，2009 年 11 月 1 日。
㉗ 详见"极地卫星运载火箭"，www.isro.org/launchvehicles/PSLV/pslv.aspx（2012 年 5 月访问）。
㉘ 《印度教徒报》，2010 年 7 月 23 日。
㉙ 《印度教徒报》，2010 年 7 月 13 日。同时，请参阅《印度时报》，2010 年 7 月 13 日。
㉚ "探险与旅游，"《空间旅行》（Space Travel），2010 年 5 月 27 日，华盛顿特区。
㉛ 《2008—2009 年度报告》，印度政府空间部，发表于 2009 年 7 月，P9。印度大约建立了 500 个"乡村资源中心"。
㉜ Joseph Noronha，"生命始于'40 岁'（印度空间研究组织简介）"，《航空杂志》（SP's Aviation）10（2009 年 11 月）：32。
㉝ 2007 年举行的军队指挥官会议就《2020 空间发展愿景》（Space Vision 2020）进行了讨论，同时敦促印度政府就此做出相关安排。
㉞ GSAT – 8 于 2011 年 5 月 21 日成功发射。GSAT – 8 系一颗面向空中通信、海上通信、公路通信与铁路通信的通信卫星。其预期任务寿命周期为 12 年。GSAT – 14 计划于 2012 年 8 月通过地球同步卫星运载火箭发射台进行发射。
㉟ Harsh V. Pant 与 Ajay Lele，"印度空间发展：规划印度发展轨迹的因素"，《空间与防御》（Space and Defense）4：2（2010 年夏）：P51。
㊱ 2009 年底，印度作战卫星总数达到 22 颗。该信息来源于印度空间研究组织。
㊲ G. S. Sachdeva，"空间雷：合法的辩证法"，《空间政治》7：2（2009）：P135 – 149。
㊳ "空间安全：需要一个主动的方法"，《IDSA – 印度帕格沃什社会工作小组关于空间安全的报告》，学术基金会，印度新德里，2009，P70。
㊴ 过去，印度倾向于对来自内部的空间军事化压力进行抵抗。同时，印度承诺反对外层空间武器化。印度在日内瓦裁军谈判会议"防止外层空间军备竞赛"（PAROS）讨论中及其他国际论坛上就此进行了反复重申。
㊵ Harsh V. Pant 与 Ajay Lele，"印度空间发展：规划印度发展轨迹的因素"，《空间与防御》（Space and Defense）4：2（2010 年夏）：P52。
㊶ 详见 U. R. Rao，1998 年 2 月 26 日于印度新德里 IIC 举行的第 6 届玻色 – 爱因斯坦（Bose – Einstein）科学、技术与环境会议上的演讲。引自 G. S. Sachdeva，"印度 21 世纪空间活动"摘自 S. Bhatt 与 V. S. Mani（编辑），《即将进入 21 世纪的印度：面向未来的规划》（印度新德里：Lancer Books 出版社，1999），276；以及 K. Kasturirangan，"空间：新前沿领域"，相关采访发布于《商务印度》（Business India），1997 年 4 月 26 日 – 5 月 4 日，P53。
㊷ G. S. Sachdeva，《外层空间：安全与法律挑战》（印度新德里：《知识世界》（Knowledge World），2010），P42 – 43。
㊸ 同㊷。
㊹ Emily Wax，"印度的空间野心正在起飞"，《华盛顿邮报》（Washington Post），2009 年 11 月 4 日。
㊺ Vinod Patney，"航天优势的规划"，摘自 Jasjit Singh（编辑），《航天力量与印度的防御》（Aerospace Power and India's Defense）（印度新德里：《知识世界》（Knowledge World），2007），P312 – 313。
㊻ 中国北京《中国人民解放军报》（PLA Daily）于 2010 年 5 月 25 日刊登在《印度时报》上的报道。
㊼ 详见《印度时报》，2010 年 7 月 13 日。预计 GAGAN 系统将于 2013 年年末或 2014 年年初开始用于商用飞机空中导航。《印度时报》，2012 年 1 月 23 日。
㊽ Emily Wax，"印度的空间野心正在起飞"，《华盛顿邮报》（Washington Post），2009 年 11 月 4 日。

插入语是添加的。

㊾ John M. Logsdon,美国乔治华盛顿大学空间政策研究所政治科学与国际事务名誉教授。引自 Emily Wax,“印度的空间野心正在起飞”,《华盛顿邮报》(*Washington Post*),2009 年 11 月 4 日。

㊿ Ashley Tellis,,“打击美国军方‘软肋’:从战略视角看中国的反卫星武器试验”,《美国卡内基国际和平基金会政策简报》(*Carnegie Endowment*,*Policy Brief*),51(2007 年 6 月)。同时,请参阅 Ashley Tellis,“中国的军事空间战略”,《生存》(*Survival*)(2007 年秋):41。

(51) Harsh V. Pant,“亚太地区新兴力量的平衡”,《英国皇家联合军种国防研究所特刊》(*Royal United Services Institute Journal*)152:3(2007 年 6 月)。相反,一些分析家认为,目前中国经济的急剧增长可能只是短暂的,最终可能会崩溃。详见 Gorden G. Chang,《中国崩溃论》(纽约:兰登书屋,2001)。

(52) K. K. Nair,《空间:现代国防的前沿》(印度新德里:《知识世界》(Knowledge World),2006),156。

(53) 探测器于 2010 年返回,带回了采自小行星的样本。NASA 计划于 2023 年前完成类似任务,带回样本。NASA 于 2011 年 5 月 27 日发布于《印度教徒报》的新闻报道(2011 年 5 月 26 日)。

(54) 发布于《印度教徒报》的《每日电讯报》新闻报道,2010 年 7 月 23 日。

(55) 基于 1979 年同美国签署的《谅解备忘录》。2001 年韩国加入“导弹技术控制机制”(MTCR)之时,正式废除了该《谅解备忘录》。

(56) Harsh V. Pant,“亚太地区新兴力量的平衡”,《英国皇家联合军种国防研究所特刊》(*Royal United Services Institute Journal*)152:3(2007 年 6 月),P187。

(57) 同(56),P145。

(58)《印度时报》,2010 年 8 月 16 日。

(59) 由 Thomas L. Friedman 在其作品《世界是平的》中提出(纽约:法勒、斯特劳斯和吉劳克斯出版社(Farrar,Straus and Giroux),2007)。

第14章 以色列的空间战略

德格尼特·佩科夫斯基,拉姆·列维,
伊萨克·本·伊斯瑞尔
(Deganit Paikowsky,Ram Levi,Isaac Ben Israel)

对于以色列这样的小国家而言,实施自主的国家空间计划需要国家能够确保长期、持久地投入相关资源。因此,以色列的宇宙空间领域发展有其独具的特色。以色列于1988年首次完成卫星发射,是世界上第8个研制卫星并将卫星送入空间的国家[1]。从传统意义上来讲,以色列的空间政策是在一个务实方针的基础上制订的,其最重要的目标在于为国家提供早期预警情报、威慑力以及尖端技术自力更生的研发能力。基于以上原因,以色列的空间活动主要以侦察、遥感、地球观测、通信等与其使用目的相适应的专业技术为主。

本章旨在确定以色列空间计划的目标与宗旨及其未来前景。内容包括三个部分。第一部分概述了以色列空间计划发展史及其成就,尤其是以色列空间计划在"知识型社会"这一背景下的发展及其成就。第二部分介绍了以色列的空间发展目标。鉴于本章是美国空间战略综合卷的一部分,因此,第三部分对属于以色列与美国共同战略利益的空间合作进行了研究。

14.1 空间计划的发展

在空间时代的早期,以色列就播下了宇宙空间工业的种子。以色列决策机构与国家媒体对于苏联于1957年10月成功发射的人类第一颗人造卫星"伴侣号"(Sputnik)表现出了极大钦佩[2]。4年后,以色列成功发射了其首枚气象探测火箭[3]。然而,直至20世纪80年代初期,以色列才着手制订了正式的空间计划。促使以色列采取这一举措的主要因素中,既包括其国防与安全的需要,也包括其对于实现尖端技术自给自足这一目标的渴望。1979年签署的《埃以和平条约》(Egyptian-Israeli Peace Treaty)使以色列政府所感受到自我保护的需要以及确保埃及遵守条约规定的需求,这对以色列决定制订独立的空间计划起到了重要作用。

为制订以色列空间计划,必须确保合适的基础设施的研发。以色列国防工业相关部门就运载火箭、卫星以及有效载荷的研制进行了可行性研究。相关研究于1980年完成,最终得出可以实现上述技术目标的结论。为此,拉斐尔公司(Rafael)和以色列航空工业公司(Israel Aerospace Industry,IAI)启动了相关工作。1983年,以色列航天局(ISA)在以色列科技部的支持下正式成立[④]。作为一个政府机关,ISA主要负责协调和监督国家空间计划,包括协调和监督本国的国家空间政策,以及对外同其他国家与航天局间的联系与合作。同时,ISA还负责协调就涉及以色列学术机构及行业的科学研究活动与空间探索计划。

1988年,以色列成功发射了首颗"地平线-1号"(Ofeq-1)卫星。两年后,以色列发射了"地平线-2号"(Ofeq-2)卫星,并于1995年,将"地平线-3号"(Ofeq-3)卫星送入轨道。Ofeq-3是以色列首颗光电侦察军用卫星,此后又于2010年6月成功发射了"地平线-5号"(Ofeq-5)、"地平线-7号"(Ofeq-7)以及"地平线-9号"(Ofeq-9)卫星。过去30年,以色列在侦察、遥感、地球观测和通信(包括通信卫星地面监控设施)等相应的专业技术领域建立了高度发达的航天工业及本国空间技术基础设施。

20世纪90年代,以色列将其国家空间技术拓展至商业领域,开始研制阿莫斯(Amos)系列商业通信卫星,以及商业遥感卫星和地球资源观测卫星(EROS)。与此同时,来自学术界的一些学生还成功制造并运行了一颗小型卫星[⑤]。2008年,以色列发射了一颗复杂的轻型合成孔径雷达(Synthetic Aperture Radar,SAR)卫星,即TECSAR。目前,数个卫星正在研制之中,预计在未来几年内进行发射,包括将用于最新技术的演示验证的高光谱卫星以及一颗小型卫星。以色列备受关注的首名航天员伊兰·拉蒙上校(Col. Ilan Ramon),在2003年1月进行的NASA"哥伦比亚"航天飞机飞行任务执行过程中遇难。这对以色列以实用安全和以经济为导向的整体空间活动方案而言是一个例外。此外,以色列航天局还参与了一系列同其他国家的航天局合作的空间探索项目。以色列的航天业通过推广自己的卫星与其他子系统产品来参与全球空间市场的竞争。据最新航天竞争力指数显示,以色列的竞争优势主要来源于其经验丰富的国防空间资产制造水平、先进的研发(R&D)技术,以及以支持私营企业发展及工业制造能力为明确目标的政府政策[⑥]。

14.2 知识型社会

以色列致力于建设一个注重原始创新与企业家精神的知识型社会,其空间计划与这一整体理念十分契合。早在建国之初,技术与创新就成为以色列经济发展的主要催化剂。以色列意识到人口数量始终落后于邻国,其决策机构将

"重质不重量"这一原则确定为其国家安全理念与国民经济发展的基础,同时给予科学技术最优先发展的权力。因此,国家对于科技的投入被视为是以色列同其阿拉伯邻国间形成抗衡力量的核心因素。多年来,以色列投入了大量的精力促进科研工作与专业技术的发展,尤其是在包括空间的国防技术领域。

很大程度上,以色列高科技产业中相当大的一部分是国内发展高科技国防计划这一决策的产物。启动以色列空间计划是在以色列人力资本的基础上做出的决定。多年来,以色列空间专家同欧洲、北美及俄罗斯的相关空间团体建立了且一直保持着合作关系[⑦]。以色列把握住了20世纪90年代初来自前苏联的移民浪潮这一机遇,大量经验丰富的苏联科学家与工程技术人员加入了以色列学术界、产业界的空间项目。同时,以色列移民局(Israeli Ministry of Immigration)与工业和商务部(Ministry of Industry and Commerce)共同成立了一家合资企业,整合支持这些俄罗斯科学家的工作[⑧]。

14.3 空间目标

除了通过提升本国空间能力,满足国家安全需求以外,以色列的空间目标还包括:在涉足空间技术发展的国家中保持竞争力;扩大空间领域的双边、多边合作;在实力较强的领域发展成为一支技术先进的国家力量,特别是在遥感及小型卫星领域[⑨],以及相应的运载平台[⑩]。

以色列航天局局长以萨迦·班(Isaac Ben)于2005年发表了如下讲话:针对空间利用的研究,是保护地球生命的一种重要手段,是了解宇宙、地球及其周围环境的关键,是对技术发展的一种激励,是现代社会与先进信息化经济发展的关键,同时也是吸引高技能人才的有效途径。因此,以色列航天局将保持并拓展以色列的相关优势,使以色列跻身于全球前五位的从事空间研究与利用的航天国家之中[⑪]。

以色列空间计划发展的战略目标之一是扩大国际空间合作,本章将重点介绍这一战略目标。以色列通过与其他国际空间机构进行合作,参与了多种空间探索项目。目前,以色列航天局正在与以下机构展开合作:美国航空航天局(NASA)、欧洲航天局(ESA)、法国国家空间研究中心(CNES)、加拿大航天局(CSA)、印度空间研究组织(ISRO)、乌克兰国家航天局(NSAU)、俄罗斯联邦航天局(Roscosmos)以及意大利航天局(ASI)。

同许多国家一样,以色列参与国际空间合作的动机是为了减轻由空间计划所造成的经济负担。此外,空间活动领域的合作,有利于以色列展示其相对实力优势(尤其是小型化方面),以色列通过相关机构及行业与合作国家同行间建立工作文化协作关系,提供商业机遇,同时提升合作国家间的外交关系。以下实例体现了以色列为实现上述战略目标所做出的努力。

(1)植被与环境新微型航天器(Vegetation and Environment New Micro Spacecraft,VENμS):VENμS 是一项以色列-法国联合研发、制造并在 2013 年前或 2014 年初发射的一颗肩负科学、技术双重使命的新型卫星。2005 年以色列航天局与法国国家空间研究中心签署了合作备忘录(MOU)。VENμS 的科学目标是为一些聚焦于环境与人类活动的影响下的陆地表面分析、模拟、监测的科学研究提供相关数据。为实现这一目标,VENμS 将每隔一天对地球表面一些预先确定的具有研究价值的地点拍摄高分辨率、高光谱图像。VENμS 的技术目标是对包括电力推进系统在内的技术进行展示以及对其硬件进行测试,以此彰显其精确自主轨道的控制能力。VENμS 平台由以色列航空工业公司公司与拉菲尔公司共同建立,而以色列埃尔比特电子光学系统公司(Elbit Systems Electro – Optics,El – Op)则由法国国家空间研究中心选中负责研发相关光学载荷。该项目的科学任务已由以色列本-古里安大学(Ben – Gurion University)与法国空间生物领域研究中心(Center for Bio – sphere Studies from Space)共同确定,二者还将联合完成相关任务。

(2)合成孔径雷达绘图(Mapping Using Synthetic Aperture Radar/MUSAR)任务:2009 年初,NASA 和以色列航天局开始对基于以色列技术的合成孔径雷达卫星开展可行性研究方面的合作,其目的是对金星表面进行探测和绘图,并作为美国"探索项目(Discovery Program)"竞赛的一部分。金星表面被云层所覆盖,阻碍了光电图像的形成。因此,该项目需使用可穿透云层和在黑暗中拍摄图片的合成孔径雷达卫星。此外,卫星本身的质量必须较轻,以满足发射方面的要求。以色列在合成孔径雷达卫星制造方面的实力及其运行与小型化能力,均是这一项目所必需的。该项目的其他合作方包括:以色列航空工业公司、本-古里安大学、诺斯罗普·格鲁曼公司空间技术分公司(Northrop Grumman Space Technology)、美国月球与行星研究所(Lunar and Planetary Institute)以及 NASA 艾姆斯研究中心(NASA Ames Research Center)。航天业早已被证实利用合成孔径雷达绘图及其相关技术的航天器,可以低成本实现更多科学方面的回报。尽管合成孔径雷达绘图并未入选"探索项目",但以色列航天局仍在寻求类似项目的其他合作方式。

(3)意大利航天局:2009 年,以色列航天局和意大利航天局就高光谱科研任务开发签署了一份合作备忘录。目前,双方团队正在就该任务的相关事项进行探讨。该合作备忘录的签署,为以色列航天局和意大利航天局建立更多的合资企业创造了机遇[12]。双方已决定由一个相关研究为契机建立此类合资企业。

14.4 空间合作

2009 年至 2010 年,美国与以色列均对自身空间活动进行了重新评估,同时依据各自的国家目标、目的及其国家利益制订了新的空间政策。一个自主的空间计划非常昂贵,对于一个小国来讲,很难有能力独立维持,以色列也不例外。解决方案就是与同样对空间技术发展感兴趣的友好国家进行合作。美国同样希望通过扩大国际合作降低成本,增强其空间活动的可持续性与稳定性。如下所述,美国与以色列间的合作对于两国均极为有利,能够满足双方的相关需求,符合双方的共同利益和诉求。

2010年6月,美国奥巴马政府公布了一项新的《国家空间政策》。文件中,针对美国空间探索对于美国经济与安全的影响,制订了相关远景规划及其进度安排。总体而言,该《国家空间政策》的目的在于巩固美国在空间科学、技术以及工业基础实力方面的领导地位。为实现上述目标,美国相关空间组织和机构需要遵循几条指导方针,其中包括:开展可提升能力同时降低成本的基础研究与应用研究,同时确保研究得到政府的最大支持;鼓励创新和商用空间领域发展;确保具备相关的空间产业能力,为政府履行关键职能提供支持[13]。

该文件中的很多原则、目标、宗旨,均来自于早前的一些国家空间政策,反映了美国对于外层空间利用及其相关目标长期以来所持有的观点。不同的是,奥巴马政府出台的政策中,增加一些新术语,例如可持续性、负责任的行为以及稳定性。当然,即使涉及了一些空间安全问题,但政策中依然强调了扩大与盟国及其合作伙伴间的国际合作的重要性[14]。

> 确定可开展国际合作的潜在领域,这些领域包括但不限于:空间科学;空间探索(包括载人航天活动);用于支持空间科学与探索的空间核动力;航天运输;用于监测与感知空间残骸的空间监视;导弹预警;地球科学与观测;环境监测;卫星通信;全球导航卫星系统(GNSS);地理空间信息产品与服务;减灾救灾;搜救行动;用于海域感知的空间应用;对空间环境进行长期保护,以供未来人类活动、利用。

在空间安全领域方面,《国家空间政策》着重强调了制订、落实确保主要的国家空间安全任务实施所必需的相关方案、程序、技术与能力的必要性,阐述了通过快速恢复空间资产,利用相关联合、国外和/或商用空间与非空间力量执行上述任务[15]。

奥巴马政府制订的《国家空间政策》指明了未来数年美国的大致发展方向,最终美国在国际舞台上的政策将演变成为确定空间政策真正本质的实际的决策、行动、资金分配,以及在国际论坛与合营项目中所采取的立场[16]。就加强国际合作而言,美国未来的挑战包括改善和实现与盟友在技术和运营方面的合作。马歇尔研究所(Marshall Institute)认为,美国迫切需要对更宏大的规划、更多准备工作及组织方式上的改进。"美国的空间组织必须与同盟国和其他合作伙伴进行更深的合作,而这一过程中指导思想以及工作流程的改变是极为必要的。[17]"

在过去几年里,以色列航天界对其目标、宗旨及政策进行了一次综合性的重新评估。本次重新评估的高潮是在2009年11月,以色列总统希蒙·佩雷斯(Shimon Peres)与总理本杰明·内塔尼亚胡(Benjamin Netanyahu)指定了一个工作小组,负责对以色列空间计划进行审核,并推荐了一个新的框架[18]。该工作小组的主要目标是集中以色列的科技力量,扩大以色列在日新月异的全球空间市场上的工业规模,提升以色列在民用领域及科学活动的竞争力。该工作小组于2010年6月提交了报告及其建议[19]。

报告指出了以色列在实现其空间目标方面的优势、劣势,及其所面临的机遇与挑战。通过对上述所有因素进行分析,工作小组认为,以色列极有潜力成为特定领域空间技术的领导者,但是由于投资不足,以色列正在逐渐丧失其竞争优势。因此,需要政府采取相关必要措施,并提供足够的资金支持。有了来自政府的充足资金支持,以色列可以扩大其竞争优势,从而跻身于中级航天大国。为此,工作小组建议政府,除空间活动中的相关国防的投资外,还应在5年内向空间研究及其相关活动每年投资3亿新以色列谢克尔(New Israeli Shekels,NIS)(按目前的汇率计算约合8千万美元)。投资的领域应包括小型化、通信,以及基础与应用研究。报告还指出,为了扩大地方空间产业规模,以色列政府必须优先发展国家民用空间计划,以集中力量开发、更新基础设施,支持学术研究,并推进同其他航天大国以及发展中国家间的国际协作。

由国家经济委员会(National Economic Council)所支持的新的空间计划得到了以色列总统佩雷斯与总理内塔尼亚胡的一致认可[20]。2011年12月,经过财政部官员的仔细审核,财政部(Finance Ministry)同意投资1.8亿新以色列谢克尔,用以实施以色列最新民用空间计划。2012年1月,拉菲尔公司前助理总干事、Manor及技术部门负责人麦那凯姆·基德罗(Menachem Kidron)被任命为以色列航天局局长,取代这一职位上任职长达7年之久的泽维·卡普兰(Zvi Kaplan)。

从美国《国家空间政策》和以色列《空间政策》中可以看出,两国在很多领域均存在合作的可能性,其中之一为地面遥感领域。多年以来,以色列在这一领域,尤其是在高分辨率光电技术、合成孔径雷达及高光谱遥感卫星等领域的技术发展达到了很高的水平。未来几年,以色列将继续强化这些先进技术能力。

美国与以色列在空间活动领域的合作,主要基于以下几方面的考虑:
● 丰富的空间探索经验:美以两国均在空间探索方面拥有漫长的历史以及丰富的经验。半个多世纪前,美国就已具备了独立开展空间活动的能力。以色列也在大约30年前制订了空间计划。美国在空间活动的各个方面均堪称全球领导者，但以色列却不得不将自己限制为一个发展中的国家空间力量，主要涉及经济可承受的小型遥感与通信卫星领域，事实上以色列被公认为在该领域处于世界领先地位。

- 知识型社会与军事：美以两国均致力于发展先进技术，投资发展先进的人力资本，并将二者整合进其被看作是先进、成熟的军事力量。此外，两国工作文化相互兼容，都有着鼓励独创性、创造力和发挥智力因素的特点。
- 互补性需求及能力：空间中美国国家安全需求，特别是"作战快速响应空间"（ORS）计划中定义的需求，要求确保空间系统、有效载荷子系统及其部件、通信设备及推进器的小型化、可用性及经济可承受性[21]。以色列专精于依据国际安全与科研需求研制轻便型高分辨率高精确度小型卫星，并在这些领域拥有独特的小型化专业技术。这种发展现状的主要原因是以色列发射能力方面的局限性，以及对于经济可承受的且具有高性价比的空间系统的需求[22]。此外，以色列空间学术界与产业界拥有一个高技能的科研、技术人才储备，他们以友好、开放为特点，并与外界有着非正式联系，可以缩短开发周期，降低开发成本[23]。这为美国分享以色列的技术经验，特别是两国均极感兴趣的低成本小型卫星领域的专业技术，提供了机遇。
- 两国政府在推进商用空间产业发展方面具有共同利益。

14.5 未来发展

尽管以色列主要的空间活动源于其在安全方面的相关需求，但是以色列与美国之间的合作不仅仅局限于安全项目。恰恰相反的是，以色列《空间政策》与美国《国家空间政策》均强调，有必要加强科研任务与民用领域的国际合作与投资。这可以被看作是两国空间计划在战略层面上的共同发展方向。

下面对近年来美以两国为改善彼此间的空间合作关系而开展的主要活动及事件进行概述。首先，以色列航天局（ISA）与NASA就合作意向启动了谈判。2010年1月，在访问以色列期间，为纪念因"哥伦比亚"航天飞机（Columbia Space Shuttle，CSS）失事而遇难的宇航员，NASA局长查尔斯·博尔登（Charles Bolden）会见了以色列官员，参观了以色列航天工业设施，其中包括拉菲尔公司的实验室。访问期间，博尔登局长对以色列空间技术表现出浓厚的兴趣。为推进ISA与NASA两大空间机构之间的关系所采取的第一步，两国发表了一项声明，确认以色列月球科学与探索网络（Israel Network for Lunar Science and Exploration，INLSE）为NASA艾姆斯研究中心下属的月球科学研究所（NASA Lunar Science Institute）的合作伙伴。博尔登局长表示，"NASA期待着同这一著名以色列机构进行合作，从彼此之间所分享的专业技术中获益，同时增进我们对于月球科学的了解。""我们希望建立更多类似的合作关系，以此鼓励全世界的学生都来学习科学,学习技术,学习工程学,学习数学。[24]"据 NASA 透露,首次合作的重点将放在激光通信技术、机器人技术、遥控技术、遥感技术,以及未来探月任务所需的其他技术上。此外,本次合作还将侧重于月球科学有关的教育及对公众的宣传。

博尔登局长在第 5 届年度伊兰·拉蒙国际空间会议(Annual Ilan Ramon International Conference, AIRIC)上的讲话中指出:"美国总统目前主要专注于两件事情,其中一件事情就是同其他国家进行合作。因此,你们可以看到,我们在努力寻求并超越空间科学疆域的同时,一直在积极推进同以色列及其他国家间的合作。同时,我们也清楚地认识到,总统提出了教育的必要性,特别是有关空间、技术、工程学的专业知识。因此,我再一次希望美以两国在未来数天,数月乃至数年里将在上述领域开展合作。"[25]博尔登局长还强调,"对于我们而言,国际合作至关重要。我们认为,精心构建并管理有序的国际合作将为实现合作各方的国家目标作出极大贡献。[26]"

几个月后,以色列科技部部长丹尼尔·赫什科夫维奇(Daniel Hershkowitz)与 ISA 局长泽维·卡普兰于 2010 年 8 月在 NASA 总部会见了博尔登局长,他们就 ISA 与 NASA 间的合作方式进行了进一步探讨。博尔登局长与泽维·卡普兰局长就扩大双方在民用空间活动领域的合作意向签署了一份联合声明。双方就确定地球与空间科学、生命科学及空间探索领域的新合作项目达成了一致。"此次合作的目的在于加强科学交流,同时激励下一代科学家以及工程技术人员。[27]"

现在确定上述两大机构未来的合作性质,还为时尚早,但是,从战略角度来讲,二者间的合作正在稳步推进中,而与此同时,也显现出了双方在不同领域的合作可能性。会谈中,以色列航天局与 NASA 就一些可能的双边合作领域进行了确认,而以色列在这些领域均达到了世界领先水平[28]。可选的双边合作项目为:可用于从空间对陆地、空气与海洋污染进行检测,并对土壤与矿物质进行分类的小型卫星与高光谱照相机的制造。而会谈中讨论的另一问题是派遣第二名以色列航天员进入空间。但是,由于 NASA 暂停载人航天任务,以及 2012 年航天飞机计划的终结,这一任务的具体时间目前尚不明确。尽管如此,以色列航天员仍有可能会登上俄罗斯宇宙飞船进入空间,因此该项任务可能为一项由美国、俄罗斯和以色列三方合作完成的任务[29]。

NASA 所指出的其他合作领域包括:空间大地测量,即从空间对地球上的引力场、潮汐、地球的两极及地壳的运动进行测量;水文观测与联合研究;深化以色列在"有益于环境的全球性学习与观察"(GLOBE)教育计划中的参与程度;以色列航天局作为 NASA 月球科学研究所会员所进行的行星科学研究;发射安全与靶场安全;遥感数据合作;以色列利用国际空间站进行的研究与教育实验[30]。

14.6 结论

30年前，促使以色列启动其本土空间计划的主要因素，是在同埃及签署和约之后，能够确保以色列的国家安全、早期预警以及威慑力。然而，在一定程度上，作为空间计划附属物的商用空间与民用空间领域用途，也几乎在一开始便被以色列认识并吸引了注意力。而今，以色列致力于在空间技术领域达到高技术专业水平，增强其国际竞争力，并推动国内经济发展与技术进步，实现工业基础多样化发展，同时促进社会繁荣。

尽管以色列所开展的主要空间活动是出于国家安全的需要，但是与其他国家的合作也因符合以色列与美国的共同战略利益而渐渐出现。以色列的新空间政策与美国的《国家空间政策》均强调了加强国际合作的必要性。深化美以两国在科研与国家安全领域的合作，有利于双方实现能力上的互补，满足各自需求，分担成本，提升各自专业技术水平及其工业效率，对双方均有益处。

尽管如此，为维持双方间卓有成效的合作，提升两国现有的双边合作关系，双方需要通过提高对彼此空间能力与目标的认识，加深对彼此的了解。此外，美国需要对传统与战略盟友采取一种更为自由的国际合作方式。正如本书中所展现的内容，奥巴马政府及其《国家空间政策》对于这一战略利益的重视已越来越明显。同时，以色列则必须落实政府对国家空间计划的政治、资金保证，以达成科研工作与民用领域的可持续发展能力。

最后，以色列与美国均处于空间技术发展的十字路口。两国政府均已到了必须就未来航天业的发展方向，制订具体的长期战略决策的时刻。

从近期来看，这些决策将立刻对成千上万的航天工业的员工产生影响；而从长远来看，这些决策将决定美以两国是否能够保持21世纪空间技术及商业的领先者地位。

注 释

① 1988年，以色列人口达到444.2万，人均国内生产总值达到9881美元，详见网址www.nationmaster.com/graph/eco_gdp_percap – economy – gdp – per – capita&date = 1988（2010年1月访问）。

② 发射完成几天后，David Ben – Gurion 在以色列国会（Knesset）1957年秋季会议开幕式上就以色列的国家安全形势发表了讲话。讲话中，Ben – Gurion 对这一巨大的科学成就表示赞赏，同时指出，这一事件加剧了东方与西方间的紧张关系，也对中东地区产生了一定影响。详见"以色列总理国家安全与外交政策咨文"，1957年10月21日，"第三届以色列议会上的讲话"*Divrey Haknesset Hashlishit*，会议编号：341，耶路撒冷（希伯来语）；以及"以色列：有关'伴侣号'人造卫星的媒体报道"《BBC 精选系列：以色列，苏联人造卫星的发射》，缩微照片，P5167 – 381（华盛顿特区：美国国会图书馆，1957年10月10日）。

③ Shavit – 2 探空火箭于1961年7月5日发射。这次发射任务是"以色列与埃及小规模空间竞赛的

一部分,主要目的在于彰显以色列相对埃及所拥有的优势,同时鼓舞以色列的士气"。详见 Daphne Burleson,《美国以外的空间计划》(杰弗逊、新喀里多尼亚岛与伦敦:麦克法兰公司出版社,2005),P153。

④ 政府秘书处:内阁科学委员会的第1255(4/49)号决议,于1983年1月23日作为一个政府决议通过。由以色列空间局提出(以色列空间局文档)。

⑤ TECHSAT 是于1988年由俄罗斯火箭发射升空,并在12年的成功运行后于2010年结束运行,期间提供了许多用于科研的宝贵数据。

⑥《富创2008年空间竞争力指数:一份各国如何投入并从空间工业中获益的比较性研究》,美国马里兰州贝塞斯达市富创公司。2008年,P36。

⑦ 同⑥,P37。

⑧ 以色列空间局(ISA)对当时 ISA 主任撰写的计划和行动的回顾,马塞尔·克伦,1994年2月21日。以及 ISA 协调委员会协议,1992年7月13日和1993年3月22日(以色列空间局文档)。

⑨ 以色列认同国际上对空间系统小型化的趋势,并在此领域寻求领导地位。

⑩ 以色列空间局主任齐维·开普兰在特拉维夫大学尤瓦尔·聂艾曼科学技术与安全研习班研讨会上名为《以色列的空间:转折点和机遇》的讲话。特拉维夫大学,2009年11月3日。

⑪ 伊萨克·本·伊斯瑞尔,"以色列航天局的远景规划",科技部,以色列耶路撒冷,2005年7月27日。伊萨克·本·伊斯瑞尔是一名以色列国防军退役将军。在任期间,担任以色列国防部国防研发部门主管。2007年至2009年,担任以色列议会(Knesset)会员。

⑫ 科技部教授 Herskowitz 签署"以色列航天局与意大利航天局空间任务合作与研究备忘录",科技部新闻稿 2009年6月,www.most.gov.il/Departments/Space + Agency//Italy/shatap + israel – italia. htm (2010年8月访问)。

⑬ 美国空间政策,2010年6月28日,5,www.whitehouse.gov/sites/default/files/national_space_policy_6 – 28 – 10.pdf(2010年7月访问)。

⑭ Jeff Kueter,"奥巴马国家空间政策评估:连续性及新的优先顺序",2010年7月,《马歇尔学院政策前景》(Marshall Institute Policy Outlook),1,www.marshall.org/pdf/materials/900.pdf(2010年7月访问)。

⑮ 美国空间政策,2010年6月28日,17,www.whitehouse.gov/sites/default/files/national_space_policy_6 – 28 – 10.pdf(2010年7月访问)。

⑯ Jeff Kueter,"奥巴马国家空间政策评估:连续性及新的优先顺序",2010年7月,《马歇尔学院政策前景》(Marshall Institute Policy Outlook),1,www.marshall.org/pdf/materials/900.pdf(2010年7月访问)。

⑰ 同⑯,10。

⑱ 工作小组由科技部总司长梅纳潜(Menachem Greenblum)及以色列航天局局长伊萨克·本·伊斯瑞尔负责领导。工作小组其他成员包括:以色列国防部空间计划负责人 Chaim Eshed;以色列航天局局长泽维·卡普兰;以色列航空业公司董事 Arie Halsband;拉菲尔公司空间部总经理 Menachem Kidron,;以色列 Microsat Israel 公司总监 Amitzur Rosenfeld;总统顾问 Jonathan Adiri;总统顾问 Ori Ben – Porat;Y'uval Neeman 科学、技术与安全研讨会(YNWSTS)学术主任 Deganit Paikwosky;YNWSTS 研究员 Ram Levi。

⑲ Deganit Paikowsky 与 Ram Levi,"国家空间项目:针对以色列航天工业可持续发展的以色列空间计划",《总统空间活动工作小组总结报告》,科技部,以色列耶路撒冷,2010年6月(希伯来语)。

⑳ 国家经济委员会建议以色列总理将经济政策的重点放在长期经济计划方面。

㉑ "空间作战响应计划:致国会国防委员会的一份报告",2007年4月17日,国防部,华盛顿特区,www.responsivespace.com/Conferences/RS5/4 = 17 = 07%20ORS%20Plan.pdf(刊登于2010年1月)。

㉒ 以色列对于具备独立发射能力的渴望,加之其地缘政治形势,均不允许其向东(地球旋转的方向)发射卫星,一方面是因为相关部件可能会落在敌对国家的领土,另一方面是因为,向敌对国家方向发射弹道导弹时可能会造成战略威胁。因此,以色列只能朝着地球旋转的相反方向,向西发射卫星。这一局限性迫使以色列研制尽可能轻的卫星,使发射台载荷达到最低。《州审计长2001年年度报告》,年度报告

52a,"地平线"(Ofeq)项目,252-253。

㉓ Dov Dvir 与 Asher Tishler,"国防工业在以色列产业与技术发展中的角色转变",《国防分析》(*Defense Analysis*)16:1(2001):33-52;John Battilega、Randall Greenwalt、David Beachley、Daniel Beck、Robert Driver 以及 Bruce Jackson,"全球防御市场与国防工业变革:未来战争的影响——以色列的情况",2001,http://fas.org/irp/nic/battilega/israel.pdf(刊登于2010年1月)。

㉔ NASA 新闻稿"NASA 增加了以色列艾姆斯月球科学研究的技术专长":10-20,2010年1月27日,www.nasa.gov/home/hqnews/2010/jan/HQ_10-020_Israel_LSI.html(2010年8月访问)。

㉕ 查尔斯·博尔登(Charles Bolden),NASA 局长,"专题讲座:美国空间发展愿景",以色列费舍尔研究所第六届伊兰·拉蒙年度国际航天会议,2010年1月27日,会议论文集出版号:P44,2010年6月,P110。

㉖ 同上。

㉗ NASA 新闻稿"NASA 同以色列航天局就未来合作意向签署协议":10-189,2010年8月11日,www.nasa.gov/home//hqnews/2010/aug/HQ_10-189_Israel_Signing.html(2010年8月访问)。

㉘ 同㉗。

㉙ Yitzhak Benhorin,"以色列与 NASA 进行重大合作的可能性",以色列新闻网站《新消息报》(*YNET*)报道,2010年8月11日,www.ynetnews.com/articles/0,7340,L-3933937,00.html(刊登于2010年8月)。

㉚ NASA 新闻稿"NASA 同以色列航天局就未来合作意向签署协议":10-189,2010年8月11日,www.nasa.gov/home/hqnews/2010/aug/HQ_10-189_Israel_Signing.html(2010年8月访问)。

第15章 巴西空间计划的规划及战略定位

奥特瑞尔·杜热(Otavio Durao)

巴西的空间计划发展共经历了三个明显的阶段。第一阶段是巴西空间计划的起步阶段,以及实施巴西整体空间任务(Brazilian Complete Space Mission, MECB)阶段。第二阶段,是巴西同中国开展空间合作的时期。第三阶段,也是当前阶段,主要涉及巴西航天局(Agencia Espacial Brasileira, AEB)的建立及其相关职能。上述时期反映了巴西在国家空间计划领域的相关规划及战略方向。

巴西最早于20世纪60年代末与70年代由于军事目的启动了空间计划。这一时期,巴西正处于军事政权统治之下,同时也与当时世界上的其他国家一样,受到了冷战的影响。当时,巴西针对一些国家项目统一制订了相应的计划,主要涉及航天工业以及经济、工业、基础设施、能源网络及其研发(R&D)。

而在此之前,巴西已就空间科研项目同其他空间机构进行过合作。[①] 当时的巴西科学家受到了前苏联的"伴侣号"人造卫星,以及早期美国开展的一些空间活动的极大鼓舞。巴西国家空间研究所(Instituto Nacional de Pesquisas Espaciais, INPE)于1962年启动了空间活动,其最初的项目是同NASA合作开展了采用探空火箭进行电离层探测的相关项目。但是,同上述一些其他活动一样,军政府制订集中规划,并密切跟进上述项目的进展及其成果。其首要目的在于将巴西发展成为冷战时期南美地区的一大强国。

虽然空间计划与上述政治利益曾存在一定联系,但就目前看来,其早期所开展的一些项目与活动对于巴西国家空间计划做出了重要贡献。从那时起,巴西的航天部门便受益于这些空间计划和项目:无论是在基础设施还是教育方面,许多设施都在此时期开始建设并投入使用。此外,一些国外航天相关专业留学归国的工程技术人员、数学家及物理学家组成了巴西最初的空间领域专业人才队伍。巴西培养了一批接受了良好教育的空间工程技术人员与科学家,他们也通过参与本国的空间计划获取了相关经验。同时,这支由科学家与工程技术人员所组成的团队又在巴西国家空间研究所组织起了一项研究生教育计划。至今,仍有科学家与工程技术人员在那里接受培训,他们中的许多人目前在巴西空间计划中担任要职。

就基础设施而言，最值得一提的是，在上述项目的基础上建设了南半球独一无二的集成和测试实验室（Integration and Testing Laboratory, LIT）设施[②]。LIT 已向国际空间组织以及同美国喷气推进实验室（Jet Propulsion Laboratory, JPL）、中巴地球资源卫星（China – Brazil Earth Resources Satellite, CBERS）及阿根廷国家空间活动委员会（National Space Activities Commission of Argentina, NSACA）等机构间的相关合作项目提供了组装、集成及其检测服务。此外，巴西还建立了供卫星使用的数据接收站、控制中心以及数据网络。这一地面基础设施曾为很多国际空间任务提供相关支持，其中包括印度"月船"探月卫星、中国"神州"八号飞船，以及法国国家空间研究中心（Centre National d'Etudes Spatiales, CNES）的对流、自传及行星飞行研究任务（Convection, Rotation, and Planetary Transit, CoRoT）。在这一空间计划发展的早期，巴西在赤道以南3°的地方建立了阿尔坎塔拉火箭发射中心（Alcantara Launch Center, ALC）[③]。

巴西的军事政权提出了由巴西整体空间任务（MECB）来引导巴西空间工作的努力方向，主要是就运载火箭、发射场以及卫星制造进行协调。显然，在以 MECB 为代表的巴西空间计划的早期战略规划下建设了绝大多数的、至今仍可使用的基础设施，并为巴西航天工作有关的科研、技术与管理人员提供培训，为巴西空间计划发展做出了贡献。但是，由于早期的巴西空间计划是由军方负责实施的，而正因如此，其早期的宇宙空间探索工作具有一定的军事"特征"，而这一特征直到 20 世纪 80 年代中期巴西恢复民主政治后方才消失。

与巴西整体空间任务（MECB）并行的是巴西国有通信公司巴西电信（Embratel）于 1965 年启动的一项以上市公司身份运营电信地球同步卫星的计划。这些卫星均是从国际卫星制造商手中购得，并在巴西电信（Embratel）于 1974 年取得国际通信卫星资质后，由其开始负责运营。自 1982 年开始，巴西政府授权巴西电信（Embratel）使用并运营本国自主研制的卫星。首颗卫星"巴西卫星 A1"（Brasilsat A1）于 1985 年成功发射，随后于 1986 年发射了"巴西卫星 A2"（Brasilsat A2），并由这两颗卫星构成了巴西首个空间通信系统[④]。然而，因为这些卫星是通信基础设施的一部分，所以它们并不属于巴西空间计划的范畴。2000 年，巴西电信被私有化，成为了现在的 Star One 公司，负责运营电信地球同步卫星，而这些卫星全部是从国际卫星制造商购买而来的[⑤]。

同中国开展的空间合作可以看作是巴西空间计划的第二个战略规划时期。中巴两国间的合作是在 20 世纪 80 年代末、90 年代初巴西整体空间任务（MECB）逐渐弱化后开始的。促成中巴合作的主要因素包括中国日益发展的空间计划，以及航天业对于均为幅员辽阔、人口众多的国家并拥有巨大的经济发展潜力的中巴两国所带来的潜在意义。当时，中国尚处于其空间领域的初期，而巴西政府认为，空间合作可以作为两国在未来建立经济关系的一个良好切入点。

巴西空间计划的第三个及当前战略规划时期以1994年巴西航天局(AEB)的建立为标志[6]。建立该机构的目的在于,为国家空间计划提供一个职责明确的民用政府机构,并通过引入的民用机构对由不同部委(包括军方)负责实施的空间活动和项目进行协调。但是,由此引发了许多项目管理的问题,而这些顽疾至今依然存在。

上述三个阶段并非长期规划之下所产生的结果,三者之间也并无联系,均是独立存在的,至少在规划上述发展阶段时,并未参考以往的战略方针。我们也不能将其同《巴西空间活动计划》(National Space Activities Plan, PNAE)所酝酿的正式规划相混淆[7]。该计划的第三版于2004年颁布,涵盖了2005年至2014年这段时期[8]。但是,《巴西空间活动计划》不能被视为一项正式的战略计划,也不能被用于指导联邦空间预算或是相关空间机构(如巴西国家空间研究所)的战略计划。事实上,巴西国家空间研究所(INPE)的主要职责是有关具体卫星相关任务及其应用的开发。

不同版本的"巴西空间活动计划"(PNAE)更像是是对那些正在进行的,却在实践中由于未来预算、技术与人力资源,以及工业、基础设施资源的限制而被证明为不可行的项目、概念、思路、政策以及个人或游说团体的一个纪念。迄今为止,上述空间计划已从年度空间预算中撤出,而且这些计划并未获得空间行业、公共管理机构以及空间研发机构的认可。

令人倍感矛盾的是,上述三个时期对于空间部门而言均为非正式的战略规划时期。由于缺乏更为完整的战略计划,因此,只能将上述三个阶段视为是对巴西空间计划发展的战略指南。

15.1 巴西整体空间任务

巴西整体空间任务(MECB)提出研制4颗小型卫星、1座发射台,以及用于发射、跟踪卫星的全套地面基础设施。这一任务是于20世纪70年代开始酝酿,旨在推动巴西的空间技术发展[9]。

上述4颗小型卫星又涉及两项不同任务:情报收集与遥感,每一项任务分别由两颗卫星负责完成。小型卫星组的质量分别为100kg与200kg[10]。首项任务分别由环境数据收集卫星SCD-1(Satelite de Coleta de Dados)和SCD-2于1993年、1998年的发射而完成。虽然两颗卫星的名义上的设计使用年限为一年,但是如今它们依然在运行,将数据发送至国内的不同用户。针对地球观测的小型遥感卫星(SSR-1与SSR-2,称为亚马孙卫星(Amazinia))尚未发射。巴西计划将在未来发射"亚马孙"卫星,此类卫星代表着首批完全由巴西自主研制的地球观测卫星[11]。巴西国家空间研究所主要负责研制这些卫星并研发相关基础设施,例如卫星控制中心、卫星站及卫星数据网络。

计划用于上述巴西整体空间任务（MECB）的火箭被称为卫星发射运载器（Satellite Launcher Vehicle，VLS），是一种4级固体燃料火箭，其海拔700km处的承载能力达到200kg[12]。巴西于1997年与1999年分别进行了两次飞行试验，而在试验过程中，第一级火箭外部助推器与第二级火箭外部助推器（其中一个没有点火）和二级火箭（压力过载）均发生故障。这些故障导致火箭升空后不久即自毁。虽然如此，该火箭的设计及其相关技术作为巴西针对小型卫星有效载荷的主要发射运载器而保留下来。而在2003年进行的第三次飞行试验，由于已加注燃料的火箭于发射前在地面爆炸并引发死亡事故，而以悲剧告终。上述失败经历使得巴西整体空间任务（MECB）延期[13]。

卫星发射运载器的各级火箭是在固体燃料发动机基础上研制的，由一组亚轨道火箭所组成，而迄今为止，这类亚轨道火箭在巴西学术界所引领的大气探测与微引力实验等科研领域大获成功。上述亚轨道火箭已出口至国外空间机构，如德国宇航中心（German Aerospace Center，DLR），已成为了巴西空间计划的一项成果[14]。巴西整体空间任务（MECB）的发射平台部分由巴西空军（Brazilian Air Force）通过下属的巴西航空航天技术中心（Center for Aerospace Technology，CTA）负责提供，而发射场的研发则由巴西航空航天技术中心下属的航空指挥部（Aeronautical Command）负责。

支持巴西整体空间任务（MECB）的基础设施至今依然在使用。除了人力资源外，巴西整体空间任务时代还带来了计划制订与地面卫星接收站建设方面的经验，诞生了相关的控制中心、集成与测试设备、数据网路以及发射场。就数据收集任务而言，负责向SCD-1、SCD-2卫星提供支持的是50座地面平台，这些平台的主要任务是向卫星发送环境信息（基于地理位置的温度、风向、水位及太阳入射角）以供卫星稍后转发至任务控制中心。如今，南美共拥有700座这样的平台，而使用这些服务也在南美的政府机构中蔚然成风[15]。这种情况对这一系统下卫星的现代化进程起到了推动作用[16]。

在这一时期，巴西整体空间任务（MECB）的战略规划与管理由一个名为巴西空间活动委员会（Brazilian Committee for Space Activities，COBAE）的高层政府委员会负责。该委员会成员由来自各部委（农业部、工业部、外交部，但是不包括科技部与环境部，因为巴西没有这两个部委）的人员组成，其中包括了海陆空三军的人员[17]。上述三军种的力量由政府武装部队总指挥官（Overall Command of the Army Forces，EMFA）负责协调，由海陆空三军领导人轮流在一定时间段内担任负责人。巴西空间活动委员会（COBAE）一直由政府武装部队总指挥官负责人负责领导，后者会将一些决策强加于空间界。由此，一种或合理或不合理的军事影响存在于巴西的整个空间计划，这一现象总体上仍会在多年后依然存在。

15.2 与中国的合作

巴西整体空间任务(MECB)时期与之后同中国的空间合作并无任何因果关系。在这个阶段,军事政权统治结束,其对于巴西国家空间计划的军事影响也随之消退。1986年,巴西确立了人民民主制度,其总统与国会由普选产生。

与中国开展合作的建议是由巴西外交部提出的。1982年,巴西同中国签署了首份科技合作协议。4年后,首届中巴科学家、技术人员与航天部门会议召开探讨了两国合作研制卫星并进行遥感方面的联合空间计划的可能性。当时,巴西科技部已成立,并开始积极参与有关空间合作的讨论。1988年,中巴两国就中巴地球资源卫星(China – Brazil Earth Resources Satellite, CBERS)的研制与发射签署了空间合作协议[18]。

巴西这一时期的战略规划并非源于军事需求,而是源于巴西外交家希望同中国建立经济、政治合作关系的这一愿望。同中国建立合作关系的主要意图,是以 CBERS 计划为起点,扩大与中国在其他经济领域的合作,如基本商品的供应。巴西国家空间研究所(INPE)负责中巴地球资源卫星(CBERS)计划的制订,在 INPE 的协助下,巴西外交部与新成立的科技部合作实施了该项计划。

基于这一空间合作计划,两国发射、运行了三颗卫星,分别为 CBERS – 1、CBERS – 2 和 CBERS – 2B,另外两颗 CBERS – 3 和 CBERS – 4 计划分别于 2012 年、2014 年发射[19]。中巴地球资源卫星(CBERS)采用的是一座重约 2t 的大型平台,由中巴两国共同研发,其中巴西负责 50% 的成本及其相关子系统的建立[20]。迄今为止,上述卫星均由中国"长征"系列火箭送入空间。由双方通过各自的卫星控制中心共同进行运营管理。巴西免费分发中巴地球资源卫星(CBERS)的图像,目前已通过巴西国家空间研究所(INPE)网站分发了超过 50 万张图像[21]。目前,位于非洲的卫星站也一切就绪,准备接收来自 CBERS 的影像,由此也证实了巴西外交人员所构想的外交成果,从战略角度将中巴地球资源卫星(应用于同其他国家的进一步合作)。

中巴地球资源卫星(CBERS)的空间合作计划可以被认为取得了成功。首先,它将两种不同的文化融合在一起,共同创造了一件十分复杂的产品。语言、文化、地理位置甚至于时差方面的差异,均需要在管理方面付出极大的努力,方能超越所有这些困难,最终制造出 CBERS 产品并使其得到成功应用。同时,作为合作的一部分,中巴两国也从中学习、实践了许多技术方面的经验。具体来讲,巴西获取了较大卫星装配、集成与测试(包括子系统开发及其与复杂卫星平台进行整合)的宝贵知识和技术。对于双方团队,尤其是巴西方面而言,这是一项新的挑战,对于地面运营与地面卫星接收站以及支持卫星系统的所需基础设施而言,亦是如此。

中巴地球资源卫星（CBERS）计划中巴西的另一重大成果，是在其国内建立起了小型航天产业。该计划依托巴西高科技产业协助研发了 CBERS 项目。这促进了巴西相关产业（如国防与航空航天业中相应空间部门）的发展。这一时期，巴西的空间项目能力由简单的小卫星进化到了更大、更复杂的空间系统，最终建立了国家空间产业。

上述合作计划依然面临一些问题。巴西的预算问题以及合作计划现金流的不可预测性，引发了许多卫星项目研发时间表方面的问题。而在中巴地球资源卫星计划实施的同时，中国的其他空间活动快速发展成为继美国、俄罗斯及欧洲合作空间计划后的全球第 4 大国家空间项目[22]。

但是，中国仍致力于该项计划，恢复了被延误的时间表，甚至承担了计划在巴西开展的部分空间活动。尽管中巴地球资源卫星计划最终取得了成功，但是中巴两国间，除了承诺将发射的 CBERS－3 与 CBERS－4 测试型号外，并未有进一步开展合作的计划。虽然双方提出将进行其他空间合作项目，但这些项目的合作远不及中巴地球资源卫星计划时期的水平。

至少对于巴西而言，同中国合作的另一负面影响在于，其他有意向同巴西展开空间合作的合作伙伴均认为在空间领域中国一个潜在竞争对手。这在一定程度上降低了巴西同其他国家进行合作的可能性，也使得巴西取得研制中型卫星所需的空间电子元件及其设备更加困难。近期同美国开展空间合作的可能性以及美国正在进行的出口控制改革，可能会在不久的将来为巴西带来新的发展机遇。

此处所讨论的有关中巴空间合作中的两种负面因素，即资金与日程安排问题以及国际方面对中国所施加的政治压力，在中巴地球资源卫星（CBERS）的各项合约方面，都对巴西的有关产业造成了一定影响。这是延迟交付关键子系统的主要原因之一。由于巴西的相关产业均规模较小，在很多方面缺乏开发大型复杂系统的规模经济，且面临资金不足问题，因此，CBERS 计划资金的不稳定以及时间表问题，进一步缩小了其他工业的参与范围，也致使一些产业从空间业务中大规模撤出。

15.3　巴西航天局

巴西航天局（AEB）的成立标志着巴西空间计划发展的第三阶段。巴西航天局成立于 1994 年，建立的初衷是缓减早期军事影响下，国家空间计划所承受的国际压力。因此，巴西航天局成立的初衷是以一个民用机构的身份、对科技部的空间活动，以及巴西国家空间研究所（INPE）与空军部（Air Force Ministry，AFM）主管的卫星及其基础设施（包括发射台与阿尔坎塔拉火箭发射中心）进行协调。上述空间项目与活动所需的联邦预算，首先被拨至巴西航天局（AEB），随后转至 INPE 与 CAT（现为空间活动研究所（IAE）创立的航空航天科技部（Departamento de Ciencia e Tecnologia Aeroespacial,DCTA））。

但是，巴西航天局在巴西的作用存在一些问题。首先，AEB 位于巴西首都巴西利亚，距负责空间项目实施的巴西国家空间研究所（INPE）和空间活动研究所（IAE）超过 1000km，且巴西航天局已不再致力于空间项目发展的航天业。其次，AEB 大约仅拥有 100 名左右的员工，而且他们中的绝大多数（高达 90%）均没有任何空间计划或项目方面的相关经验[23]。最后，巴西航天局不具备协调的相关机构的正式权限。即使预算问题可以解决，但是过于庞大繁重管理工作对于 AEB 而言依然无法处理，而其对国家空间计划及其相关决策的控制权已名存实亡。员工规模及 AEB 人员的特点只能使上述问题变得雪上加霜。

这一时期的两个值得一提的重要项目包括是巴西参与国际空间站（ISS）以及巴西航天员计划。

15.3.1 巴西对国际空间站的参与

1996 年 10 月，NASA 与巴西航天局签署了《巴西联邦共和国与美利坚合众国国际空间站计划飞行设备及有效载荷设计、开发、运营及使用补充调整协议》（Complementary Adjustment between the Brazilian Federative Republic and The United States of America for the Design, Development, Operation, and Use of Flight Equipment and Payload for the International Space Station Program），要求巴西为即将在巴西建立的国际空间站提供飞行硬件[24]。作为对巴西这一贡献的补偿，巴西将有权在国际空间站进行科学技术实验，并送去一名航天员。

由于巴西并未提供相关飞行设备及有效载荷，因此，上述商定事项亦未如预期一样实现。导致这一结果的原因很多，其中包括：供巴西航天业制造所需零件的成本预算不足；巴西航空公司 Embraer 缺乏参与的兴趣；巴西航天局与作为负责实施项目的技术实体——巴西国家空间研究所间恶劣的管理关系；巴西学术界与科学界对于项目效益的质疑和批评态度。同时，对投资的必要性还存在一些意识形态方面的问题，在媒体、公众舆论及政治环境中都对此有所反映。此外，由于作为巴西空间计划协调机构的巴西航天局缺乏技术能力、政治实力和对项目进行有效管理的意识，没有能力就项目及其目标与其他重要的民用、军用部门进行协调以成功解决出现的问题，因此无法履行国际空间站（ISS）协议中的各项条款。

上述失败导致了两种结果。其中最直接的结果是，由于协议未履行，当时正在 NASA 接受培训的巴西航天员无法进入国际空间站。第二种结果是，上述失败导致美国与巴西之间产生极大的不信任，而这种情绪需要一定的时间才能被消解，而最终降低了两国在随后几年开展其他领域合作的可能性。

15.3.2 巴西宇航员计划

巴西航天员马可斯·庞特斯(Marcos Pontes)曾在 NASA 接受了两年多的培训。NASA 与巴西航天局间的国际空间站协议终止后,庞特斯成为了一名训练有素的技术人员,但是却无法将所接受的培训应用于实践。庞特斯个人开始主动寻求其他飞向空间的备选方案。最终,俄罗斯同意接收他并对他进行培训,并随"联盟"(Soyuz)号宇宙飞船进入俄罗斯国际空间站。而此时此刻,巴西航天局(AEB)开始就庞特斯的飞行计划及其在俄罗斯航天员培训中心星城(Star City)的培训进行谈判。随后,针对飞行中将用到的具体设备,庞特斯在星城又接受了两年的培训。这次培训所收获的培训及技术方面的经验,均达到了巴西空间计划所未能企及的高度㉕。

俄罗斯于 2006 年将庞特斯送入空间,他在国际空间站停留了 10 天,期间进行了巴西大学与研究机构研发的微引力实验,该实验本应在 NASA 与巴西航天局签订的国际空间站计划中实现㉖。这一任务的目的在于庆祝巴西由桑托斯·杜蒙特(Santos Dumont)发明与制造的首架全自行式飞机 XIV – Bis 号绕法国巴黎埃菲尔铁塔试飞成功 100 周年。这次任务被命名为"世纪使命",它是一个技术上的也是上述实验运行上的成功。

尽管如此,巴西空间探索产生的积极影响非常有限。就达成的 ISS 协议而言,有批评质疑为空间飞行器而支付的资金带来的收益有限。由于巴西社会缺乏对于巴西航天局的普遍认可,因此,巴西航天局无法克服这类批评的影响,也难以正面宣传这一任务。

此外,上述飞行任务成功后不久,庞特斯就从巴西空军退役了,由此导致巴西航天局无法使其继续参与国家空间计划。致使巴西无法充分利用庞特斯的航天飞行经验,以及巴西无法参与国际空间站计划的原因,不仅归因于巴西航天局及更广泛意义上的巴西国家空间计划这两个因素,还是巴西缺乏指导这一阶段相应空间计划发展的战略规划的后果。尽管巴西航天局在其存在期间成功管理了一些项目——例如,为高校团体同空间活动研究所(IAE)和航空航天科技部(DCTA)使用亚轨道火箭共同开发的微引力项目提供资金,以及"百年使命"任务在国际空间站进行的实验,但这些项目规模均非常小,且它们的成功实施尚不足以体现巴西航天局对整个巴西国家空间计划进行管理、协调的能力。

15.4 结论

虽然巴西针对其空间计划制订了相应的规划,但这些规划却非总是能使有关项目获得成功。更确切地说,这些规划在很大程度上是基于现行项目状况,而非在战略与政策指导下制订的。本章所确定、描述的时间周期,反映了巴西空间计划总体发展过程中的三个不同阶段,以及所制订的一些有着较强实践性、但彼此间并无关联的规划。此外,相关计划与项目间的联系不够紧密,且这些项目也没有一个总体的监管部门,甚至是一个可接受的官方机构下实行财务预算、提出资金要求。本章中所讨论的有关巴西航天局的失败证实了这一点,以及巴西并没有可确保巴西航天局顺利运行的战略规划这一事实。

巴西国家空间计划的发射部分目前涉及两项计划,就支持空间发展的联邦预算而言,上述两项计划均耗资巨大,这也进一步体现了巴西空间计划存在的不足之处。其中,一项计划是基于20世纪70年代的发射器,由空军空间研究所(IAE 与 DCTA)负责研发小型运载火箭;另一项计划是同乌克兰携手成立一家名为"阿尔坎塔旋风空间"(Alcantara Cyclone Space, ACS)的合资上市公司[27]。目前,该公司正在乌克兰"旋风"系列运载火箭的基础上研制"旋风4号"运载火箭[28]。其发射场定于阿尔坎塔拉航天发射中心。鉴于该中心靠近赤道,是发射地球同步通信卫星的最佳发射场,而地球同步通信卫星市场也正是 ACS 公司所关注的。然而,由于"旋风4号"运载火箭无法向地球同步转移轨道(GTO)发射重于2t的载荷,因此并不具备地球同步通信卫星发射的市场竞争力。此外,巴西并未就上述两项发射计划进行综合规划。事实上,巴西空军与 ACS,或任何其他空间监管机构(如巴西航天局),从未就各自的计划之间的共同联系或是其未来发展途径进行过讨论。由于两项计划的资金均来源于公共部门,因此在目前以及可预测的未来均无法为计划的顺利实施提供足够的资金。

作为一个新兴的世界大国,巴西正在步入其历史上的一个新时期。巴西自然资源丰富,人口众多,正在经历着价值标准与经济上的转型。巴西有着前所未有的未来发展前景。巴西社会及其领导阶层似乎已意识到了这一点。巴西的很多行业,包括石油、环境、基础设施及技术等领域,均受到了这一广阔前景的积极影响,而空间发展同上述所有行业的成就密切相关。正因为如此,空间产业吸引了巴西国内其他部门的一些大型工业企业,希望为通信、监视、遥感、监测、气象及国防等领域提供所需空间产品、服务及其相关基础设施。

巴西政府已经开始讨论为空间领域建立一个新的公共组织和管理体制(政策与法规)。高效将作为新的空间领域的参加者的一项要求。在上述领域中,可能会发生变革的两个空间领域的参与者为国防部门和私营企业。就它们对空间计划需求及贡献而言,它们之间既存在共同利益,也存在利益互补。这其中的部分因素将迫使巴西政客及其他政府空间发展主管部门,为发展空间项目而营造一个更为可靠的工作环境。这是巴西空间领域面临的一种新局面。巧合的是,这种情况再现了在实施巴西整体空间任务(MECB)时期的情景,不同的是,当时的空间行业并没有权力影响战略性决策,而现在则可通过民主规则与立法程序的政治途径实现这一影响。

最后,有必要依据巴西这10年(2010—2020年)希望达到的国际地位,建设其空间项目及应用规划的新阶段,即巴西空间计划发展的第四阶段。由于目前空间领域新的参与者们对参与空间活动及从中获益颇感兴趣,其参与范围包括:多个行业的大型基础设施的建设与施工;航空工程;国防监测;民用及军事通信、监视与气象服务;遥感与监测森林滥砍滥伐和自然灾害。因此,第四阶段的规划如今显得非常重要。巴西空间计划及其项目的重大价值,要求提出一种全新的、与以往不同的发展途径,不仅是公共产业与私营企业间的关系,也包括研发、政策及法律体制,最重要的是基于国家空间计划的成功管理与协调。为此,当前提出的新的立法方案政治对话特别集中于对巴西航天局和巴西国家空间研究所(INPE)的地位进行强化(或是对上述两个机构的相对地位进行调整),以此为巴西宇宙空间探索(包括战略指导)提供更为有效的协调与管理服务。

注　释

① INPE - 1966, www.inpe.br/50anos/linha_tempo/66.html(葡萄牙语,2012年5月访问)。

② Laboratorio de Integracao e Testes, www.lit.inpe.br(葡萄牙语,2012年5月访问)。

③ 详见阿尔坎塔拉火箭发射中心(Alcantara Launch Center), www.cla.aer.mil.br(葡萄牙语,2012年5月访问)。1990年,阿尔坎塔拉火箭航天发射中心开始实施探空火箭发射任务,并针对卫星发射制订了有关计划。该中心的地理位置距赤道较近,由此为地球同步卫星的发射提供了极大的便利,此外,欧洲航天局圭亚那航天中心也同样地处赤道地区。详见 Eligar Sadeh(编辑),《空间政治:调查》(牛津:路特雷奇出版社(Routledge),2011),"空间组织 A-Z 术语表"。

④ 详见"1985," www.starone.com.br/en/swf/linha_do_tempo.swf(葡萄牙语,2012年5月访问)。

⑤ 详见"Star One,一家 Embratel 企业", www.starone.com.br/en/index.jsp(2012年5月访问)。

⑥ AEB 主要负责制订、协调巴西空间政策,并通过地面卫星数据收集平台,对相关卫星项目、活动及其卫星应用进行实施、协调、监管。作为科技部的一员,AEB 可确保巴西政府为促进空间领域发展所采取的相关措施的可持续性。AEB 所支持的主要巴西空间计划参与组织包括 INPE、巴西空军航空航天科学与技术部(Departamento de Ciencia e Tecnologia Aeroespacial, DCTA),以及巴西卫星商业航天服务公司(Brazsat Commercial Space Services)。巴西民用空间项目的资金水平达到2亿美元。详见 Eligar Sadeh(编辑),《空间政治:调查》(牛津:路特雷奇出版社,2011),"空间组织 A-Z 术语表"。

⑦ 详见"2005—2014 国家空间活动计划",巴西航天局,PNAE,巴西利亚,2005, www.aeb.gov.br/download/PDF/PNAE_INGLES.pdf(2012年5月访问)。

⑧ PNAE 初版于1996年发布,内容涉及的时间截止到2005年。1997年,该计划的第二版涵盖内容的截止时间为2007年。

⑨ "导弹计划",巴西, www.globalsecurity.org/wmd/world/brazil/missile.htm(2012年5月访问)。

⑩ 详见"数据收集卫星 SCD-1(Satélite de Coleta de Dados SCD-1)," www.inpe.br/scdl/site_scd/scdl/osatelite.htm(刊登于2012年5月)。有关 SCD-2 的详细信息,请参阅网址 www.inpe.br/noticias/noticia.php?Cod_Noticia=501(葡萄牙语,2012年5月访问)。同时,也可参阅英文版"情报收集卫星", http://en.wikipedia.org/wiki/Sat%C3%A9lite_de_Coleta_de_Dados#SCD-1(刊登于2012年5月)。

⑪ 详见巴西科技部国家空间研究所(Ministerio da Ciencia e Tecnologia, Instituto Nacional de Pesquisas Espaciais(INPE),"2011—2015 所长【Plano Diretor】计划书",2011年7月, www.inpe.br/noticias/arquivos/

pdf/Plano_diretor_miolo. pdf(葡萄牙语,刊登于 2012 年 5 月)。

⑫ 自 1980 年起,巴西卫星发射运载火箭(Veiculo Lancador de Satélite/VLS)由巴西空军负责管理。详见 Eligar Sadeh(编辑),《空间政治:调查》(牛津:路特雷奇出版社,2011),"空间组织 A – Z 术语表"。

⑬ VLS 计划由 IAE – 航空航天研究所所制订,该研究所隶属于目前的空军研发部。

⑭ 巴西空军的这一计划旨在开发此类产品,但是迄今为止国内还没有企业生产这类产品。

⑮ Wilson Yamaguti,"巴西天基环境数据采集系统",Geo 能力建设研讨会(Geo Capacity Building Workshop),29 – 31 2006 年 5 月,巴西圣若泽 – 杜斯坎普斯(Sao Jose dos Campos),www. dsr. inpe. br/workshopgeo/program/pdf/wilson_yamaguti. pdf(2012 年 5 月访问)。

⑯ 详见《数据收集卫星 SCD – 1(Satélite de Coleta de Dados SCD – 1)》,www. inpe. br/scdl/site_scd/scdl/osatelite. htm(葡萄牙语,2012 年 5 月访问)。有关 SCD – 2 的详细信息,请参阅网址 www. inpe. br/noticias/noticia. php? Cod_Noticia = 501(葡萄牙语,2012 年 5 月访问)。

⑰ 目前,上述三军,即海军、陆军与空军,是国防部领导下的民用的一部分。

⑱ Fabiola de Oliveira(编辑),"巴中 20 年空间合作,CBERS—战略伙伴关系【Brasil – China 20 Anos de Cooperacao Espacial;CBERS – O Satélite da Parceria Estrategica】"(巴西圣卡罗斯(Sao Carlos – SP):Cubo,2009)。同时,请参阅赵云(Yun Zhao),"中国与巴西 2002 年空间合作协议:南南合作的典范",《空间政策》(Space Policy)21:3(2005)213 – 219;C. De Oliveir Lino、M. G. Rodrigues Lima 及 G. L. Hubscher,"中巴地球资源卫星(CBERS):一项国际空间合作计划",《宇航学报》(Acta Astronautica)47:2(2000):559 – 564;以及 Jose Monserrat Filho,"巴西 – 中国空间合作:分析,"《空间政策》13:2(1997):153 – 170。

⑲ 详见 CBERS,www. cbers. inpe. br(葡萄牙语,2012 年 5 月访问)。

⑳ 同⑲。

㉑ 同⑲。

㉒ 详见《2012 空间报告》(科罗拉多州科泉市:航天基金会,2012)。

㉓ "巴西空间计划回顾性研究【Planejamento Estrategico do PNAE(2030)e o Alinhamento da Governanca do SINDAE;Analise Retrospectiva do Programa Espacial Brasileiro】",2009 年 9 月,20、23 – 25、30 – 32(葡萄牙语)。

㉔ Darly Henriques da Silva,"巴西参与国际空间站计划:是承诺,还是交易?"《空间政策》21:1(2005),P55 – 63。

㉕ 详见"Marcos Pontes e Astronauta",www. marcospontes. net(葡萄牙语,2012 年 5 月访问)。

㉖ I. Bandeira,O. Bogossian 及 F. Correa,"百年使命:巴西在国际空间站的首批微引力试验",《微引力科学与技术》(Microgravity Science and Technology)19:5 – 6(2007):42 – 48。

㉗ 乌克兰 SDO Yuzhnoye 参与了巴西阿尔坎塔拉火箭发射中心(Centro de Lancamento de Alcantara)乌克兰 – 巴西联合卫星发射项目。

㉘ 详见 J. M. Filho,"开展合作的最佳途径? 巴西 – 乌克兰关于从阿尔坎塔拉发射'旋风 4 号'运载火箭的协议",《空间政策》21:1(2005):65 – 73。